高职高专服装专业纺织服装教育学会“十二五”规划教材

服装结构设计

主　　编　李高成
副主编　何　玉　周洪梅
图　　案　关健牛
技术顾问　齐凯琴

中国轻工业出版社

图书在版编目（CIP）数据

服装结构设计/李高成主编. —北京：中国轻工业出版社，2020.1

高职高专服装专业纺织服装教育学会“十二五”规划教材

ISBN 978-7-5019-8943-0

Ⅰ.①服… Ⅱ.①李… Ⅲ.①服装设计-结构设计-高等职业教育-教材 Ⅳ.①TS941.2

中国版本图书馆 CIP 数据核字（2012）第 180539 号

责任编辑：张文佳
策划编辑：秦　功　　责任终审：劳国强　　封面设计：锋尚设计
版式设计：锋尚设计　责任校对：燕　杰　　责任监印：张　可

出版发行：中国轻工业出版社（北京东长安街 6 号，邮编：100740）
印　　刷：北京君升印刷有限公司
经　　销：各地新华书店
版　　次：2020 年 1 月第 1 版第 6 次印刷
开　　本：889×1194　1/16　印张：16.25
字　　数：528 千字
书　　号：ISBN 978-7-5019-8943-0　　定价：38.00 元
邮购电话：010-65241695
发行电话：010-85119835　传真：85113293
网　　址：http://www.chlip.com.cn
Email：club@chlip.com.cn
如发现图书残缺请与我社邮购联系调换
191591J2C106ZBW

前　言

一、关于教材

服装结构是一个既要懂理论又要懂操作的学科。它的涉及面十分广泛，尤其是现在时装流行及变化之快，的确让人目不暇接，从过去的服装是生活必需品到如今的服装已被视为艺术品的观念转变，人们考究的是衣服穿上身时的外观感觉，既美化了穿着者自身而又要安全、方便、舒适，凡此种种，基本都依赖于服装结构设计师的板型技术，也就是说，服装款式的流行变化，结构设计举足轻重。

所以，可以预见，社会对此类人才的需求和要求给予教学的压力还是相当大的，而一贯的传统教学模式也应有所改变和创新。为了更好地进行有效的教学改革，更有效地提高服装结构设计的教学质量，经认真总结来自各个地区和各流派的优势，结合我校的硬件设备设施实际、师资力量、教学效果，再经认真筛选而编写此册教材。

本教材的宗旨是以"讲、做、查"三点一线的教学思路为前提来进行构思，有机地把结构的理论教学和动手能力培养、把结构与工艺相统一的教学模式结合在一起，让学生在上课时能听得明，做得到。既要达到加深记忆的效果，又能很好地完成动手能力培养的任务。

在教学计划中，必须把一些练习性的课程内容强调学生利用课余时间进行练习，以巩固学习基础，不能单靠正课时间消化这么多的教学内容，这样做的好处是，一是学到了更多的专业知识；二是充实了学生的课余时间，达到了以教代管的目的；三是磨炼了学生的意志，明确了学习的重要性，培养了学生的学习兴趣。

本书主要解决一些代表性基本款式，如裙、裤、衬衫、西服、旗袍等基本款的结构制图；后四章主要阐述部位变化，如领、袖、口袋、省褶处理等细部结构设计以及基本服装的放码知识、工业纸样制作技巧等。前八章注重基础知识，主要是让学生了解和理解服装结构的基本原理与制图技术。其特点是系统性强，进而显示出知识接合的流畅性，教学过程中知识面的广泛性和代表性，在专业基础知识学习中能循序渐进并系统地连贯起来，使其层次分明并具有较强的目的性、计划性、时段性及良好的条理性。

由于本书内容及组织顺序，均为平时教学过程的部分讲义，涉及的流派也多，地区差异、文化差异难免。因此，难免会有遗漏、错误及不足之处，希望各位专家和同行多提宝贵意见，我们将不断改进和完善。

二、关于作者

1. 作者简介

本教材主编李高成教授现为广州南洋理工职业学院服装系主任，中国职业技术教育学会教学工作委员会服装纺织专业教学研讨会副主任委员兼秘书长，中国轻工业出版社高职高专服装专业纺织服装教育学会"十二五"规划教材编委会副主编，并有16

年大型企业生产管理和 11 年职业教学经验。

本教材副主编何玉老师、周洪梅老师和图案制作关健牛老师均有 6 年以上服装板房工作经历。

2. 作者意图

作者企业经历丰富，十分了解结构设计内容的应用实质，所以，本书旨在先为学生打基础，再变化创新和实际应用。使学生达到“会做，为什么这样做，依据何在?”这一目的。

编者

2012 年 7 月

目　录

第一章
服装结构制图基础知识

课题名称：服装结构制图基础知识

课题内容：（一）服装成品名词术语
（二）服装成品部件、部位名词术语
（三）服装制图基础知识
（四）人体测量
（五）服装结构构成方法

教学手段：（一）采用真人实物展示，演示为主的教学方式
（二）适当布置作业
（三）做堂上互动，如量体练习等

教学目的：懂得基本的量体方法、制图符号、号型标准知识、长度单位的转换及如何使用工具等

重点难点：（一）集中解决结构制图符号、顺序问题
（二）重点解决部位线条名称问题
（三）牢记公制、英制、市制单位换算方法
（四）了解国家号型标准知识
（五）掌握人体测量方法

第一节　服装术语

一、服装成品名词术语

1. 西服

上衣的一种形式。按钉纽扣的左右排数不同，可分为单排扣西服和双排扣西服；按照上下粒数的不同，可分为一粒扣西服、两粒扣西服、三粒扣西服等。粒数与排数可以有不同的组合，如单排两粒扣西服、双排三粒扣西服等；按照驳头造型的不同，可分为平驳头西服、戗驳头西服、青果领西服等。西服已成为国际通行的男士礼服（图 1-1a）。

2. 中山服

又称中山装。根据孙中山先生曾穿着的款式命名。主要特点为翻立领、前身四个明贴袋，款式造型朴实而干练（图 1-1b）。

3. 夹克衫

夹克衫（jacket）又称"夹克衫"，指衣长较短、宽胸围、紧袖口、紧下摆式样的上衣。有翻领、关门领、驳领、罗纹领等。通常为开衫、紧腰、松肩，穿着舒适。单衣、夹衣、棉衣都有，男女老少皆可穿用。有的还形成套装，如男式配牛仔裤、女式配裙子等（图 1-1c）。

4. 旗袍

旗袍是女性服饰之一，源于满族女性传统服装，在 20 世纪上半叶由民国汉族女性改进，中华民国政府于 1929 年确定为国家礼服之一，不属于汉服（即华夏衣冠）体系。民国以后，上海、北平等地的汉族女性在其基础上予以改良。1949 年之后，旗袍在大陆渐渐被冷落，尤其"文革"中被认为"封、资、修"象征而被大量毁坏（图 1-2a）。

a. 西服　　b. 中山服　　c. 夹克衫

图 1-1

5. 睡衣

睡衣一直被当做家居服饰，来源于西欧，现指用于晚上睡眠时穿着的服装（图 1-2b）。

6. 套装

指经精心设计，有上下衣裤配套或衣裙配套，或外衣和衬衫配套。有二件套，也有加背心成三件套。通常由同色同料或造型格调一致的衣、裤、裙等相配而成。其式样变化主要在上衣，一般以上衣的款式命名或区分品种。凡配套服装过去大多用同色同料裁制。近年来也有用不是同色同料裁制的，但套装之间造型风格要求基本一致，配色协调，给人的印象是整齐、和谐、统一。在职业场所多选用这种穿着方式（图 1-2c）。

7. 衬衫

穿在内外上衣之间，也可单独穿用的上衣。中国周代已有衬衫，称中衣，后称中单。汉代称近身的衫为厕牏。宋代已用衬衫之名。现称之为中式衬衫。公元前 16 世纪古埃及第 18 王朝已有衬衫，是无领、袖的束腰衣。14 世纪诺曼底人穿的衬衫有领和袖头。16 世纪欧洲盛行在衬衫的领和前胸绣花，或在领口、袖口、胸前装饰花边。18 世纪末，英国人穿硬高领衬衫。维多利亚女王时期，高领衬衫被淘汰，形成现代的立翻领西式衬衫。19 世纪 40 年代，西式衬衫传入中国。衬衫最初多为男用，20 世纪 50 年代渐被女子采用，现已成为常用服装之一（图 1-3a）。

8. 背心

无袖上衣，也称为马甲或坎肩，是一种无领无袖，且较短的上衣。主要功能是使前后胸区域保温并便于双手活动。它可以穿在外衣之内，也可以穿在内衣外面。主要品种有各种造型的西服背心、棉背心、羽绒背心及毛线背心等（图 1-3b）。

9. 西裤

主要指与西装上衣配套穿着的裤子。由于西裤主要在办公室及社交场合穿着，所以在要求舒适自然的前提下，在造型上比较注意与形体的协调。裁剪时放松量适中，给人以平和稳重的感觉。西裤在生产工艺及造型上基本已国际化和规范化。西短裤与西裤的工艺基本相同，长度在膝盖以上不等，可根据自己的需要选择（图 1-3c）。

10. 西服裙

又称西装裙。它通常与西服上衣或衬衣配套穿着。在裁剪结构上，常采用收省、打褶等方法使腰臀部合体，长度在膝盖上下变动，为便于活动多在前、后打褶或开衩，多和黑色、肉色长筒丝袜或连裤丝袜搭配，作为女性正式社交场合的装束（图 1-4a）。

11. 风衣

一种防风雨的薄型大衣，又称风雨衣，适合于春、秋、冬季外出穿着，是近二三十年来比较流行的服装。由于造型灵活多变、健美潇洒、美观实用、携带方便、富有魅力等特点，深受中青年男女的喜爱，老年人也爱穿着（图 1-4b）。

12. 大衣

约 1730 年，欧洲上层社会出现男式大衣。其款式一般在腰部横向剪接，腰围合体，当时称礼服大衣或长大衣。19 世纪 20 年代，大衣成为日常生活服装，衣长至膝盖略下，大翻领，收腰式，襟式有单排纽、双排纽。约 1860 年，大衣长度又变为齐膝，腰部无接缝，翻领缩小，衣领缀以丝绒或毛皮，以贴袋为主，多用粗呢面料制作。女式大衣约于 19 世纪末出现，是在女式羊毛长外衣的基础上发展而成，衣身较长，大翻领，收腰式，大多以天鹅绒作面料。西式大衣约在 19 世纪中期与西装同时传入中国（图 1-4c）。

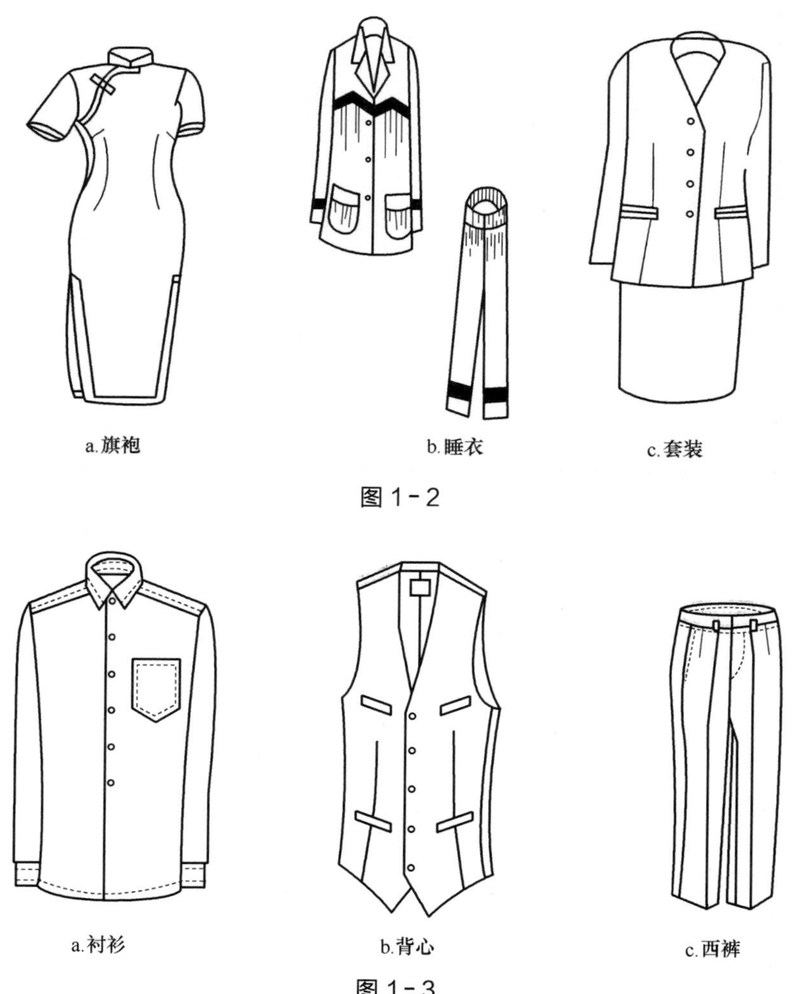

a.旗袍　b.睡衣　c.套装

图 1-2

a.衬衫　b.背心　c.西裤

图 1-3

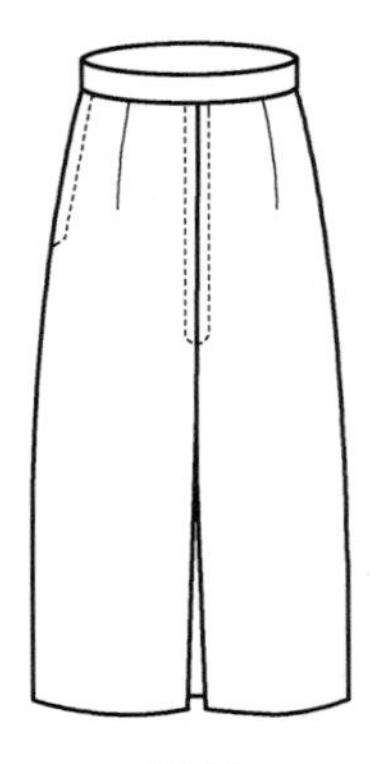

a.西服裙

b.风衣

c.大衣

图 1-4

二、服装成品部件、 部位名词术语

上装部位（前身）

1—戗驳头
2—底边
3—串口
4—假眼
5—驳口
6—止口圆角

图 1-5

上装部件（领）

1—倒挂领
2—领里口
3—领上口
4—领下口
5—领外口
6—领豁口

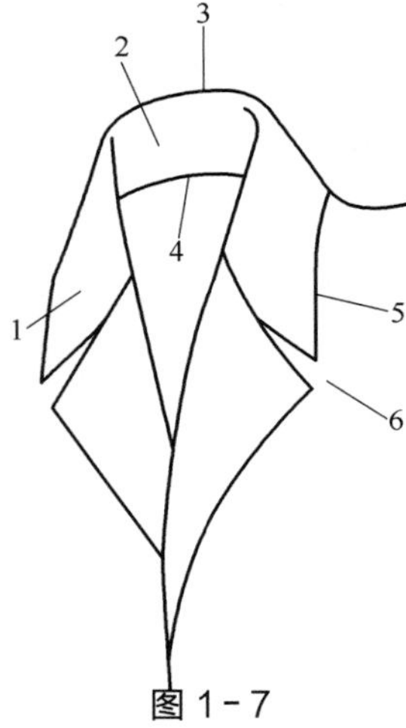

图 1-7

上装部件（袖）

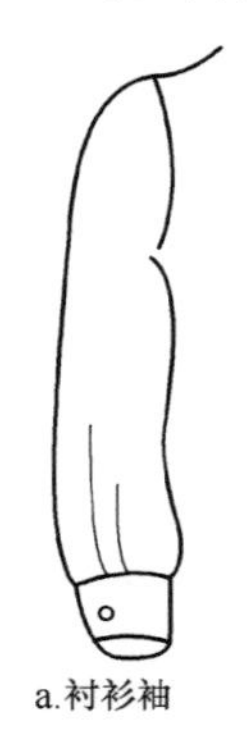

a.衬衫袖

b.圆装袖

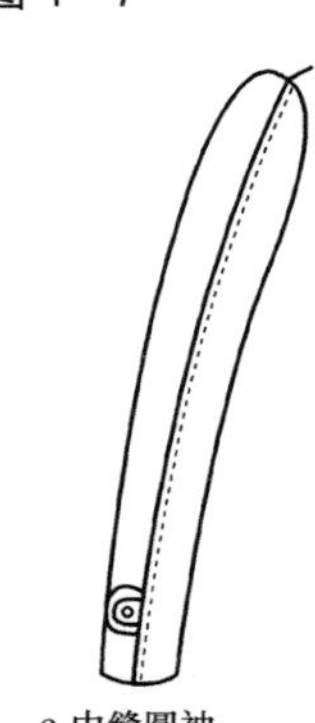

c.中缝圆袖

图 1-8

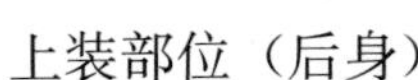

上装部位（后身）

1—后过肩
2—背缝
3—背衩
4—后搭门
5—后肩省
6—后腰省

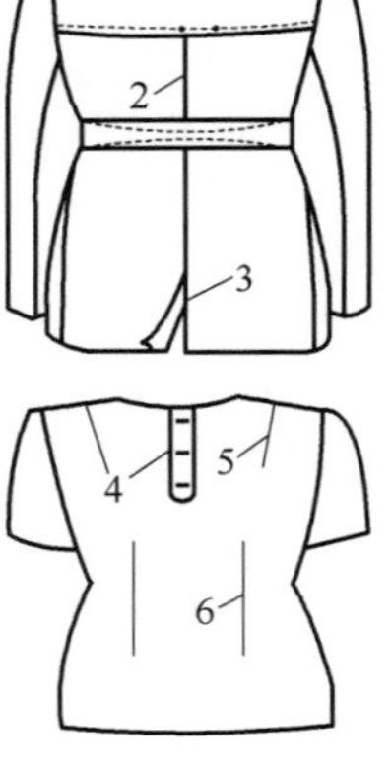

图 1-6

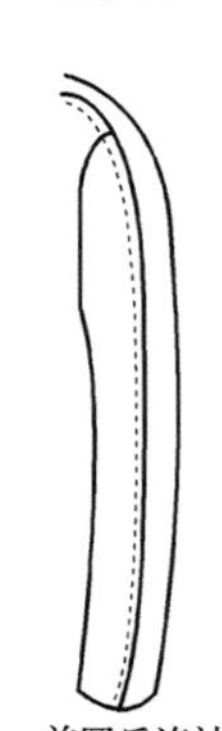

a.前圆后连袖

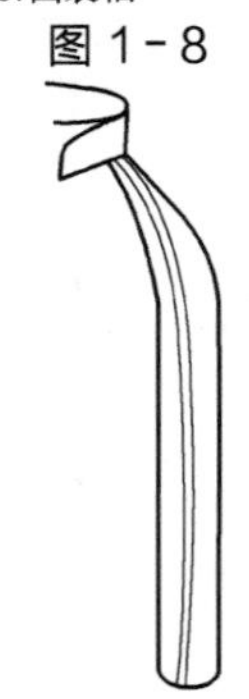

b.连肩袖

c.连袖

图 1-9

上装部位（口袋）

a.有盖贴袋

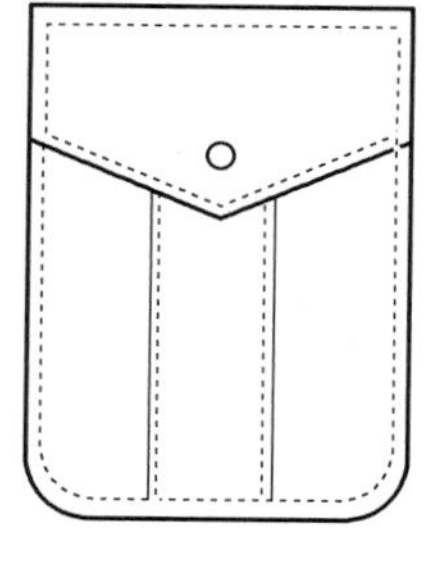

b.压片贴袋

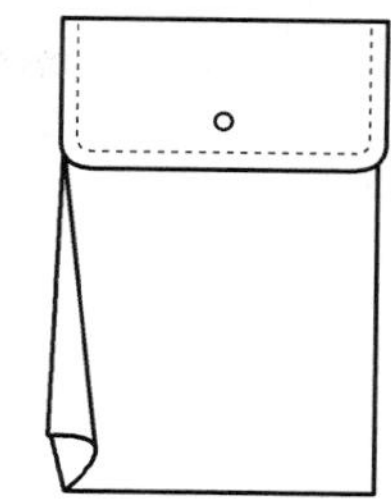

c.吊带

图 1－10

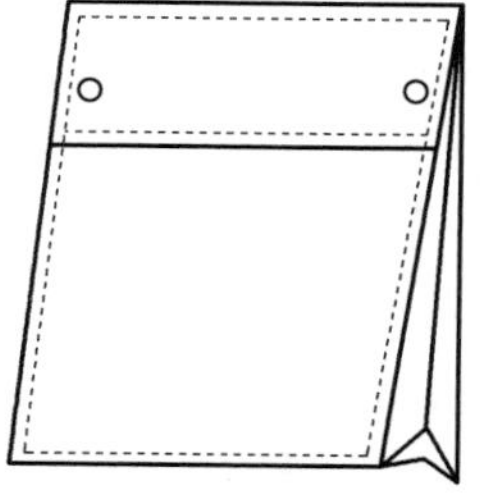

a.风琴袋

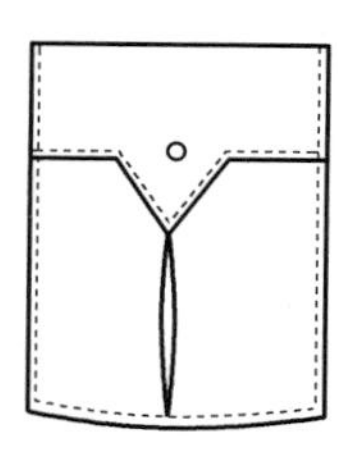

b.暗裥袋

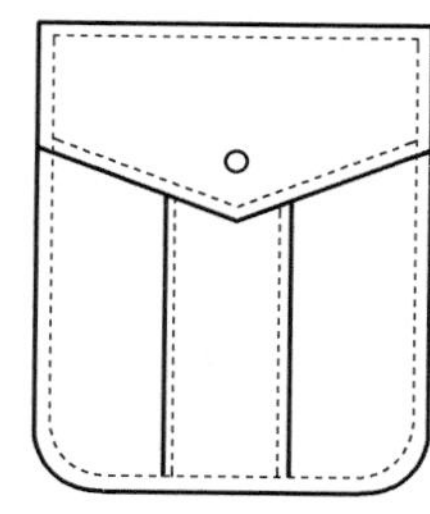

c.明裥袋

图 1－11

下装部位
1—腰头
2—腰头上口
3—腰里
4—侧缝
5—烫迹线
6—腰缝

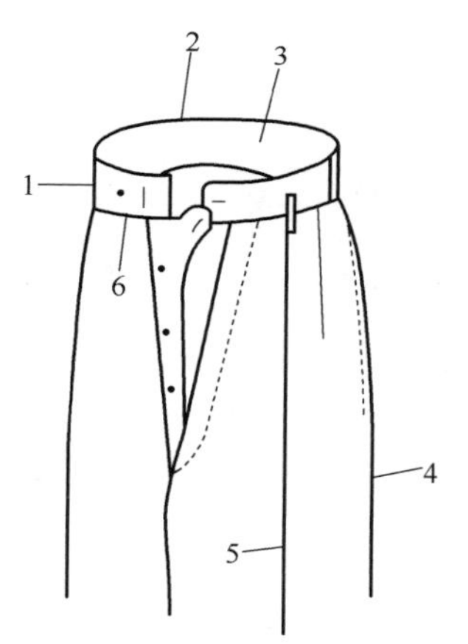

图 1－12

1—里襟尖嘴
2—串带
3—门襟
4—里襟

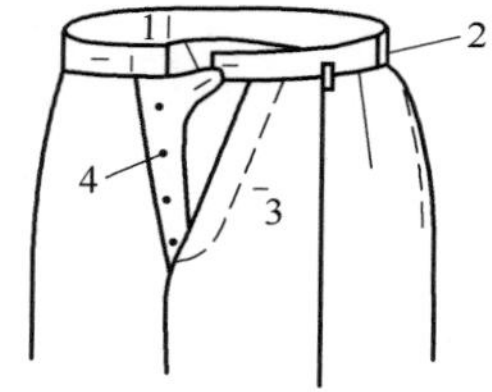

图 1－13（2）

1—侧缝直袋
2—后袋

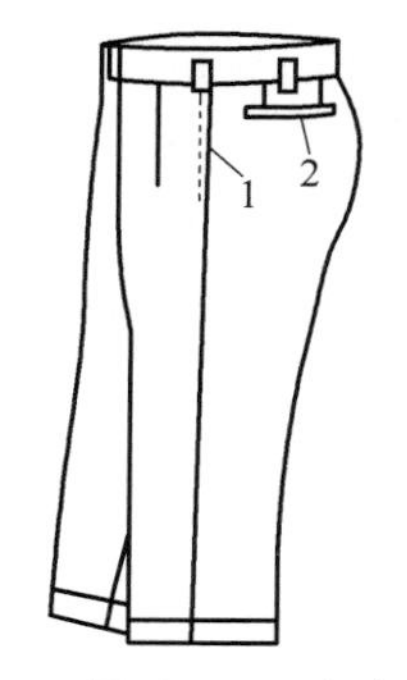

图 1－13（1）

第二节　服装制图基础知识

一、服装制图工具

（一）尺

（1）三角尺 ：原称三角板，现多在板边刻上尺寸，所以将其归于尺类，共 2 把。见图 1-14。

（2）软尺 ：是测量人体或服装成品尺寸的度量尺。见图 1-15。

（3）比例尺：主要用于绘制 1∶5 等小图。见图 1-16。

(4) 放码尺：现今最常用的打板工具，有厘米和英寸两种单位。见图 1-16。

(5) 直尺 ：制图工具之一，其长度应与绘图板的长度一样。见图 1-16。

(二) 绘图铅笔与签字笔

(1) 铅笔：在设计草稿时宜用 HB～4B 型软性铅笔，在做精细的结构图样时宜用 H～4H 硬性铅笔，铅笔尽量刨尖。

(2) 签字笔：通常用于打草稿，绘画视图以及步骤分解图稿。

(三) 橡皮

一般选用绘图橡皮。

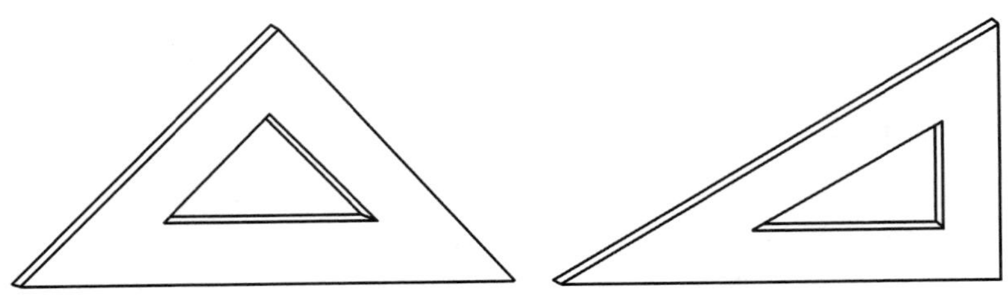

图 1－14

(四) 纸

(1) 绘图纸：在绘制视图或平面图时多用白色，在制版时多用黄板纸，其韧性强，耐劳度好。

(2) 描图纸：有厚有薄，根据需要而定，此种纸忌潮湿，在湿度大的季节要注意防潮。

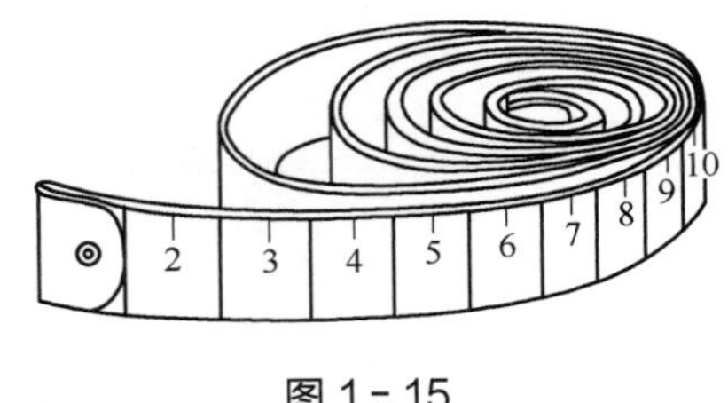

图 1－15

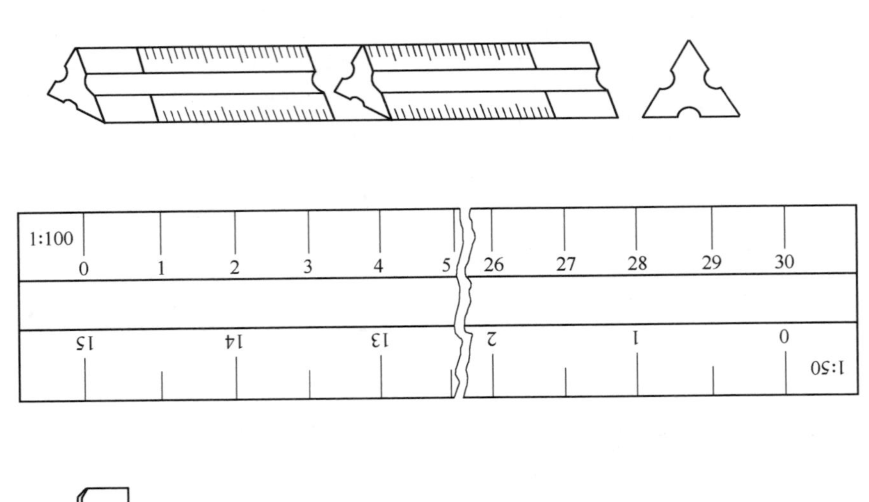

图 1－16

（五）剪刀

裁剪衣片或纸样的工具。型号有 9 英寸、10 英寸、11 英寸、12 英寸等数种，特点是刀身长，刀柄短，手握角度舒适。

二、服装制图符号、顺序

（一）服装制图符号（表 1-1）

表 1-1

单位：mm

序号	图线名称	图线形式	图线宽度	图线用途
1	粗实线	————————	0.9	1. 服装和零部件轮廓线 2. 部位轮廓线
2	细实线	————————	0.3	1. 图样结构的基本线 2. 尺寸线和尺寸界线 3. 引出线
3	虚线	----------	0.3	叠面下层轮廓影示线
4	点画线	——·——·——	0.9	双折线（对称部位）
5	双点画线	——··——··——	0.3～0.9	折转线（不对称部位）

（二）服装制图顺序

1. 具体制图线条的绘画顺序

制图步骤归纳为先横后竖、定点画弧、定位。

横线和直线必须做到横平竖直，横线与竖线相交要相互垂直。同向的横线、直线要保持线条的平行。各种弧线要反映服装造型，做到准确、圆顺。

制图先画基础线，然后在基础线上找基准点，再将基准点连接成轮廓线。基础线应用较轻、较细的线条，长于规格尺寸；轮廓线应用较重、较浓的粗线条，并与规格尺寸恰好相等。

2. 服装部件（或附件）制图顺序

每一单件衣片的制图顺序按先大片、后小片、再零部件的原则，即一般是先依次画前片、后片、大袖、小袖，再按主、次、大、小画零部件。

三、服装制图单位换算

（1）厘米：国际通用单位。本书采用厘米为单位。

（2）市寸：我国以前常用长度单位。1 市寸＝3.33 厘米；1 尺＝10 市寸＝33.3 厘米；1 米＝3 尺。

（3）英寸：外单常用长度单位。1 英寸＝2.54 厘米。

（4）码：1 码＝91.4 厘米＝0.914 米。

四、服装号型基础知识

我国服装号型对成衣制造业的振兴、发展以及走向世界，都起到了极大的推动作用。服装号型是批量生产服装时规格设定的依据，也是消费者选购合体服装的标识，同时还是服装质量检验的重要项目之一，分为男子、女子、儿童三个类别。

1. 服装号型的定义

“号”指人体的身高，以厘米为单位表示，是设计和选购服装长短的依据。

“型”指人体的胸围或腰围，以厘米为单位表示，是设计和选购服装肥瘦的依据。

2. 体型分类

体型是以人体的胸围与腰围的差数为依据来划分的，我国将体型分为四类，代号分别为 Y、A、B、C，男女体型尺寸见表 1-2、表 1-3。

表 1-2　男子胸围与腰围之差数 单位：cm

体型分类代号	Y	A	B	C
男子胸围与腰围之差数	22～17	16～12	11～7	6～2

表 1-3　女子胸围与腰围之差数　单位：cm

体型分类代号	Y	A	B	C
女子胸围与腰围之差数	24～19	18～14	13～9	8～4

3. 号型的标注

在市场上销售的服装产品必须标明服装的号型及人体分类代号，号型的标注应上、下装分别标明，且采取号与型之间用斜线分开，后接体型分类代号的形式，即“号/型、体型分类代号”。

如：女装上装标有160/84A，即代表该款衣服适合身高（号）158～162cm，净胸围（型）82～85cm，A体型（胸腰差在18～14cm）的女性穿着。相应的下装号型为160/68A，68即代表净腰围。

4. 号型的系列分化

（1）男子、女子。

5·4系列：用于男、女成人服装。指身高以5cm分档，胸围、腰围以4cm分档。

5·2系列：用于男、女成人服装的下装。指身高以5cm分档，腰围以2cm分档。

附部分服装号型标准：

A. 男子服装号型标准

（2）儿童。

7·4与7·3系列：用于身高52～80cm的婴儿。指身高以7cm分档，胸围以4cm分档，腰围以3cm分档。

10·4与10·3系列：用于身高80～130cm的儿童。指身高以10cm分档，胸围以4cm分档，腰围以3cm分档。

5·4与5·3系列：用于身高135～155cm的女童及身高135～160cm的男童。指身高以5cm分档，胸围以4cm分档，腰围以3cm分档。

表1-4　　5·4、5·2Y　号型各系列控制部位数值

控制部位是指人体主要部位的数值（系统体数值），是设计服装规格的依据。

Y

部位	数值													
身高	155		160		165		170		175		180		185	
颈椎点高	133.0		137.0		141.0		145.0		149.0		153.0		157.0	
坐姿颈高点	60.5		62.5		64.5		66.5		68.5		70.5		72.5	
全臂长	51.0		52.5		54		55.5		57		58.5		60.0	
腰围高	94		97		100		103.0		106.0		109.0		112.0	
胸围	76		80		84		88		92		96		100	
颈围	33.4		34.4		35.4		36.4		37.4		38.4		39.4	
总肩宽	40.4		41.6		42.8		44		45.2		46.4		47.6	
腰围	56	58	60	62	64	66	68	70	72	74	76	78	80	82
臂围	78.8	80.4	82	83.6	85.2	86.8	88.4	90.0	91.6	93.2	94.8	96.4	98	99.6

表1-5　　5·4、5·2A　号型各系列控制部位数值

A

部位	数值						
身高	155	160	165	170	175	180	185
颈椎点高	133.0	137.0	141.0	145.0	149.0	153.0	157.0
坐姿颈高点	60.5	62.5	64.5	66.5	68.5	70.5	72.5
全臂长	51.0	52.5	54	55.5	57	58.5	60.0
腰围高	93.5	96.5	99.5	102.5	105.5	108.5	111.5

部位	数值							
胸围	72	76	80	84	88	92	96	100
颈围	32.8	33.8	34.8	35.8	36.8	37.8	38.8	39.8
总肩宽	38.8	40.0	41.2	42.4	43.6	44.8	46.0	47.2

部位	数值																							
腰围	56	58	60	60	62	64	64	66	68	68	70	72	72	74	76	76	78	80	80	82	84	84	86	88
臂围	75.6	76.2	78.8	78.8	80.4	82.0	82.0	83.6	85.2	85.2	86.8	88.4	88.4	90.0	91.6	91.6	91.2	94.8	94.8	96.4	98.0	98.0	99.6	101.2

表1-6　　5·4、5·2B　号型各系列控制部位数值

B

部位	数值						
身高	155	160	165	170	175	180	185
颈椎点高	133.5	137.5	141.5	145.5	149.5	153.5	157.5
坐姿颈高点	61.0	63.0	65.0	67.0	69.0	71.0	73.0
全臂长	51.0	52.5	54	55.5	57	58.5	60.0
腰围高	93.0	96.0	99.0	102.0	105.0	108.0	111.0

部位	数值									
胸围	72	76	80	84	88	92	96	100	104	108
颈围	33.2	34.2	35.2	36.2	37.2	38.2	39.2	40.2	41.2	42.2
总肩宽	38.4	39.6	40.8	42.0	43.2	44.4	45.6	46.8	48.0	49.2

部位	数值																			
腰围	62	64	66	68	70	72	74	76	78	80	82	84	86	88	90	92	94	96	98	100
臂围	79.6	81.0	82.4	83.8	85.2	86.6	88.0	89.4	90.8	92.2	93.6	95.0	96.5	97.8	99.2	100.6	102.0	103.4	104.8	106.2

表 1-7　　5·4、5·2C　号型各系列控制部位数值

部位	C 数值																			
身高	155	160	165	170	175	180	185													
颈椎点高	134.0	138.0	142.0	146.0	150.0	154.0	158.0													
坐姿颈高点	61.5	63.5	65.5	67.5	69.5	71.5	73.5													
全臂长	51.0	52.5	54	55.5	57	58.5	60.0													
腰围高	93.0	96.0	99.0	102.0	105.0	108.0	111.0													
胸围	76	80	84	88	92	96	100	104	108	112										
颈围	34.6	35.6	36.6	37.6	38.6	39.6	40.6	41.6	42.6	43.6										
总肩宽	39.2	40.4	41.6	42.8	44.0	45.2	46.4	47.6	48.8	50.0										
腰围	70	72	74	76	78	80	82	84	86	88	90	92	94	96	98	100	102	104	106	108
臂围	81.6	83.0	84.4	85.0	87.2	88.6	90.0	91.4	92.8	94.2	95.6	97.0	98.4	99.8	101.2	102.6	104.0	105.4	106.8	108.2

B. 女子服装号型标准

表 1-8　　5·4、5·2Y　号型各系列控制部位数值

部位	Y 数值													
身高	145	150	155	160	165	170	175							
颈椎点高	124.0	128.0	132.0	136.0	140.0	144.0	148.0							
坐姿颈高点	56.5	58.5	60.5	62.5	64.5	66.5	68.5							
全臂长	46.0	47.5	49	50.5	52.0	53.5	55.0							
腰围高	89.0	92.0	95.0	98.0	101.0	104.0	107.0							
胸围	72	76	80	84	88	92	96							
颈围	31.0	31.8	32.6	33.4	34.2	35.0	35.8							
总肩宽	37.0	38.0	39.0	40.0	41.0	42.0	43.0							
腰围	50	52	54	56	58	60	62	64	66	68	70	72	74	76
臂围	77.4	79.2	81.0	82.8	84.6	86.4	88.2	90.0	91.8	93.6	95.4	97.2	99.0	100.8

表 1-9　　5·4、5·2A　号型各系列控制部位数值

部位	A 数值																				
身高	145	150	155	160	165	170	175														
颈椎点高	124.0	128.0	132.0	136.0	140.0	144.0	148.0														
坐姿颈高点	56.5	58.5	60.5	62.5	64.5	66.5	68.5														
全臂长	46.0	47.5	49	50.5	52.0	53.5	55.0														
腰围高	89.0	92.0	95.0	98.0	101.0	104.0	107.0														
胸围	72	76	80	84	88	92	96														
颈围	31.2	32.0	32.8	33.6	34.4	35.2	36.0														
总肩宽	36.4	37.4	38.4	39.4	40.4	41.4	42.4														
腰围	54	56	58	58	60	62	62	64	66	66	68	70	70	72	74	74	76	78	78	80	82
臂围	77.4	79.2	81.0	81.0	82.8	84.6	84.6	86.4	88.2	88.2	90.0	91.8	91.8	93.6	95.4	95.4	97.2	99.0	99.0	100.8	102.6

表 1-10　　5·4、5·2B　号型各系列控制部位数值

部位	B 数值																			
身高	145	150	155	160	165	170	175													
颈椎点高	124.5	128.5	132.5	136.5	140.5	144.5	148.5													
坐姿颈高点	57.0	59.0	61.0	63.0	65.0	67.0	69.0													
全臂长	46.0	47.5	49	50.5	52.0	53.5	55.0													
腰围高	89.0	92.0	95.0	98.0	101.0	104.0	107.0													
胸围	68	72	76	80	84	88	92	96	100	104										
颈围	30.6	31.4	32.2	33.0	33.8	34.6	35.4	36.2	37.0	37.8										
总肩宽	34.8	35.8	36.8	37.8	38.8	39.8	40.8	41.8	42.8	43.8										
腰围	56	58	60	62	64	66	68	70	72	74	76	78	80	82	84	86	88	90	92	94
臂围	78.4	80.0	81.6	83.2	84.8	86.4	88.0	89.6	91.2	92.8	94.4	96.0	97.6	99.2	100.8	102.4	104.0	105.6	107.2	108.8

表 1-11　　5·4、5·2C 号型各系列控制部位数值

C

部位	数值						
身高	145	150	155	160	165	170	175
颈椎点高	124.5	128.5	132.5	136.5	140.5	144.5	148.5
坐姿颈高点	56.5	58.5	60.5	62.5	64.5	66.5	68.5
全臂长	46.0	47.5	49	50.5	52.0	53.5	55.0
腰围高	89.0	92.0	95.0	98.0	101.0	104.0	107.0

部位	数值										
胸围	68	72	76	80	84	88	92	96	100	104	108
颈围	30.8	31.6	32.4	33.2	34.0	34.8	35.6	36.4	37.2	38.0	38.8
总肩宽	34.2	35.2	36.2	37.2	38.2	39.2	40.2	41.2	42.2	43.2	44.2

部位	数值																					
腰围	60	62	64	66	68	70	72	74	76	78	80	82	84	86	88	90	92	94	96	98	100	102
臀围	78.4	80.0	81.6	83.2	84.8	86.4	88.0	89.6	91.2	92.8	94.4	96.0	97.6	99.2	100.8	102.4	104.0	105.6	107.2	108.8	110.4	112.0

五、服装主要部位的国际代号

胸围：“*B*”指胸围一周的成品尺寸。

腰围：“*W*”，指腰围一周的成品尺寸。

臀围：“*H*”，指臀围一周的成品尺寸。

领围：“*N*”，指领子一周的成品尺寸。

总肩宽：“*S*”，指左肩外端点至右肩外端点的成品尺寸。

袖长：“*SL*”。

袖口宽：“*CW*”（平量）。

裤脚口宽：“*SB*”（平量）。

胸围线：“*BL*”。

腰围线：“*WL*”。

臀围线：“*HL*”。

领围线：“*NL*”。

胸点：“*BP*”。

颈肩点：“*NP*”。

袖窿围：“*AH*”。

长度：“*L*”。

肘线：“*EL*”。

膝围线：“*KL*”。

注：上述部位名称中涉及长度或围度的，其中包含量身时的实际数（净数）和在制作成品时适当加放了松量后的成品尺寸两个不同层面，请勿忽略；同时，这些英文代号只供参考应用。

第三节　人体测量

教学提示：

请注意本次教学的几个要点：

（1）本次教学按文字要求和表面陈述，只是教会学员如何进行人体测量，但千万不要忽视它的深层意义。

（2）应向学员说明这些测量部位的确定和应用理由，是由于人体结构及表体形状的需要。

（3）这是人体组织结构学的原理。

（4）为更好地体验人体曲线美，结构设计师必须全面掌握人体的生理结构和人体表面特征，这对衣服的结构构成方式、分割位置、容量大小、转折线条的长短等都是十分重要的。

所以，希望授课前不要将本节的教学内容表面化。

一、围度测量及名称

（1）胸围（bust）：以乳点（bust point，以下简称 *BP* 点）为测点，用软尺水平测量一周，即为胸围尺寸。

（2）腰围（waist）：以腰部最凹处、肘关节与腰部重合点为测点，用软尺水平测量一周。

（3）臀围（hip）：以大转子点为测点，用软尺水平测量一周。

（4）中腰围（middle hip）：也称腹围，用软尺在腰围至臀围的 1/2 处水平围量一周。

（5）颈根围：经前颈点（颈窝）、侧颈点、后颈点（第七颈椎）用软尺围量一周。

（6）头围：以前额丘和后枕骨为测点用软尺测量一周。

（7）臂根围：经肩点、前后腋点测量一周。

（8）臂围：在上臂最丰满处（肱二头肌）水平测量一周。

（9）腕围：在腕部以尺骨头为测点水平测量一周。

（10）掌围：将拇指并入掌心，用软尺绕掌部最丰满处测量一周。

（11）裤口：围量脚踝一周并加放一倍尺寸。

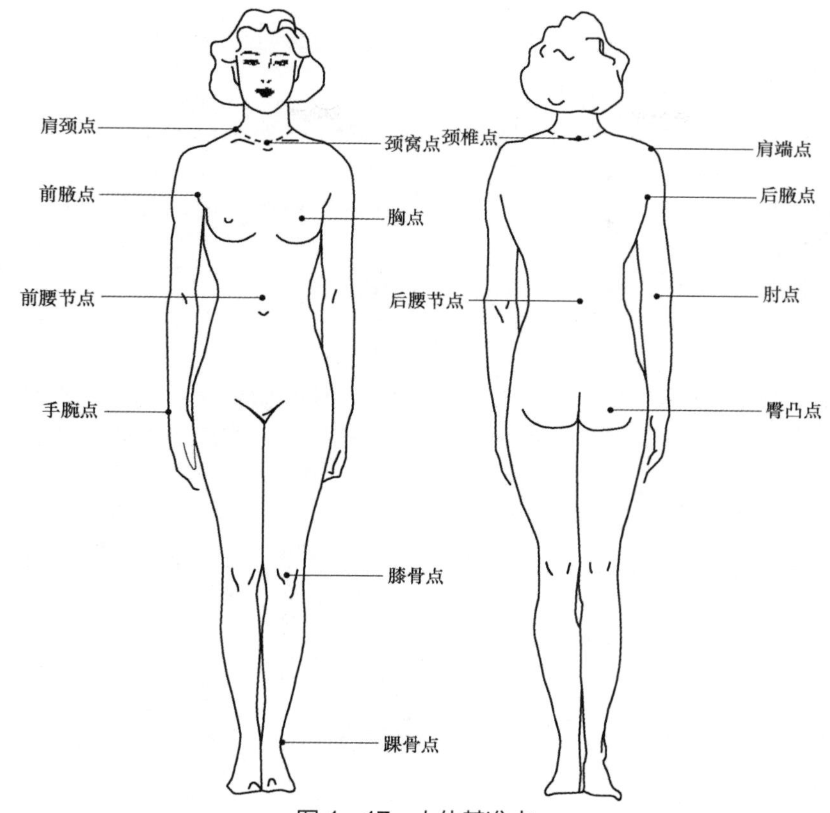

图 1－17　人体基准点

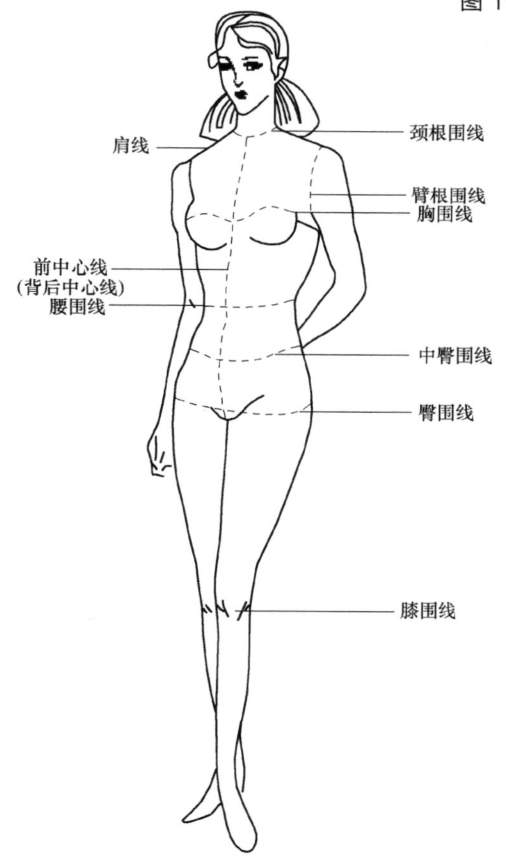

图 1－18　人体基准线

二、长度测量及名称

（1）背长：沿后中线从后颈点（第七颈椎点）至腰线间距离，随背形测量。

（2）腰长：腰围至臀围的距离，随形体测量。

（3）袖长：测量自肩点经肘点至尺骨下端。

（4）总肩宽：自肩的一端经后颈点（第七颈椎）至肩的另一端。

（5）背宽：测量后腋点间的距离，后腋点指人体自然直立时，后背与上臂会合所形成夹缝的止点。

（6）胸宽：测量前腋点间的距离。前腋点指胸与上臂会合所形成夹缝的止点。

（7）乳高：自肩颈点至乳点测量。乳高的测量，对不同年龄层次妇女的胸部造型的理解是很重要的。妇女随年龄的增长，肌肉松弛，乳房弹性减弱，乳下度渐渐增加，这就说明，对于不同年龄层次的妇女，其纸样乳点位置的设计不能同等对待。

（8）乳间距：测量乳点之间的距离。乳间距和乳高的测量，其意义同样重要，通常它们之间的关系是：乳高越低，乳间距就越小。

（9）股上长：自腰线至臀股沟的距离，随臀部形体测量。此尺寸位于股直肌和股骨之上，故称股上长。由于在测量此尺寸时很不方便，通常习惯于请被测者坐在木凳上（凳高以落座后大腿与地面持平为最佳），然后自腰线至凳面随体测量，因此也称为“坐高”。

（10）衣长：从紧贴颈部的肩缝起，通过胸部的最高点（*BP*点）量至所需位置止。

（11）前腰节长：起点与测量衣长同，往下量至中腰最细部位（此尺寸也可按号的1/4求出）。

（12）裤长：从裤腰上口起（腰间最细处）量至需要长度。

（13）裙长：从裙腰（或裤腰）上口起，量至需要长度。

三、测体注意事项

（1）若被测者有特殊体征的部位，应做好记录，以便作相应调整。

（2）要求被测者姿态（立姿或站姿）自然端正，呼吸正常，不能低头、挺胸等。

（3）测量时软尺不宜过松或过紧，保持横平竖直。

（4）测量跨季服装时，应注意对测量尺寸有所增减。

（5）做好每一测量部位的尺寸记录，必要的说明，注明体形特征的要求等。

（6）测体时要注意方法，要按顺序进行，一般是从前到后，从左到右，自上而下地按部位顺序进行，以免漏测或重复。

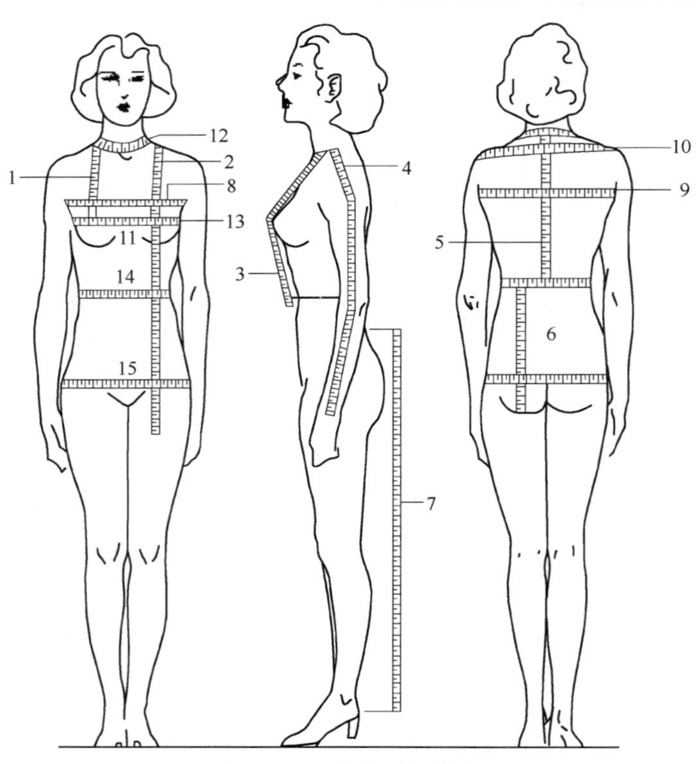

图1-19　人体测量部位

1—乳高　2—衣长　3—前腰节长　4—袖长　5—背长　6—股上长　7—裤长　8—胸宽　9—背宽　10—肩宽　11—乳宽　12—颈围　13—胸围　14—腰围　15—臀围

第四节　服装结构构成方法

一、构成方法分类

服装构成方法主要分平面构成和立体构成两种。

平面构成，亦称平面裁剪。指将服装立体形态通过人的思维分析，将服装与人体的立体三维关系转化成服装与纸样的二维关系，通过由实测或经验、视觉判断而产生的定寸、公式绘制出平面的纸样。此方法具有简捷、方便、绘图精确的优点。

立体构成，亦称立体裁剪。立体构成是将布料覆合在人体或人体模型上，利用材料的悬垂性能，将布料通过折叠、收省、聚集、提拉等手法，制成二维的立体布样。此方法的直观效果好，便于设计思想的充分发挥和及时修正，具有便于解决平面构成难以解决的不对称、多皱褶的复杂造型等优点。

二、平面构成方法分类

服装平面构成根据结构制图时有无过渡媒介，分为间接构成法和直接构成法。

（一）间接构成法

又称过渡法，即采用原型或基型等基础纸样为过渡媒介体，在其基础上根据服装具体尺寸及款式造型，通过加放、缩减、剪切、折叠、拉展等技术手法作出所需服装的结构图。根据基础纸样的种类也分原型法、基型法两种，具体内容在第八章详述。

1. 原型法

以结构最简单，但能充分表达人体最重要部位尺寸的原型为基础，加放衣长，增减胸围、胸宽等细部尺寸，并通过剪切、折叠、拉展等技术构造，如实体现服装造型的服装结构图。

2. 基型法

以所欲设计的服装品种中最接近该款式的服装纸样作为基型，对基型作局部造型调整，并作出所需服装款式的纸样。由于步骤少、制板速度快，常为企业制板所用。

（二）直接法

又称直接制图法，它直接测得参照服装的各细部尺寸，或运用人体体型规格及服装之间的关系，将服装结构图的细部，用人体基本部位的比例公式计算出来。这些计算公式必须根据服装各部位间的相互关系或服装与人体间的相互关系来确定，因而基本符合服装结构图的基本规律。其形式往往随比例公式中变量项的系数的比例形式而不同，此类方法具有制图直接、尺寸具实的特点，但构思计算公式时需一定的经验。按其方法种类可分为比例制图法和实寸法两种。

1. 比例制图法

根据人体的基本部位（身高、净胸围、净腰围）与细部之间的回归关系，求得各细部尺寸用基本部位的比例形式表达。本书的内容以比例法为主。

2. 实寸法

以参照特定的服装为基础，测量该服装的细部尺寸，以此作为服装结构制图的细部尺寸或参考尺寸。行业中也称剥样。

间接构成法和直接构成法由于具体形式不同而产生各种具体的方法，并各自名称相异，但从原理上分析，这两种方法均隶属于比例法。

总结与实训

总结：

本章讲述的是服装结构制图所要掌握的一些基本知识，而这些知识看似平淡，实质十分重要，对初学服装结构者来说是非常重要的，一定要强调初学者需认真复习和消化，为下一步的学习打下良好的基础，并且要注重检查学习效果及遗忘率。

实训：

1. 什么是号/型标准?
2. 如何进行人体测量？ 具体的部位名称?
3. 掌握服装结构的线条、 符号。
4. 掌握服装各部件的名称。

第二章
裙装制图

课题名称：裙装制图

课题内容：（一）裙装结构原理
（二）西服裙结构制图
（三）A 字裙结构制图
（四）斜裙结构制图
（五）手帕裙结构制图
（六）塔裙结构制图
（七）八片鱼尾裙结构制图

教学手段：（一）必须使用实样
（二）建议在板房上综合课

教学目的：学会几款基本裙的纸样制作。明白裙装纸样设计原理，能够应用基本裙装纸样进行变化款式的纸样制作

重点难点：（一）腰头线的构成方法
（二）劈量和省的构成方法
（三）A 字裙和塔裙的教学尽量结合原西裙（基本裙）的板型进行发展定型，使之不失系统性和连贯性
（四）制图线条流畅，主次分明，尺寸准确。意在由浅入深，引导学生逐步进入结构设计空间
（五）阐述 A 字裙下摆与臀围的一般比例的原理
（六）塔型裙的分割线部位选择的理由

第一节　裙子的概述

一、裙子的概念

裙子是指围裹在人体腰节线以下部位的服装，无裆缝，一般用于女性穿着（除苏格兰男裙及舞台男裙外），裙子能以连衣裙或独立的形式存在。

二、裙子的分类

裙装的款式千变万化，种类和名称繁多，从不同的角度有不同的分类。

1. 根据长度分类

根据长度分类，裙子可分为超短裙、短裙、及膝裙、中长裙、长裙、超长裙等。图 2-1 为裙长示意图。

腰节线
超短裙
短裙
及膝裙
中长裙
长裙
超长裙

图 2-1

2. 根据裙腰的形态分类

根据裙腰的形态分类，裙子可分为低腰裙、高腰裙、中（齐）腰裙、装腰裙、无腰裙、连腰裙等。

3. 根据造型及款式分类

根据造型及款式分类，裙子可分为筒裙（H 型）、窄裙（Y 型）、喇叭裙（A 型）、鱼尾裙（S 型）、收腰大摆连衣裙（X 型）等。

第二节　裙装结构原理

一、裙装前后片的省量设计

前、后裙片的省量要尽可能的接近实体，因此它有一定的局限性。然而，从英式、美式和标准裙子基本纸样的省量设定看都不相同，但是无论如何它们都遵循着一个共同的原则，就是前身的施省量都小于后身，而不能相反。这是由于臀部的凸度大于腹部所决定的，在这种原则基础上再进行省量的平衡，其结构都是合理的。见图 2-2、图 2-3。

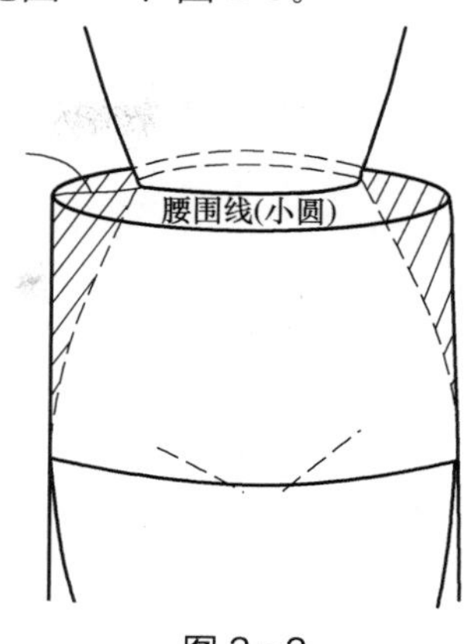

图 2-2

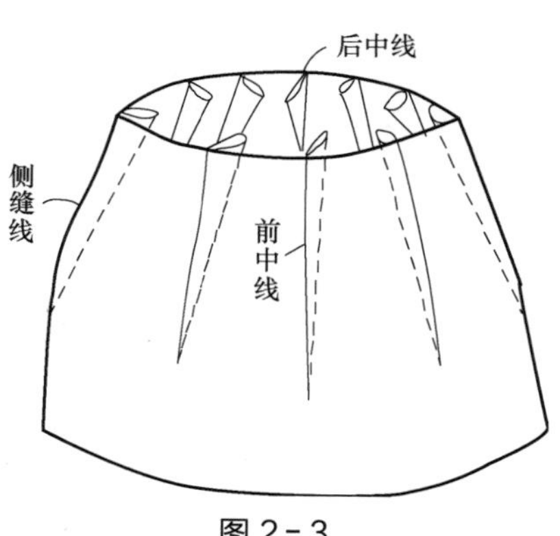

图 2-3

从人体腰臀部的局部特征分析，臀大肌的凸度和后腰差量最大，大转子凸度和侧腰差量次之，最小的差量是腹部凸度和前腰，裙子基本纸样省量设定的依据就在于此。同时，为了使臀部造型丰满美观，将过于集中的省量进行平衡分解。这就是裙后片设两省，裙前片设一省的造型依据。

二、裙子的功能性

服装必须满足一定的功能性，而裙子则以不妨碍日常生活及下肢运动最为重要，如行走、跑步、上下台阶以及坐、蹲、盘腿等。在满足人静态穿着的前提下，裙摆大小则是控制裙子功能性的重要因素。

在正常的步幅下，裙长越长，行走对裙摆要求的尺寸就越大；对于苗条造型的裙子而言，当裙长超过膝盖，步行所需的裙摆量就不足，因此常通过开衩、抽缩、折裥等设计来调节。根据日常的活动要求，一般开衩的缝合止点或折叠的位置可选择在膝盖以上 15～20cm 的位置（实验条件为身高 160cm 的人正常行走的平均步幅，见图 2-4、图 2-5）。

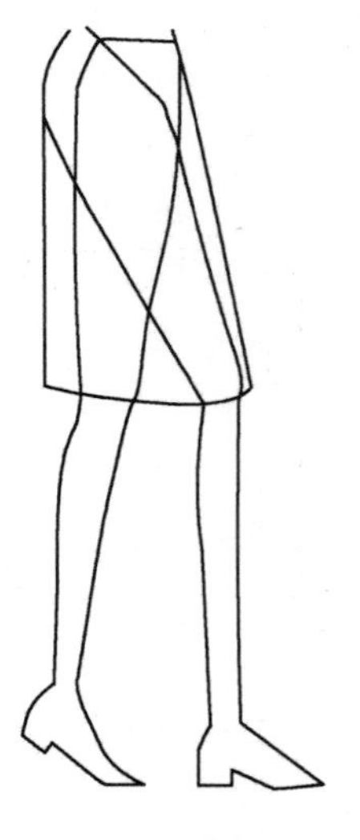

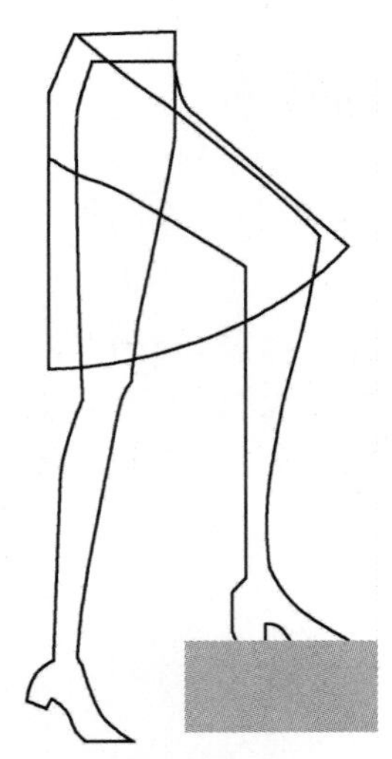

图 2-4

膝上 25cm，摆围 88cm
膝上 10cm，摆围 95cm
及膝，摆围 103cm
膝下 12cm，摆围 125cm
膝下 25cm，摆围 135cm
脚踝，摆围 146cm

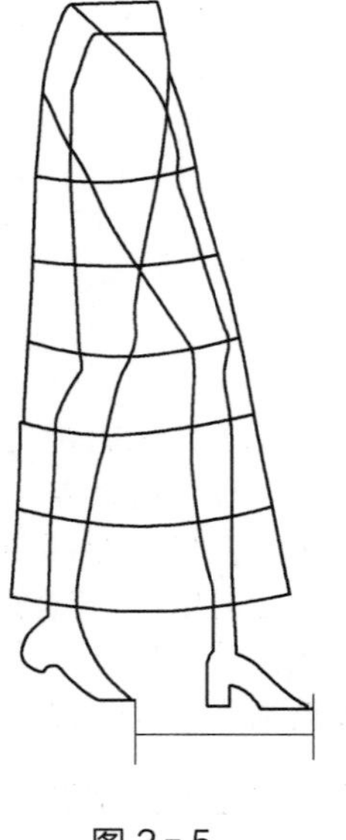

图 2-5

第三节　西服裙结构制图

一、款式特征

装腰式直裙，前后片各设省四个，后中设纵向分割线，上端装拉链，下端开衩，裙摆两侧略收。见图 2-6。

二、成品规格

号型：160/68A

单位：cm

部位	裙长	臀围	腰围
规格	60	96	70

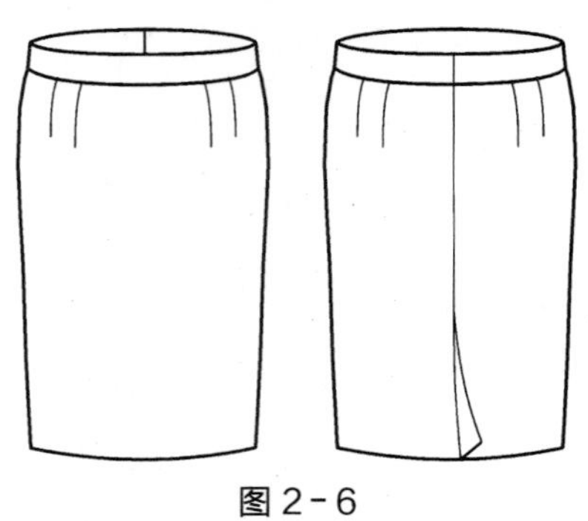

图 2-6

三、要点分析

1. 尺寸设计

（1）裙长。裙长一般在膝盖附近，年轻人多取膝盖上，着装效果活泼干练；年长者取膝盖位或以下，着装效果端庄稳重。

（2）腰围。通常腰围的放松量取值范围为 0～2cm，年轻者取上值，年长者取下值。此款腰围加放松量 2cm。

（3）臀围。通常臀围的放松量取值范围为 4～6cm，年轻者取上值，年长者取下值，且 4cm 为臀围的最小放松量（人体活动量）。此款臀围加放松量 6cm。

2. 结构设计

（1）臀围比例。前片 $H/4+1$，后片 $H/4-1$，从着装效果看其实是侧缝线稍往后移，正面会比较美观，也常有制图是前后片按 $H/4$ 分配的。

（2）臀腰高。指腰到臀的垂直距离，按 0.1 号+1cm 计算。也可取定数，常为 17～20cm，根据体型而异，年轻者取上值，年长者取下值。

（3）臀腰差。指臀围减去腰围所余的量，是腰省的来源，作图时（前或后片）臀腰差大于 6cm 者将其 3 等分，靠近侧缝处的一份作为劈量，其余两份作为省量；臀腰差等于或小于 6cm 者将其 2 等分，靠近侧缝处的一份作为劈量，另一份作为省量。

（4）省大。不可过大或过小，过大缝制后省尖处起尖，即使加以熨烫也难以消失，过小则缝制后达不到收省的效果，一般为 1.5～3cm/个，也是臀腰差二等分或三等分的来源。

（5）省长。以中臀线为依据，一般不超过中臀线，且前片省长比后片省长稍短，是因为前片省所指的是腹凸位置偏高，一般情况下其长度为 8～10cm，后片省所指的是臀凸位置偏低，一般情况下其长度为 10～12cm。由于女性臀凸较明显处靠近后中线，腹凸靠近前中线，故靠近中线处的省略长于靠近侧缝的省，约 1cm 左右。

（6）侧缝处的起翘。起翘量一般为 0.7～1cm，腰缝线与侧缝弧线的交接处才能绘制成 90°角，是缝制侧缝后腰头部位圆顺所需。

（7）后中下落量。侧观人体，可见腹部前凸，而臀部略有下垂，腹部的隆起使得前裙腰向斜上方移升，后腰下部的平坦使得后腰下沉，致使整个裙腰处于前高后低的非水平状态，在后中腰口低落 1cm 左右就能使裙腰部处于良好状态。

（8）开衩。开衩是为行走的需要，因西服裙的下摆内收，摆量制约了腿的迈步，为达到正常的行走所需量而进行开衩处理；开衩位一般为臀下 20cm 。

四、结构设计图（图 2-7）

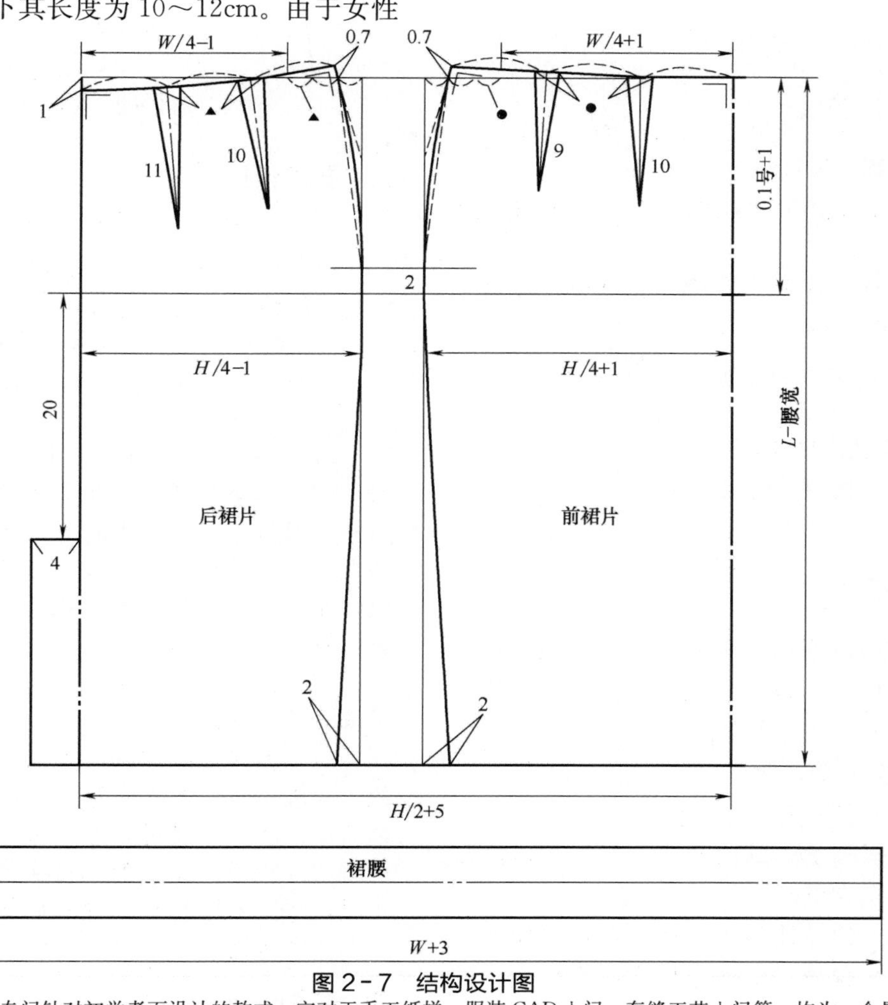

图 2-7 结构设计图

注：此裙是一款专门针对初学者而设计的款式，它对于手工纸样、服装 CAD 入门、车缝工艺入门等，均为一个最好的选择。

五、西服裙制图步骤

（一）前裙片制图步骤

（1）前中线：首先画出的基础直线。

（2）上平线：与前中线垂直相交。

（3）下平线：按裙长—腰头，平行于上平线。

（4）臀高线：上平线往下量取 0.1 号+1cm。

（5）臀围大：按臀围/4+1cm，平行于前中线。

（6）腰围大：按腰围/4+1cm+省。

（7）腰翘：0.7cm。

（8）侧缝线：通过腰围大点、臀围大点画顺侧缝弧线。

（9）腰省：省宽为臀腰差的 1/3，省长分别为 9cm 和 10cm。

（二）后裙片制图步骤

上平线、下平线、臀高线均按前裙片延伸。

（1）后中线：垂直于上平线。

（2）臀围大：臀围/4 − 1cm，平行于后中线。

（3）腰围大：腰围/4−1cm+省。

（4）腰翘：0.7cm。

（5）侧缝线：通过腰围大点、臀围大点画顺侧缝弧线。

（6）腰省：省宽为臀腰差的 1/3，省长分别为 10cm 和 11cm。

（7）后开衩：长为臀围线下 20cm，宽为 4cm。

（三）腰头制图步骤

（1）长：腰围+搭门宽 3cm。

（2）宽：3cm。

六、特别提示

此款裙虽然简单，但对初学者来说，也有一定的陌生感，所以，建议教师在讲授和指导学生做纸样时，注意下面几点：

（1）把公式简单化。

（2）线条实用化。

（3）以能画出本款裙为主，勿将太多太复杂的东西掺杂在里面。

（4）其目的是让学生尽快入门，让他们一学便会，有成就感，引起今后学习纸样制作的兴趣，也是循序渐进的基础。

第四节　A 字裙结构制图

一、款式特征

整体为 A 字形，前后片左右各设一个省道，低腰无腰头，见图 2-8。

二、成品规格

号型：160/68A　　单位：cm

部位	裙长	臀围	腰围
规格	50	94	70

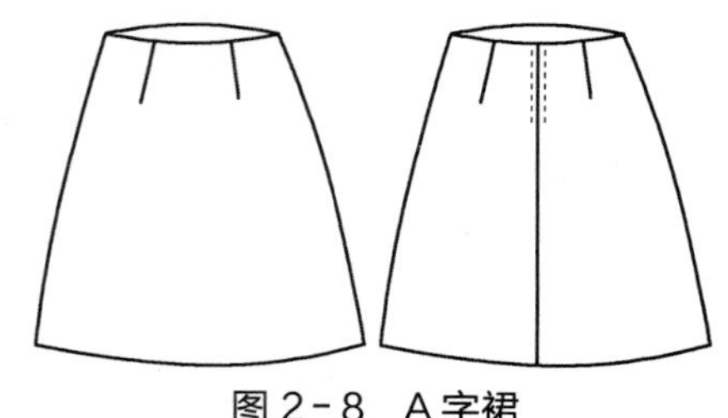

图 2-8　A 字裙

三、要点分析

1. 尺寸设计

（1）裙长。裙长一般在膝盖上为多，着装状态年轻活泼，比如网球裙。

（2）腰围。腰围放松量 2cm。

（3）臀围。臀围放松量 4cm。

2. 结构设计

（1）臀围分配。前后片均按 $H/4$ 分配。

（2）下摆张开量。在侧缝直线上从臀围大点向下量取 10cm 后外张 1cm 得点，此点与臀围大点连线延长至下摆线上，即为下摆的张开量，此量随裙子的长度变化，达到行走的基本量，故 A 裙不需开衩。

（3）省。取臀腰差的 1/3 做一个省，加大了侧缝处的劈量。

（4）侧缝处的起翘。因侧缝劈量加大的缘故，起翘量应大于西服裙，以画顺腰缝线为准，但需保证前后片起翘量的一致。

（5）腰里。此款为无腰头的低腰裙，需配腰里，腰里采用与裙子缝制后腰部状态一致的形态，即需进行省道合并修正。

四、结构设计图（图 2-9）

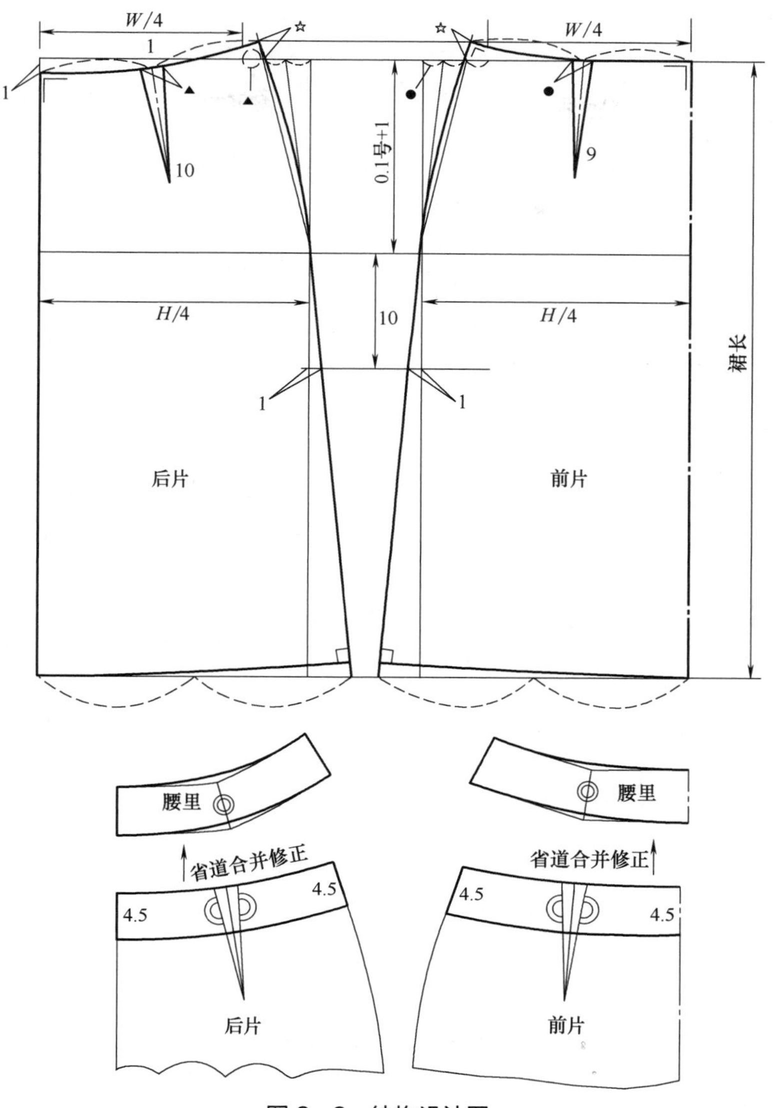

图 2-9　结构设计图

五、教学建议和提示

对于该款裙的教学，与西服裙其实是一个连贯性的内容，在上一款西服裙的基础上进行变化即可。这是十分简单的提示式教学。

第五节　斜裙结构制图

一、款式特征

180°斜裙，绱腰头，裙身腰部以下呈自然波浪，前后腰口无裥无省，裙片分为前后两片，裙摆宽大，右侧缝上端装拉链，腰口钉一粒钮扣，见图 2-10。

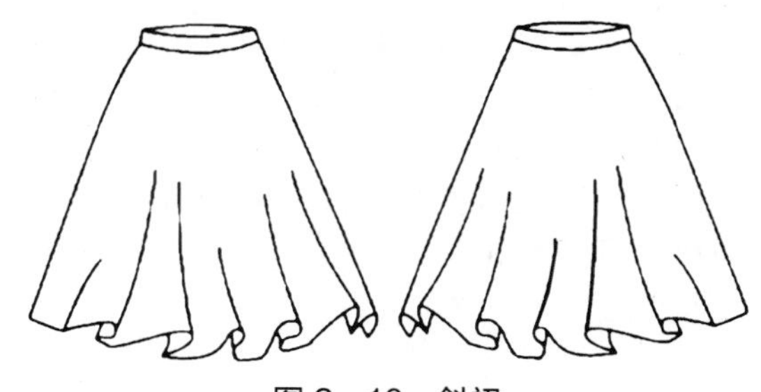

图 2-10　斜裙

二、成品规格

号型：160/68A　　　　单位：cm

部位	裙长	腰围
规格	70	70

三、要点分析

1. 尺寸设计

(1) 裙长。裙可长可短，此款裙长至小腿处。

(2) 腰围。腰围放松量 2cm。

2. 结构设计

(1) 腰围线。180°斜裙的腰围为半圆周，故 $2W=2\pi R$，得 $R=W/\pi$，以此为半径作圆弧得腰围线。

(2) 下摆中起翘。为面料的斜向所致，面料的斜向变形性较大，由于面料本身的重量垂性致使着装后该方向的长度会变长，为了裙子下摆的平衡感，需在制图时就去除斜向可能变长的量 2cm。

四、结构设计图 (图 2-11)

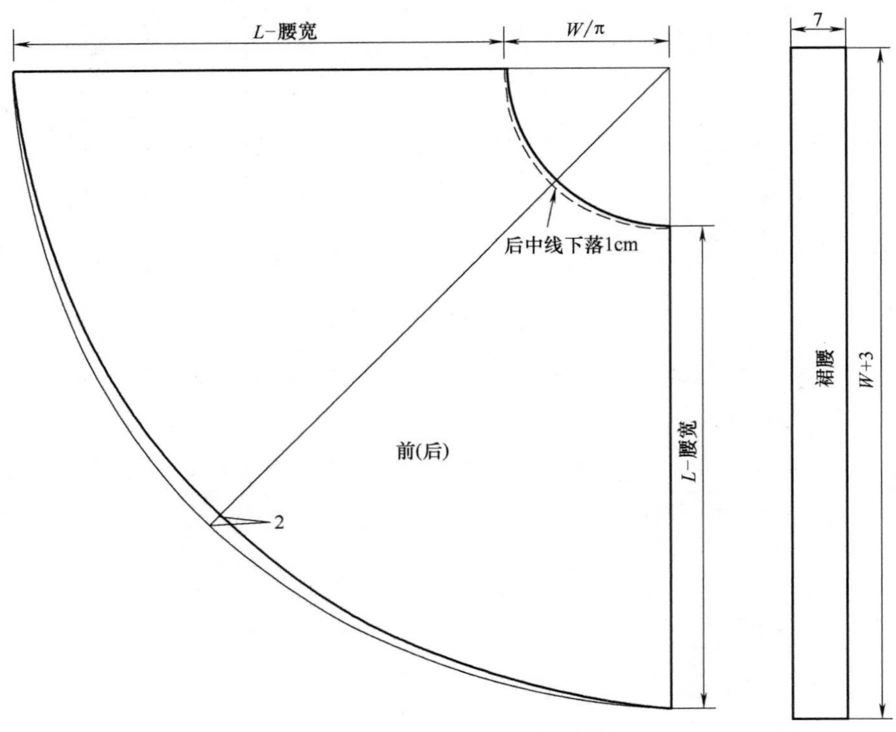

图 2-11 结构设计图

五、教学建议和提示

对于该款裙的教学，最好采用面料直接演示，效果会很直观。且可在此裙的基础上请同学们绘制 360°圆裙的结构图。

但是，这款裙值得注意的教学重心是如何掌握裙长和腰围的确定方法，计算方法，其他问题自然会迎刃而解。

第六节 手帕裙结构制图

一、款式特征

波浪形的裙摆，似手帕四角下垂，故称手帕形波浪裙，装腰头，后中装拉链，见图 2-12。

图 2-12 手帕裙

二、成品规格

号型：160/62A 单位：cm

部位	裙前长	裙侧长	腰围
规格	48	68	63

三、结构设计图（图 2-13）

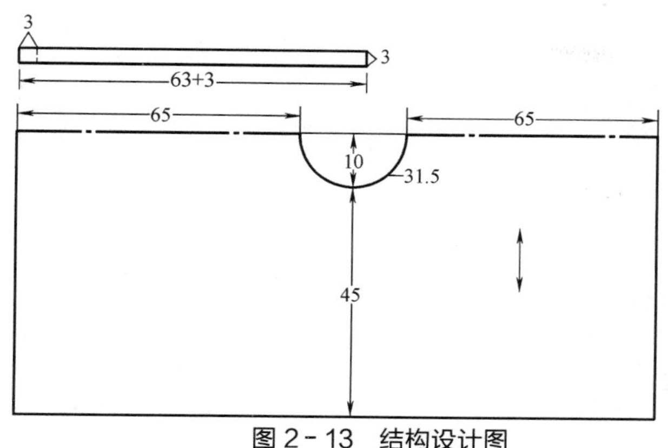

图 2-13 结构设计图

四、教学建议和提示

（1）此款裙的重点在腰围线的制作技巧，与上一节斜裙同理。

（2）建议用面料演示解析，可事半功倍。

（3）重点是掌握裙长和腰围的制图方法。

第七节 塔裙结构制图

一、款式特征

三节塔裙，每一节均收自然碎褶，装腰头。见图 2-14。

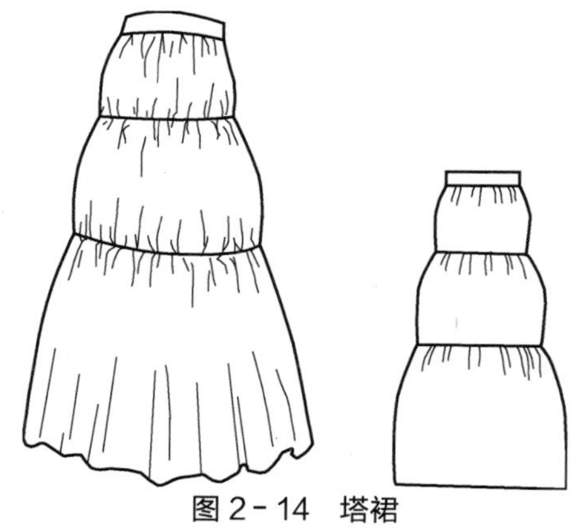

图 2-14 塔裙

二、成品规格

号型：160/68A　　单位：cm

部位	裙长	腰围
规格	75.5	70

三、要点分析

（1）分割比例。根据款式图可按不同的比例进行分割，常用的有 1∶1∶1，3∶5∶8 或其他的数列，此款采用 3∶4∶5 的比例进行分割。

（2）收褶量。褶量可根据不同面料和款式要求按百分比 50%～100%进行分配，此款采用递增的定数为收褶量。

四、结构设计图（图 2-15）

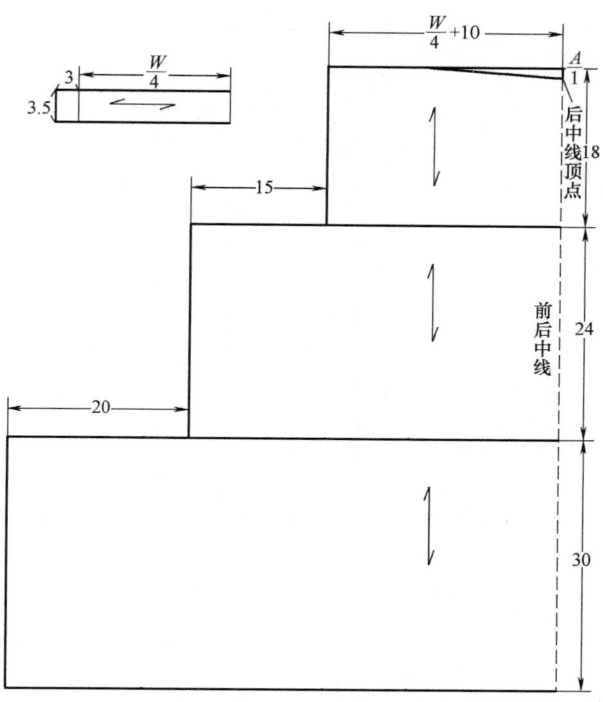

图 2-15 结构设计图

五、教学建议与提示

此款裙的教学可在 A 字裙的基础上进行，或将 A 字裙变成三节裙即可，反正道理十分简单，也属于提示式教学。

第八节 八片鱼尾裙结构制图

一、款式特征

连腰，后中装拉链，裙身作八片分割，通过纵向分割在腰口处把臀腰差转移到分割缝中，腰臀处合体，膝围向内收进，下摆张开使整个裙身呈鱼尾状造型。见图 2-16。

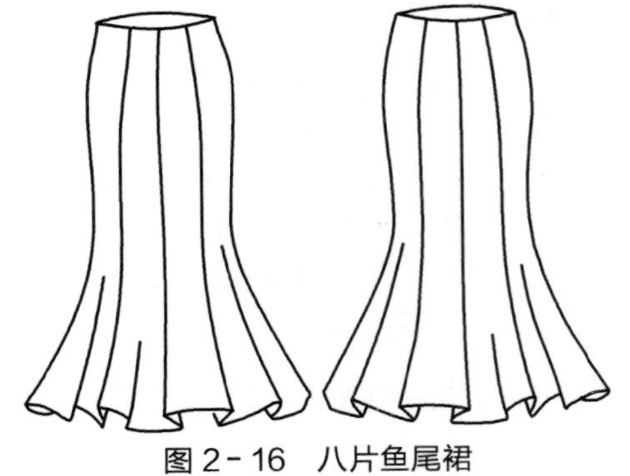

图 2-16　八片鱼尾裙

二、成品规格

号型：160/68A　　　　单位：cm

部位	裙长	臀围	腰围
规格	80	96	70

三、要点分析

（1）膝围内收量。款式造型所需，但内收量不可过大，否则穿着后无法行走。

（2）下摆张开量。可随款式造型调节大小。

四、结构设计图（图 2-17）

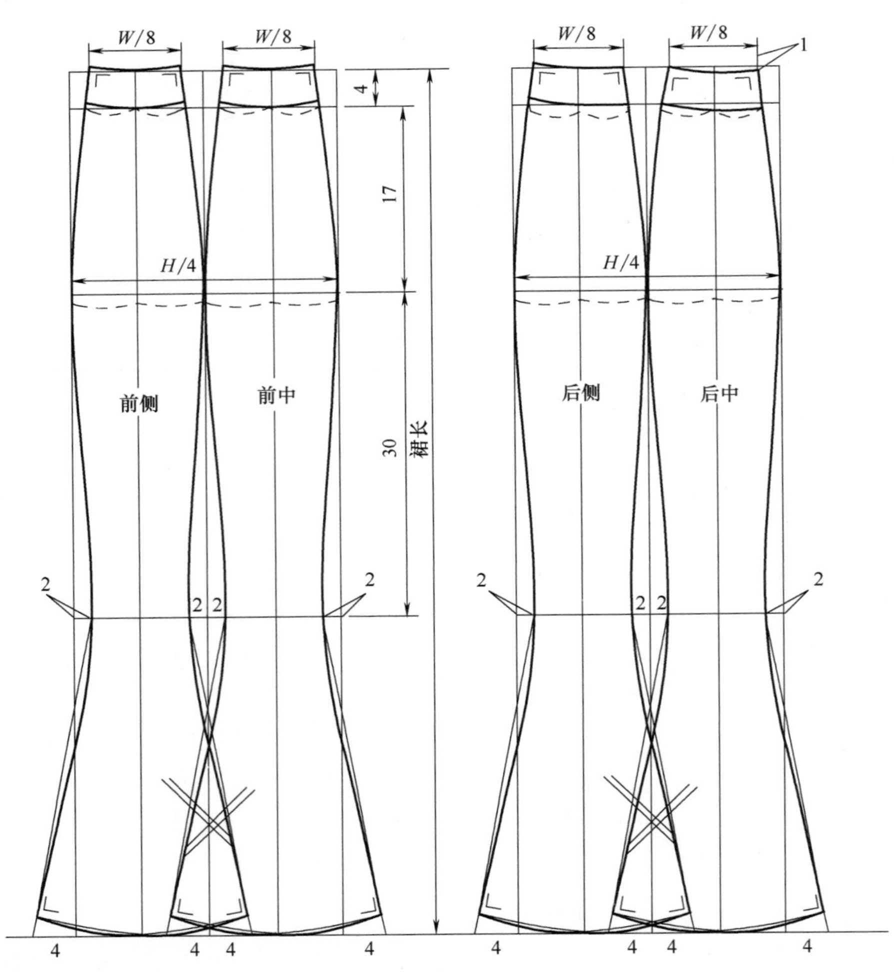

图 2-17　结构设计图

五、教学提示和建议

（1）重点是分割的方法，分割线位置。

（2）下摆的交叉重叠位表示和量要详细解析。

参考款式

一、低腰方形裙

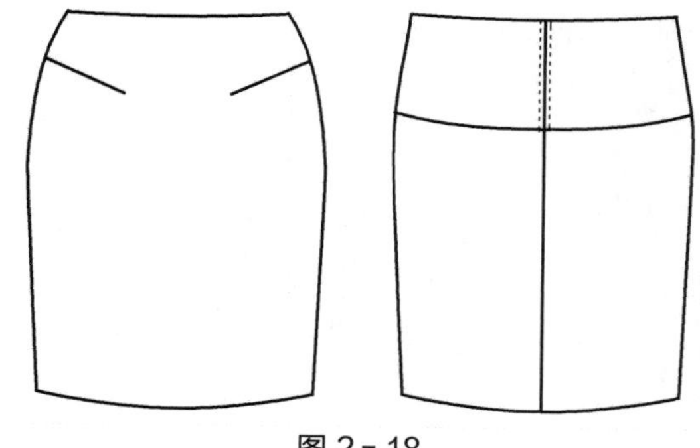

图 2－18

成品尺寸

号型：160/66A　　　　单位：cm

部位	裙长	臀围	腰围
规格	52	92	68

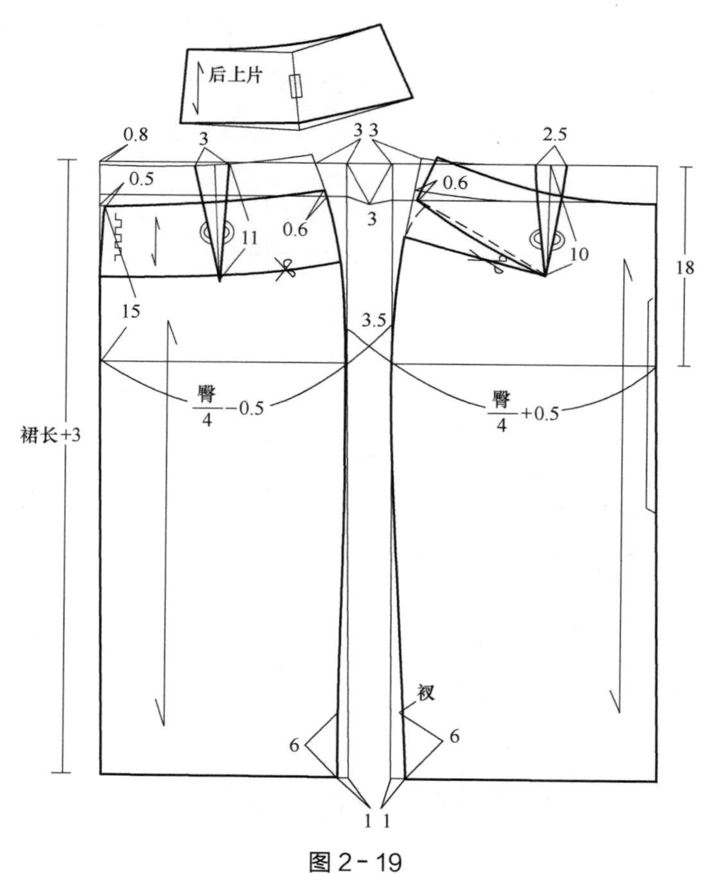

图 2－19

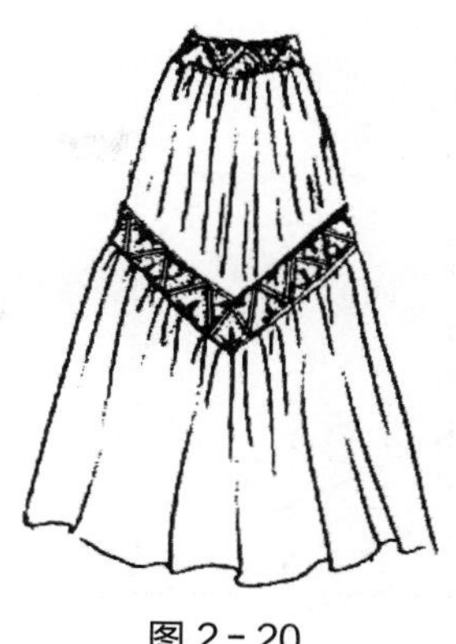

图 2－20

二、低腰三节裙

成品尺寸

号型：160/66A　　　　单位：cm

部位	裙长	臀围	腰围
规格	80	96	68

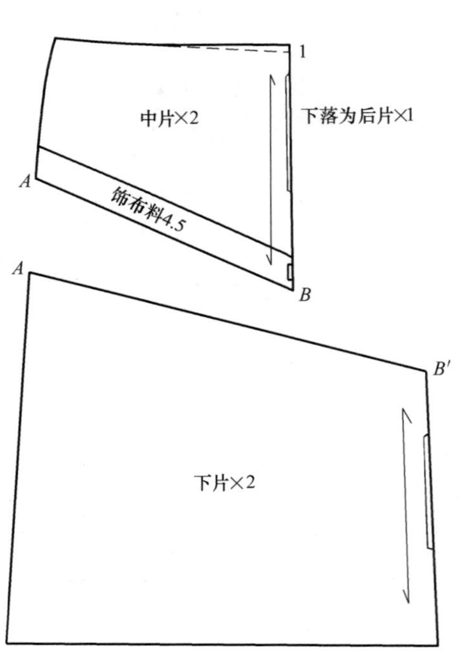

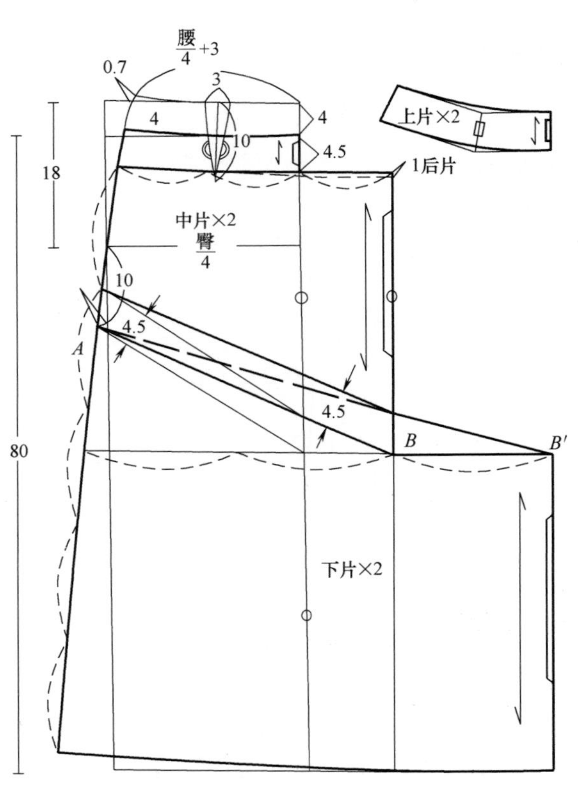

图 2-21

三、牛仔刀背分割裙

图 2-22

成品尺寸

规格：160/66A 单位：cm

部位	裙长	臀围	腰围
规格	50	92	68

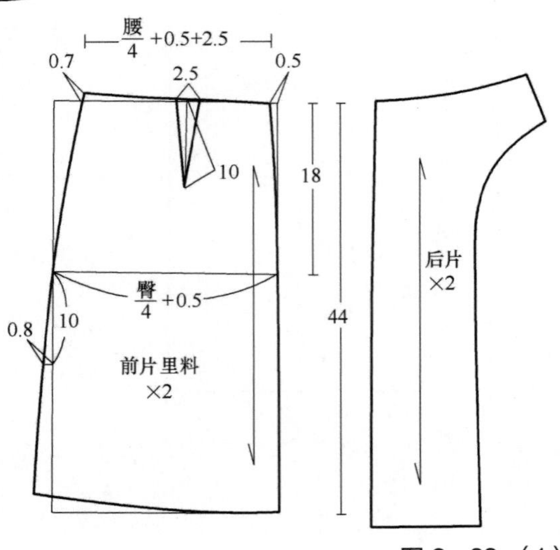

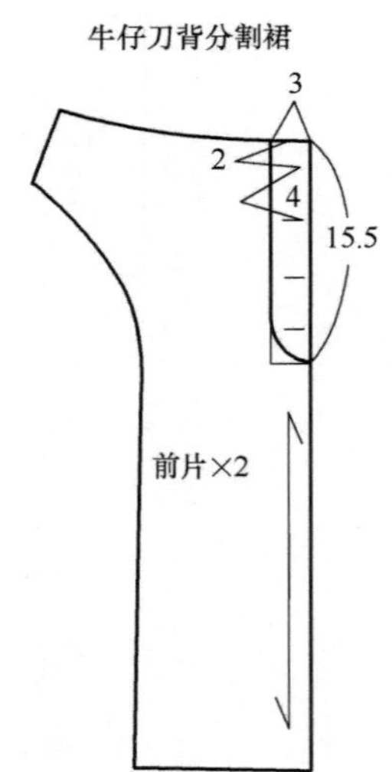

图 2-23（1）

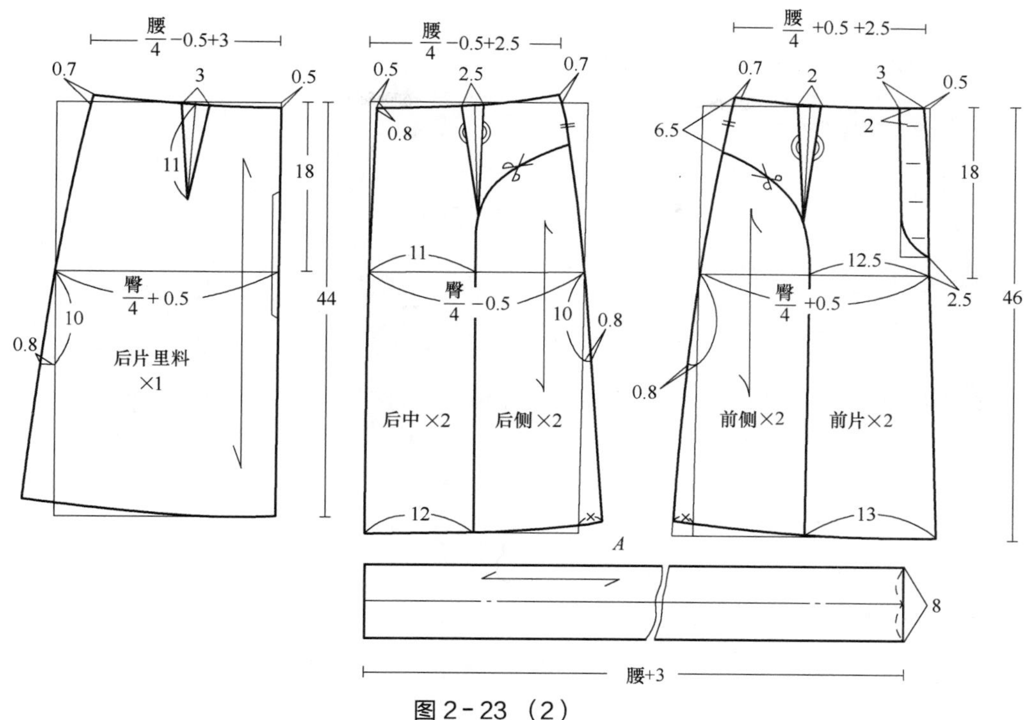

图 2-23（2）

四、抽褶松紧中庸裙

图 2-24

成品尺寸

号型：160/66A　　　　单位：cm

部位	裙长	臀围	腰围
规格	70	98	92

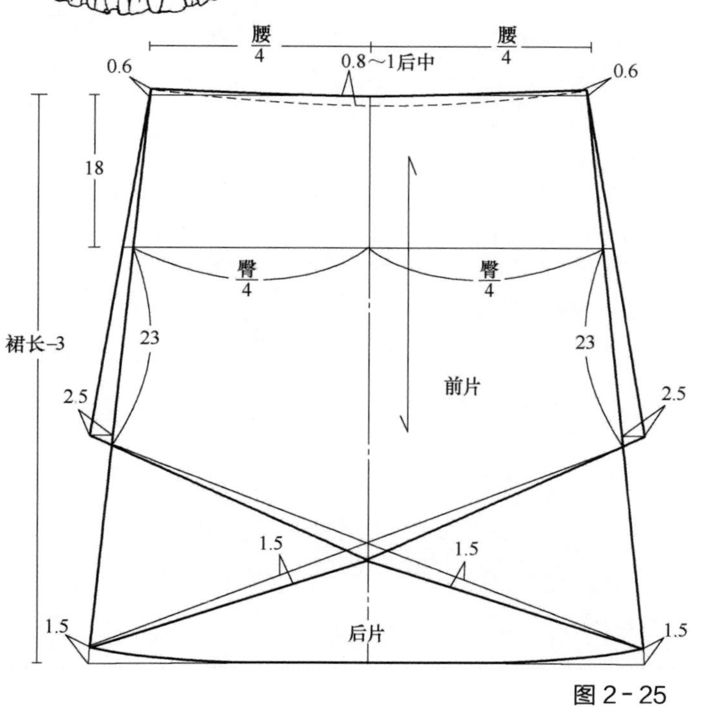

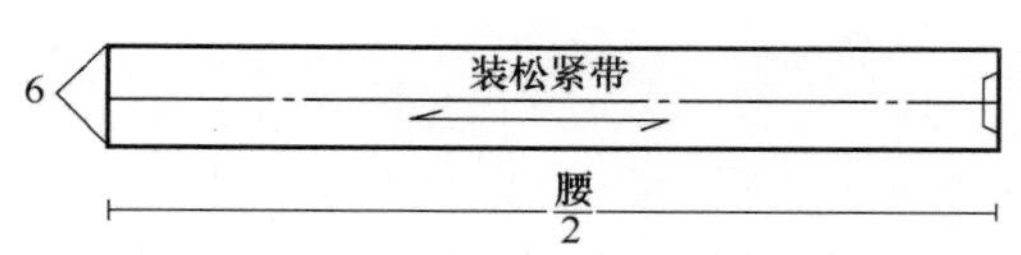

图 2-25

作业：

一、请绘制出以下几款裙子的结构制图。

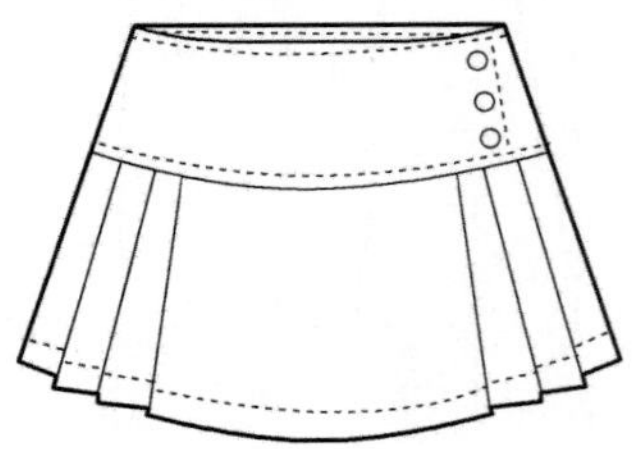
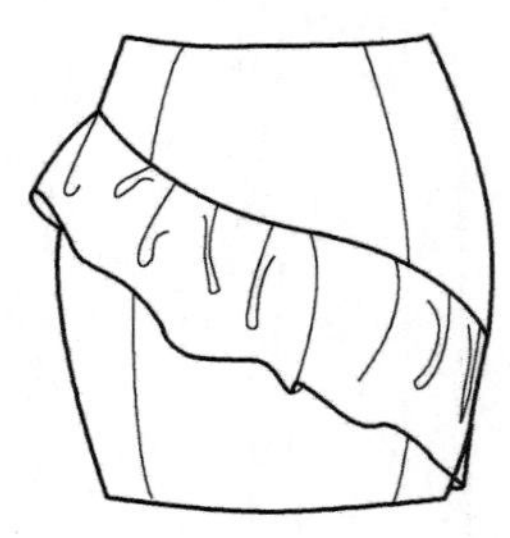
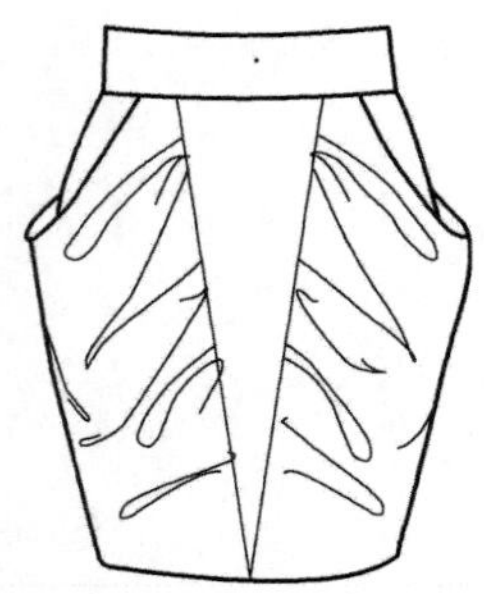

二、运用所学知识自己设计一系列裙子并绘制出结构制图，结合工艺课完成此系列裙子的制作。

第三章
裤装制图

课题名称：裤装制图

课题内容：（一）裤子概述
（二）裤装结构原理
（三）男西裤结构制图
（四）女西裤结构制图
（五）喇叭牛仔裤结构制图

教学手段：（一）必须结合实样教学，先对实样进行剖析，带出控制部位
（二）初始画图必须要细、要慢，关键部位（如大小窿门等）必须经反复讲述、描画，直至学生彻底明白，特别是裤浪的弧线，必须顺畅，前后浪圆滑衔接
（三）主、辅线条对比分明，表达流畅
（四）数据准确
（五）边讲边带学生画 1∶1 大图，每讲完一个部位即停顿一次进行提问，巡视学生作业
（六）学生 1∶1 作业全批全改，并有小结，堂上讲评等

教学目的：通过本章的学习，让学生对下装裤子有了一个基本的认识，同时，又能根据款式的不同而灵活使用各部位的控制数据，即能在基本型的基础上进行制作及变化

重点难点：（一）男女西裤控制部位尺寸的使用及放松量的差异
（二）着重解决裤子的前后大、小窿门的基本画法以及松、紧、长、短装的具体尺寸掌握，这是重中之重
（三）作图时起手线即 X、Y 轴的作用及使用方法，明晰其在放码时的作用
（四）后片腰头（后中）上起翘量的把握，中膝线定位（上、下）对腿型的影响，前后浪的吻合连接
（五）后挖袋的定位方法，两侧插袋的种类

腰围、臀围、膝围和脚口。

第一节 裤子概述

一、裤子的概念

裤子是指人体自腰围线以下的下肢部位穿着的服饰用品，在我国有传统的中式裤和外来的西式裤。西式裤属于立体型结构，其形状轮廓是以人体结构和体表外型为依据而设计的，在裤子制图中一般有 5 个控制部位，即裤长、腰围、臀围、膝围和脚口。

二、裤子的分类

裤子的种类很多，根据观察角度、造型、款式、裤长及材料和用途的不同，可以产生多种分类方式（图 3-1）。

1. 按裤长长度分类

（1）超短裤。裤长≤0.4 号－10cm 的裤装。

（2）短裤。裤长为 0.4 号－10cm～0.4 号＋5cm 的裤装。

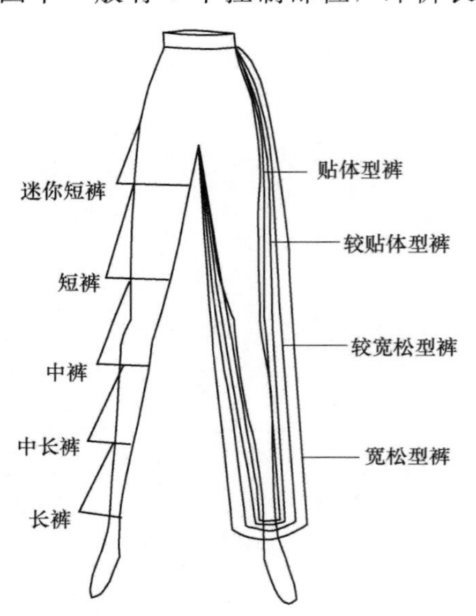

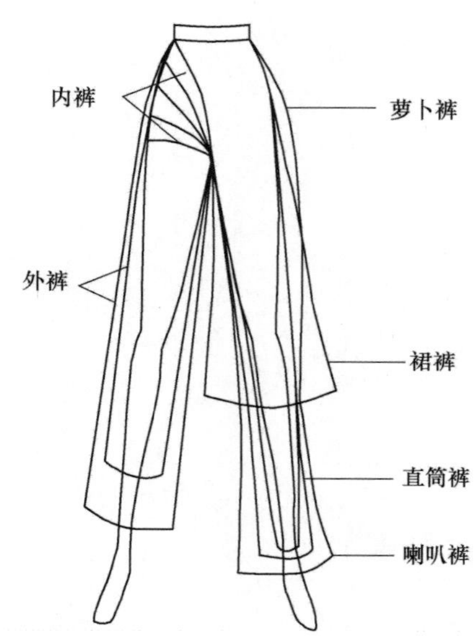

图 3-1　各种裤型图

（3）中裤。裤长为 0.4 号＋5cm～0.5 号的裤装。

（4）中长裤。裤长为 0.5 号～0.5 号＋10cm 的裤装。

（5）长裤。裤长为 0.5 号＋10cm～0.6 号＋2cm 的裤装。

2. 按裤装臀围加放松量分类

（1）贴体型裤。裤臀围的松量为 0～6cm 的裤装。

（2）较贴体型裤。裤臀围的松量为 6～12cm 的裤装。

（3）较宽松裤。裤臀围的松量为 12～18cm 的裤装。

（4）宽松裤。裤臀围的松量为 18cm 以上的裤装。

3. 按形态分类

（1）瘦脚裤。裤口量≤(0.2H－3) cm 的裤装。

（2）裙裤。裤口量≥0.2H＋10cm 的裤装。

（3）直筒裤。裤口量＝0.2H～0.2H＋5cm，中档与裤口量基本相等的裤装。

（4）喇叭裤。中裆小于脚口的裤装。

（5）萝卜裤。中裆大于脚口的裤装。

4. 按性别年龄分类

按性别年龄分为男裤、女裤和童裤等。

5. 按穿着层次分类

按穿着层次可分为内裤和外裤。

除此之外，还可以按穿着场合、用途、材料、民族等角度来分类。

三、裤子的廓形变化

裤子廓形的基本形式有四种：

（1）长方形（筒形裤）。

（2）倒梯形（锥形裤）。

（3）梯形（喇叭形裤）。

（4）菱形（马裤）。

影响裤子造型的结构因素有臀部的松量和裤口宽度与裤子的长短，而且这些因素在造型上是要相互协调的（图 3-2）。

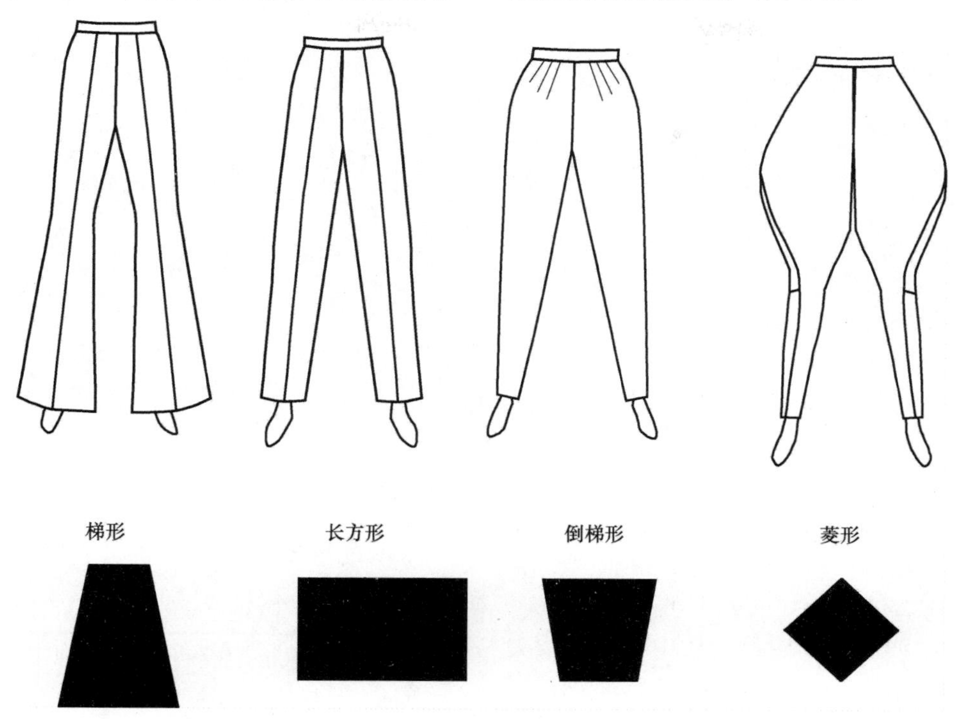

图 3-2　裤子的廓形

第二节　裤装结构原理

一、前、后裆弯结构形成的依据

我们从裤子的基本纸样中发现前裆弯都小于后裆弯，这是由人体的构造所决定的。

裤子基本纸样裆弯的形成是和人体臀部与下肢连接处所形成的结构特征分不开的，如果观察人体的侧面，臀部就像一个前倾的椭圆形。以耻骨联合作垂线，把前倾的椭圆分为前、后两个部分，前一半的凸点靠上为腹凸，靠下为较平缓的部分正是前裆弯，后一半的凸点靠下为臀凸，构成后裆弯。从臀部前后形体的比较来看，在裤子的结构处理上，后裆弯要大于前裆弯，这是形成前、后裆弯结构重要依据（图 3-3）。另外，从人体臀部屈大于伸的活动规律看，后裆的宽度要增加必要的活动量，这是后裆弯大于前裆弯的另一个重要原因。由此看来，裆弯宽度的改变有利于臀部和大腿的运动，但不宜增加其深度。经实际测算，裆宽占臀围的 1.6/10 左右，前后裆宽的比例为 1∶3。

裤子基本纸样的裆弯设计，可以说是最小化的设计，是满足合体和运动最一般的要求，因此，当我们缩小裆弯的时候，其作用就可能出现“负值”，这就需要增加材料的弹性，以取得平衡。针织物和牛仔布所设计的裤子其横裆变小就是这个道理，当我们要增加横裆的时候要注意一个问题，无论横裆量增加的幅度如何，其深度都不改变。因为裆弯宽度的增加是为了改善臀部和下肢的活动环境，深度的增加不仅不能使下肢活动范围增大，而恰恰相反，这个原理和袖子与袖窿的关系是一样的。因此裆弯的设计只有宽度增加的可能，而不能增加深度。

二、后翘、后中线斜度与后裆弯的关系

裤子基本纸样中的后翘度、后中线斜度和后裆弯所采用的比例关系被看成标准的配伍或作为中性设计。标准裤子基本纸样是按照合理的比例设定的，当我们应用标准纸样设计时，必须要根据造型的要求和对象的不同作出选择和修正，而这种选择和修正不是随意的，是依据它内在结构的制约关系进行的。

后翘，实际是使后中线和后裆弯的总长增

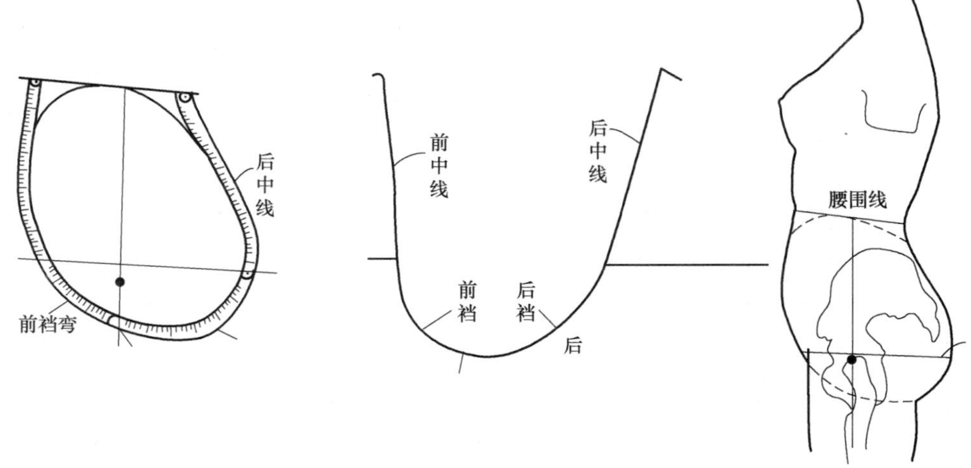

图 3-3　后裆弯大于前裆弯

加，显然这是为臀部前屈时，裤子后身用量增大设计的。后中线的斜度取决于臀大肌的造型。它们的关系是呈正比的，即臀大肌的挺度越大，其结构的后中线斜度越明显（后中线与腰线夹角不变），后翘越大，使后裆弯自然加宽。因此，无论后翘、后中线斜度和后裆弯如何变化，最终影响它们的是臀凸，确切地说就是后中线斜度的大小意味着臀大肌挺起的程度。其斜度越大，裆弯的宽度也随之增大，同时臀部前屈活动所造成后身的用量就多，后翘也就越大。斜度越小，各项用量就自然缩小。由此可见，无论是后翘、后中线斜度还是后裆弯宽，其中任何一个部位发生变化，其他部位都应随之改变。

第三节　男西裤结构制图

一、款式特征

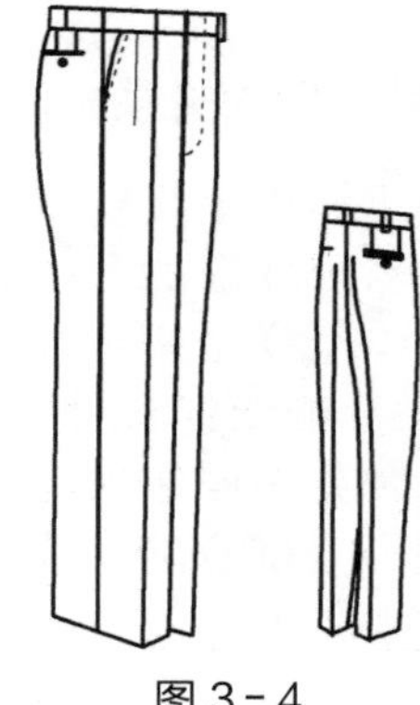

图 3-4

装腰，前开门装拉链，斜插袋，前裤片左右各折反裥两个，后裤片左右各收省两个，左右后片各做双嵌线袋一只，腰头装串带七根。

二、成品规格

号型：170/74A　　　　单位：cm

参数	裤长	腰围	臀围	脚口	腰宽
规格	103	76	104	22	4

三、要点分析

1. 尺寸设计

（1）裤长。裤长是变化量，随款式造型而变化，同时受脚口宽度的影响，一般情况下，脚口大，裤长可加长；脚口小，裤长可缩短。本款西裤可量至鞋跟上 2～3cm。

（2）腰围。男裤因常将衬衫等上衣束入裤内，且采用皮带系扎，故放松量在 2～4cm 之间，本款加放松量 2cm。

（3）臀围。臀围放松量随款式造型而变化，一般紧身裤放松量为 0～6cm；合体裤放松量为 6～10cm；较合体裤放松量为 10～16cm；宽松裤放松量为 16cm 以上。本款为较合体裤，臀围加放松量 14cm。

（4）脚口。踝关节处围量一周，大小依款式造型需要加放，传统西裤脚口一般在 38～44cm 之间。本款取 22cm（平量）。

2. 结构设计

（1）直裆长。指腰部至横裆线之间的长度，它的确定非常重要，过长裤子会吊裆不美观，过短裤子会兜裆不舒适。本款取 $H/4$，也可测量人坐姿时腰节至凳面的垂直距离加 2～3cm。

（2）中裆。中裆线设置在人体膑骨附近，一般略向上些，这主要是考虑裤子造型的美观。中裆线不是固定不变的，可根据裤子造型选择位置。中裆宽相对比较稳定，一般控制在 $2H/10+3$cm 左右（特殊款式除外）。

（3）臀围比例。前后裤片臀围的分配比例通常是前片略小于后片，这是因为上肢自然下垂时手中指指向下肢的偏前位置，便于手插侧袋的缘故。本款前片为 $H/4-1$，后片为 $H/4+1$。

（4）裆弯与裆宽。详见第二节裤装原理，本款前裆宽取 $H/20-1$，后裆宽取 $H/10$。

（5）后翘与后裆斜线。当人处于坐、蹲姿势时，向下的运动会使裤子的后裆缝被向下拉紧，从而牵制后裆缝的上端向下坠，通过后腰起翘可增加后裆缝的长度，从而弥补后腰下坠的量。一般后腰起翘量为 2～3cm 为宜。后裆斜线的倾斜度取决于臀大肌的造型，臀大肌的挺度越大，后裆斜线越倾斜，它们的关系成正比。正常体型后裆斜线的倾斜角度为 11.3°。

（6）烫迹线。此线对裤子造型至关重要，是确定和判定裤子产品质量的重要依据。烫迹线必须与布料的经纱重合，即为布料的一根经纱。前裤片下裆部分以烫迹线为对称轴；后裤片下裆部分裆宽处应略大于侧缝，男性约 1～1.5cm，女性约 1.5～2.5cm。

（7）落裆线。即后片的直裆线，因后裆宽大于前裆宽从而引起后片下裆缝斜度大于前片下裆缝，出于下裆缝的缝合考虑，需减小后下裆缝的长度，同时也增加了后裆缝的长度。一般在前直裆基础上下落 0.8～1.5cm。

（8）侧腰口劈势、困势。一般情况下，裤子的前片侧腰口设劈势，后片侧腰口设困势。劈势和困势的大小与人体的腰臀差和裤子的造型有关，当人体的腰臀差较小而裤子又较宽松时，裤子前侧腰口劈势可减小或不设劈势，而后片侧腰口要设困势，如男西裤。当人体的腰臀差较大而裤子又较合体时，裤子前侧腰口劈势可以增大，而后侧腰口不设困势，改设劈势，如女式喇叭牛仔裤。前裤片侧腰口的劈势大小为 0～3cm，后裤片侧腰口劈势或困势大小为0～1cm。

（9）腰省、褶。一般情况下，裤子的前片可设省或褶，后片则只设省。腰省、褶的量与腰臀差的大小有关系，腰臀差大时，腰省、褶的量较大，反之则小。腰省、褶的个数可根据总的腰省、褶量来灵活设计，一般每个省量不超过 3cm，每个褶量不超过 5cm。但西裤后片省长受后袋位置的制约，故省量也不可过大，每个以 1.5cm 左右为宜。

（10）裤袋。裤子一般采用侧缝插袋，后袋及表袋可根据爱好及流行取舍。有的裤子由于做得较为包身，侧缝袋易绷开张口，可采用前片斜袋。袋口大小应以手的宽度加手的厚度再加适量松度为基础，侧袋口大一般为 15～17cm，后袋口大 13～14cm 为宜。

四、结构设计图（图 3-5）

这是一款基本的制图方法，在很多企业或地区会有不同的方法和尺寸，我们在学好这些基本款的基础上进行变化。

下面的女式西裤等其实是一样的道理。

五、制图步骤

（一）前裤片制图步骤

（1）前侧缝直线。首先作出的基础直线。

（2）上平线。与前侧缝直线垂直相交。

（3）下平线（裤长线）。裤长－腰头宽，与上平线平行。

（4）横裆线。由上平线量下 $H/4$，与上平线平行。

（5）臀围线。横裆线至腰口线的 1/3 处。

（6）中裆线。按臀围线至下平线的 1/2 向上抬高 3cm，平行于下平线。

（7）前裆直线。在臀围线上，以前侧缝直线为起点，取 $H/4-1$，平行于前侧缝直线。

（8）前裆宽线。以前裆直线为起点，取 $H/20-1$。

（9）前横裆大。在横裆线与侧缝直线相交处偏进 0.8cm。

（10）前烫迹线。按前裆大的 1/2 作平行于侧缝线的直线。

（11）前裆弧线。见下页图。

（12）脚口宽。按脚口－2，以前烫迹线为中点两边平分。

（13）前中裆大。前裆宽中点与脚口大点相连，在中裆线上的交点。

（14）前下裆弧线。由前裆宽线与横裆线交点至脚口大点连接画顺。

（15）前腰围大。按 $W/4-1+$省（褶）。

（16）前侧缝弧线。由上平线与前腰围大交点至脚口大点连接画顺。

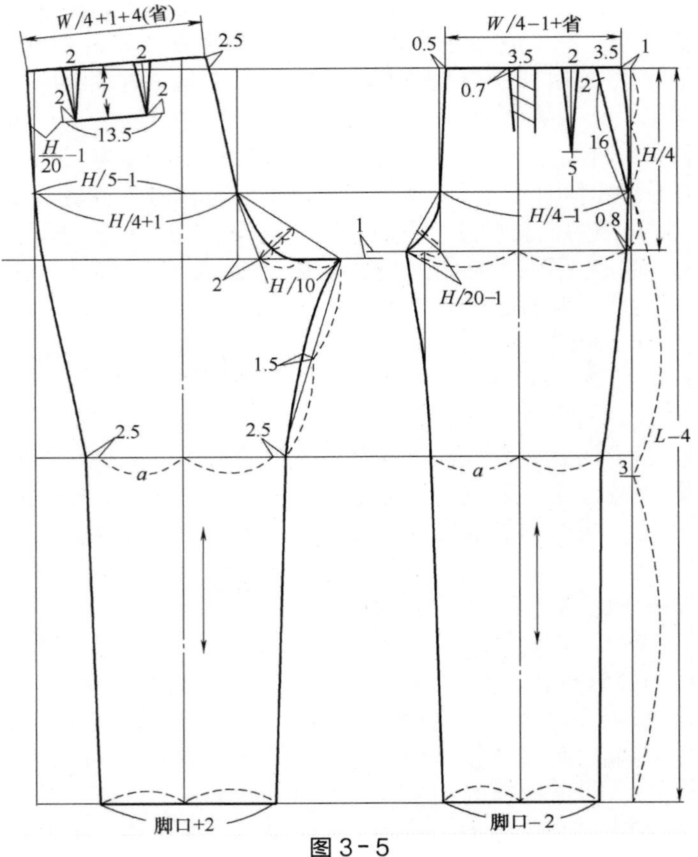

图 3-5

（17）褶裥。反裥，裥大 3.5cm。

（18）侧袋位。侧缝偏进 3.5cm，上平线下 2cm 为上袋口，袋口大 16cm 。

（二）后裤片制图步骤

前片上平线、横裆线、臀围线、中裆线、下平线延长。

（1）后侧缝直线。首先做出的基础直线。

（2）后裆直线。在臀围线上，以后侧缝直线为起点，取 $H/4+1$，平行于后侧缝直线。

（3）后腰起翘。2.5cm。

（4）后裆缝斜线。2cm。

（5）落裆线。横裆线量下 1cm，平行于横裆线。

（6）大裆点。$H/10$

（7）大裆弯线。见图。

（8）后腰围大。按 $W/4+1+$省。

（9）后烫迹线。在臀围线上，从侧缝往内量取 $H/5-1$，作平行于后侧缝直线的直线。

（10）后脚口大。按脚口大＋2cm，以后烫迹线为中点两侧平分。

（11）后中裆大。按前中裆大＋5cm。

（12）后下裆弧线。由后裆宽线与横裆线交点至脚口大点连接画顺。

（13）后侧缝弧线。由上平线与后腰围大交点至脚口大点连接画顺。

（14）后腰省。省宽为 2cm，省长为 7cm，两个。

（15）后袋。双嵌线袋，袋长为 13.5cm。

六、教学建议和提示

教学过程不可操之过急，对每一条线每一个点都需交待清楚，为以后的裤类教学打下扎实的基础。

第四节　女西裤结构制图

一、款式特征

装腰，前开门装拉链。前裤片左右各折反裥两个，后裤片左右各收省两个，左右侧缝装直袋，平脚口，腰头装串带 5 根。

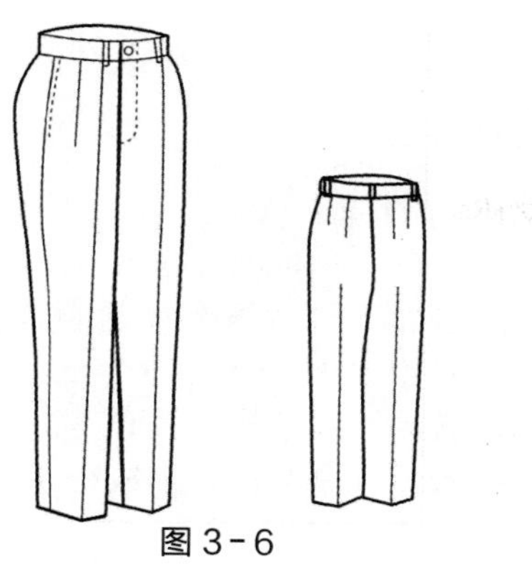

图 3-6

二、成品规格

号型：160/68A　　　　单位：cm

名称	裤长	腰围	臀围	直裆	脚口
规格	100	70	100	28	20

三、要点分析

1. 尺寸设计

（1）裤长。从腰量至鞋跟上 2～3cm。

（2）腰围。放松量在 0～2cm，本款加放松量 2cm。

（3）臀围。本款为较合体裤，臀围加放松量 10cm。

2. 结构设计

（1）前后裆宽。前裆宽采用 $0.4H/10$，后裆宽采用 $0.9H/10$ 。

（2）后翘与后裆斜线。以臀腰差来进行分配，后翘取臀腰差的 1/12，后裆斜度取臀腰差的 1/8 。

四、结构设计图（图 3-7）

（基本款）

五、教学建议和提示

（1）简述男、女西裤的区别所在：款式、松量、板型。

（2）确定男、女西裤的相同要点：制作方法、公式等。

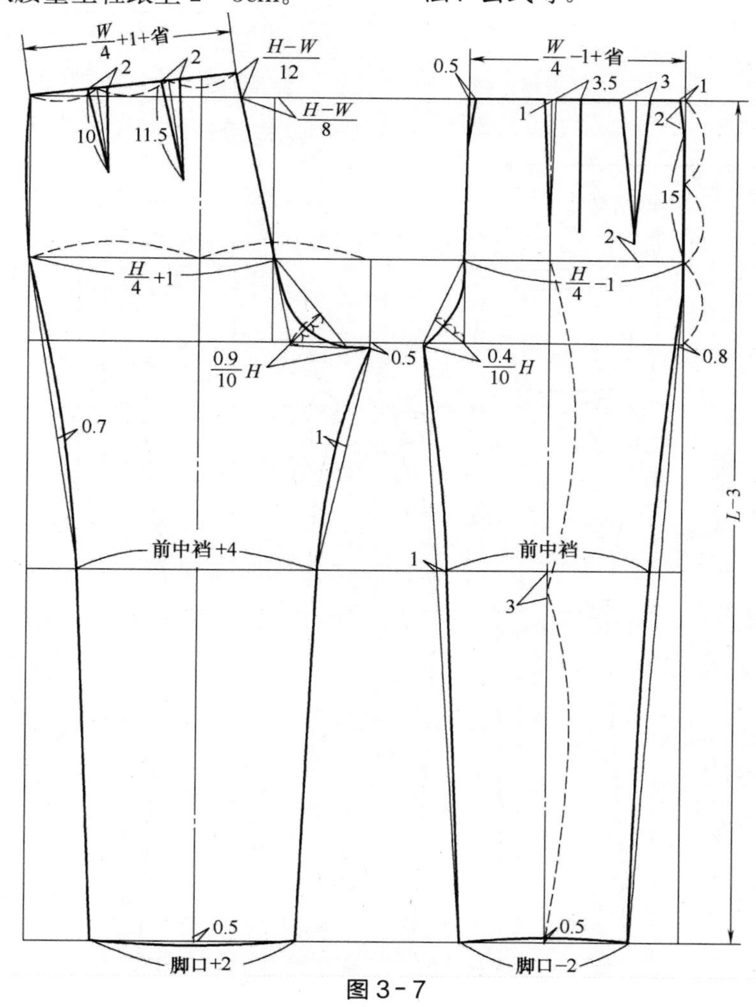

图 3-7

第五节　喇叭牛仔裤结构制图

一、款式特征

前片无裥，后片无省。前身侧缝处做月亮袋，里襟侧月亮袋中有袋里袋。后片装贴袋，袋上设育克线（俗称飞机头）。腰头钉串带 6 根。膝盖以上部位紧体，膝盖以下比较宽松，呈喇叭状。可选专用的弹性牛仔布缝制。

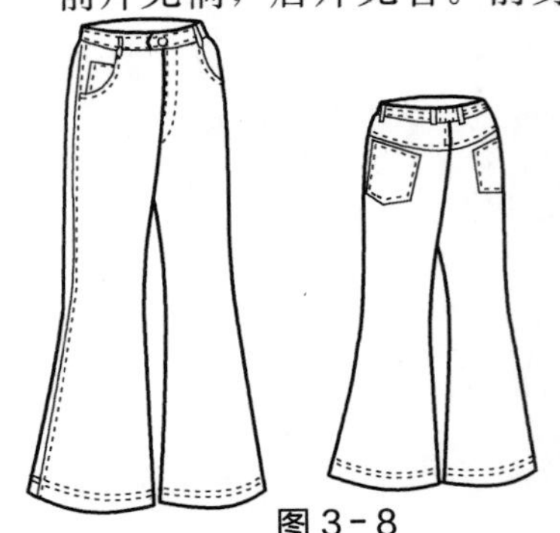

图 3-8

二、成品规格

号型：160/68A　　　　　　单位：cm

部位	裤长	腰围	臀围	中裆	脚口
规格	102	70	94	20	26

三、要点分析

1. 尺寸设计

（1）裤长。喇叭裤的裤长可稍长，配高跟鞋可拉长腿部，让人看起来显得比较高挑，长度可量至鞋跟上 1～2cm。

（2）腰围。加放松量 2cm。

（3）臀围。紧身裤，加放松量 0～6cm。本款加放松量 4cm。

（4）中裆与脚口。中裆小于脚口，至整个廓形呈喇叭状。

2. 结构设计

（1）前后裆宽。前裆宽采用 $H/20-1$，后裆宽采用 $H/10-1$，缩小后裆宽是为了使裆部合体。

（2）中裆线。中裆位的位置比西裤要高，是为了拉长小腿的长度，喇叭越大，位置越高。

（3）脚口线。脚口线设计成弧线，以便使脚口线与裤缝线交角成直角。

（4）前省。前省设计于袋口位。

（5）后省。后省转移至育克线。

四、结构设计图

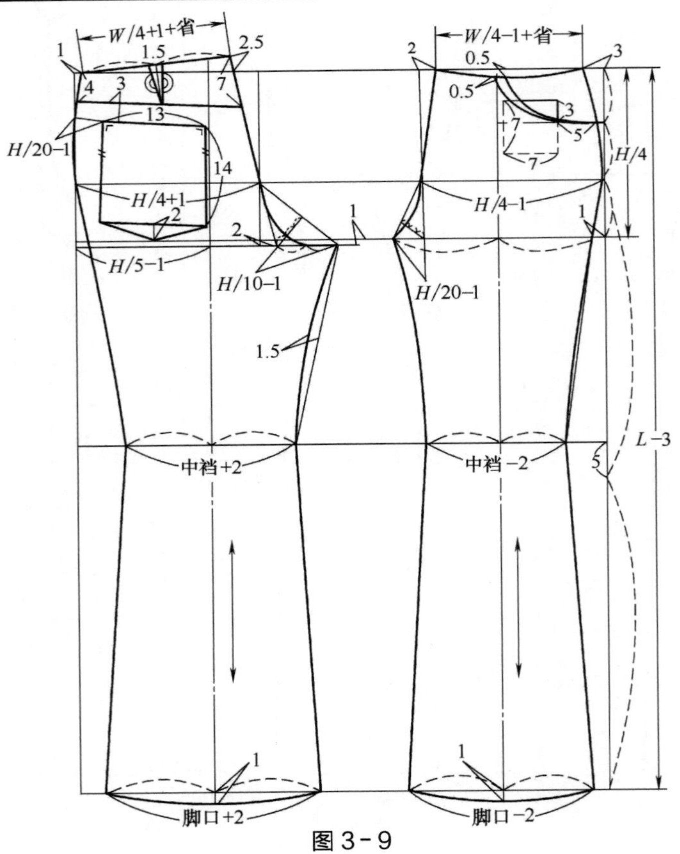

图 3-9

五、教学建议和提示

（1）牛仔裤的特点是贴体、前后基本无省、浪浅、低腰、分割多，依靠分割线处理省、褶及其他余量，所以，在制作牛仔裤纸样时，必须牢牢抓住这些关键环节有针对性进行教学，而且一定要“老师讲，学生听和做，老师临场检查三结合，发现问题立即公开纠正，防微杜渐，逐步深入。”

（2）目前牛仔装有很多已直接机器成型（半成品、成品），所以也直接涉及服装 CAD 及其他相关知识，因而在授课时也要涉及各方面内容，比如局部结构要领、放缝、双针褶、洗水工艺，缩率问题等，虽然不可能包罗万象，但起码给学生交待一些相关知识和要领，避免学生在面对此类服装纸样时无所适从。

参考款式

一、西短裤

1. 款式图

要注意一点：西短裤并不等于长裤的裤腿剪短了，短裤的脚口是另有不同之处的。

图 3-10

2. 成品规格

单位：cm

名称	号型	裤长	腰围	臀围	脚口
规格	160/68A	48	70	100	30

3. 结构设计图

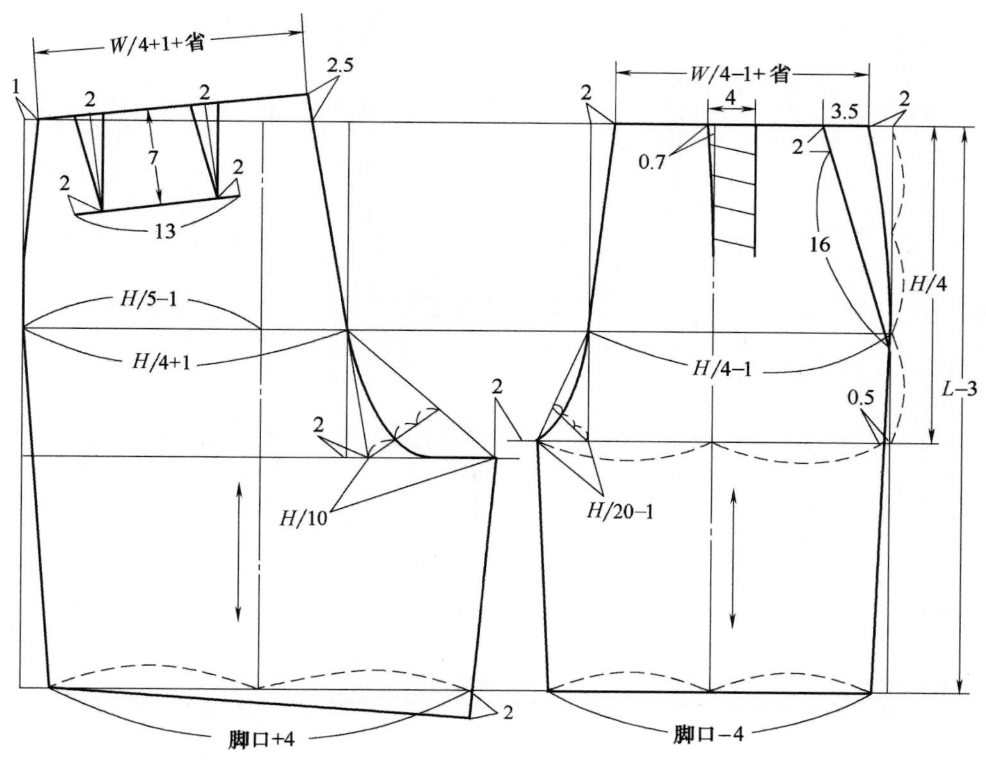

图 3-11

二、裙裤

1. 款式图

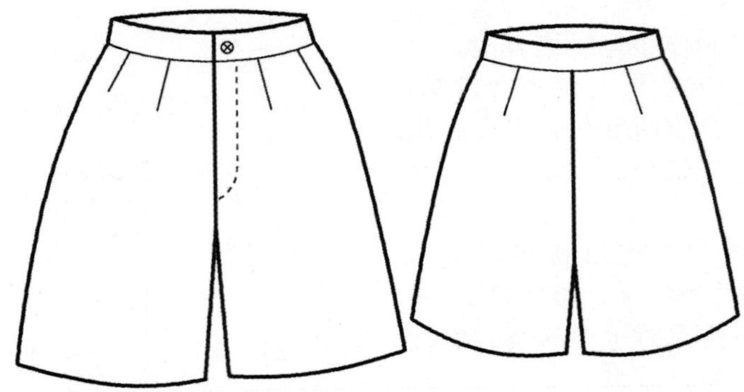

图 3－12

2. 成品规格

单位：cm

名称	号型	裤长	腰围	臀围	腰宽
规格	160/68A	70	70	100	3

3. 结构设计图

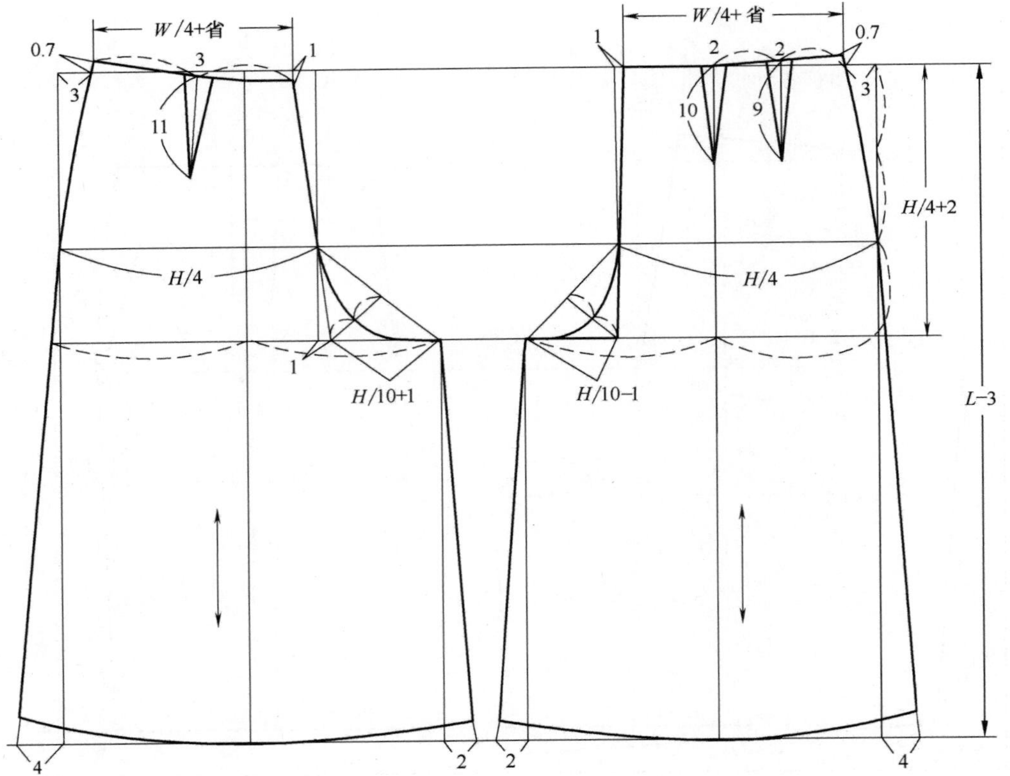

图 3－13

三、灯笼裤

1. 款式图

此款为参考款，如果要教学生，应用分解法去完成。

图 3-14

2. 成品规格

单位：cm

名称	号型	裤长	直裆	腰围	臀围
规格	160/68A	48	32	70	98

3. 结构设计图

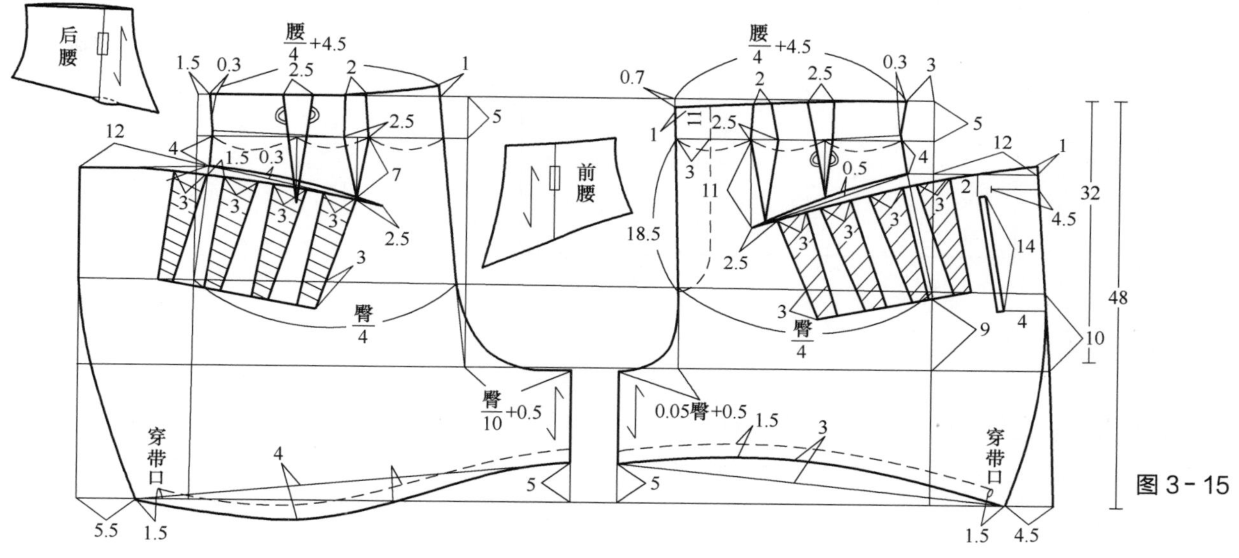

图 3-15

四、直筒裤

1. 款式图

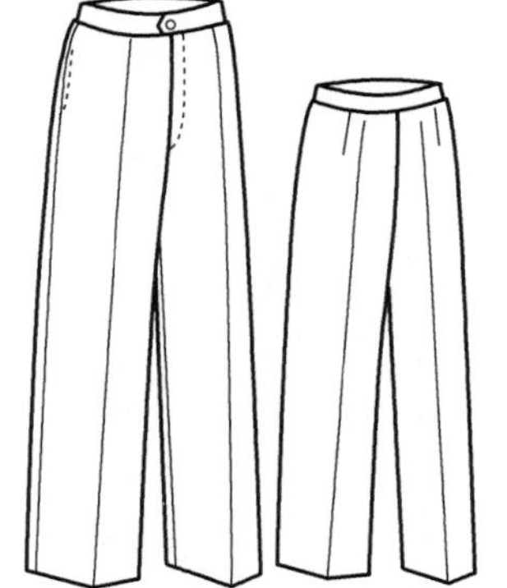

图 3-16

2. 成品规格

单位：cm

名称	号型	裤长	腰围	臀围	脚口
规格	160/68A	98	70	94	24

3. 结构设计图

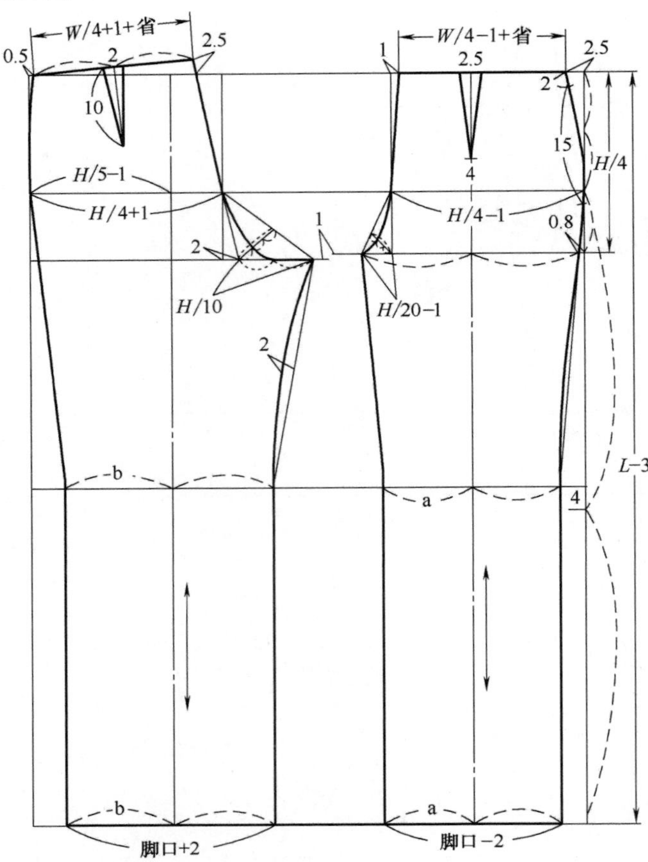

图 3 - 17

五、特体女裤

1. 款式图

重点为款式变化应用，不要视为新款。

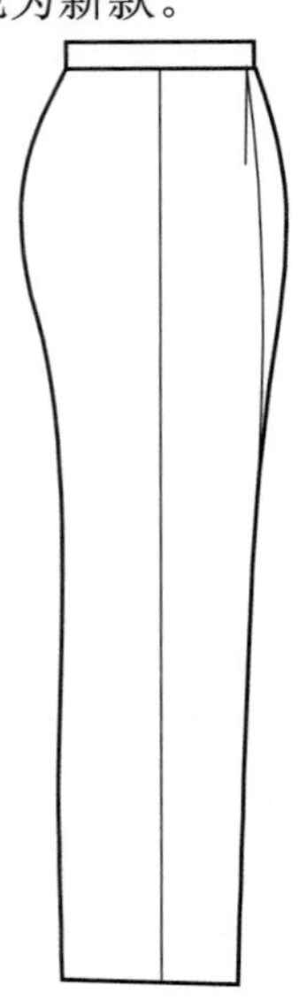

图 3 - 18

2. 成品规格

单位：cm

名称	号型	裤长	直裆	腰围	臀围	脚口
规格	160/80A	100	29	82	106	23

3. 结构设计图

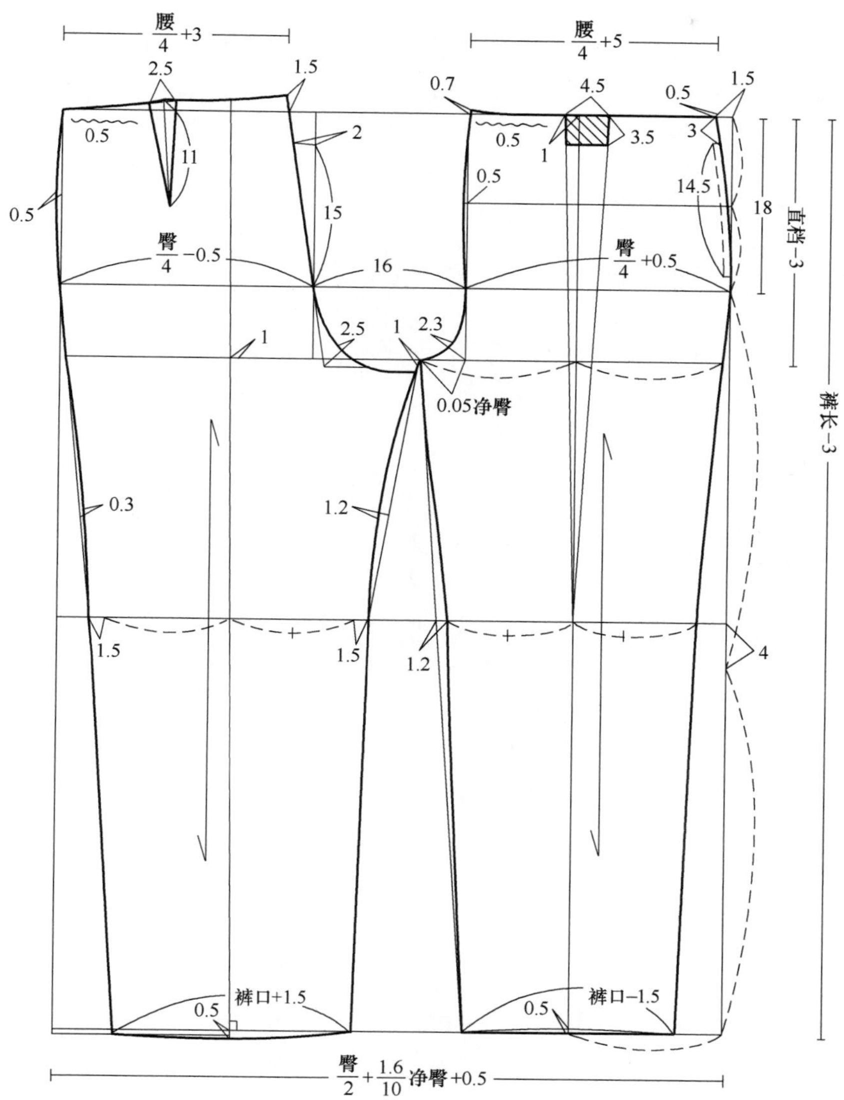

图 3-19

六、背心式连身宽腿裤

1. 款式图

图 3-20

2. 成品规格

单位：cm

名称	号型	裤长	前腰长	臀围	直裆
规格	160/68A	92	41	104	30

3. 结构设计图

这是一款休闲型款式，有一定的新意及实用性，重点在上半身吊带和裤裆部位，老师应先吃透内容和方法，授课重点难点解决要具有较强的条理性和逻辑性。

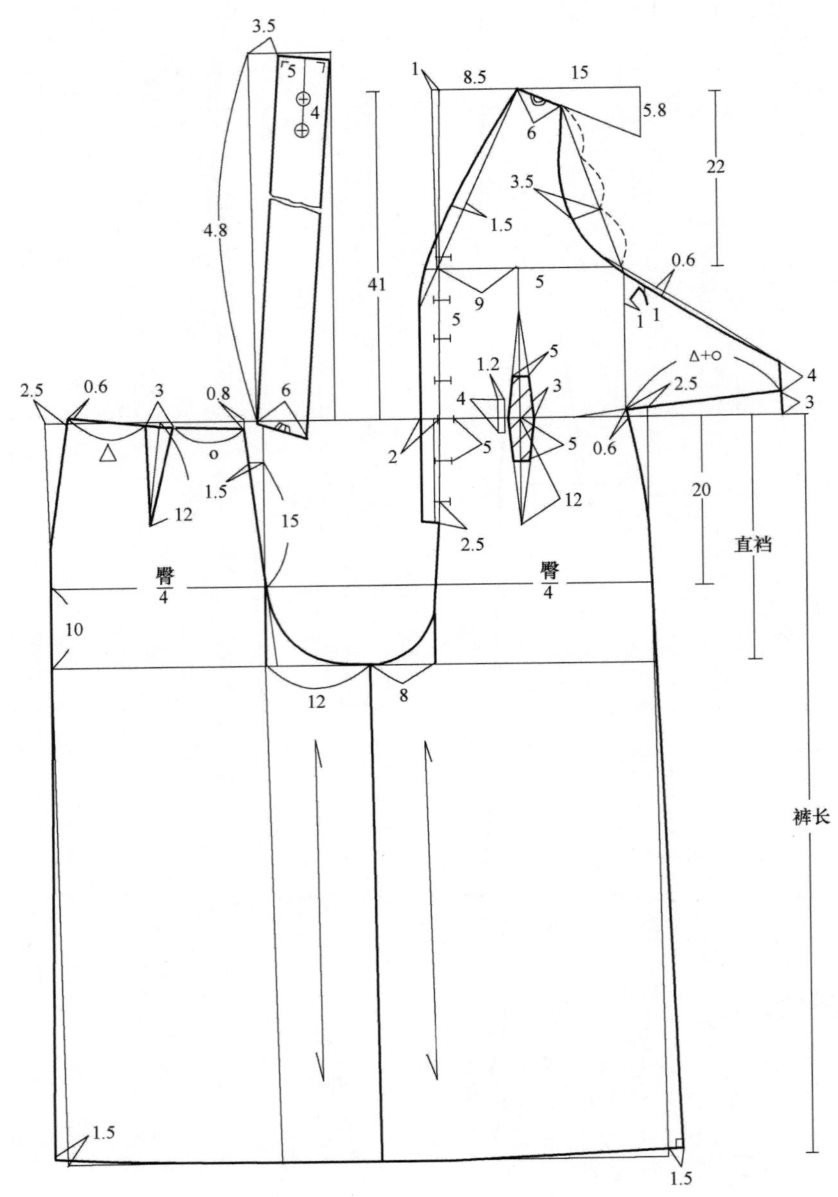

图 3-21

第四章
衬衫制图

课题名称：衬衫制图

课题内容：（一）女衬衫结构制图
（二）男衬衫结构制图
（三）衬衫款式变化
教学手段：数据准确，主辅线条对比分明，流畅、均匀，板面布局合理、整洁
教学目的：（一）女衬衫
学会此类衬衫的基本制图技巧，基本掌握诸如领窝、袖窿与袖山、折领等作图方法
（二）男衬衫
学会覆肩和立领（男衬衫的双企领）、袖克夫、袖衩的制图方法
重点难点：（一）女衬衫
1. 领子与领窝的构成及相互关系
2. 袖窿与袖山的构成及相互关系
3. 省、褶的作用
（二）男衬衫
1. 领子与领窝的构成及相互关系
2. 袖窿与袖山的构成及相互关系
3. 覆肩、袖克夫及袖衩画法

第一节　上衣概述

一、上衣的概念

上衣是服装重要的组成部分，是人类着装的最基本的形式之一。上衣指上装，是覆盖、包裹人体躯干，即由肩部至腰围线或至臀围线附近的着物。上衣的种类繁多，从本章的衬衫开始，接下来的西装、背心、大衣等均属此类。

二、上衣的历史

1. 原始时期

服装最早可追溯到人类的远古时期，人类用树皮或动物毛皮来御寒，一是为更好地适应气候环境；二是为保护身体不受外物的伤害；三是人们想使自己看上去更加富有魅力，想创造性地表现自己的心理冲动。

2. 古代时期

夏商周时期，中原华夏族的服饰是上衣下裳，上衣为右衽交领衣。春秋时期胡服上衣为窄袖紧身、圆领、开衩短衣。魏晋南北朝时期汉族贵族在借鉴胡服的结构特点的基础上加长衣身与袖口，改左衽为右衽。

3. 中世纪时期

10 世纪前后，上衣已被很多男性劳动者穿着，历史学家认为这是上衣与下装按照性能上下分离而产生的。随着人们着装观念的改变，人们发现服装不单是为防寒而做，人们对生活质量的要求不断提高，不断地在寻求更适合人类活动的服装，人们发现服装分开穿着更加符合人的运动需要，所以服装就慢慢地分为上装和下装了。

4. 20 世纪

上下装分离最先表现在男装上，女性上衣清晰的形体轮廓则出现于 20 世纪初。今天社会的生活方式已多样化，使用新材料、设计独特的各式上衣正在生活的许多方面发挥着作用，除了穿着范围越来越广外，其款式也涵盖了从日常便服到正式场合穿用的礼服等多种样式。

三、上衣的分类

（1）按目的、用途分。职业装、休闲装、礼服、家居服、防雨服等。

（2）按放松量分。贴体型、合体型、较宽松型和宽松型。

（3）按衣长分。长上衣、中上衣和短上衣。

（4）按袖长分。长袖衣、短袖衣和中袖衣。

（5）按形象、要素分。便装、猎装、军服式上衣、中式上衣、风衣等。

（6）按形态、款式分。衬衫、背心、西服、风衣、大衣等。

（7）按季节分。春装、夏装、秋装、冬装。

四、上衣的廓形

上衣的廓形，是指服装成型后，正面或侧面的外轮廓形状。上衣的廓形通常是用与廓形类似的几何图形和与其相对应的英文字母来命名的，日常生活中常见的廓形有：X 形、A 形、H 形、T 形、O 形等。

五、上衣制图的控制部位

上衣的控制部位主要有衣长、背长、袖窿深、肩宽、领围、胸围、腰围、摆围和袖长等。

六、上衣的结构

服装款式的流行趋势朝着多样化、个性化方向发展，但是无论款式如何变化，基本结构都是相同的，都是由衣身、衣领和衣袖三个部分组成，这些部位的变化也就构成了上衣款式的千姿百态的变化。

第二节　女衬衫结构制图

一、款式特征

翻折小方领，暗门襟，前后衣身收腰省，一片袖，袖口翻边。

图 4－1

二、成品规格

号型：160/84A　　　　　　　　单位：cm

部位	衣长	胸围	领围	肩宽	腰围	袖长
规格	56	90	37	39.6	74	50

三、要点分析

（一）尺寸设计

（1）衣长。衣长的设计依款式造型而定，通常在臀部的附近。本款衣长56cm，在臀部以上。

（2）胸围。在人体净胸围基础上加适当的放松量，放松量的大小依据款式造型的需要而定。紧体女上装的胸围放松量为4～6cm；合体女上装的胸围放松量为6～10cm；较合体女上装的胸围放松量为10～14cm；宽松女上装的胸围放松量为16cm以上。本款为合体女衬衫，胸围加放松量6cm。

（3）腰围。与胸围放松量一样，加6cm。

（4）领围。在人体净颈围基础上加适当的放松量，放松量的大小依据款式造型的需要而定。对于有领类女上装，领围是稳定量，其放松量一般为2～6cm；而对于无领类女上装，领围是设计量，在人体净颈围的基础上根据款式的需要适当增大。本款加放松量2cm。

（5）肩宽。肩宽是个较稳定的量，一般情况下，服装的肩部处于合体的状态。本款肩宽放松量1cm。由于人体肩部向前弯的弓形特点，要求前后片的小肩宽形成一定的差值（或至少相等），即后小肩需大于前小肩0.5～0.8cm（缩缝量），此量在缝制中被“吃”掉，使得肩缝向前弯曲，与人体的体型相符。

（6）袖长。袖长是变化量，长袖的袖长一般量至手腕到虎口之间；短袖的袖长一般量至肘部到肩端点之间；而中袖的袖长一般量至手腕到肘部之间。本款袖长取值50cm，在手腕处。

（二）结构设计

（1）腰节长。可按实际腰节量取，也可如本款一样按号/4量取。

（2）袖窿深。袖窿的造型取决于人体腋窝的形状，袖窿深线一般设计在人体腋窝下3～5cm处。本款采用公式法$B/6+8.5$cm，从上平线往下量取，8.5cm为调节数，根据款式造型不同而变化。

（3）后片上平线的下落。此量依不同体型而设，一般体型后片上平线可直接延长前片的上平线，挺胸体后片上平线需下落，驼背体后片上平线需上抬。本款后片上平线下落0.7cm。

（4）胸围比例。前片$B/4+0.5$，后片$B/4-0.5$，前后片的分界线向后偏移，增大前片的宽度而减小后片的宽度，实际上是前后衣片宽度互借。

（5）胸、背宽。上装的前胸宽、后背宽与肩部、胸部的比例要协调，否则会使上衣整体结构不平衡。前胸宽、后背宽可按照胸围的比例来进行推算，如十分制图法的前胸宽$=1.5B/10+3$，后背宽$=1.5B/10+4$；还有六分法的前胸宽$=B/6+1$，后背宽$=B/6+1.5$。本款采用“冲肩量”来设计前胸宽和后背宽，即从肩端点相对于后背宽向外冲出的量，对正常体型而言，“冲肩量”是稳定的，而且数值一致，男子后冲肩量为1.5～2cm，女子后冲肩量为2～2.5cm，前冲肩量则在后冲肩量的基础上增加1～2cm。但不管用哪种方法，都要保证后背宽大于前胸宽，这是从人体的常态运动考虑的，正常情况下，人体大多的动作是前屈的，背部因而伸展，需有足够的量来保证运动不受制约。

（6）肩斜。肩部是服装的平衡部位，肩部的造型设计是上装结构设计的重点。女子肩部倾斜较大，平均肩斜角为20°，采用角度法制图时，前片肩斜角取21°，后片肩斜角取19°；男子肩部倾斜比女子小，前肩斜为20°，后肩斜为18°。还有用落肩法和比例法取肩斜线的，本款用的就是比例法，但不管用什么方法，一般情况下，肩斜线都必须回到人体的正常肩位。

（7）领口。包括前后领口，控制部位为领宽和领深。本款为关门领衬衫，前后领宽取$N/5$，前领深取$N/5+1$cm，后领深取定数2.2cm（一般为2～2.5cm）。

（8）省。包括腰省和腋下省。女子胸部突起，形成胸高角度，胸部的立体效果明显，而背部相对平坦，肩胛骨略有凸出。我国女子的胸高角度一般为24°，胸部至高点在腋窝以下。在结构设计时，须将平面的服装纸样通过收腋下省、打活褶、在袖窿处设刀背缝、设前领口撇胸等技术手段使服装的胸部立体起来，使服装与人体体型相符。腋下省量由胸高角度决定，平面制图时可以取立体胸高角度的1/3，即8°，省量也可直接取2～3cm；撇胸量可以取1.5～2cm。

本款腋下省用比例确定角度法（10∶1.8）获得。

腰省量由胸腰差产生，本款的胸腰差为16cm，腰省设在后片、侧缝、前片共8个，每个省量2cm。前片腰省位距前中9cm，即指向胸高点（BP），但省尖点需距胸高点3～5cm，腋下省省尖点也一样，这样缝制后胸部的立体造型才圆润；后片腰省位置较灵活，可从后中往里量取，也可将后胸围量平分取位，省尖点可在胸围线附近。腰省往下部位在中臀附近，即从腰节往下14cm左右。

（9）袖肥。袖肥大小基数为$B/5$，依据款式造型而调整，减小袖肥即可提高袖山高，让袖子更合体；增大袖肥则可降低袖山高，让袖子更舒适，运动功能更好。本款为合体女衬衫，故袖肥取值（$B/5-1.5$）cm。

（10）袖山弧长。与袖山弧长相对应的是袖窿弧长，二者最终要缝合在一起，通常袖山弧长需大于袖窿弧长，即袖山要有适当的缩缝量，这是为了使袖山造型圆顺、饱满而设。袖山的缩缝量与袖山的高低有关系，当袖山高曲度大时，缩缝量应多些，反之则少些。一般情况下，对于平装袖（一片袖），装袖缩缝量为0.5～1cm，对于圆装袖（两片袖），装袖缩缝量为2.5～4.5cm。缩缝量的大小还与面料的厚薄、组织结构的疏密都有关系，较厚的面料、结构疏松的面料需多些；薄料、组织结构紧密的缩缝量则应少些。

（11）袖肘省。本款是合体女衬衫，采用一片袖要达到合体的目的（下臂自然向前弯曲），袖肘或袖口部位需进行收省处理。

四、结构设计图

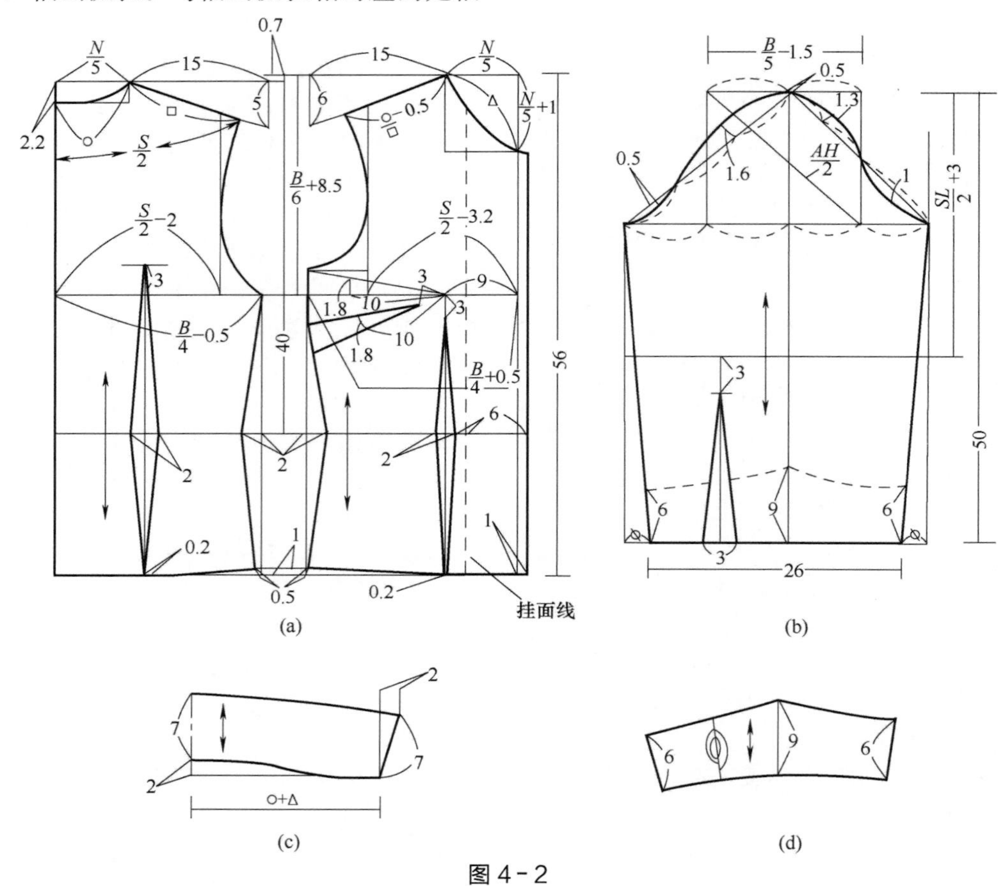

图4-2

五、制图步骤

（一）前衣片制图步骤

（1）前中线。首先做出的基础线。

（2）上平线。在前中线的右侧画垂直线。

（3）下平线。由上平线往下量衣长56cm，画水平线。

（4）前门襟止口线。由前中线向外量出

1cm，画垂直线。

（5）袖窿深线。由上平线向下量取 $B/6+8.5=23.5$cm，画水平线。

（6）腰节线。由上平线向下量取 40cm，画水平线。40cm 从号/4 计算而来。

（7）前领宽线。在上平线上由上平线与前中线的交点向上量取 $N/5=7.4$cm，画垂直线。

（8）前领深线。在前中线上由上平线与前中线的交点向下量取 $N/5+1=8.4$cm，画水平线。

（9）前胸宽线。在袖窿深线上由前中线与袖窿深线的交点向上量 $S/2-3.2=16.6$cm，画垂直线。

（10）前胸围线。在袖窿深线上由前中线与袖窿深线的交点向上量 $B/4+0.5=23$cm，画垂直线。

（11）前肩斜。15∶6。

（12）前肩宽点。后小肩宽－0.5cm。

（13）前领圈弧线。见图。

（14）前摆缝弧线。腰节线上偏进 2cm，底边直线上偏进 0.5cm，按图连接各点，画顺弧线。

（15）前摆缝省。具体做法见图。

（16）前袖窿弧线。具体做法见图。

（17）前底边弧线。底边起翘 1cm。

（18）前腰节省。省宽 2cm，省长为下平线至胸围线下量 3cm 处。

（19）挂面线。由前门襟止口线向里量 6cm，画平行线。

（20）腋下省。用比例 10∶1.8 确定大小。省尖距胸高点 3cm。

（二）后衣片制图步骤

延长前衣片的上平线、袖窿深线、腰节线及下平线。

（1）后衣片衣长线。从上平线向下量 0.7cm，画水平线。

（2）后领宽线。由后中线向下量取 $N/5=7.4$cm，画垂直线。

（3）后领深线。由后片衣长线向下量 2.2cm，画水平线。

（4）后领围弧线。具体做法见图。

（5）后背宽线。由后中线向下量 $S/2-2=17.8$cm，画垂直线。

（6）胸围线。由后中线向下量 $B/4-0.5=22$cm，画垂直线。

（7）后肩斜。15∶5

（8）后肩宽点。由后中线向下量 $S/2=19.8$cm。

（9）后袖窿弧线。具体画法见图。

（10）后摆缝弧线。在腰节线上偏进 2cm，底边直线上偏进 0.5cm，然后连接各点，画顺弧线。

（11）后底边弧线。底边起翘 1cm。

（12）后腰节省。省宽 2cm，省长为下平线至胸围线上量 3cm 处。

（三）袖片制图步骤

（1）上平线。首先做出的基础直线。

（2）下平线。由上平线向下量取袖长 50cm，画水平线。

（3）袖肘线。由上平线向下量袖长/2＋3＝28cm，画水平线。

（4）前偏袖线。作上平线的垂线。

（5）后偏袖线。由前偏袖线向上量取 $B/5-1.5=16.5$cm，画垂直线。

（6）袖中线。前偏袖线与后偏袖线的 1/2 处，向前量 0.5cm，画垂直线。

（7）袖山斜线。$AH/2$。

（8）前后袖缝直线。见图。

（9）前袖山弧线。见图。

（10）后袖山弧线。见图。

（11）前袖底缝线。前袖肥与袖口连接。

（12）后袖底缝线。后袖肥与袖口连接。

（13）袖口省。省宽 3cm，省长为下平线至袖肘线下量 3cm 处。

（14）袖口翻边。袖中线处为 9cm，前后袖缝直线处为 6cm。

六、教学建议和提示

（1）初学衬衣制图，第一、第二节课切忌讲得太快和冒进。

（2）每一个细节都应讲得细和慢一些。

（3）抓住重点难点：领窝、袖笼、袖山、收省、BP 点寻找方法。

（4）教师必须认真备好课。

（5）实行边讲、边让学生画 1∶1 图，边检查，边提高，有问题立即解决。

（6）认真抓好主、辅线条对比的明显度问题。

第三节　男衬衫结构制图

一、款式特征

立翻领，明门襟，前中钉纽 6 粒，左胸贴袋1只，直摆缝，平下摆，后片装克夫（过肩），一片式长袖，紧袖口，袖口装袖头为圆角，袖口钉纽2粒，收二个褶裥。

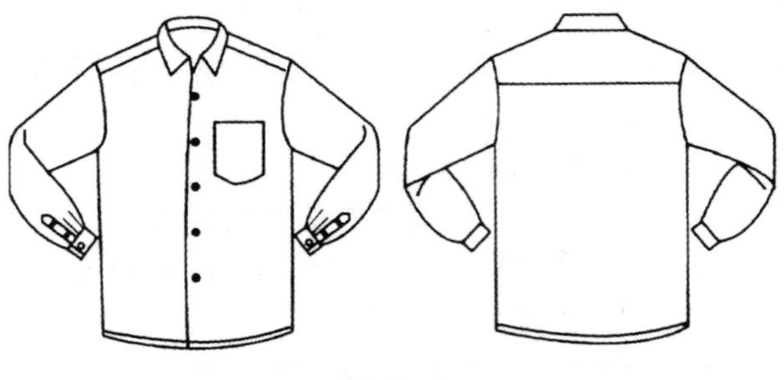

图4-3

二、成品规格

号型：170/88A　　单位：cm

部位	衣长	胸围	领围	肩宽	袖长
规格	72	108	39	46	58

三、要点分析

（一）尺寸设计

（1）衣长。从颈肩点起量，经 *BP* 向下量至与虎口平齐。

（2）胸围。男衬衫属宽松类服装，胸围放松量在16～20cm，本款衬衫加放松量20cm。

（3）领围。加2～3cm左右的放松量。

（4）肩宽。根据肩部的款式特点，加1～2cm左右的放松量，本款加放松量2cm。

（5）袖长。因为袖口装袖克夫，所以袖长应比散袖口的略长。从肩端点起量，经过肘部的自然弯曲，测至虎口上2cm处。

（二）结构设计

（1）前后腰节差。在男上装的结构设计中，一般后腰节总是比前腰节长出一段距离，产生腰节差，这是由男子的体型特征决定的。男子后背的雄浑和前胸的相对平坦，要求后腰节长长于前腰节长，从而使得穿着后不致出现后衣片底摆起吊等一系列的弊病，所以腰节差的处理在男上装的结构设计中具有重要的作用。本款后腰节长长于前腰节长2.5cm，即作图时在前片上平线的基础上上抬2.5cm。

（2）下摆起翘。男衬衫是直腰身，摆缝线与底边线已成直角，在这种情况下下摆仍需起翘，是因为人体胸部挺起的原因。因为人体胸部挺起，使摆角底边处下垂；其次由于衬衫比较宽松，面料的重量也会使摆角底边处有所下垂。因此，在摆缝线与底边线成直角的状态下，仍需起翘0.7cm左右。

（3）过肩。过肩是男衬衫的结构特点，即将前肩的一部分借给后片，肩线往前移，这就要求前后片的肩线长度是相等的。

（4）肩胛省。上一节女衬衫的肩胛省是以后肩斜线长于前肩斜线，然后用工艺缩缝的形式来处理的；男衬衫因为有过肩，在后片设了分割线，故将肩胛省转移至分割线处，保证了过肩片的完整性。

（5）胸袋的平上口。一般上装的胸袋上口在靠近袖窿处为取得视觉平衡，均略向上抬，如男西服，但在男衬衫中却处理成平的，这是因为男衬衫的胸袋上下袋口一样大。当然在穿着时或多或少会出现视觉上的略下斜。

（6）扣位。男衬衫的第一粒纽扣至第二粒纽扣的距离与其他扣位相比要短一些，是因为男衬衫在夏季作外衣穿用，衣领敞开时，如扣位等距，外观就会显得敞开太大；另衬衫的面料通常薄而软，而领子却比较硬挺，使衣领具有张开的趋势，所以要略减短第一至第二粒扣位的间距。

（7）领高。男衬衫起着衬托西服的作用，而西服穿着时从后中观察衬衫领要高于西服领，因此在不妨碍人体颈部活动的前提下，一般底领高度为3.5～4cm。翻领宽需考虑翻折后不外露领底缝线为宜，其高度通常需高出底领0.7cm左右（面料厚时稍大）。但翻领设计不能过大，最大限度为6cm左右。

四、结构设计图（下页）

五、教学建议与提示

（1）重点难点。翻立领、过肩、袖克夫的结构制图。

（2）和女衬衣相比不同的是什么要向学生交待清楚。

（3）必须在讲授时同时带学生一起画1∶1纸样，过肩（克夫）和领子的结构原理必须向学生说明。

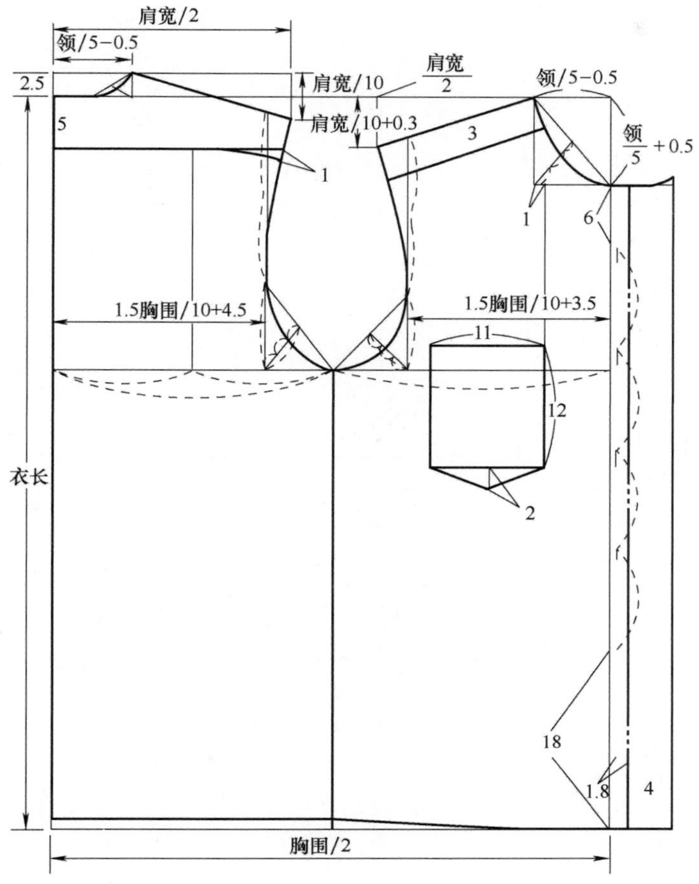
肩宽/2
领/5−0.5
2.5
肩宽/10
肩宽/10+0.3
肩宽
2
领/5−0.5
领
5
+0.5
5
3
1
1
6
1.5胸围/10+4.5
1.5胸围/10+3.5
11
12
2
衣长
18
1.8
4
胸围/2

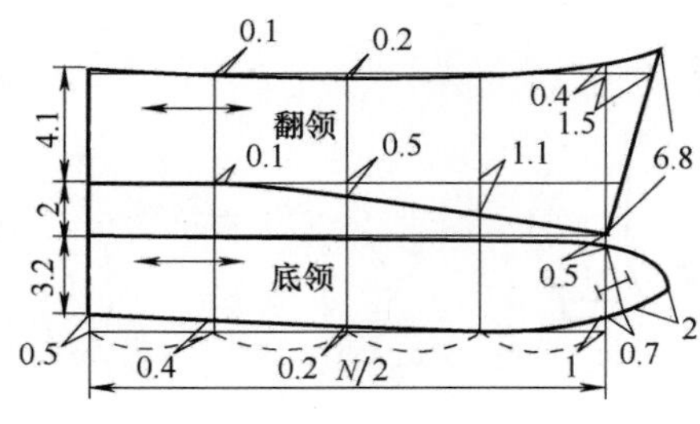
0.1
0.2
0.4
1.5
翻领
6.8
4.1
0.1
0.5
1.1
2
3.2
底领
0.5
2
0.5
0.4
0.2
N/2
1
0.7

图4-4（1）

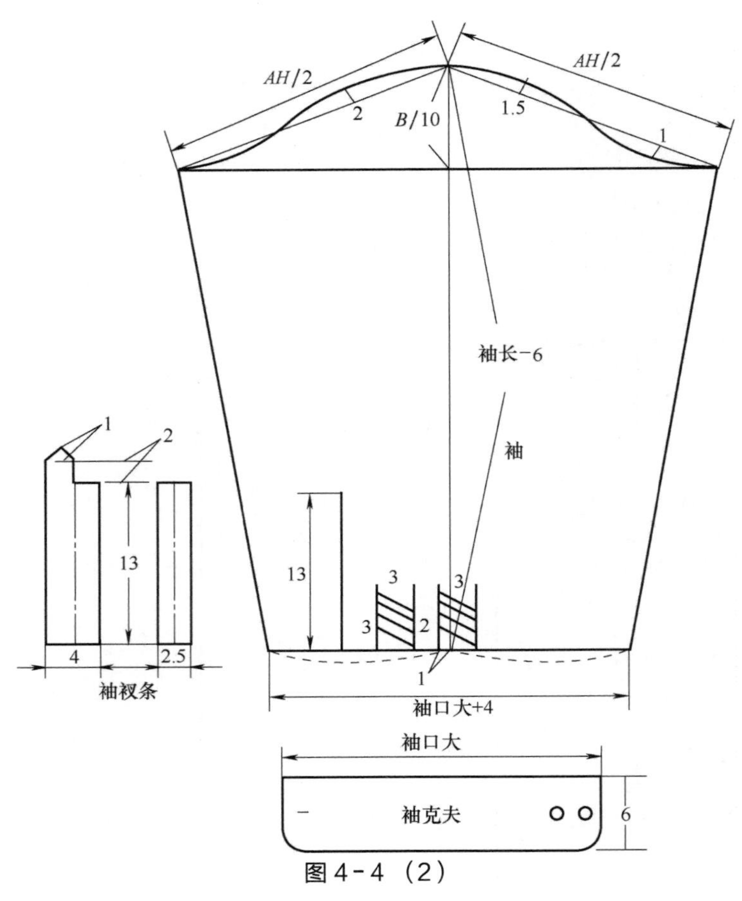

图 4-4（2）

第四节　衬衫款式变化

一、无领短袖女衬衫

（一）款式特征

无领，前身领口抽细褶，短袖，泡袖袖口抽细褶，装窄克夫，后身收腰省。

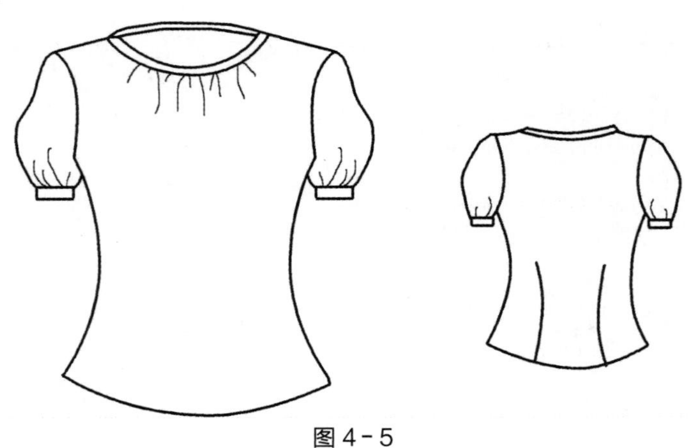

图 4-5

（二）成品规格

号型：160/84A　　单位：cm

部位	衣长	胸围	领围	肩宽	腰围	袖长
规格	53	90	37	39.6	74	23

（三）要点分析

（1）无领的设计。对于无领类女上装，领深和领宽的设计比较随意，可以在人体净颈根围 N 的基础上，根据领型的需要，增大领深和领宽。前后领深是设计量，但前后领宽的增大是自基本领口的颈肩点沿着肩斜线向肩端点方向移动，从而增大了领宽，也保证了肩线的稳定。

（2）前领口的碎褶来源。将前腰省、腋下省合并，从而展开领口，省转移过来的量即是碎褶量。

（四）结构设计图

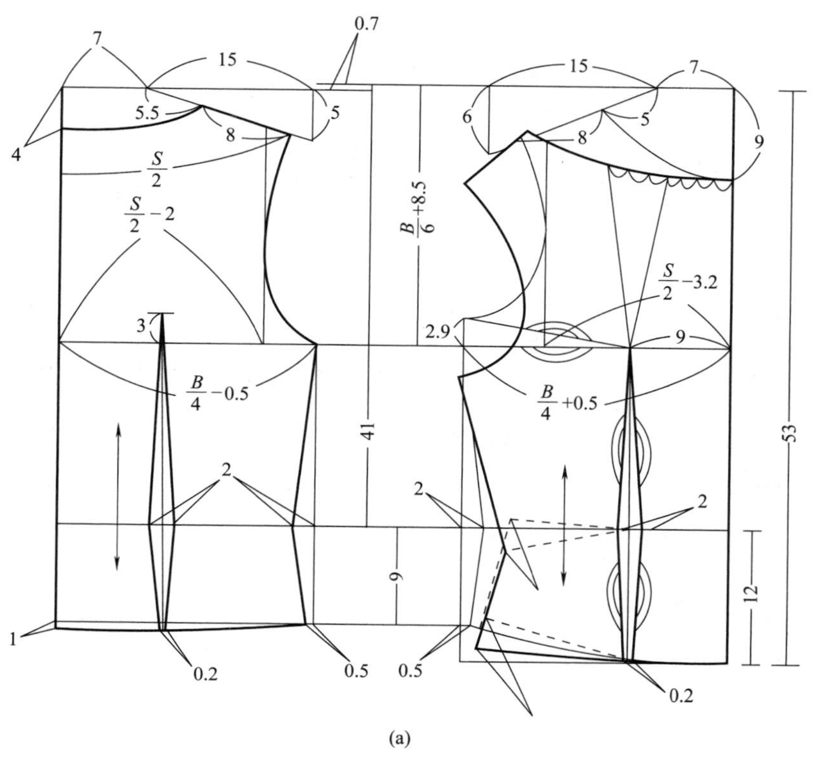

(a)

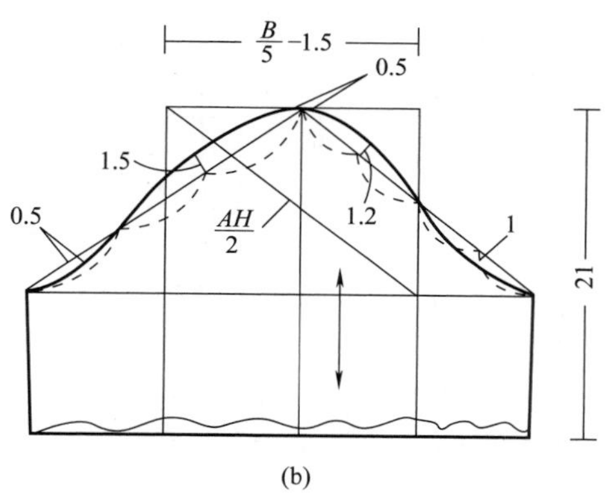

(b)

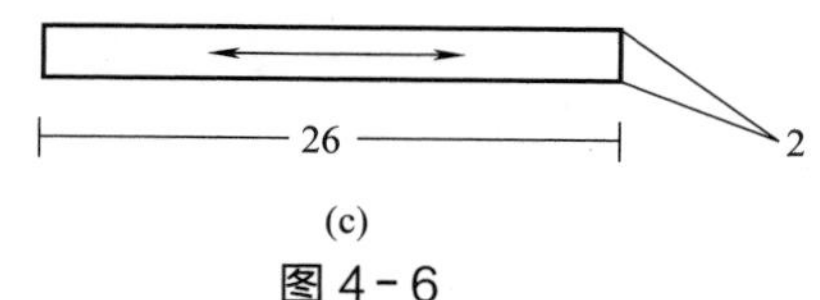

(c)

图 4-6

二、飘带领长袖衬衫

（一）款式特征

领口翻领宽飘带，前后身收省。一片式长袖，袖口装克夫。

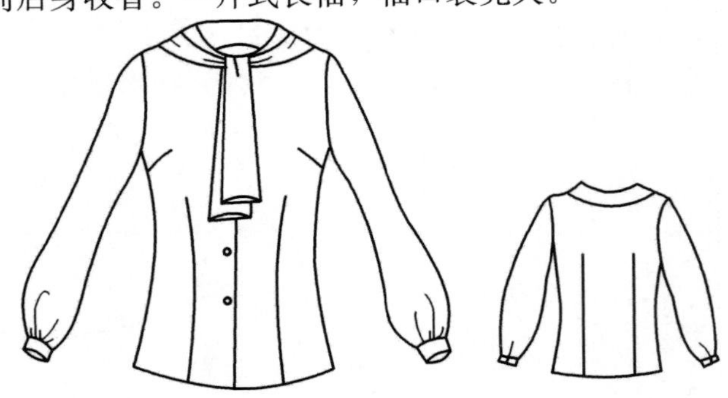

图 4－7

（二）成品规格

号型：160/84A　　　　　　　　　　　　　　　　　　　　　　　　　单位：cm

部位	衣长	胸围	领围	肩宽	腰围	袖长
规格	58	90	37	39.6	74	56

（三）结构设计图

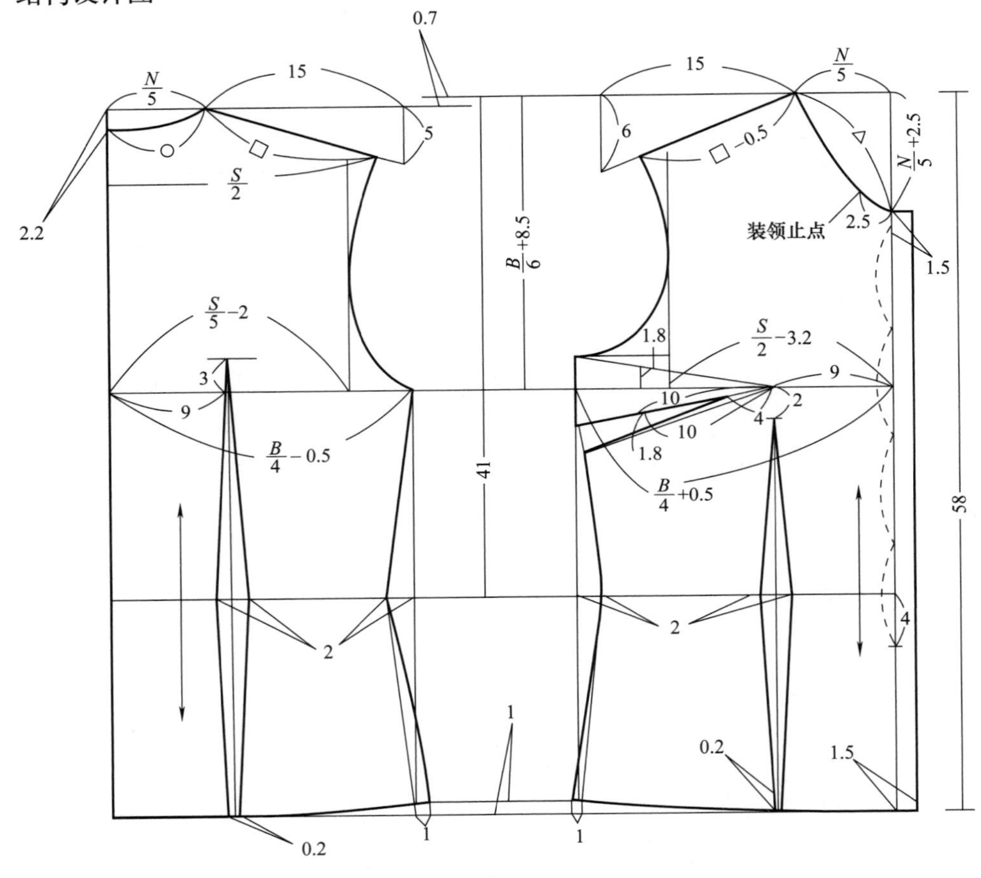

图 4－8（1）

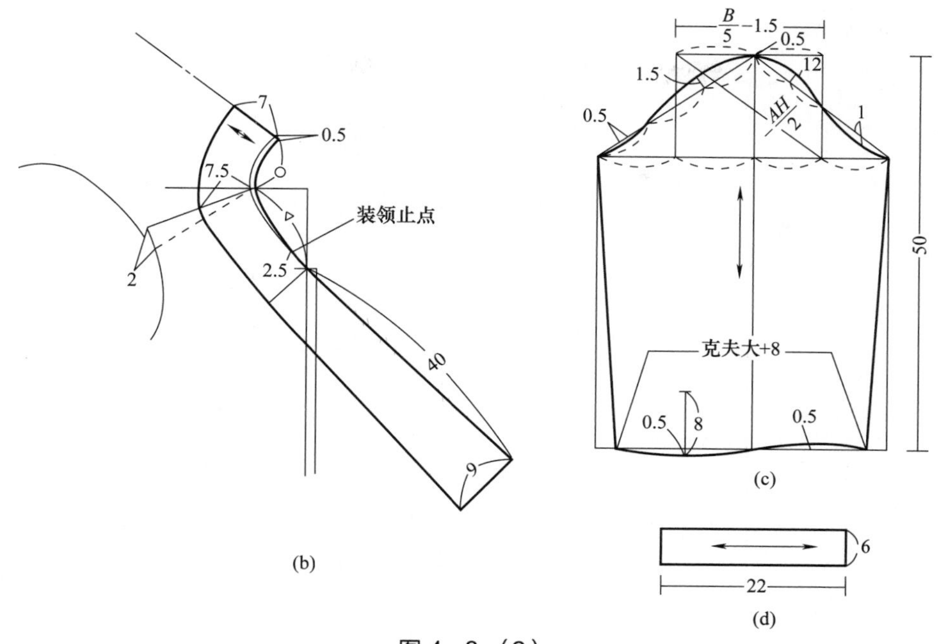

图 4-8（2）

三、 一字翻领短袖男衬衫

（一）款式特征

敞开式翻折领，短袖翻贴边，四粒扣，左胸方贴袋，后身断育克。

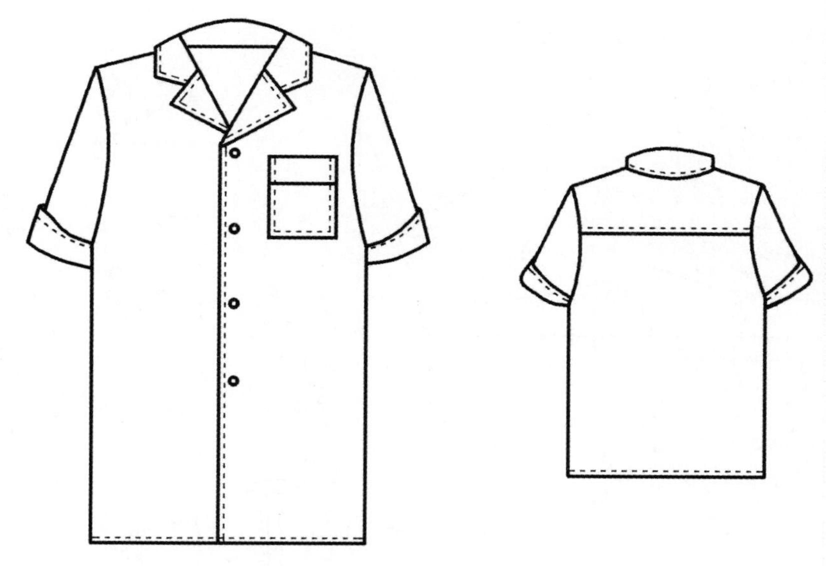

图 4-9

（二）成品规格

号型 175/92A

单位：cm

部位	衣长	胸围	领围	肩宽	袖长
规格	76	112	42	48	24

（三）结构设计图

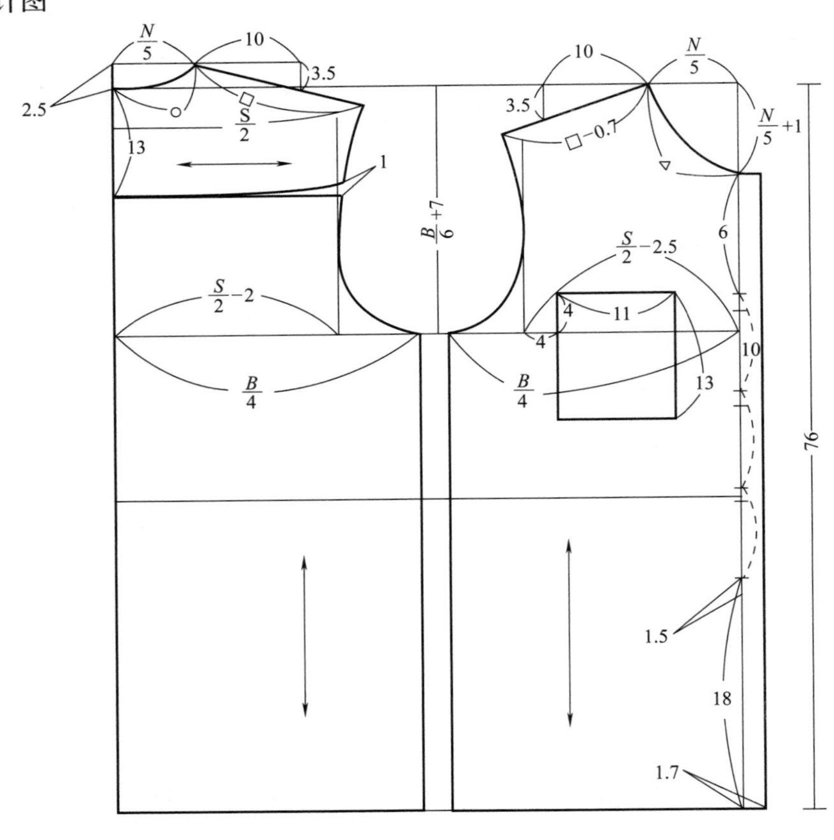

(a)

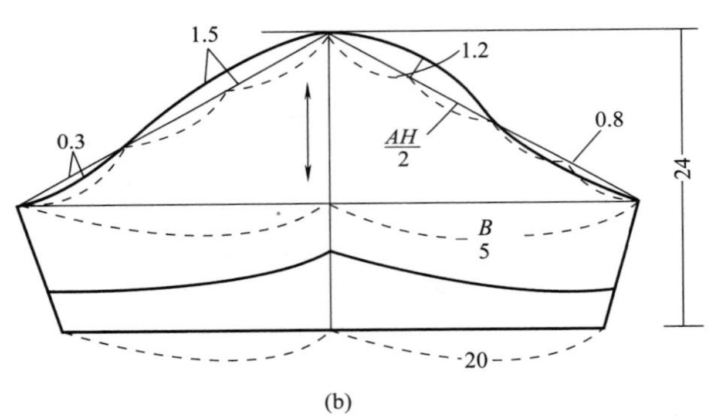

(b)

图 4－10

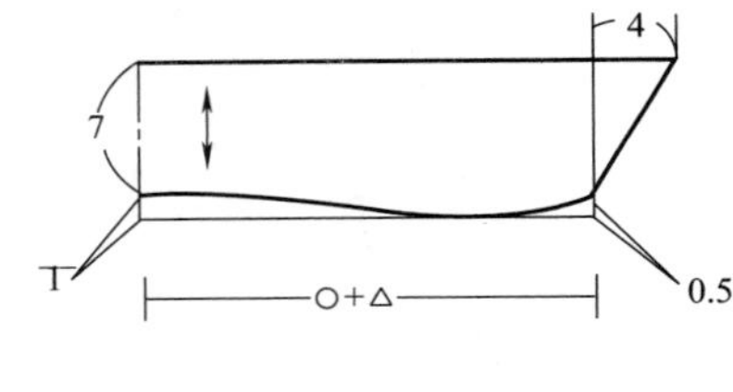

(c)

四、翻门襟圆下摆单立领男衬衫

（一）款式特征

立领、短袖，翻门襟，前胸有育克，左右方贴袋，圆下摆，后身断育克，袖口折边辑明线。

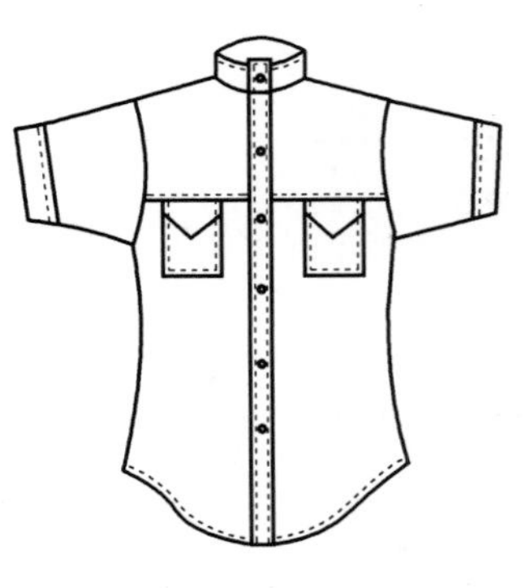

图 4－11

（二）成品规格

号型 170/92　　　　　　　单位：cm

部位	衣长	胸围	领围	肩宽	袖长	腰围
规格	74	108	42	46	25	102

（三）结构设计图

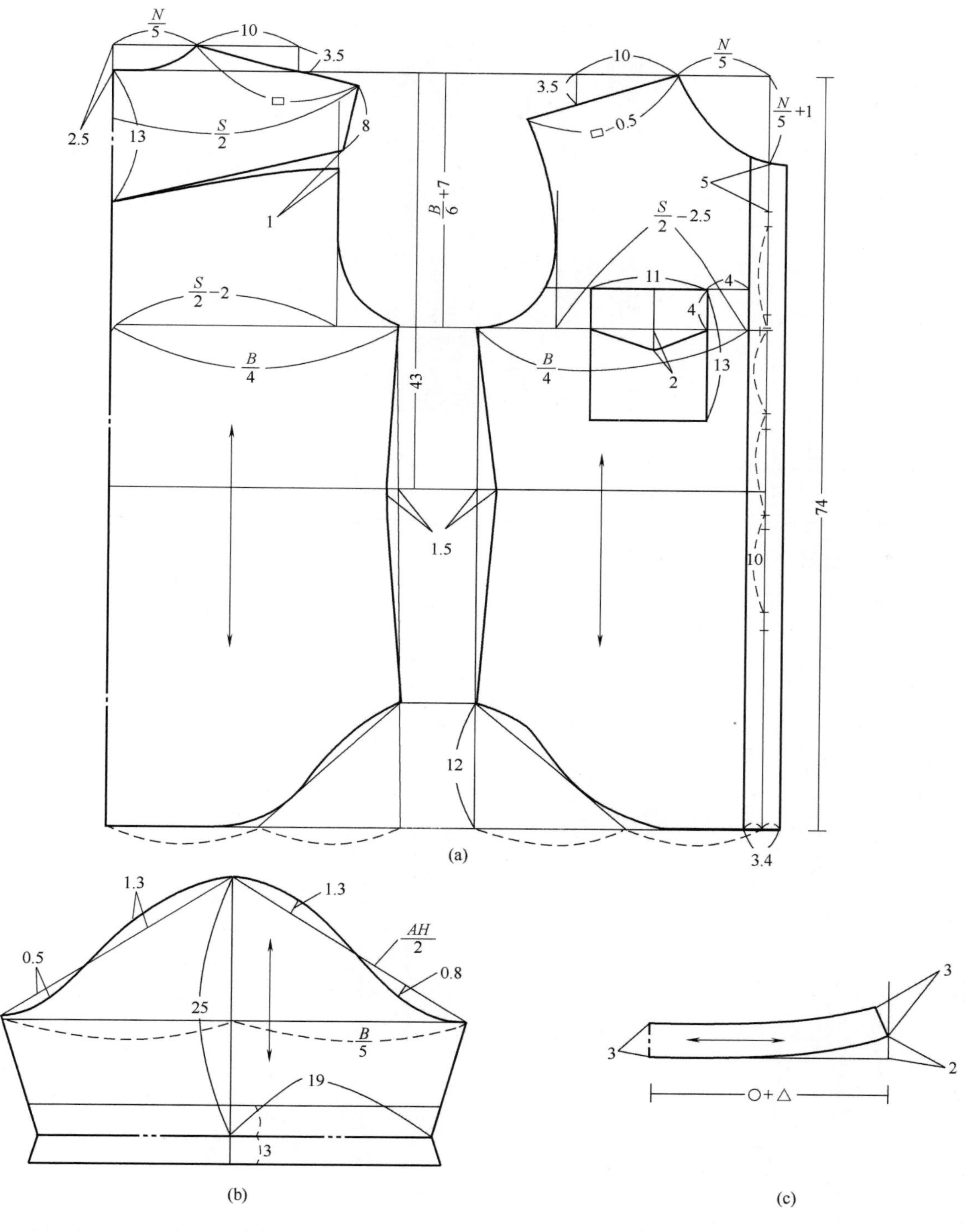

图 4－12

参考款式

一、女衬衫 1

（一）款式图

图 4－13

（二）成品尺寸

单位：cm

衣长	胸围	肩宽	袖长
60	96	40	20

（三）结构制图

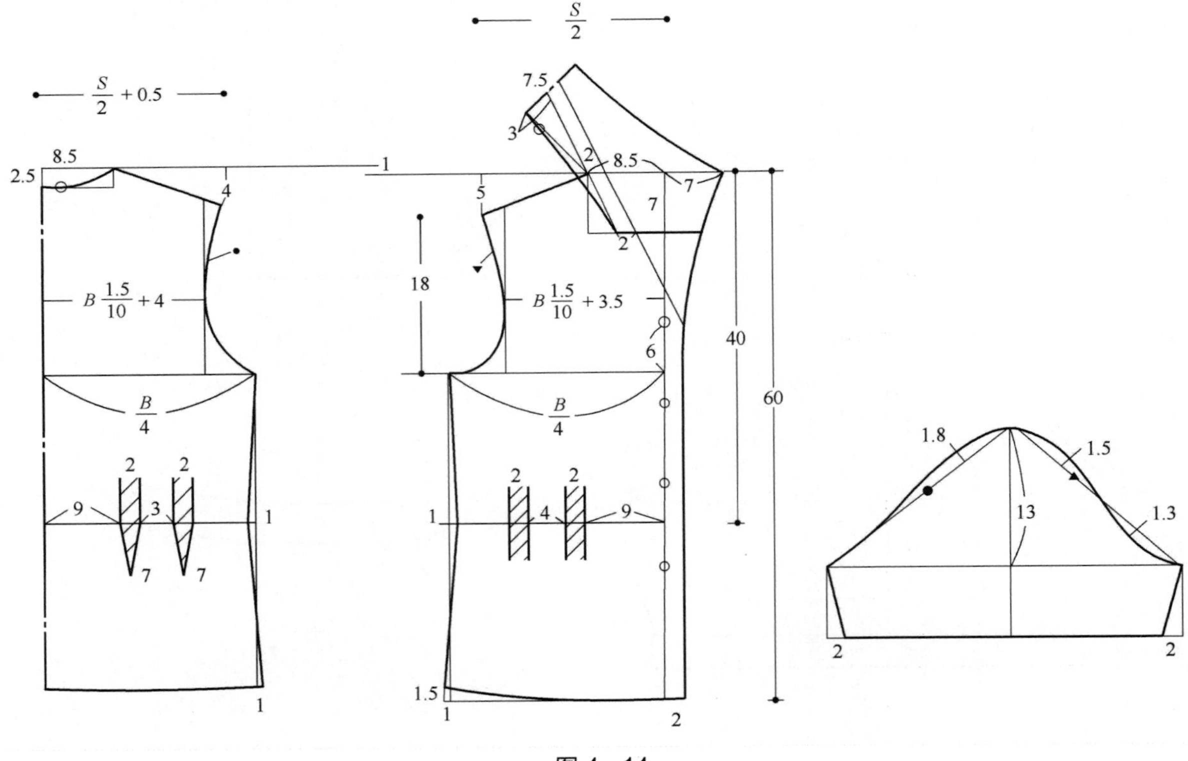

图 4－14

二、女衬衫 2

（一）款式图

图 4－15

（二）成品尺寸

单位：cm

衣长	胸围	肩宽	袖长	裙(裤)长	腰围	臀围
58	94	39	20	55	68	96

（三）结构制图

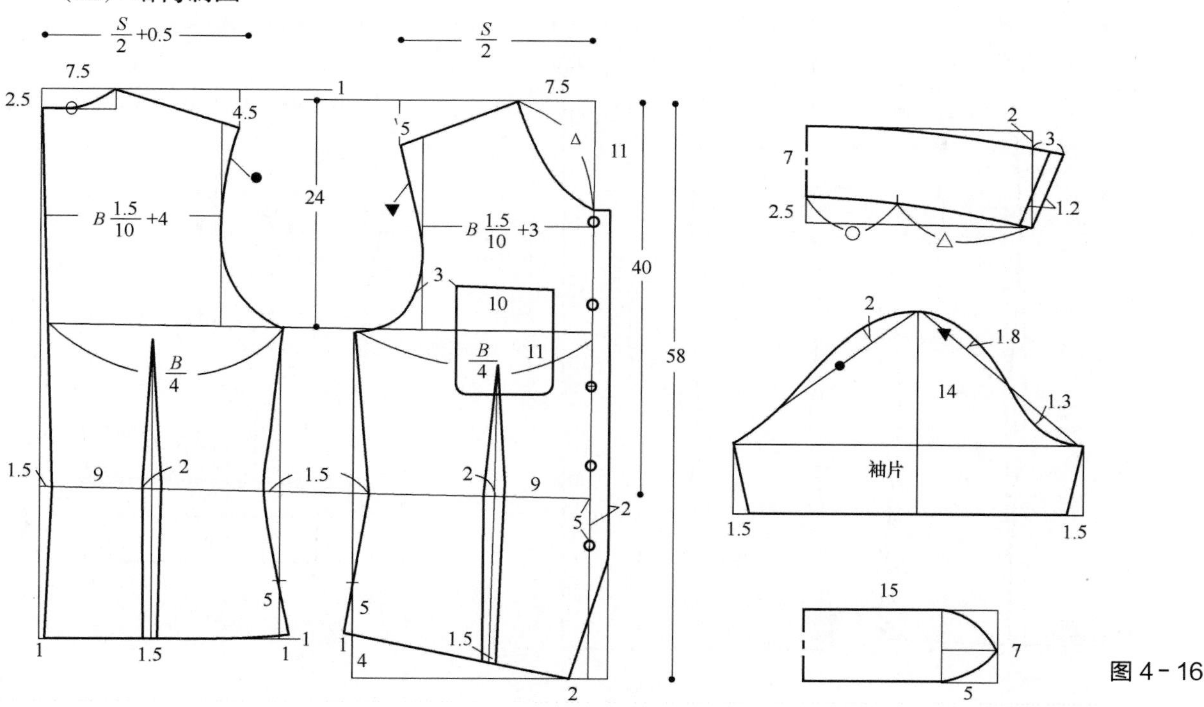

图 4－16

三、女衬衫 3

（一）款式图

图 4 - 17

（二）成品尺寸

单位：cm

衣长	胸围	肩宽	袖长
65	92	38	55

（三）结构制图

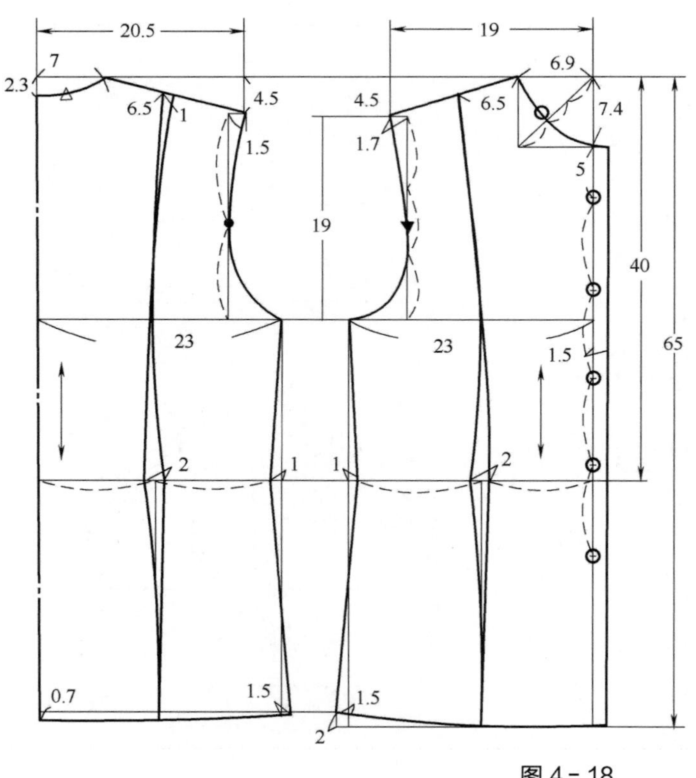

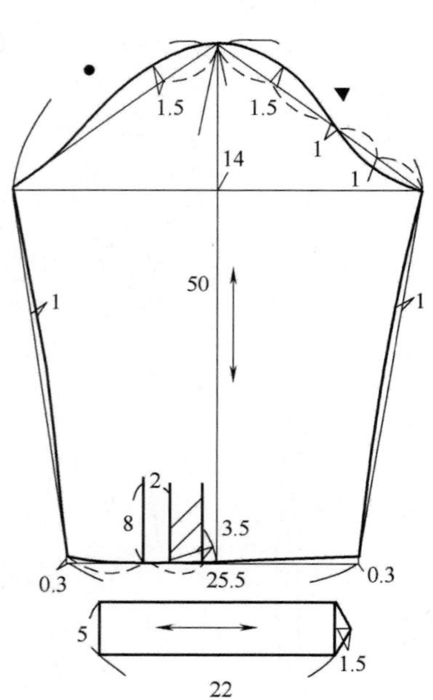

图 4 - 18

四、男礼服衬衫

（一）款式图

图 4－19

（二）成品尺寸

号型：175/92A

单位：cm

部位	衣长	胸围	领围	肩宽	袖长
规格	75	116	40	48	58

（三）结构制图

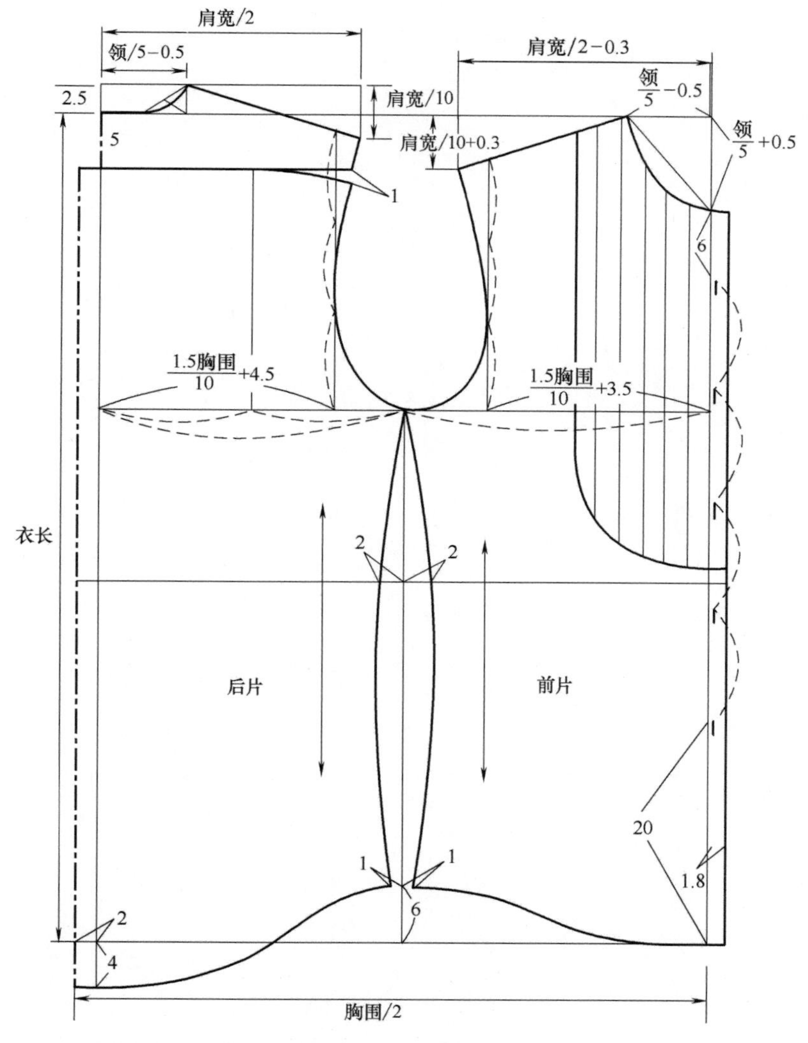

图 4－20 （1）

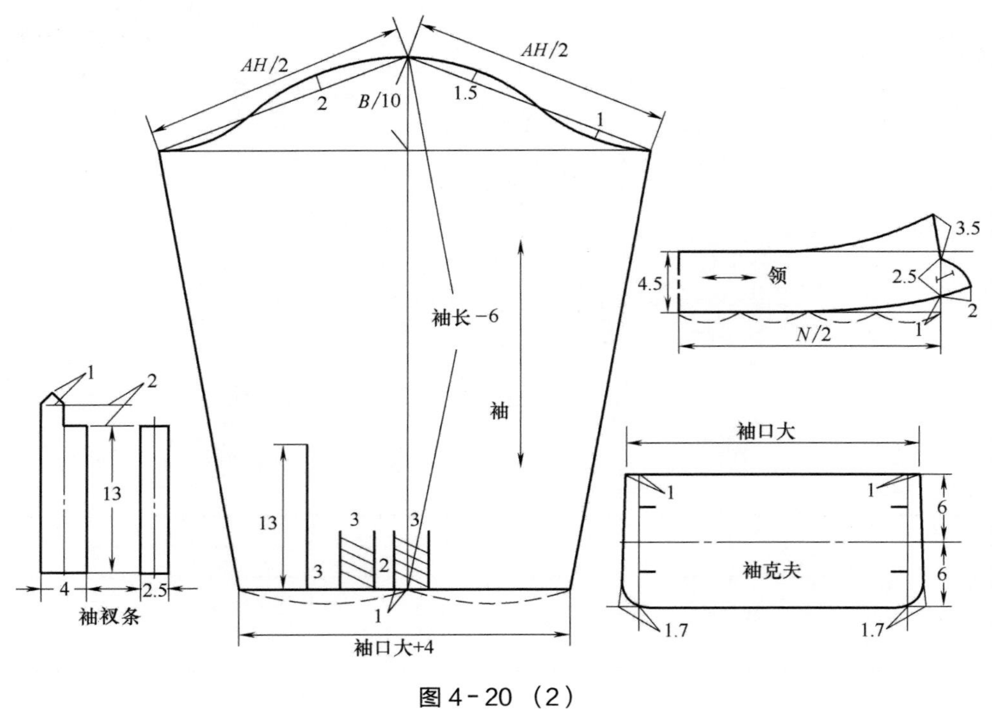
AH/2
AH/2
2
B/10
1.5
1
3.5
4.5
领
2.5
2
N/2
1
袖长-6
袖
1
2
13
13
3
3
3
2
袖口大
1
1
6
袖克夫
6
4
2.5
袖衩条
1
1.7
1.7
袖口大+4

图 4-20 （2）

第五章
西服制图

课题名称：西服制图

课题内容：（一）女西服结构制图
（二）男西服结构制图
（三）西服款式变化

教学手段：（一）实物视觉感观分析衣服的外观结构，让学生对西服有个初步认识
（二）老师教与做相结合，学生的听、看、做相结合
（三）授课过程要按内容及需要停顿，让学生发问，老师现场答疑，解难
（四）强调学生跟画 1∶1 大图，锻炼学生的动手能力和看图判断力

教学目的：（一）画图顺序
（二）部位数据掌握与使用
（三）板面安排合理、整洁、数据准确、线条流畅均匀、对应部位恰如其分

重点难点：（一）四开式和三开式的构成原理
（二）前片领口、领子结构图
（三）袖窿、落肩
（四）腰节线，省，袋位
（五）二片式袖子画法
（六）主、辅线条和其他相关线条及符号的应用（严谨）

第一节　女西服结构制图

一、款式特征

平驳领，前片单排纽，二粒扣，左右各一双嵌线开袋，装袋盖，前身设腰省和腋下片，后背开背缝。袖型为圆装两片袖，袖口开衩，钉装饰纽三粒。

图 5-1

二、成品规格

号型：160/84A　　　　单位：cm

部位	衣长	胸围	领围	肩宽	袖长	袖口
规格	64	96	40	40	54	26

三、要点分析

（一）尺寸设计

（1）衣长。从颈肩点起，经 *BP* 量至臀围线附近。

（2）胸围。西服属适体类服装，加放松量 10～14cm，本款加 12cm。

（3）肩宽。西服的肩部为合体型，在净肩宽的基础上加 0～2cm 的放松量。

（4）领围。领围尺寸为净领围加 2～4cm 的放松量。

（5）袖长。女西服的袖长不宜过长，从肩点测至手腕附近，再加上 1.5～2cm 的垫肩量。

（二）结构设计

（1）衣身结构。三开身结构，前片胸围为整个胸围的 1/3，后片胸围为整个胸围的 1/6，即四开身中后片的腋下部分归于前衣身。

（2）腰节长。正常腰位，按号/4 量取。

（3）袖窿深。按 $B/6+8.5$cm 从上平线往下量取，西服为外套，袖窿深需考虑内衣的取值，通常需低于内衣袖窿深 1cm 左右。

（4）肩线。适体外衣后片不设肩省，采用缩缝的工艺方法来达到适应肩部造型的目的，即后肩需大于前肩 0.5cm 左右。

（5）腰袋。腰袋位置的高低一般设计在腰节线下 8～10cm 的地方，前后位置在胸宽线向前移 1.5～2.5cm 的位置，此点与腰节线向下 8～10cm 的交点处，是手臂稍弯曲伸手插袋的最佳位置。腰袋的大小以手的宽度加上手的厚度为依据，男子手宽 12～14cm，女子手宽 10～12cm，袋口的大小就在此基础上加一定的放松量而确定。本款袋口大小以公式（$B/10+4$)cm 而得。

（6）搭门。本款为单排扣门襟，搭门宽度根据服装的种类和纽扣的大小来确定。衬衣一般钉小扣，搭门宽为 1.7～2cm，上衣钉中扣，搭门宽为 2～2.5cm，大衣钉大扣，搭门宽为 3～4cm。

（7）扣位。扣位的确定方法一般是先确定出第一粒扣和最后一粒扣的位置，其他的扣位按它们两个扣的间距等分。驳领衣服的扣位是在驳头止点处，最后一粒扣以衣长/4＋3.5cm 计，从衣摆往上量取，或与腰袋袋口平齐。

（8）撇胸。由于人体胸部自胸围线附近向外隆起，与胸部垂直线有个夹角，即胸坡角。如将面料覆盖于人体胸部，在领口的前中心部位会出现多余的部分，将多余的面料剪去或缝去，才会使该部位平服，而这部分就是撇胸的量。宽松式服装因合体性较差，一般不加撇胸，西服为合体式服装需加撇胸 1.5～2cm。

（9）袖窿与袖山的吻合。西装袖为圆装袖（两片袖），袖山弧线需比袖窿弧线长，即有一定的缩缝量使得装袖后袖头圆润美观，缩缝量视面料的种类、厚薄、结构疏密而定。毛料的缩缝量为 4～5cm，化纤料的缩缝量为 2～3cm。

（10）驳领的倒伏量。倒伏量也即翻领的松度，是驳领制图的关键。这个倒伏量是为了弥补领外口长度不足，有意让衣领向后倾倒所设计的量，倒伏量的多少主要取决于底领与翻领的差数，差数大翻领的松度就大，反之则小。具体见驳领制图。

四、 结构设计图

由于西装的纸样相对严谨和略显复杂，建议教师先做一套相同规格的纸样（剪好），然后在授课过程随机利用部位线条形状作说明，可能会事半功倍。

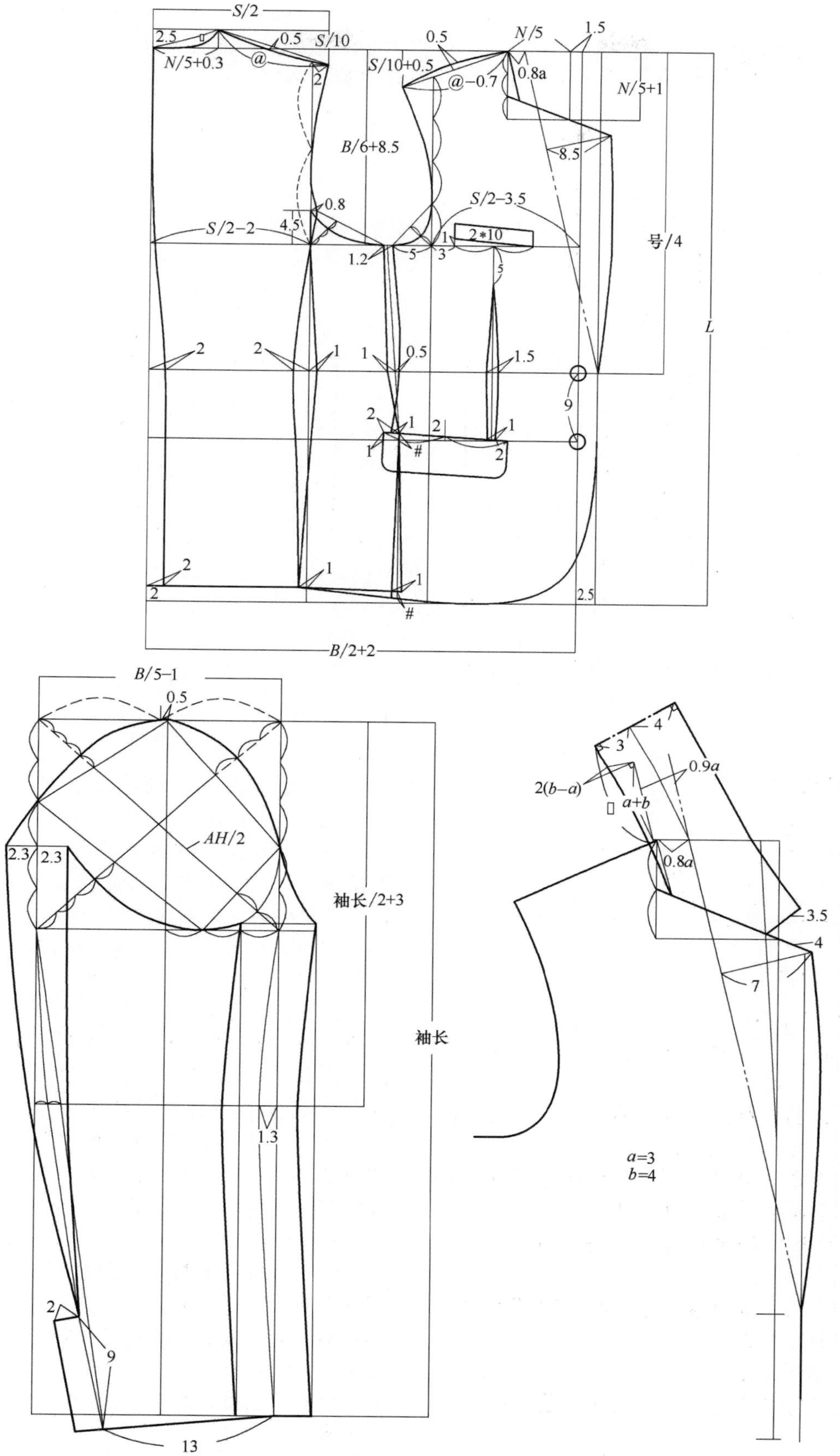
S/2
2.5
0.5
S/10
N/5+0.3
@
2
0.5
N/5
1.5
S/10+0.5
@−0.7
0.8a
N/5+1
B/6+8.5
8.5
0.8
S/2−3.5
4.5
S/2−2
2*10
1.2
5
3
号/4
L
2
2
1
1
0.5
1.5
9
2
1
2
1
1
#
2
2
2
1
1
2
#
2.5
B/2+2
B/5−1
0.5
AH/2
2.3
2.3
袖长/2+3
袖长
1.3
2
9
13
4
3
0.9a
2(b−a)
a+b
0.8a
3.5
4
7
a=3
b=4

图 5-2

第二节　男西服结构制图

平驳头，圆下摆，两粒扣，三开身，大袋双嵌线装袋盖，前身肋省收到底，后背做背缝，不开衩，袖口做真衩，钉装饰纽三粒。

一、款式特征

图 5-3

二、 成品规格

号型：170/88A　　　　单位：cm

部位	衣长	胸围	领围	肩宽	袖长	袖口
规格	73	106	40	45	58	30

三、 要点分析

（一）尺寸设计

（1）衣长。从颈肩点起，经 *BP* 点量至与虎口平齐。

（2）胸围。西服属适体类服装，加放松量 16～20cm，本款加 18cm。

（3）肩宽。西服的肩部为合体型，在净肩宽的基础上加 1～2cm 的放松量。

（4）领围。领围尺寸为净领围加 2～4cm 的放松量。

（5）袖长。从肩端点起，经过肘部的自然弯曲测至虎口上 2cm 处。

（二）结构设计

（1）衣身结构。三开身结构，前身肋省收到底。

（2）腰节长。正常腰位，按号/4 量取。

（3）前后腰节差。2.5cm。

（4）袖窿深。按 $B/6+8.5$cm 从上平线往下量取，西服为外套，袖窿深需考虑内衣的取值，通常需低于内衣袖窿深 1cm 左右。

（5）肩线。后片不设肩省，设缩缝量 0.7cm，即后肩大于前肩 0.7cm。

（6）腹省。男装设置腹省，是为了使下摆回收，腹部更合体。但为了不使衣片增加分割线，通常将其设置于袋位开口处，省量一般为 0.7cm 左右。在正常体型的衣片结构上采用腹省，是男装特有的结构手法，更常用于双排扣男西服上，因为双排扣西服常要将所有的扣子都系上，所以更能体现腹部合体的效果。

（7）胸袋。胸袋主要起装饰作用，为取得视觉平衡，一般上装的胸袋上口在靠近袖窿处均略向上抬，取值一般在 1～2cm。袋口大一般以 $B/10$ 为基数，再加减 0.7cm 左右，以驳领上部翻折后能覆盖胸袋 1/2～1/3 为最佳。本款以定数 10cm 绘制。

四、结构设计图

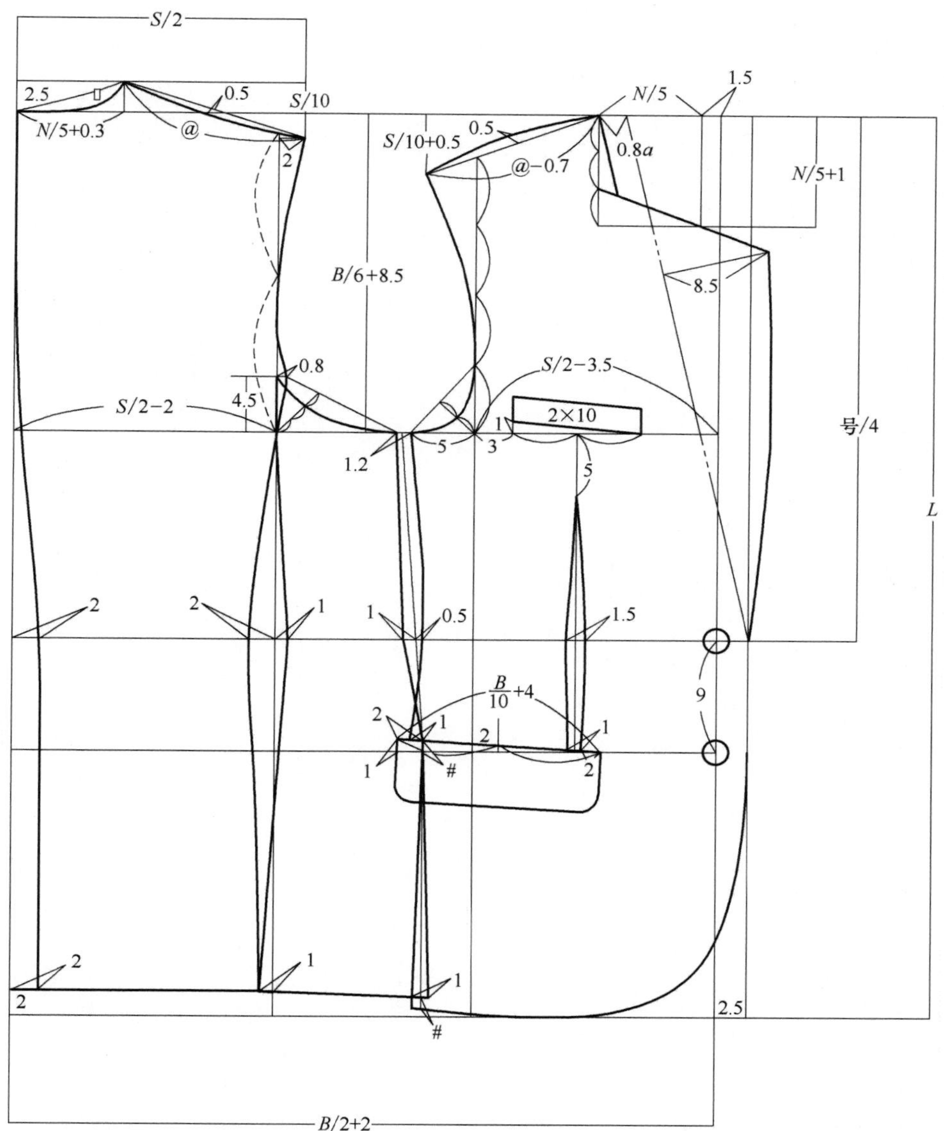

S/2
2.5
0.5
S/10
N/5+0.3
@
2
N/5
1.5
S/10+0.5
0.5
0.8a
@−0.7
N/5+1
B/6+8.5
8.5
0.8
S/2−3.5
S/2−2
4.5
2×10
号/4
1
1.2
5
3
5
L
2
2
1
1
0.5
1.5
9
2
1
2
1
1
#
2
2
1
1
2
#
2.5
B/2+2

图5-4（1）

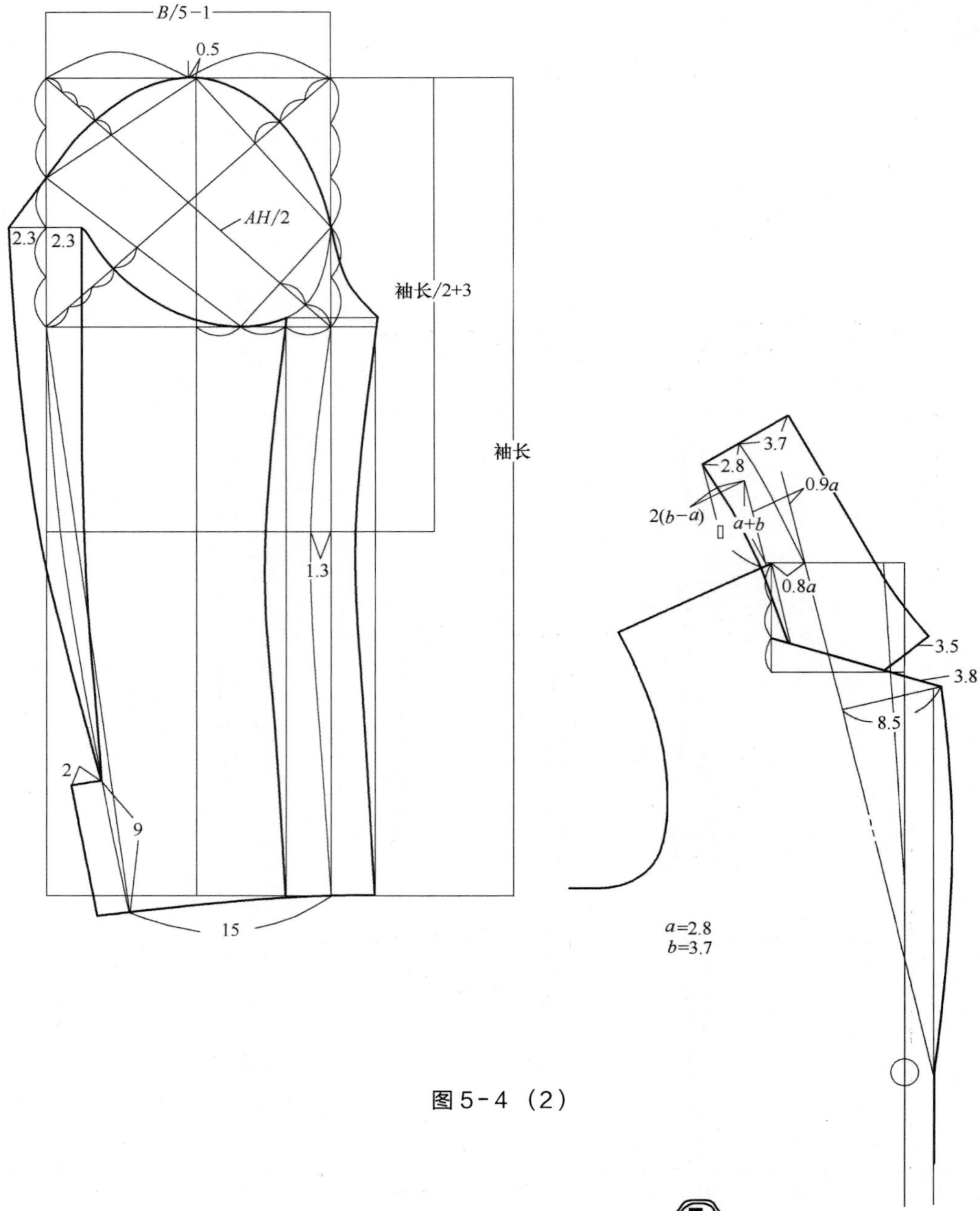

图 5-4（2）

第三节　西服款式变化

一、单排三粒扣摆衩男西服

（一）款式特征

平驳头，圆下摆，三粒扣，三开身，大袋双嵌线装袋盖，前身胁省收到底，后背做背缝，摆缝开摆衩，袖口做袖衩，钉装饰扣四粒。

图 5-5

（二）成品规格

号型：170/88A

单位：cm

部位	衣长	胸围	领围	肩宽	袖长	袖口
规格	76	108	41	46	58	30

（三）结构设计图

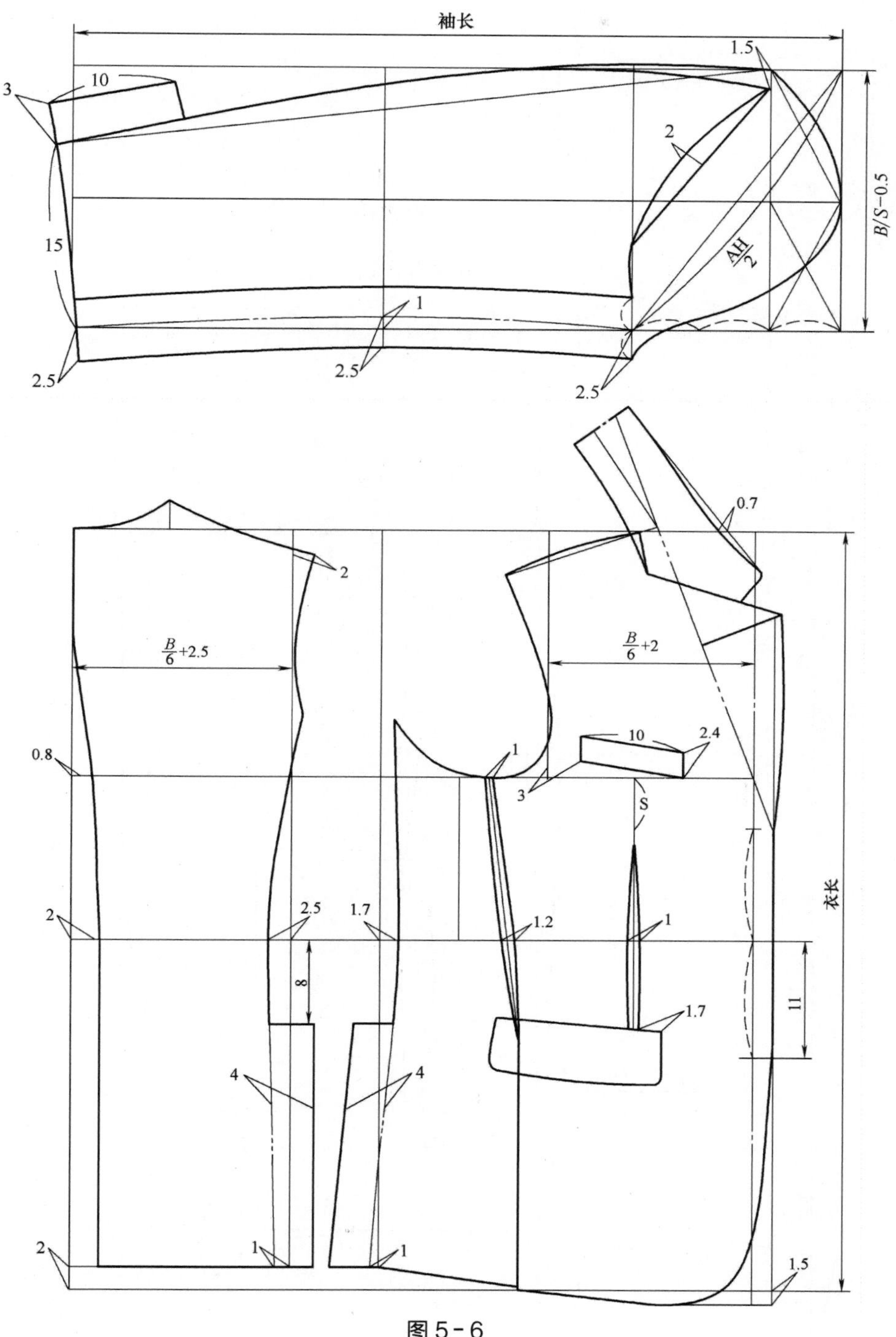

图 5-6

二、休闲男西服

（一）款式特征

平驳头，三粒扣，圆下摆，前胸分割，贴明袋，前身肋省收到底，后背做背缝，圆装袖，袖口钉装饰纽 3 粒。

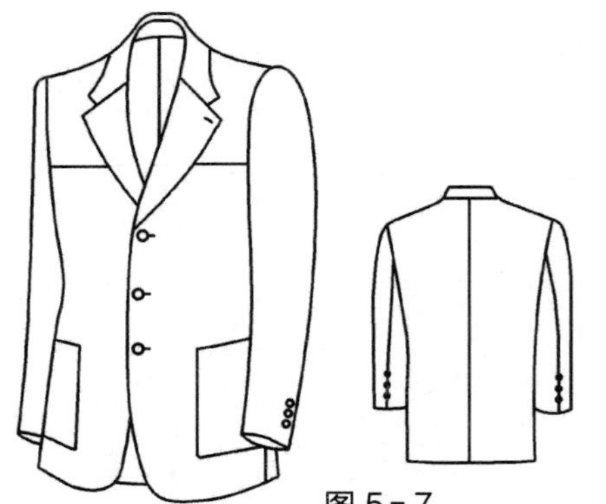

图 5-7

（二）成品规格

号型：170/88A　　　　单位：cm

部位	衣长	胸围	肩宽	袖长	袖口
规格	70	108	46	58	26

（三）结构设计图

这些款式变化十分实用，既让学生学到更多，又能使学生在用字上下功夫，请注重。特别注意引导学生应用所学到的基础知识，这是我们的真正目标。

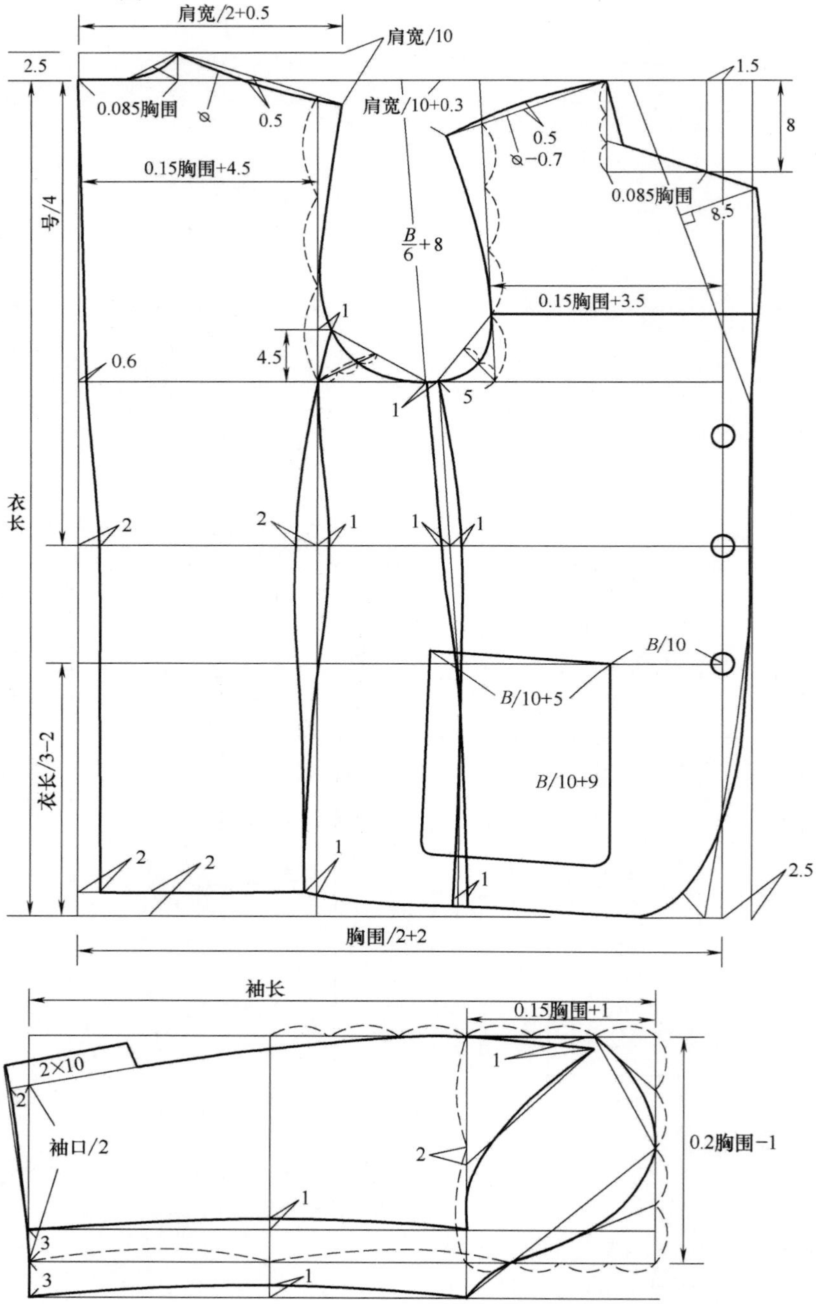

图 5-8

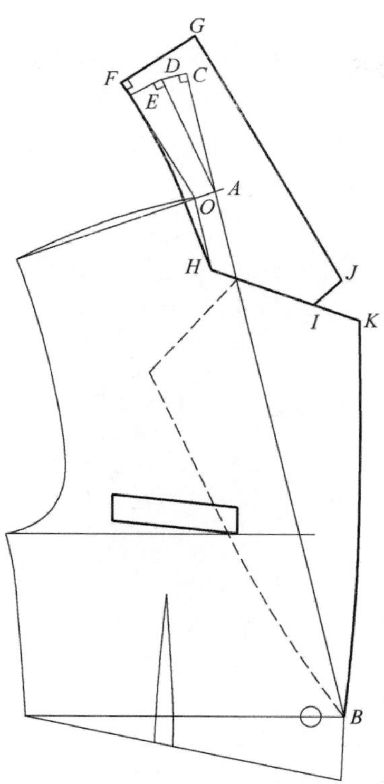

领结构方法参照前图

三、青果领女西服

（一）款式特征

青果领，两粒扣，圆下摆，大袋双嵌线装袋盖，前身肋省收到底，后背做背缝，圆装袖，袖口钉装饰纽3粒。

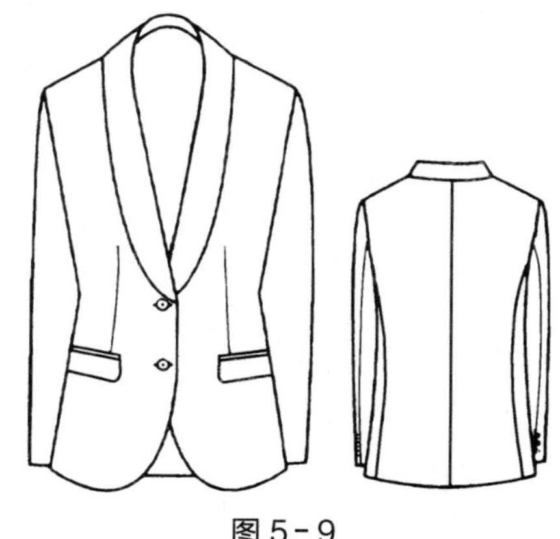

图5-9

（二）成品规格

号型：160/84A　　　　单位：cm

部位	衣长	胸围	肩宽	袖长	袖口
规格	64	96	40	54	26

（三）结构设计图

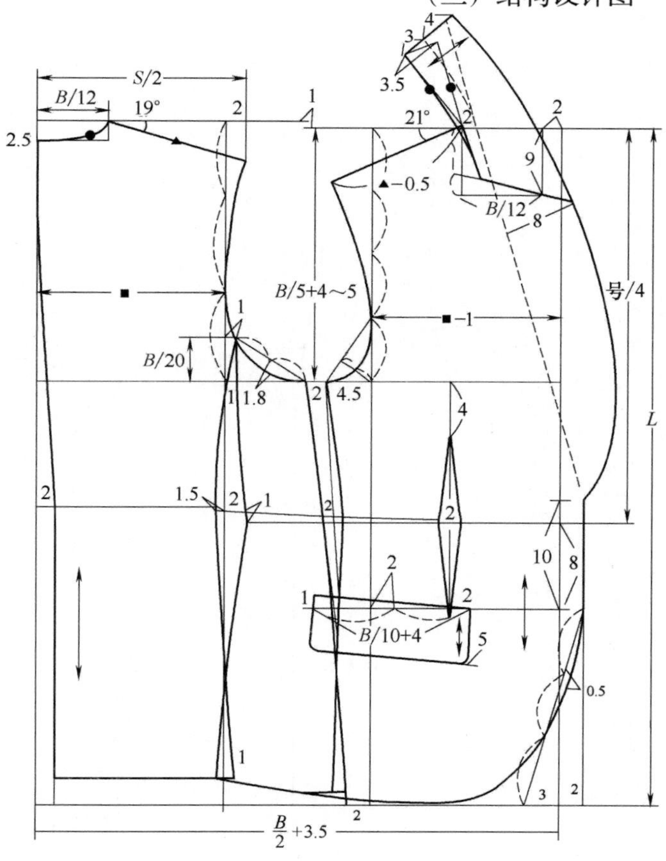

图5-10

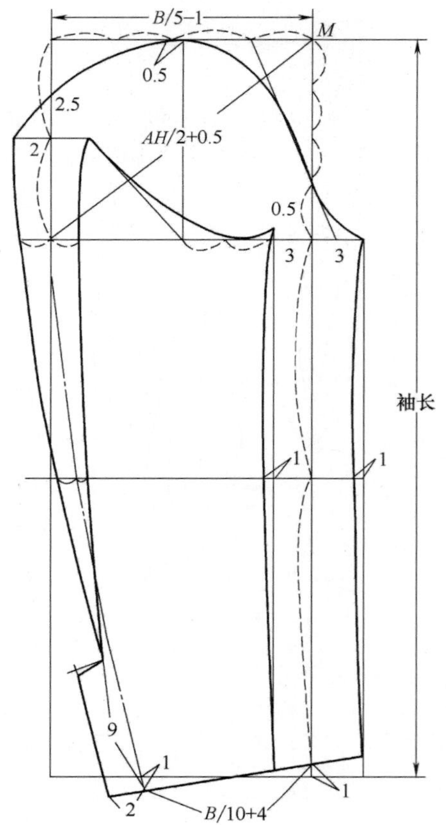

四、宽松型双排扣女西服

（一）款式特征

翻驳领，左胸手巾袋，双排扣钉纽扣三排，后背缝分割，圆装袖，袖口钉装饰纽 3 粒。

图 5－11

（二）成品规格

单位：cm

部位	衣长	胸围	领围	肩宽	腰围	袖长	袖口
规格	80	94	37	40	82	54	26

（三）结构设计图

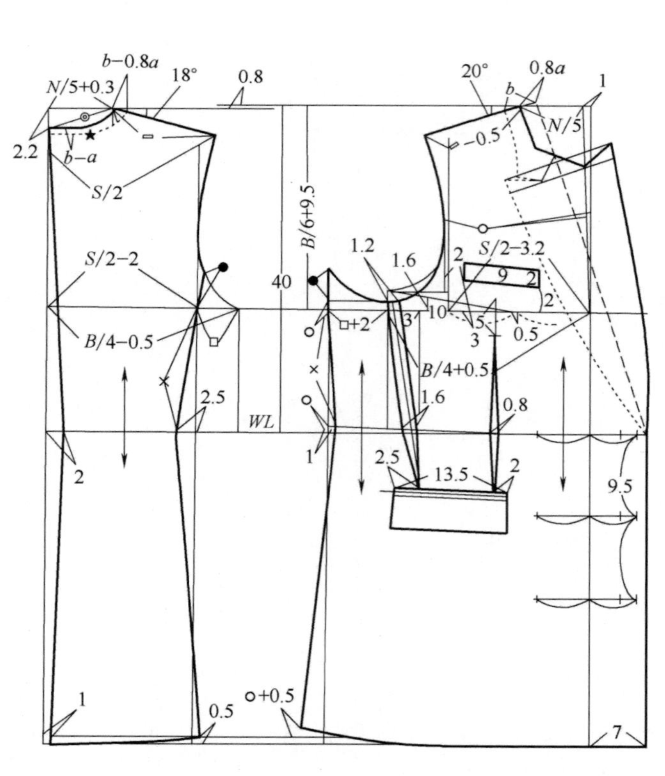

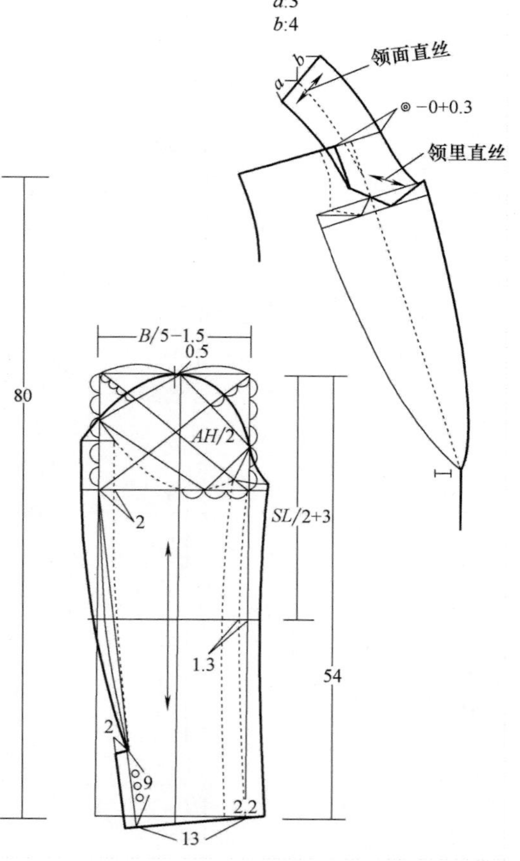

图 5－12

参考款式

一、男式斜门襟夹克衫

（一）款式特征

不对称门里襟，左身门襟放出，右身明上拉链，上下钉敲扣。右胸开拉链。腰节高侧缝加装饰襻。一片式圆装袖，后片断育克，纵向分割。

图 5－13

（二）成品规格

单位：cm

部位	衣长	胸围	领围	肩宽	袖长	袖口
规格	64	112	41	45	60	14

（三）结构设计图

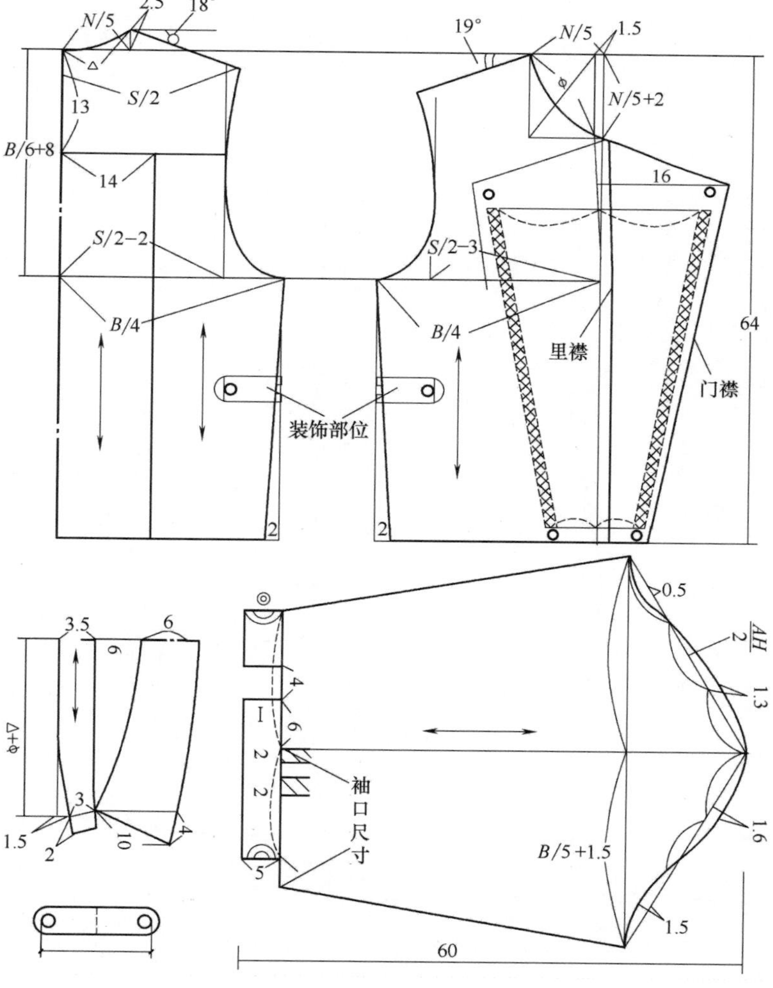

图 5－14

二、牛仔小外套

（一）款式特征

收腰，前身收一道分割线。无叠门，翻驳领，圆下摆，贴袋，两片式圆装袖，袖口断开3cm 缉明线。

（二）成品规格

号型：160/84A　　　　　　单位：cm

部位	衣长	胸围	领围	肩宽	袖长	袖口
规格	60	94	37	40	54	26

（三）结构设计图

图 5-15

$a=2.8$　　$b=3.7$

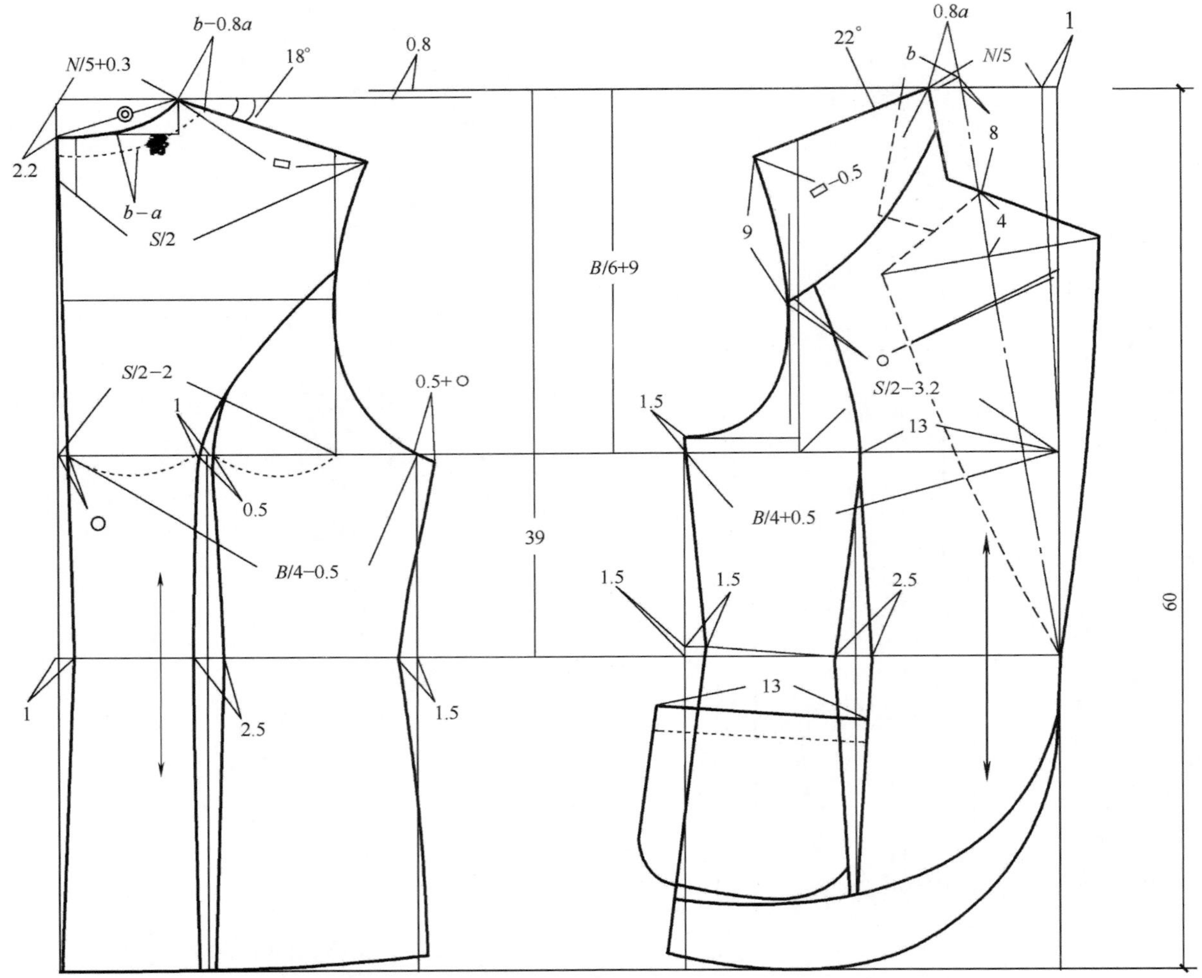

图 5-16（1）

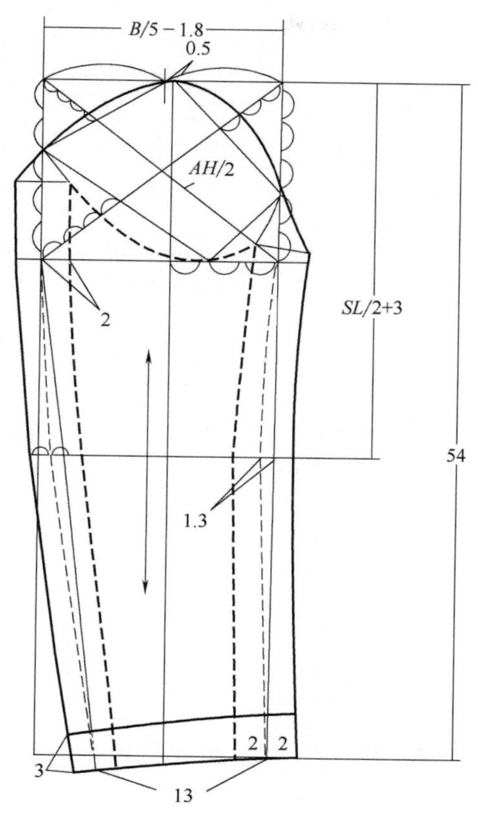

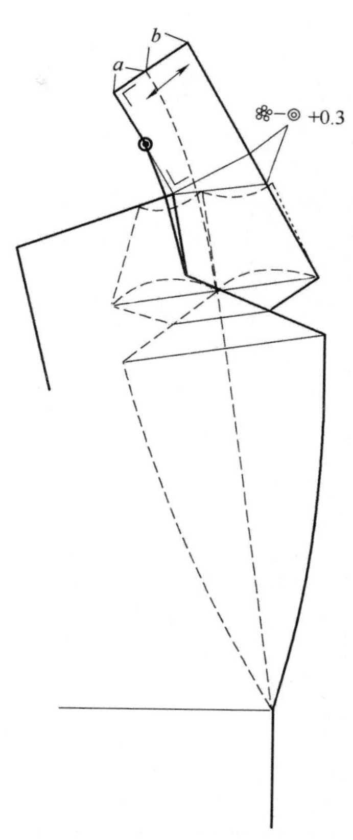

图 5－16（2）

三、西服马甲

（一）款式特征

无领、无袖，后片短于前片，前片下摆处为斜角造型。前后片收腰省，有后中缝，前片四个挖袋。

图 5－17

（二）成品规格

号型：170/88A

单位：cm

部位	后中长	胸围	领围	肩宽
规格	53	100	40	36

（三）结构设计图

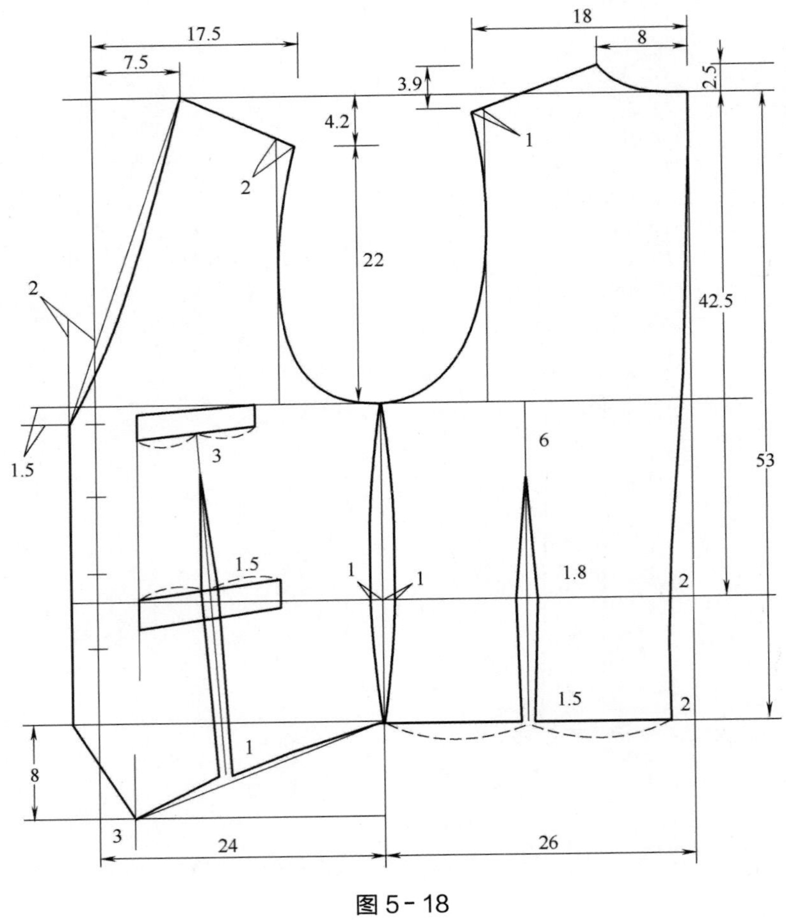

图 5-18

第六章
大衣

课题名称：大衣

课题内容：（一）女大衣结构制图
（二）男大衣结构制图
（三）大衣款式变化

教学手段：（一）把重点瞄准插肩袖的制图和各种不同领型的制图方法上，还有就是门襟的大小与扣的排列问题
（二）互动式教学，并要采取步步过关法的“讲、做、查”三点一线的教授法
（三）首次作业全批全改，要求同类作业不少于三次以上，并做好总结
（四）其他要求与西服同

教学目的：（一）通过学习，使学生能基本理解一般男、女大衣的结构模式
（二）能基本制作男、女大衣纸样，特别是插肩袖的纸样和一些外衣领的变化（一些时尚领）、门襟的变化等

重点难点：（一）插肩袖的画法
（二）领的变化及与领窝的关系
（三）制图难度不亚于西服，要注意，纸样要求极高

第一节 女大衣结构制图

一、款式特征

四开身结构，驳领，圆装两片袖。前门襟双排扣，前后片设刀背缝分割线，斜插嵌袋。衣身为X造型。

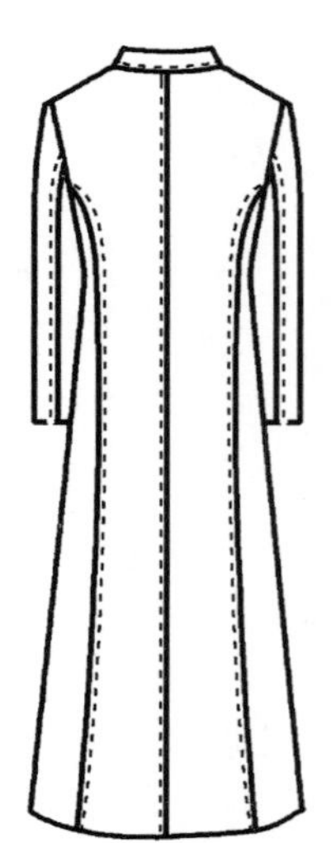

图6-1

二、成品规格

号型：160/84A 单位：cm

部位	衣长	胸围	领围	肩宽	袖长
规格	96	104	42	42	55

三、要点分析

（一）尺寸设计

（1）衣长。从颈肩点起向下量至膝盖附近。

（2）胸围。根据衣身宽松的款式特点，需加上14～20cm的放松量。本款加放松量20cm。

（3）袖长。从肩端点起量至虎口处。

（4）领围。本款为开门领结构，领深、领宽可按胸围尺寸推算，也可测量净领围再加上3～4cm的放松量后获得。

（5）肩宽。根据肩部适体的特点，在净肩宽的基础上加2～4cm的放松量。

（二）结构设计

（1）双排扣搭门。双排扣搭门的宽度可根据个人爱好及款式来确定，一般情况衬衣为5～7cm，上衣6～8cm，大衣7～10cm。纽扣一般是对称地钉在前中心线的两侧。

（2）肩斜。为了使大衣穿用时肩部宽松舒适，将大衣的肩斜线略上抬，即减小前后肩斜线的角度，所以前肩斜角取20°，后肩斜角取18°。

（3）X造型。X造型是服装中常见的造型，结构设计中通过公主线在腰部收省，下摆则根据款式造型需要设定张开量。

（4）领嘴。领嘴的设计介于平驳头和戗驳头之间，需把握造型的合理性。

四、结构设计图

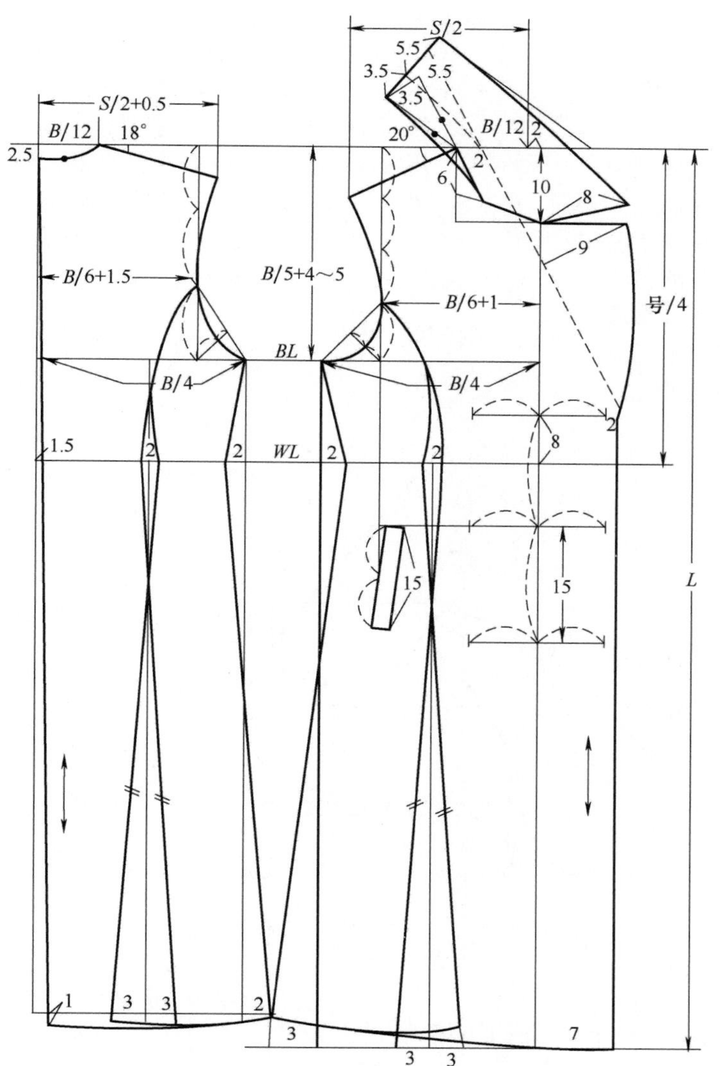

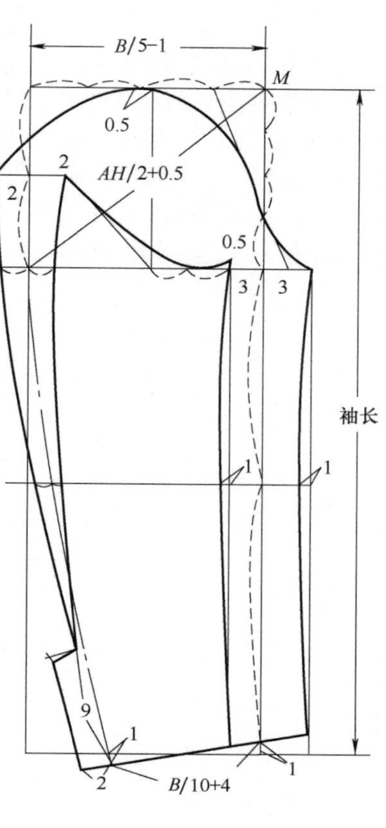

图 6-2

第二节　男大衣结构制图

一、款式特征

驳领，双排扣明门襟，后中分割，插肩袖。前后中、前分割、袖中缝、领外口缉明线。

二、成品规格

号型：170/88A　　　　　　　单位：cm

部位	衣长	胸围	领围	肩宽	袖长	袖口
规格	112	120	45	52	62	17

图 6-3

三、要点分析

（一）H 造型

H 造型一般为四开身结构，结构线多采用直线。

（二）插肩袖

插肩袖指衣片的肩部与衣袖连成一体的袖型。其外观肩部造型流畅、大方，穿脱方便。有一片插肩袖、两片插肩袖、半插肩袖等。插肩袖其实是袖子与衣身的互借关系，袖借身（也是一种分割）可以是各种几何形状，可根据设计和个人喜好而决定，但均应将借出的部分与袖山连接在一起，构成新的袖型，从而形成了各种风格的插肩袖。本款为两片插肩袖，袖身较合体，是服装中常用的插肩袖。

（1）一般情况下，插肩袖的袖斜线角度为45°。可根据袖型款式的适体性而变化，角度越大，袖子越宽松；角度越小，袖子越合体。

（2）插肩袖的袖山弧线和衣身的袖窿弧线要等长，不重合部分的两种弧线要曲率一致。

（3）可通过确定袖肥的方法完成袖子制图，袖肥：$B/5+0\sim3$cm；也可通过确定袖山高的方法完成制图，袖山高：$B/10+3\sim6$cm。

四、结构设计图

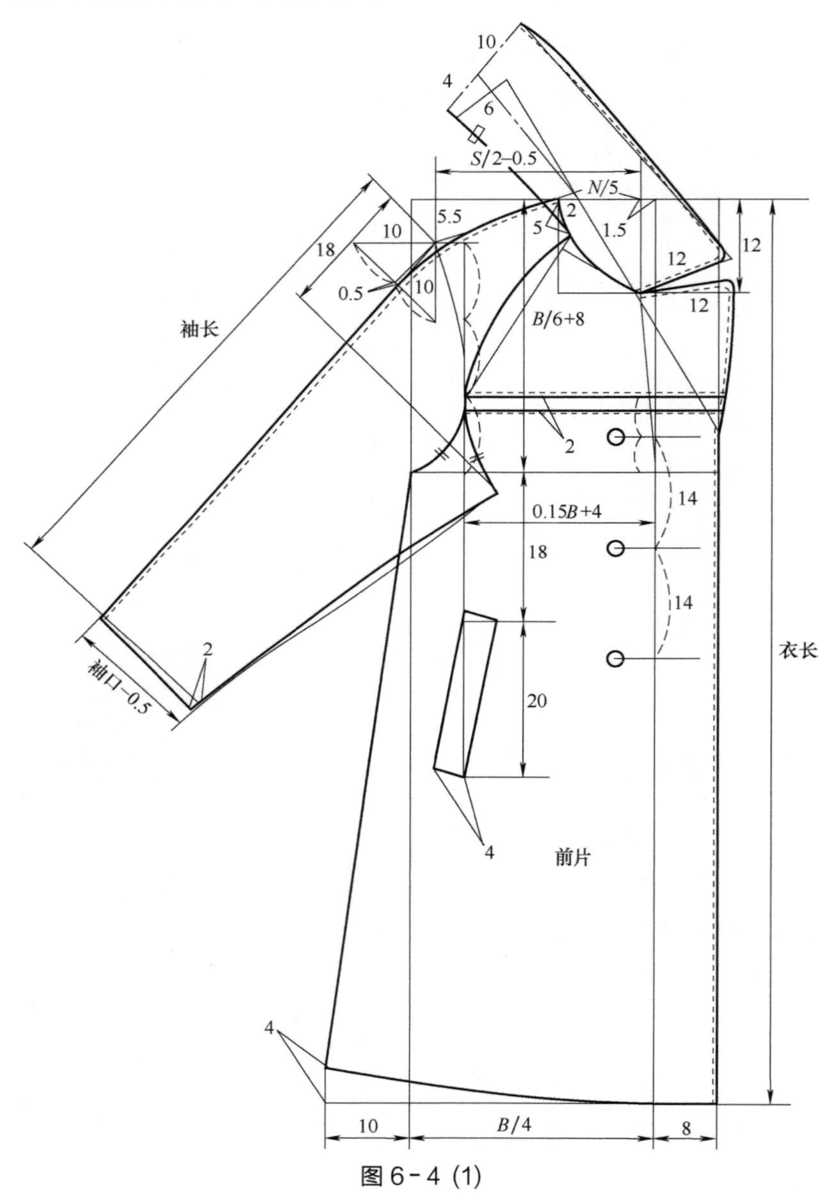

图 6-4 (1)

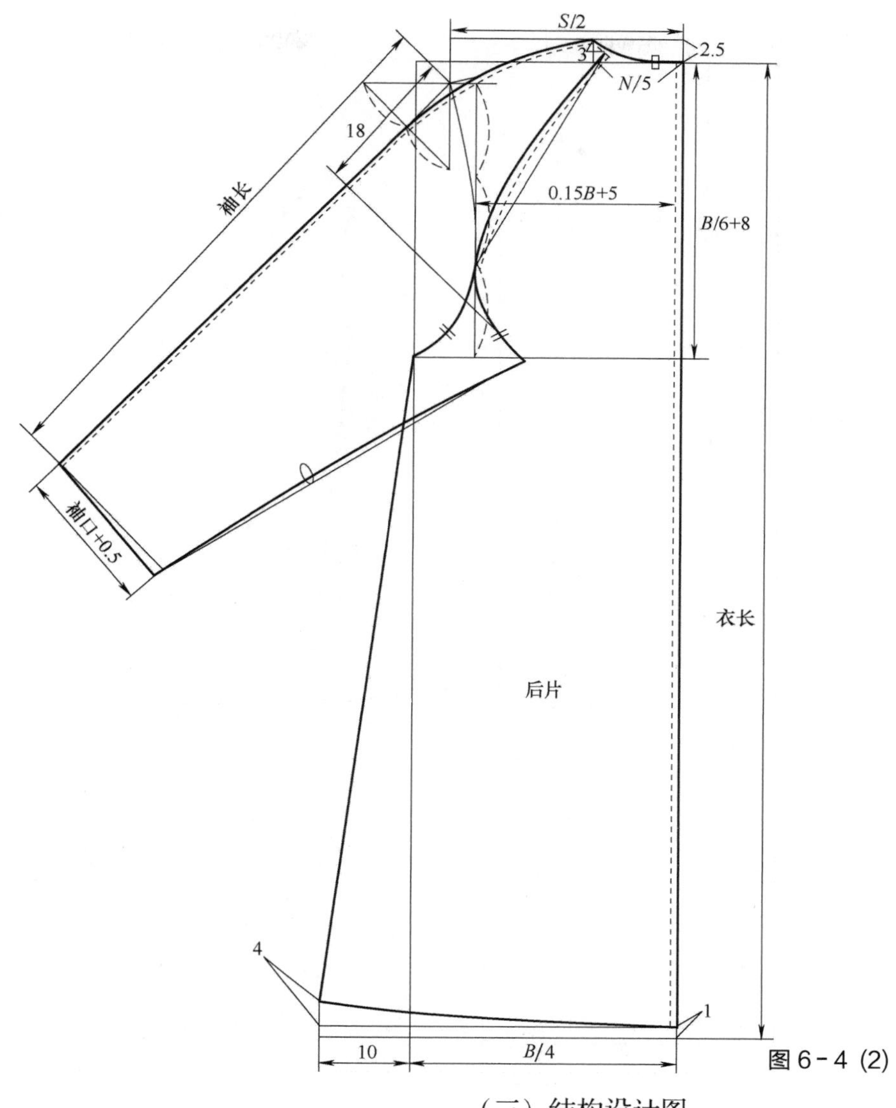

图 6-4 (2)

（三）结构设计图

第三节　大衣款式变化

一、传统 H 型大衣

（一）款式特征

翻折领，双排扣，衣片左右各一斜插袋，后中分割，后开衩，一片袖，袖口翻折边。

（二）成品规格（160/84A）

单位：cm

部位	衣长	胸围	肩宽	袖长
规格	98	106	42.5	56.5

图 6-5

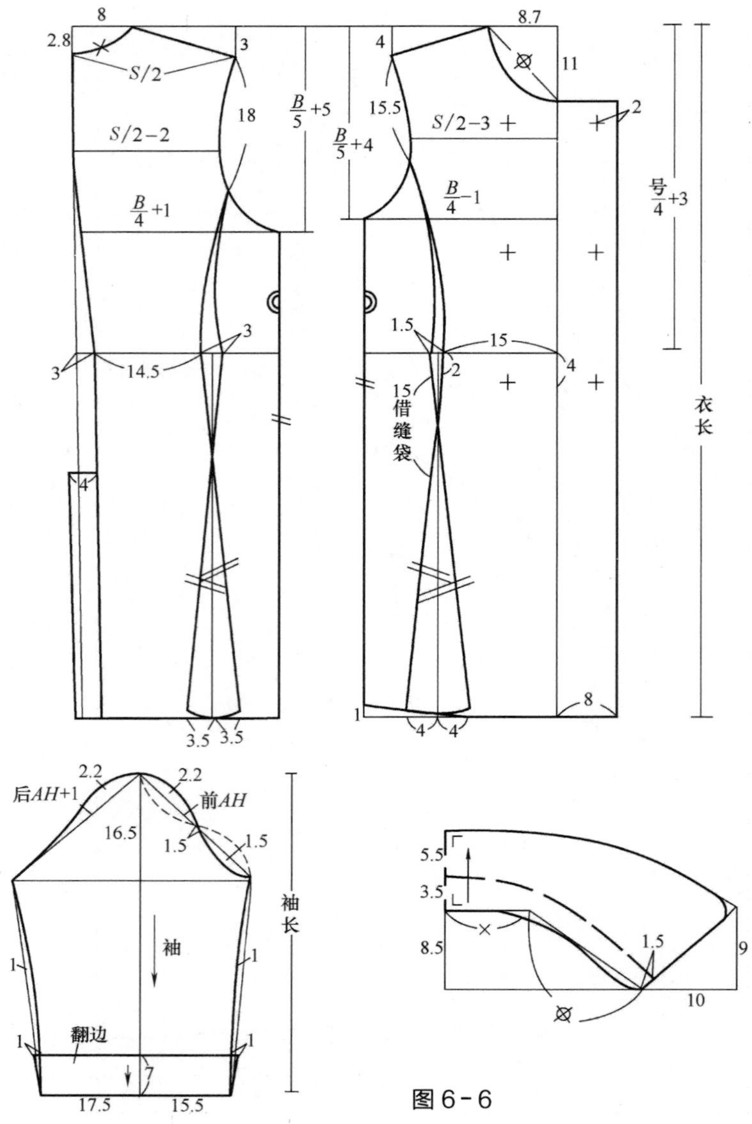

图 6-6

二、大翻领风衣

（一）款式特征

大翻领，双排扣，前插袋，肩章、束腰设计。

图 6-7

（二）成品规格（160/84A）　单位：cm

部位	衣长	胸围	肩宽	袖长
规格	90	100	41.5	58.5

（三）结构设计图

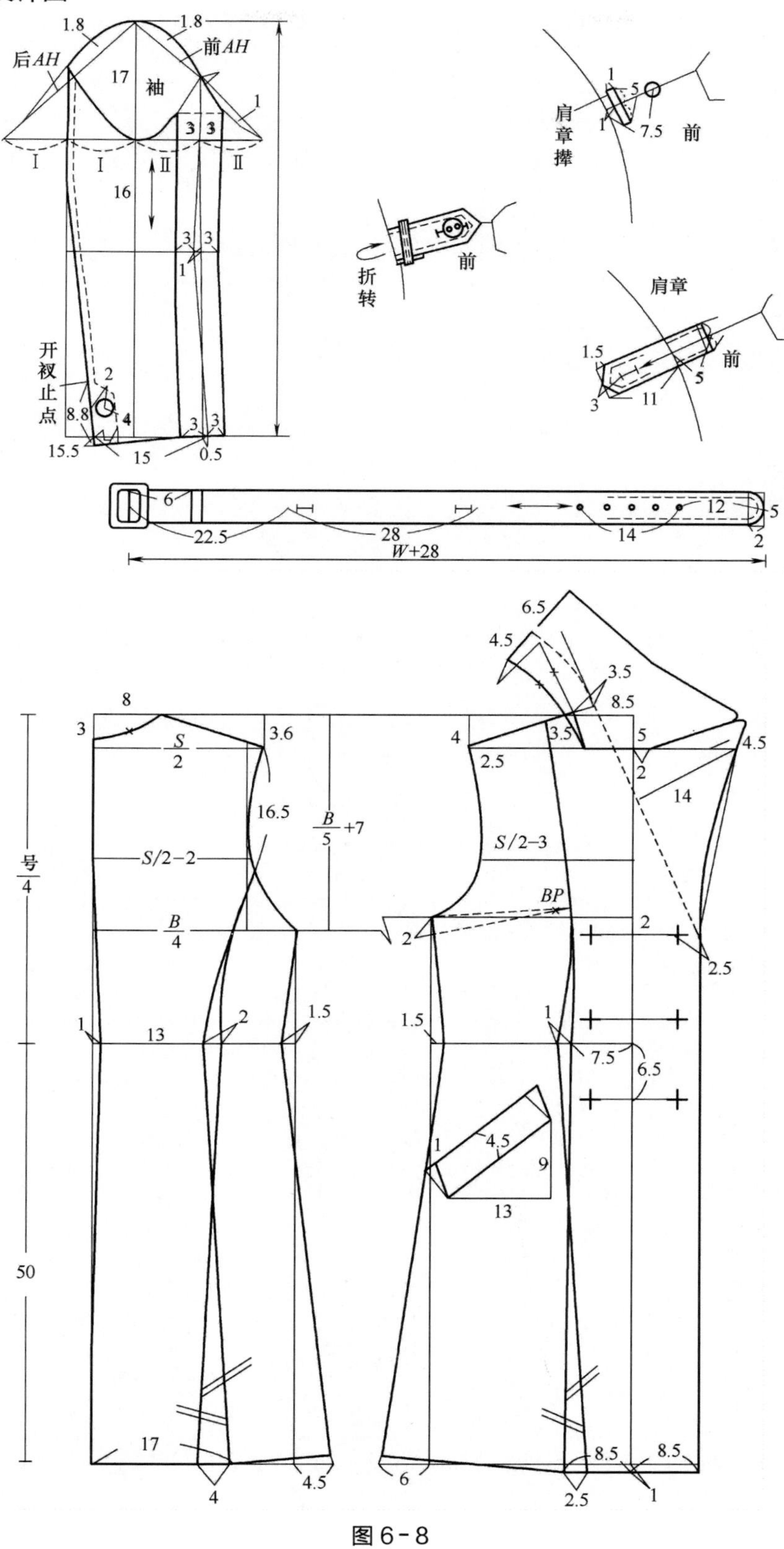

图6-8

第七章 中式服装

课题名称：中式服装

课题内容：（一）旗袍结构制图
（二）男中装结构制图
（三）中装款式变化

教学手段：（一）建议使用实样
（二）同样使用互动式教学
（三）教学过程中要注重下面几点
1. 数据准确
2. 线条流畅
3. 放松量尤其要拿捏得准
4. 驳襟要细致讲述，反复提问，证实学生是否明白
5. 领子的画法也有较高要求，要注意
6. 纸样做好后，重合各对位工作必须做足

教学目的：通过学习，让学生基本学会我国的传统服装旗袍与男唐装的制板技术以及一些袖型的变化方法

重点难点：（一）男唐装的袖窿及口袋，前对襟领子的制板
（二）旗袍的胸围线、腰围线、臀围线的把握，中式襟的画法和收省的部位、数据、方式等
（三）领窝和领子

第一节　旗袍结构制图

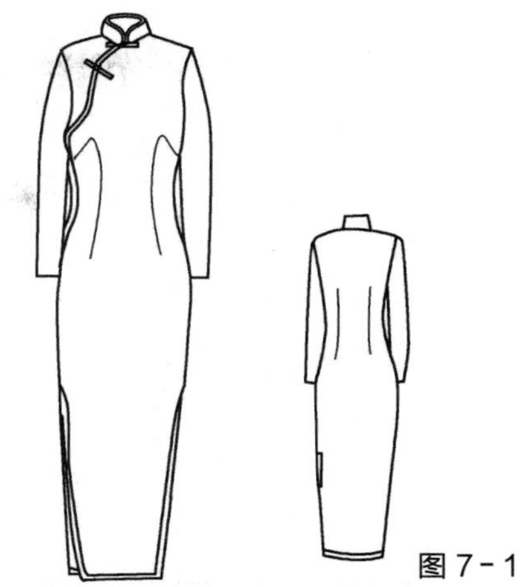

图 7-1

一、款式特征

立领、装袖、偏襟，前身收腋下省和胸腰省，后身收腰省；领口、偏襟钉盘扣两副，领口、偏襟、袖口、摆衩、底边均嵌线滚边，装里子。

二、成品规格

号型：160/84A　　　　单位：cm

部位	衣长（L）	胸围（B）	腰围（W）	臀围（H）	领围（N）	肩宽（S）	背长（BAL）	下摆	袖长（SL）	袖口（CW）
规格	128	90	72	94	38	40	38	72	54	12

三、要点分析

（一）尺寸设计

（1）衣长。从颈肩点起量至脚踝处。

（2）胸围。旗袍属合体款式，三围的放松量要设计合理，一般情况下胸围加 6～8cm 的放松量。

（3）腰围。在净腰围基础上加 6cm 左右的放松量。

（4）臀围。在净臀围基础上加 4～6cm 的放松量。

（5）领围。在净领围基础上加 2～3cm 的放松量。

（6）肩宽。在净肩宽基础上加 0～2cm 的放松量。

（7）袖长。从肩端点量至手腕。

（二）结构设计

（1）衣身结构。四开身结构，侧缝曲线造型需美观、流畅，与人体的曲线相符。

（2）立领。重点是领前端起翘量的确定，一般情况下起翘 2.5cm，起翘量越大，立领越合体。

四、结构设计图

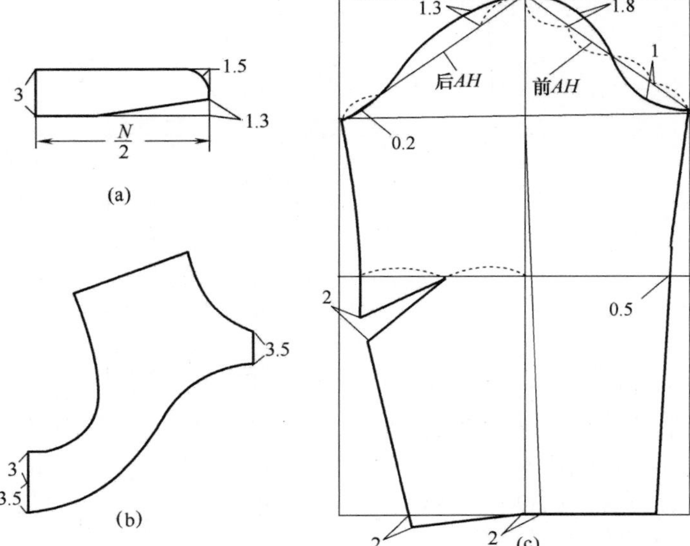

图 7-2 (1)

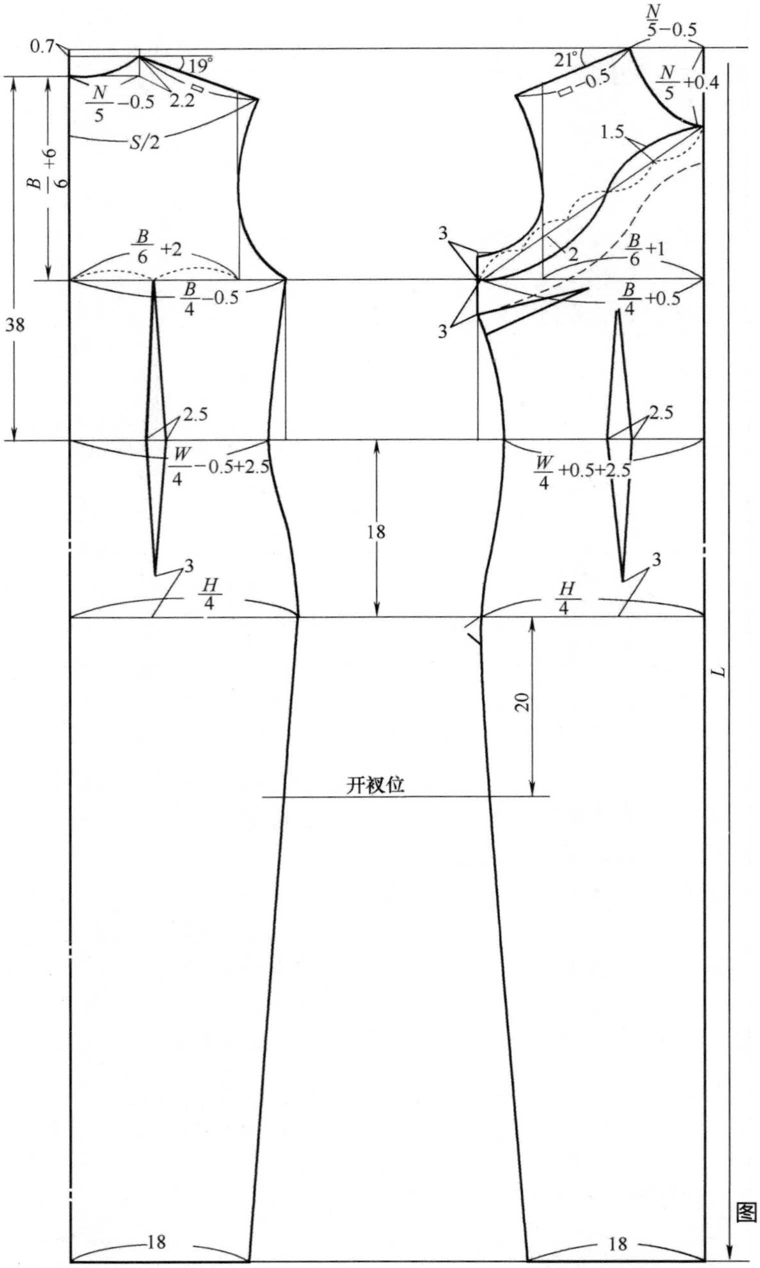

图7-2（2）

第二节　中山装

一、款式特征

中山装是一种典型的民族服装，被视为我国的国服。它是民国推翻清政府后服装改革的产物，因为孙中山先生倡导穿用而得名。外形为立翻领，前片四贴袋并装袋盖，门襟钉五粒扣，收胸腰省和腋下省。后片为平后背，领口、袋盖、胸袋、门里襟止口缉明线，袖子为圆装两片袖，袖口开衩，钉三粒装饰扣。

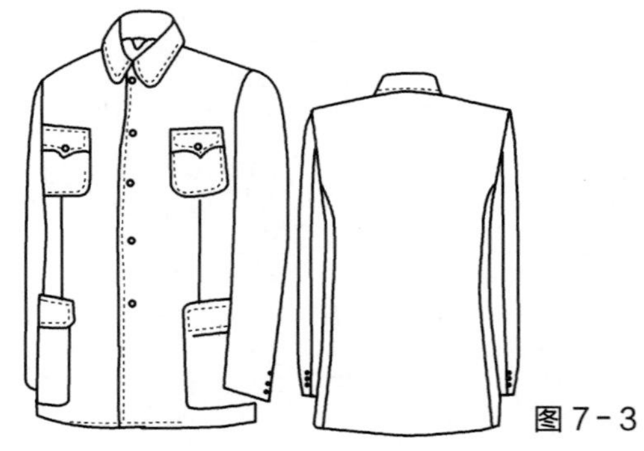

图7-3

二、成品规格

号型：170/88A　　　　单位：cm

部位	衣长	胸围	肩宽	领围	袖长	前腰节长	袖口
规格	74	108	45	42	60	42	18

三、要点分析

（一）尺寸设计

（1）衣长。从颈肩点起量至虎口下 2cm 处。

（2）胸围。在净胸围基础上加 18～22cm 的放松量。

（3）肩宽。根据肩部的款式特点，在净肩宽的基础上加 1～2cm 的放松量。

（4）领围。根据颈部的款式特点，在净领围的基础上加 3～4cm 的放松量。

（5）袖长。从肩端点起量至虎口处，以能遮盖住衬衫袖长为宜。

（二）结构设计

（1）衣身结构。三开身结构，但后片不开背缝。

（2）扣位。衣身第一粒扣在领口下 2cm 处，最后一粒扣在腰节线下，共设五粒扣。

（3）袋位。小袋口应与第二扣位平齐，大袋口应与最后一粒扣位平齐。大小袋的袋口、袋底应与底边起翘平行。

四、结构设计图

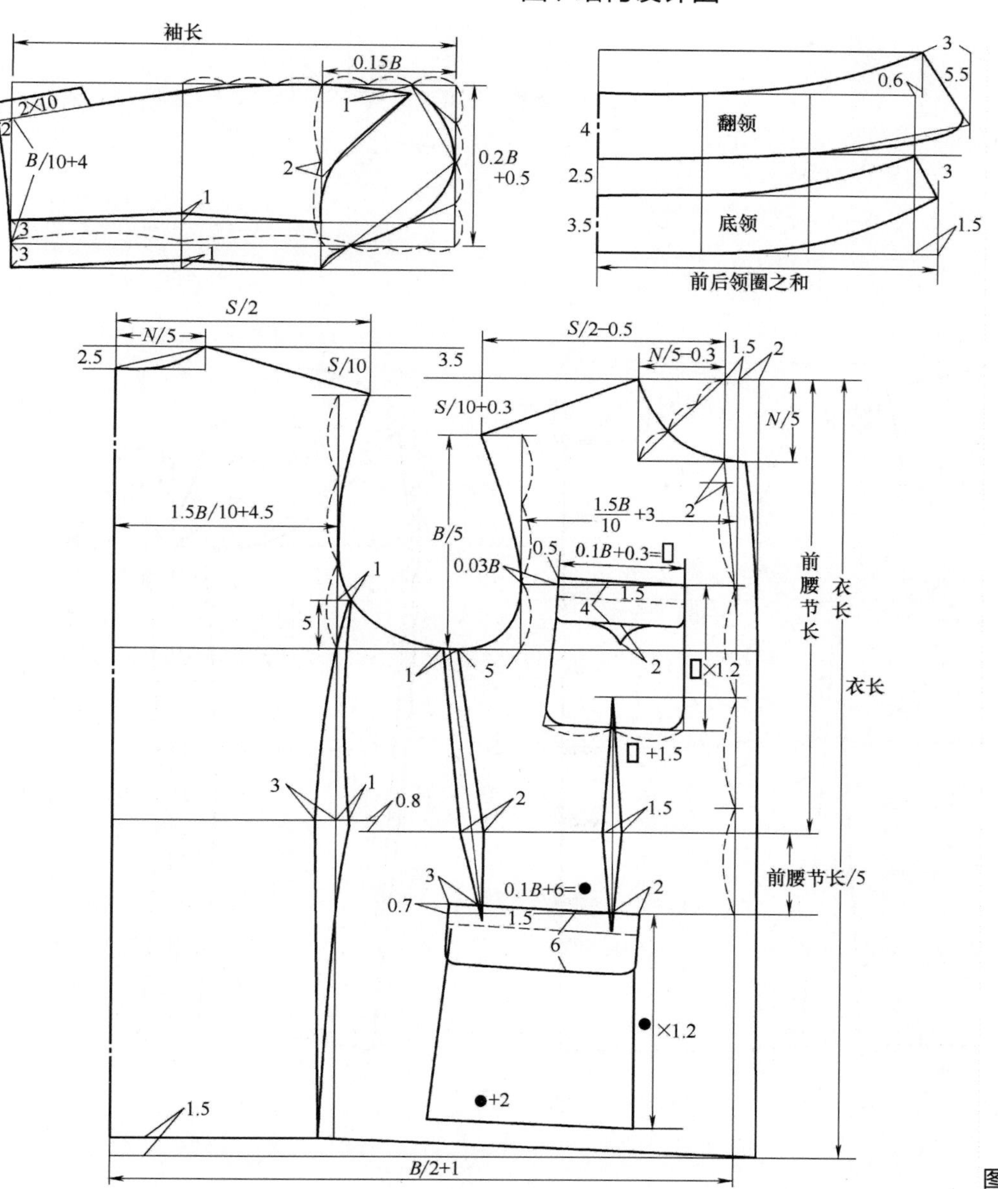

图 7-4

第三节　男中式装结构制图

一、款式特征

前中对襟开门，装有直角葡萄纽七副，中式立领，西式袖子。领子、门襟止口滚边。

二、成品规格

号型：170/88A　　　　　　单位：cm

部位	衣长	胸围	袖长	领围	下摆	背长	袖口	肩宽
规格	76	116	61	42	128	42	18	46

三、结构设计图

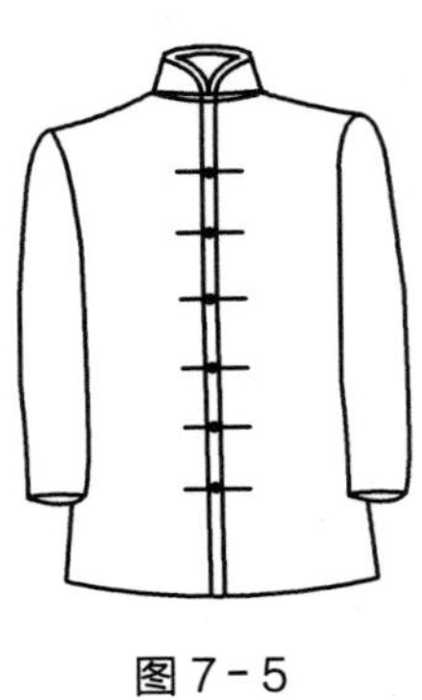

图7-5

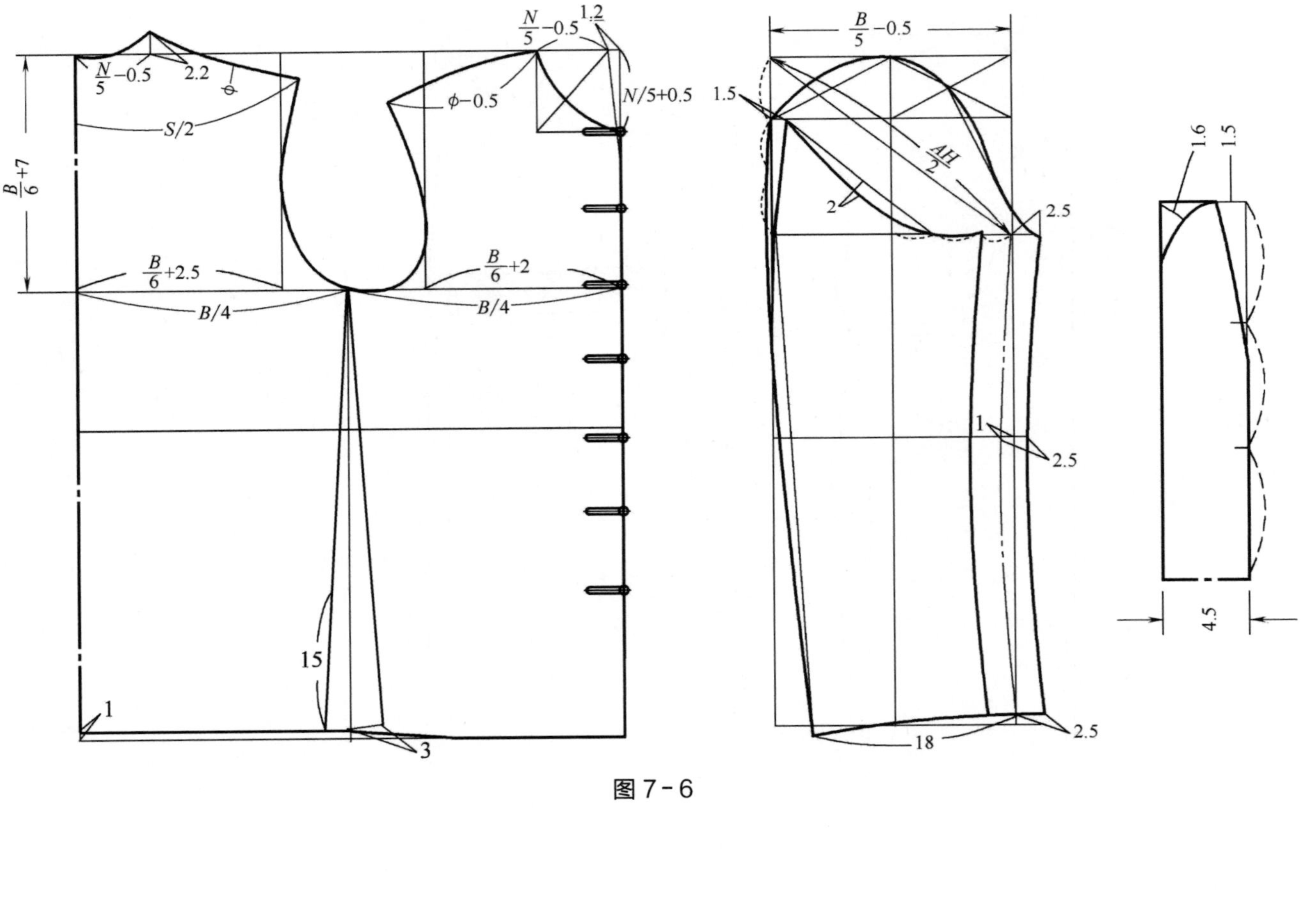

图7-6

第四节　中式装款式变化

款式一　半袖斜襟旗袍

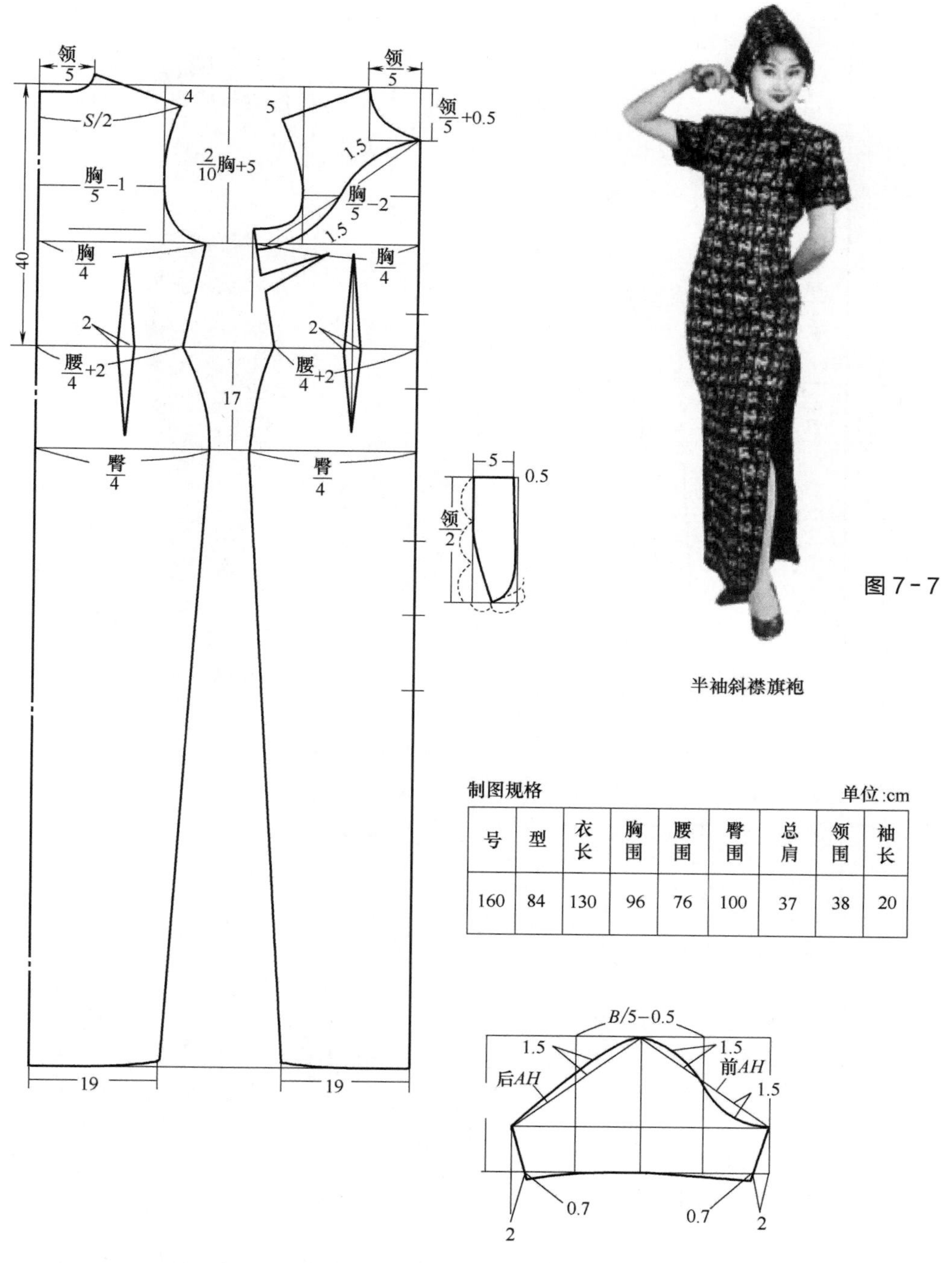

图 7－7

半袖斜襟旗袍

制图规格　　单位:cm

号	型	衣长	胸围	腰围	臀围	总肩	领围	袖长
160	84	130	96	76	100	37	38	20

图 7－8

款式二　对襟无袖旗袍

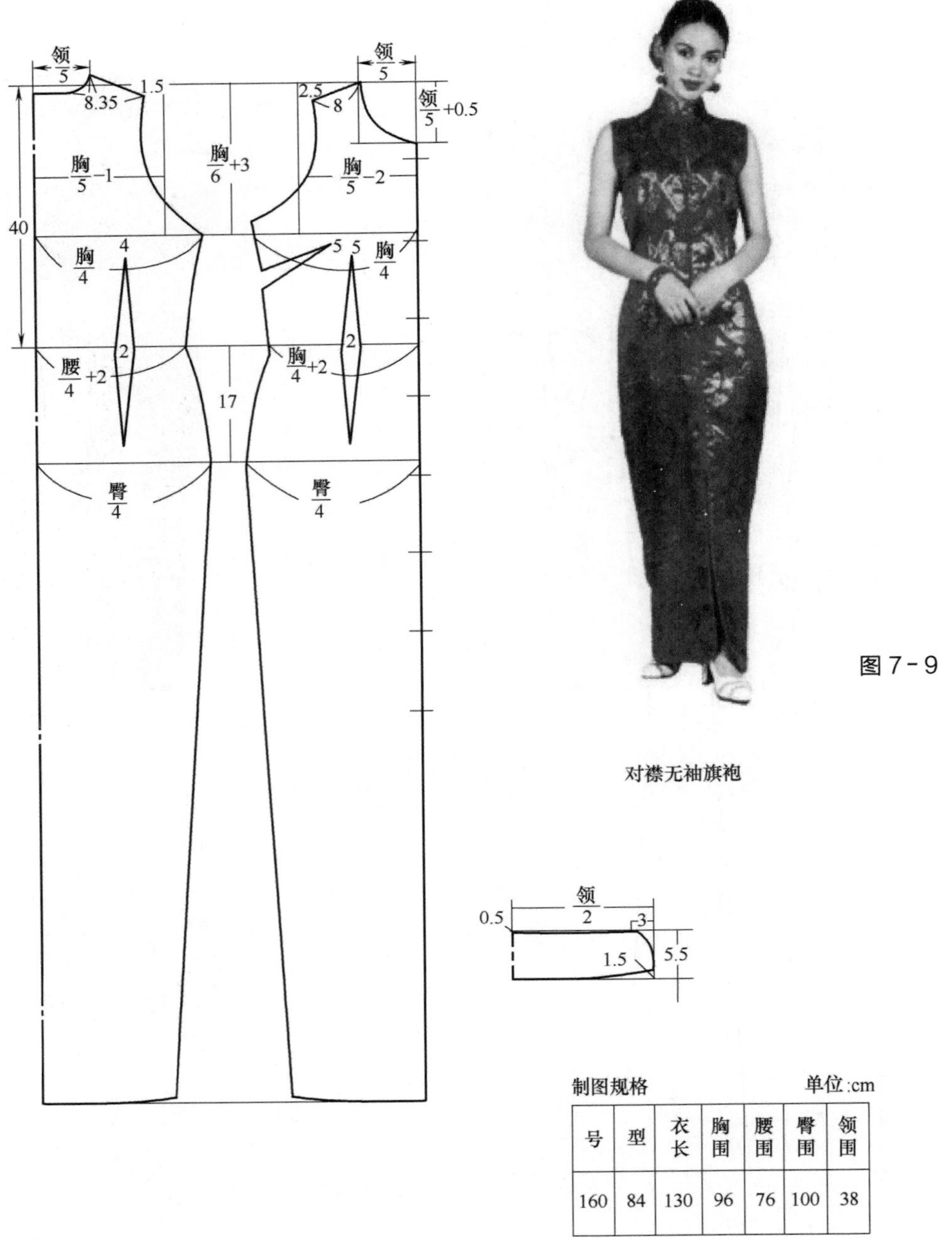

图 7-9

对襟无袖旗袍

制图规格　单位:cm

号	型	衣长	胸围	腰围	臀围	领围
160	84	130	96	76	100	38

图 7-10

款式三　半喇叭袖镶边旗袍

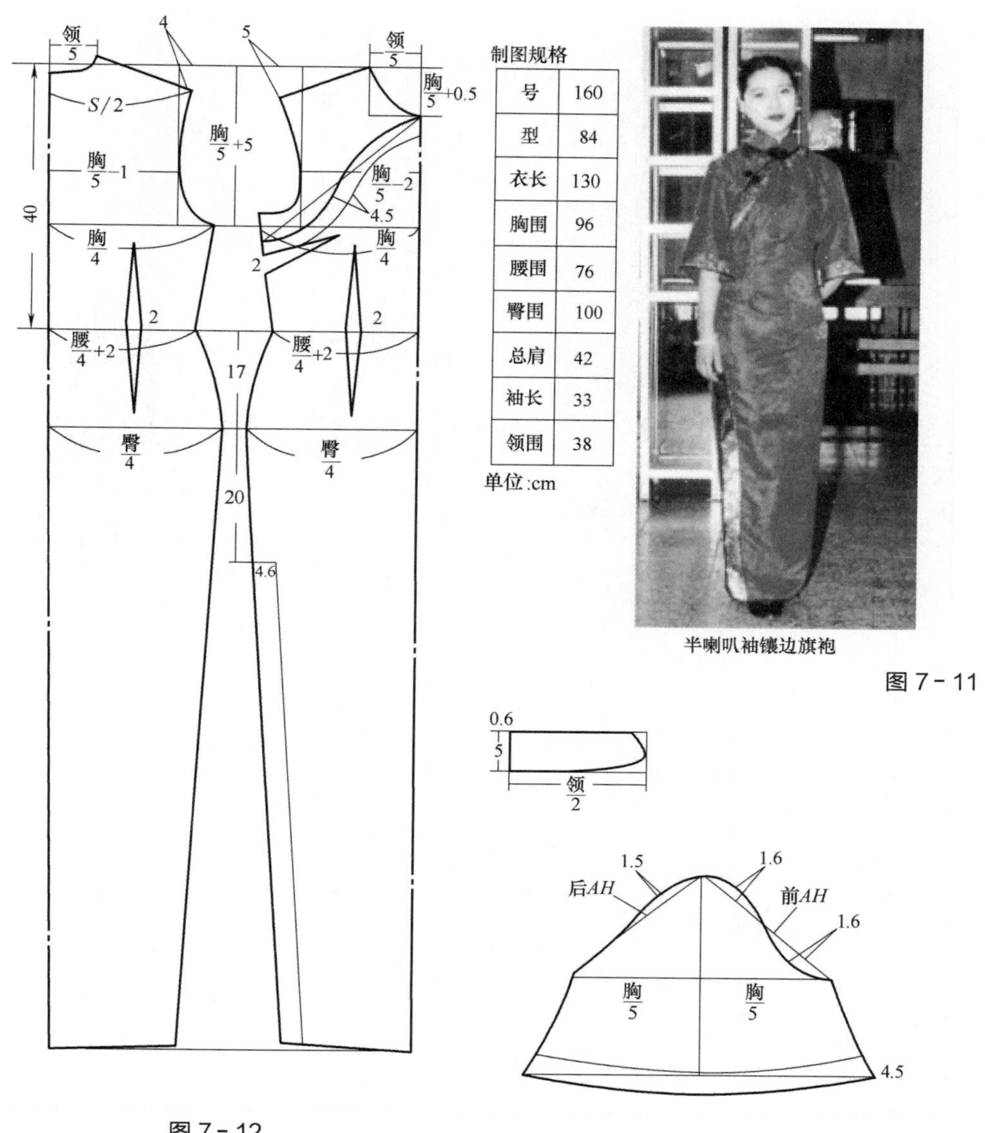

制图规格

号	160
型	84
衣长	130
胸围	96
腰围	76
臀围	100
总肩	42
袖长	33
领围	38

单位:cm

图 7-11

图 7-12

款式四　琵琶襟旗袍

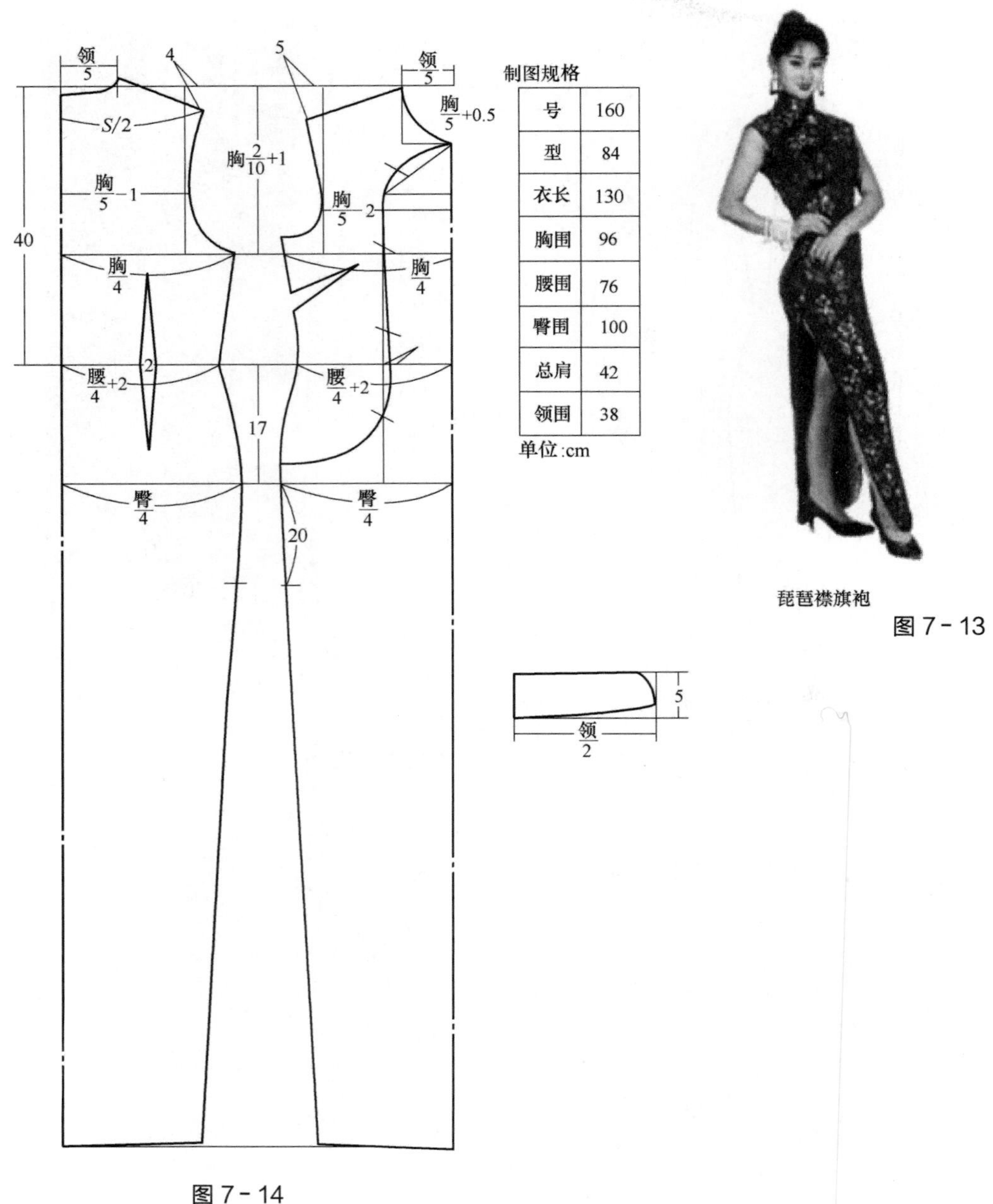

制图规格

号	160
型	84
衣长	130
胸围	96
腰围	76
臀围	100
总肩	42
领围	38

单位:cm

琵琶襟旗袍

图 7－13

图 7－14

图 7-15

款式五　对襟立领男中装

制图规格

规格	尺寸
衣长	76
肩袖长	70
袖口	21
胸围	124
领围	42

单位：cm

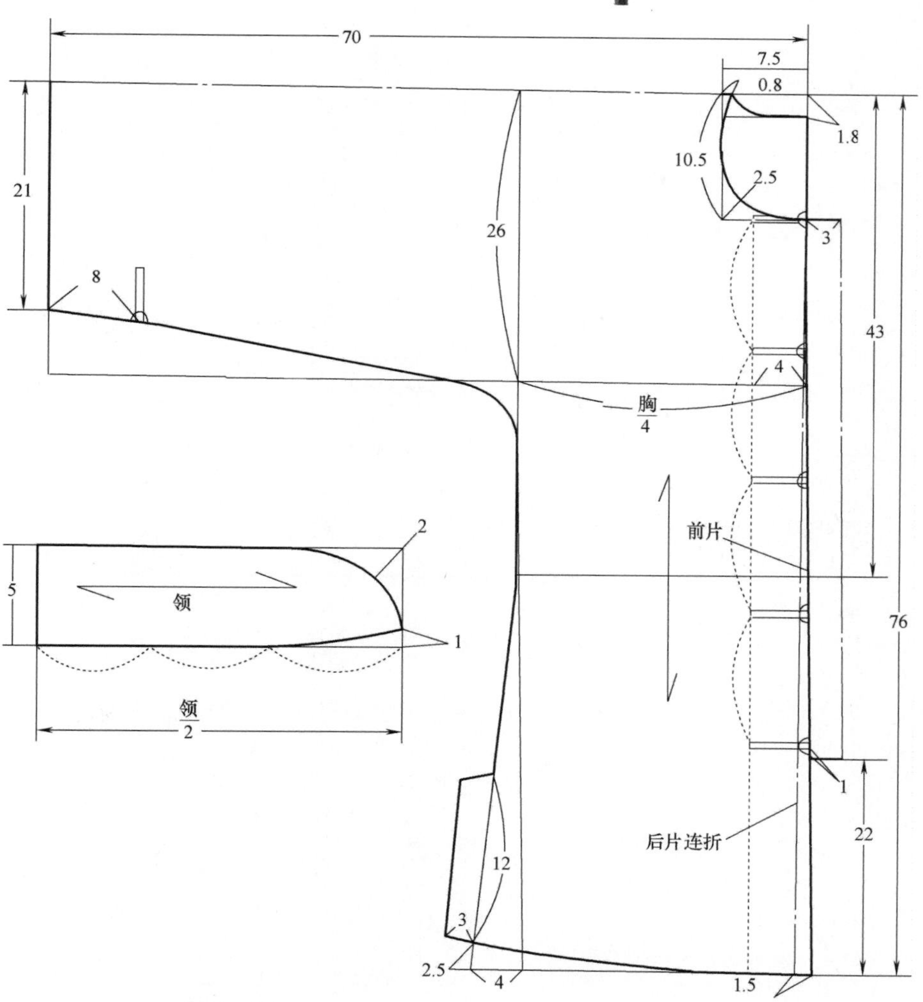

图 7-16

第八章 原型与基样

课题名称：原型与基样

课题内容：（一）原型
（二）基样
（三）原型制图法实例

教学手段：（一）建议“立裁法”出样，然后再用平面公式法制图，得以加深学习记忆
（二）更重要的是学会如何去应用原型（基样）进行款式成型及变化
（三）最少要有两次以上作业，其中一次全批全改。各试一件变化款式，让学生有尝试和得到老师指导的机会

教学目的：（一）学会日本文化式原型的制图方法及使用方式
（二）学会基样的制图方法及使用方式

重点难点：（一）原型制图开格（平面法），上衣只使用胸围数（净数），下装可用 W、H、L 三个数据，但有时 L 又可以不用，要作详细说明
（二）运用“立裁法”构成
（三）如何应用

第一节　原型

一、原型的来源

原型是符合人体基本状态的最简单的衣片。日本文化式原型是被广泛使用的一种原型，它无论对体型的覆盖率还是对人体动作的适合性都较好，我们在此使用的就是文化式原型。文化式原型是通过立体实验和对实验公式的简化两个步骤得到的。

（一）立体实验

以上身原型为例，用白坯布做包覆体表的立体实验，先用布料包围人体一周得到简单的筒形，再抹平胸以上部分，使衣料平贴在胸前，多余的部分需捏合形成褶子，这些需要收掉的褶子称为“省”。前身在袖窿处形成胸省，后身在肩线处形成肩省。沿肩线、颈线、臂根剪去多余面料并缝合前后肩线，这样原型衣的胸围线以上部分已贴合身体。为了使原型衣的腰部也合体，在腰线处捏合多余的量形成腰省，收腰省时应根据人体表面的状态，在凸凹起伏明显的地方，省也收大些，否则相反。收省位置分别在胸高点下方（A 省），前腋点下方（B 省），腋下（C 省），后腋点下方（D 省）和肩胛骨下方（E 省）（图 8-1）。

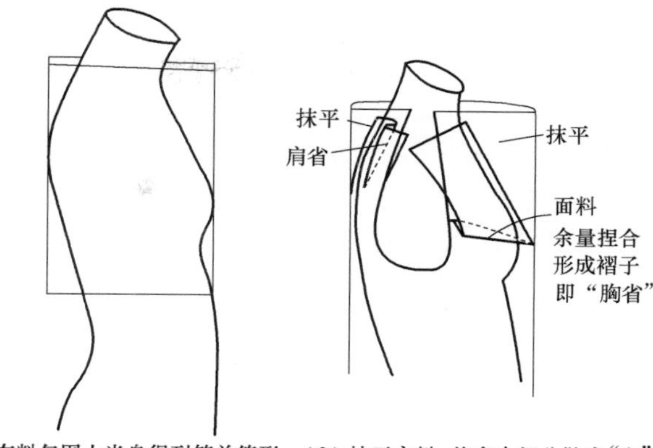

（1）布料包围上半身得到简单筒形　（2）抹平衣料　将多余部分做成“省”

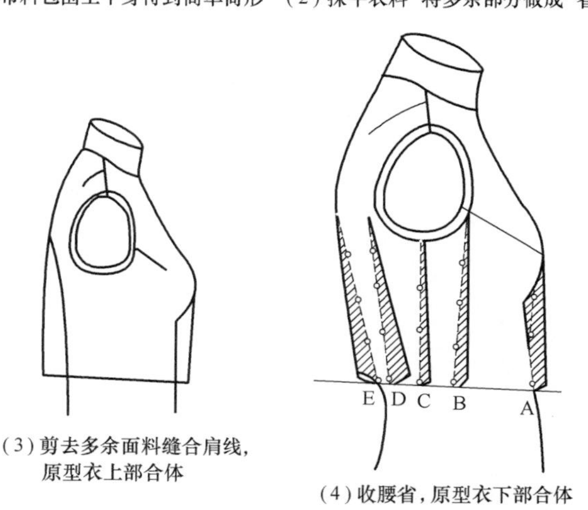

（3）剪去多余面料缝合肩线，原型衣上部合体

（4）收腰省，原型衣下部合体

图 8-1

（二）简化公式

做大量的立体实验会得到一系列的原型衣，将这种原型衣摊平进行测量，再将各部位的测量值与胸围值作比较，找出它们与胸围值的关系公式，最后将公式进行简化和调整使其易于计算、适应面广、含有适当的活动松量。这样，一般人的原型就可以通过简单的测量和作图得到了。

（三）原型的科学性

原型来源于立体紧身实验，所以通过在原型的基础上做平面变化能达到立体设计的效果，比立体裁剪直接用衣料在人体模型上操作更简单、更有规律可循，是平面与立体方法的最好结合。

在求取原型结构的实验过程中，立体裁剪方法的应用和对人体表面展平图形的分析使我们对人体的外形结构、重要部位数值以及平面与立体间的关系有了更完整、深刻的认识；数据处理的科学性使原型结构具有高度的准确性和适应性，为款式的设计提供了一个可靠的依据。

绘制原型所需的测量部位很少，这样可以减少测量的误差和难度，由于原型是按照理想体型比例而设计，所以，它还能适度地修正穿着者的体型。一个好的原型的建立，为服装造型科学化、标准化、理想化打下了基础。

二、原型的绘制

（一）女上衣原型

1. 上身原型的绘制（图 8-2，单位：cm）

所需数据：胸围 84，背长 38，腰围 68。

基本框架：以背长为纵向长，$B/2+5$ 为横向长画基本框。

袖窿深线：距上平线 $B/6+7$。

胸宽线：距前中线 $B/6+3$。

背宽线：距后中线 $B/6+4.5$。

侧缝线：在胸部位于中点，在腰部向后片偏 2cm。

轮廓线：注意袖窿弧线和领窝弧线要通过辅助点画圆顺。

对位点：前、后上袖对位点分别在前、后袖窿深中点向下 2.5cm 处。

省：后肩省距侧颈点 4cm，省大 1.5cm，省长 6～7cm。

侧缝处：前后各收入 1cm。

腰省：腰围线的总长度减掉腰围必要尺寸所余下的量就是腰省的量，前、后腰的必要尺寸分别为 $W/4+0.5+1$ 和 $W/4+0.5-1$，其中 0.5 是松量，1 是前、后差。前腰省指向 BP 点，后腰省指向肩胛。

纸样修正：将需要连接的部位和省道的两边并在一起画圆顺。

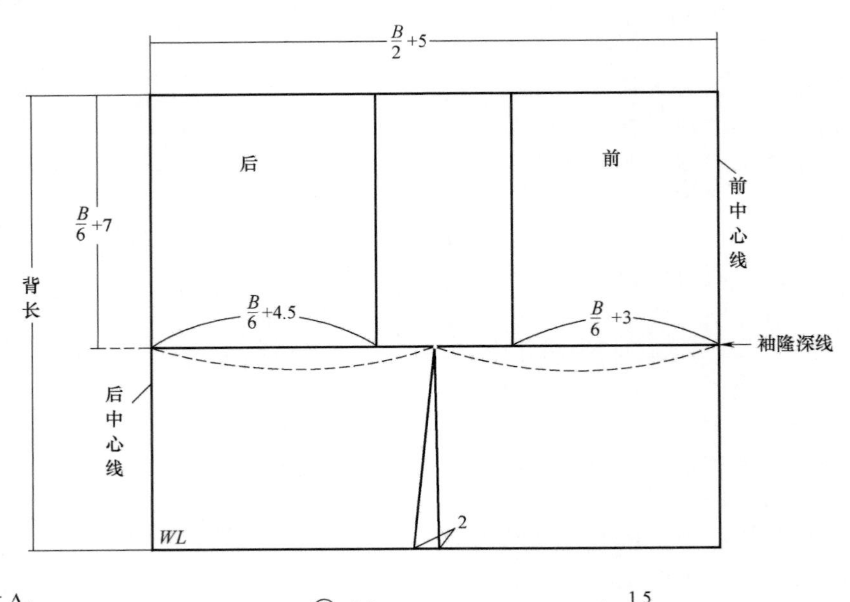

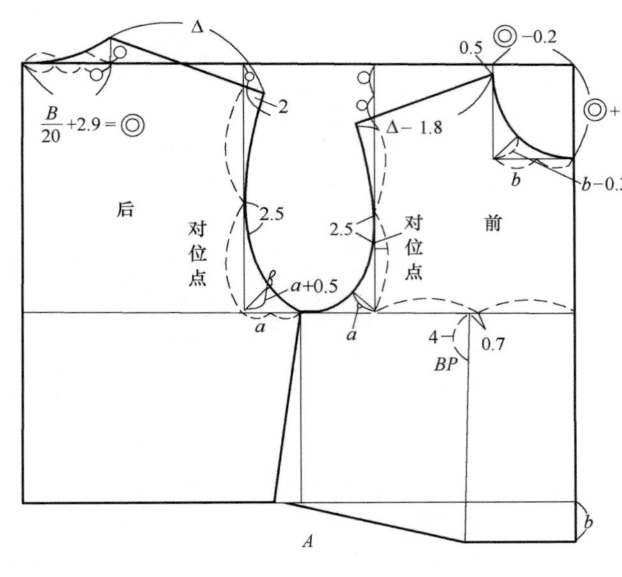

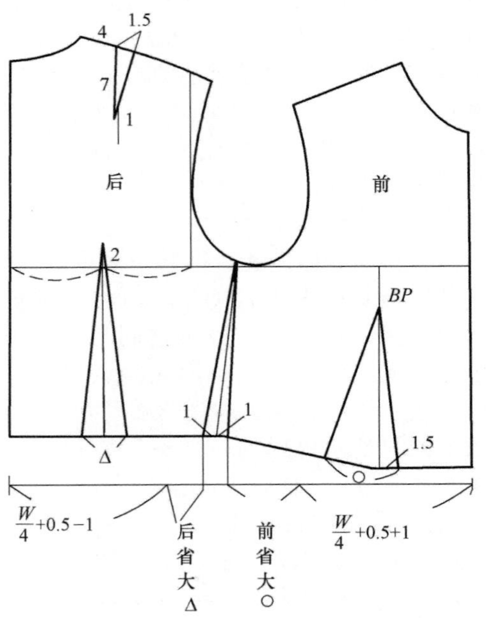

图 8-2

2. 袖原型的绘制

根据袖与衣身的缝合关系，袖原型要依据衣身原型的袖窿弧线长（AH）来绘制。

所需数据：AH 值，用软尺分别量取前 AH20.5，后 AH21.5。

袖长：52（为手臂长加放 1.5）。

基本框架：做袖中线与袖深线的直交线，从交点向上截取袖山高（总 $AH/4+2.5$）得袖山顶点。

肘线：自袖山顶点向下量袖长/2＋2.5 画

水平线。

袖口线：自袖山顶点向下量袖长画水平线。

前、后袖宽：自袖山顶点分别向左、右两侧按前 AH 和后 $AH+1$ 在袖深线上斜向截取得袖宽点。

轮廓线：注意袖山弧线的圆顺，前袖山弧线曲率大，在底部向下挖，后袖山弧线平缓，这与衣片袖窿弧线前弯后缓的特点是一致的，以此适应手臂运动对后背放松的要求。

对位点：袖子与衣身缝合时，袖山顶点与衣身肩点对应，另外两个对位点根据衣身上相应部分的长加 0.2 确定。

合体袖：为适应手臂的向前弯曲，袖中线向前片偏移 2，前、后袖口宽分别为袖口围/2±1。

肘省的大小为前后袖侧缝差。

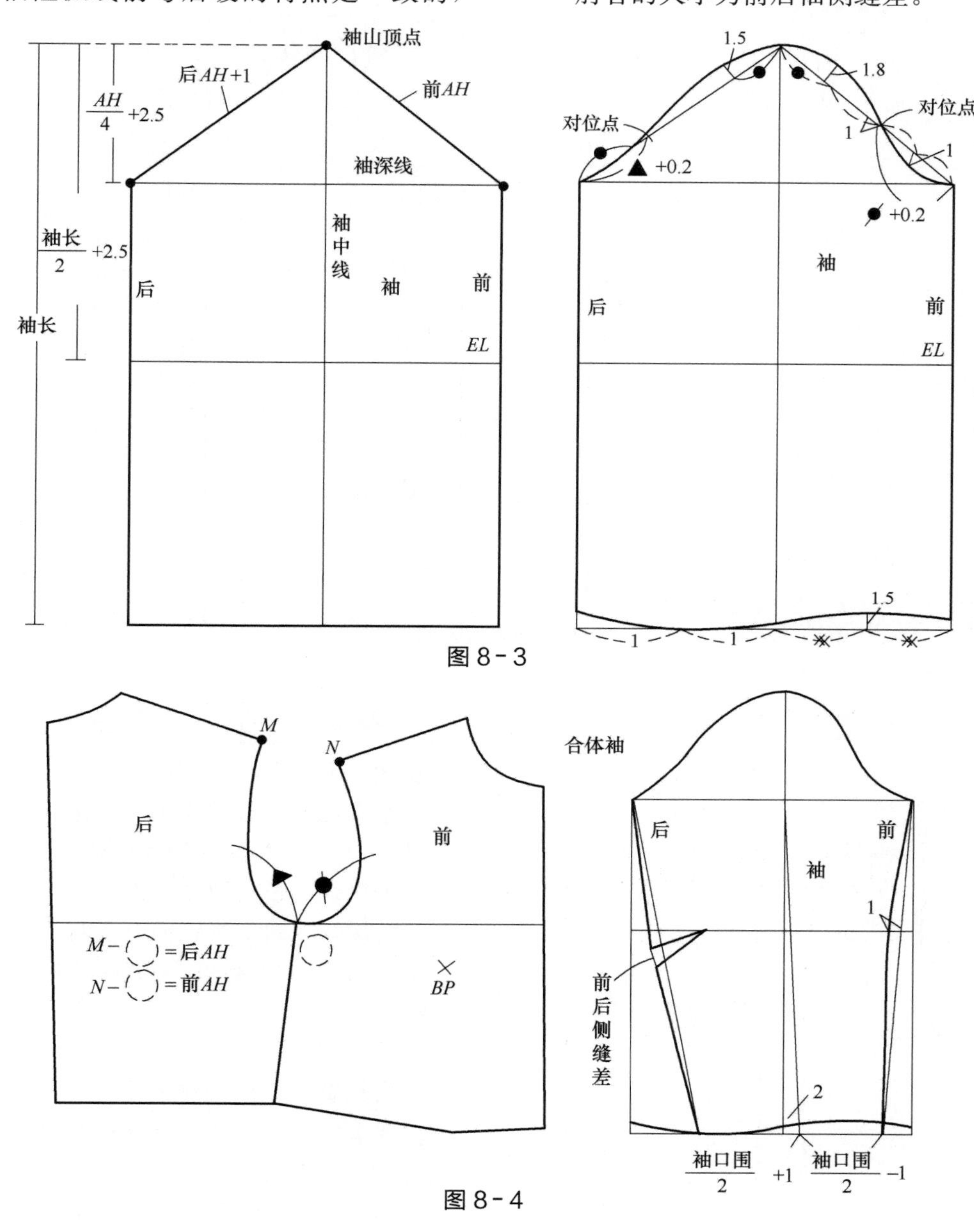

图 8-3

图 8-4

（二）裙原型的绘制

所需数据：臀围 90，腰围 68，臀长 18，裙长 60。

基本框架：以裙长为纵向长，以 $H/2+2\sim3$ 为横向长画出基本框。

臀围线：距上平线的值为臀长。

侧缝线：居中偏后片 1 处。

轮廓线：注意侧缝线圆顺。后中腰线需下降 1。

省：前后腰围的必要尺寸为 $W/4+0.5\pm1$，其中 0.5 是与腰带的缩缝差，1 是前后差。省的大小是 1/3 腰臀差。

本书采用的是先根据体型决定省量，再画出侧缝的方法。注意侧缝的弯曲量不易过大，否则需重新调整省大。如在图 8-6 中，前、后裙片分别绘制，前裙加 0.5，后裙减 0.5，使侧缝线居中偏后 0.5，腰部的尺寸为 $W/4$＋省＋缩量±前后差。在此例中，缩量为 0，前后差为 0.5，省量为 4.5。

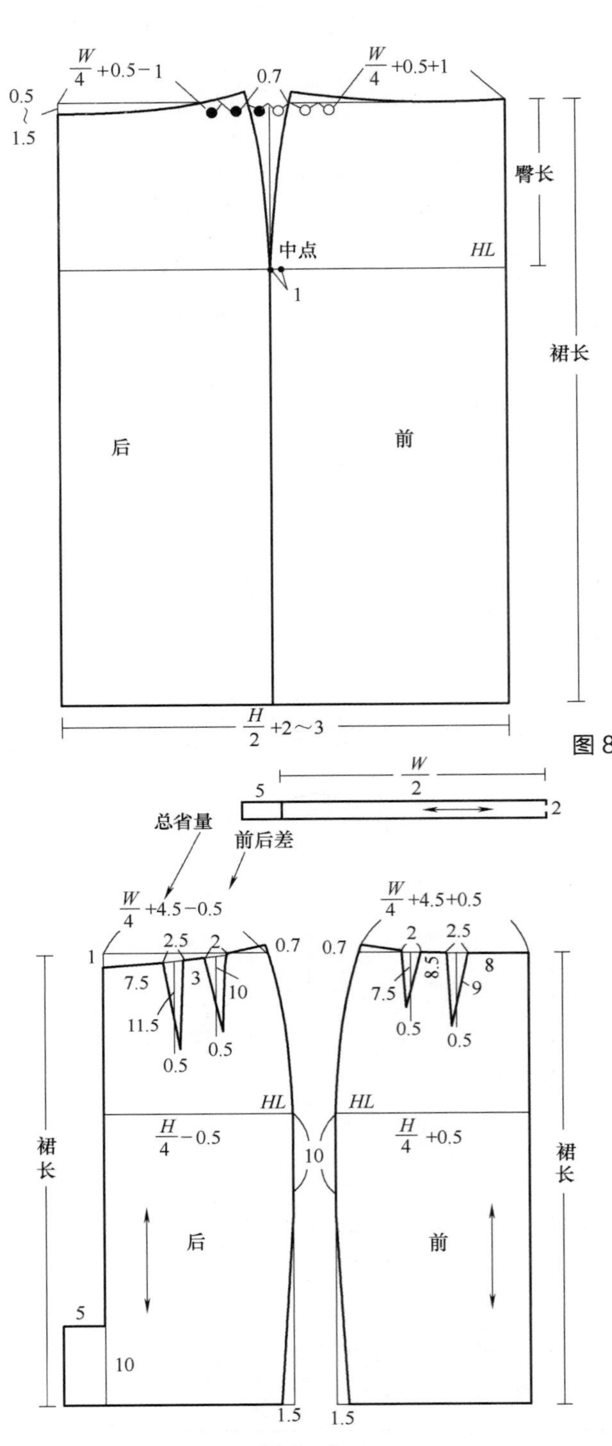

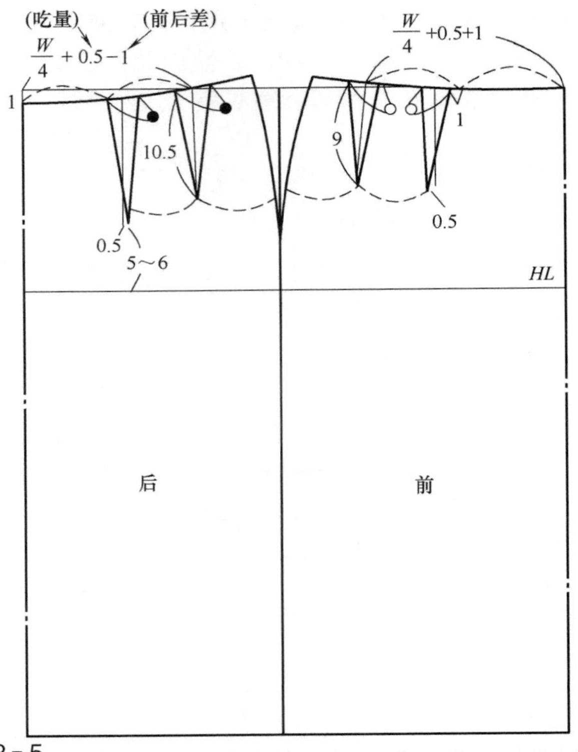

图 8-5

图 8-6

（三）裤原型的绘制

所需数据：腰围 68，臀围 90，裤长 95，股上长 28，裤口围 42，臀长 18。

基本框架：以股上长为纵向长，以前臀宽 $H/4+0.5\sim1$ 为横向宽绘方框。

裤挺线：位于臀宽中点偏前 1/3⊙处。

臀围线：自上平线向下量臀长画水平线。

膝盖线：位于横裆线与裤口线中间偏上 4 处。

前裆宽：⊙－1～1.5。

后裆宽：比前裆宽大 4。

轮廓线：先画前片，在前片基础上画后片，注意裆弯弧线的圆顺。

省：前、后片各收一省，前省可变形为活裙，后省过大时，可分为两个。

变通形式：本书中以定数形式给出前、后裆宽和后裆倾斜程度；前片采用取中点定裤挺线的方式；省的位置设计也比较灵活（图 8-8）。

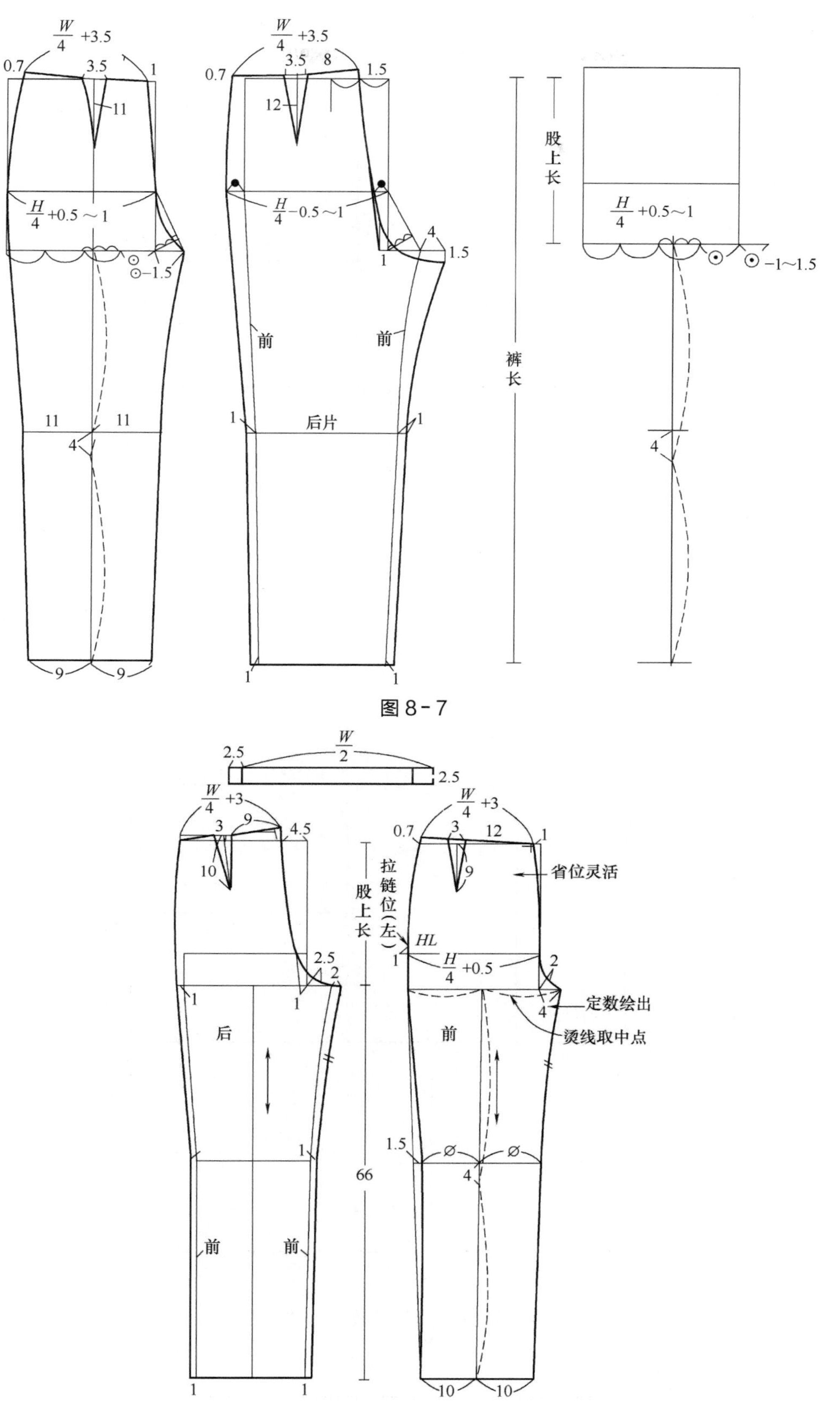

图 8-7

图 8-8

（四）男装原型

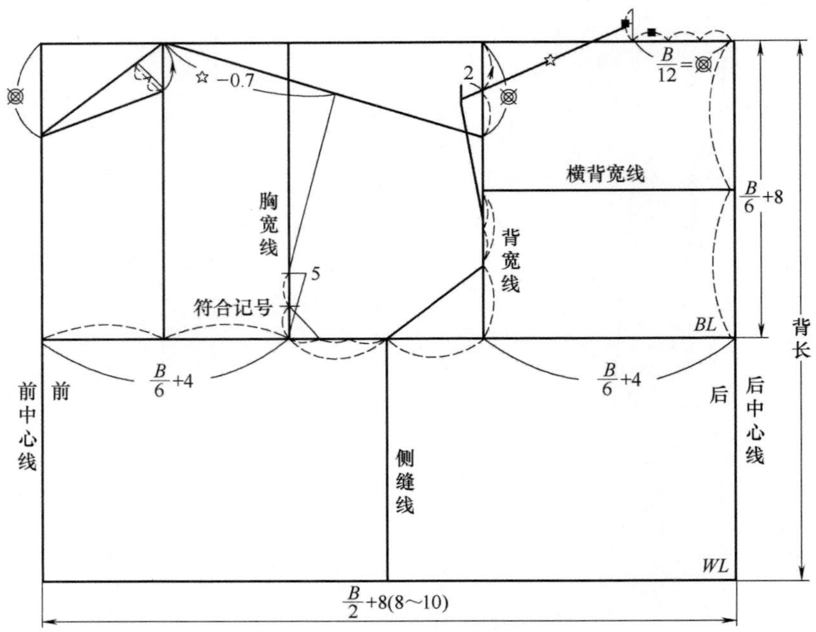

步骤 1　日本文化式男装原型制作公式

图 8-9

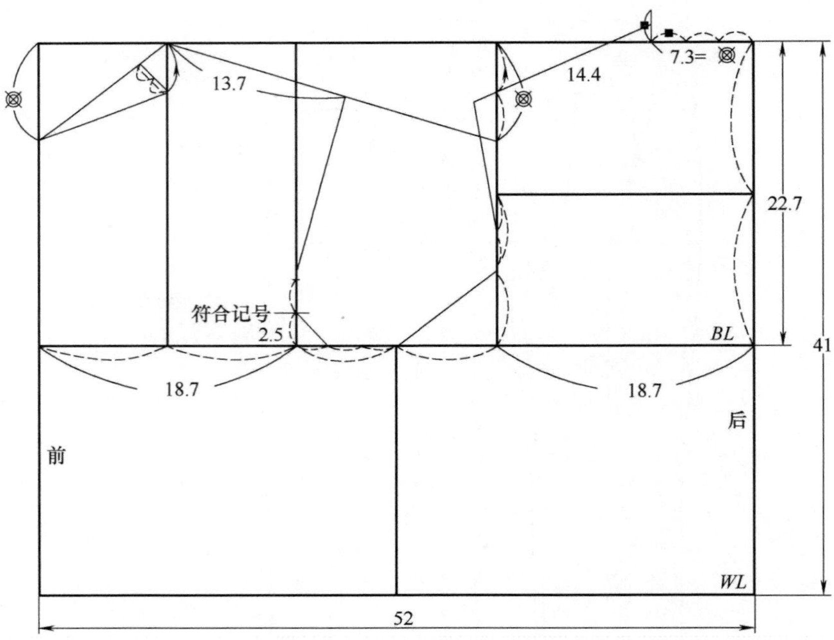

步骤 2　日本文化式男装衣身原型制作数据

图 8-10

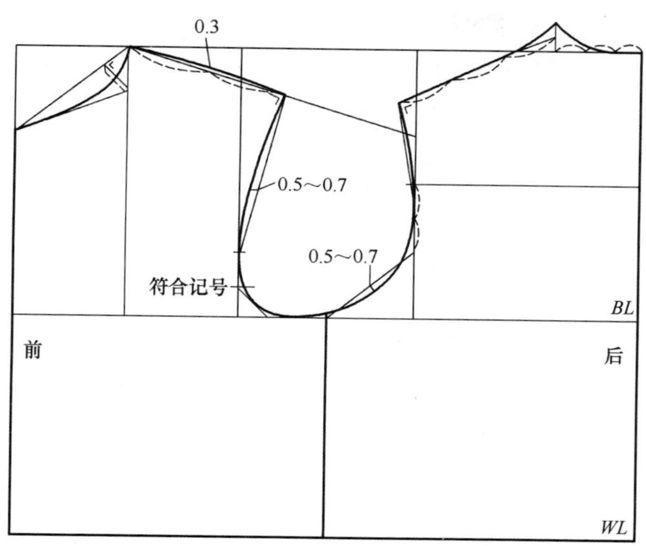

步骤 3　日本文化式男装衣身原型画顺曲线

图 8－11

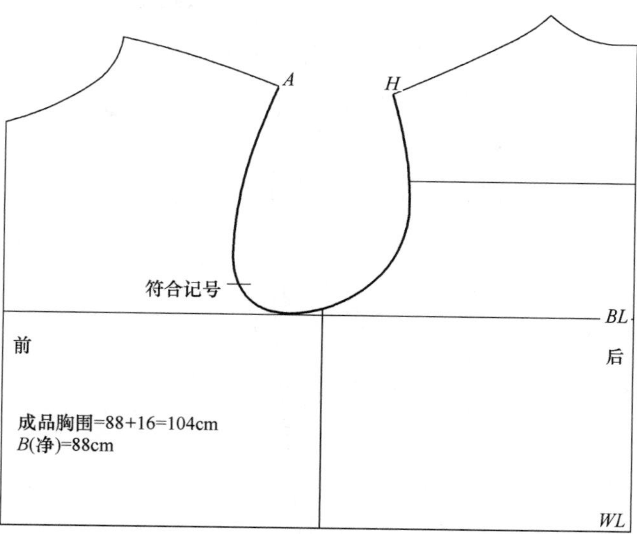

步骤 4　画完衣身原型以后，测量出衣身袖窿弧线长度

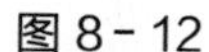

AH=47.2cm

图 8－12

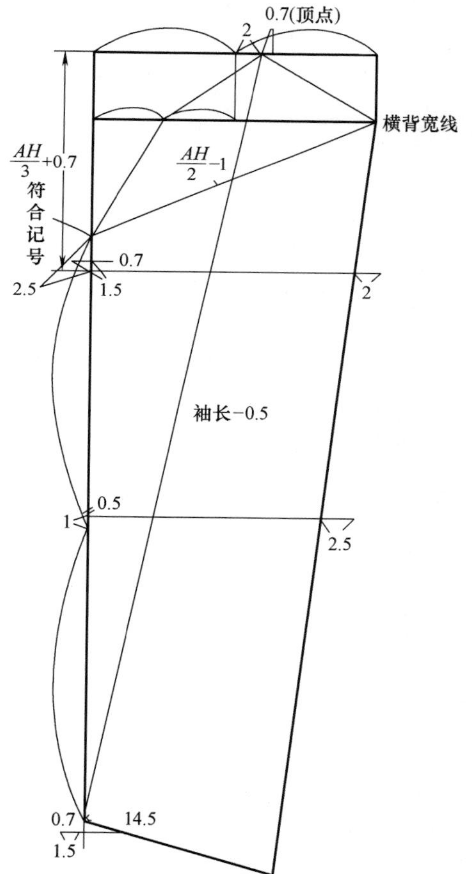

步骤 5　日本文化式男装袖原型

图 8－13

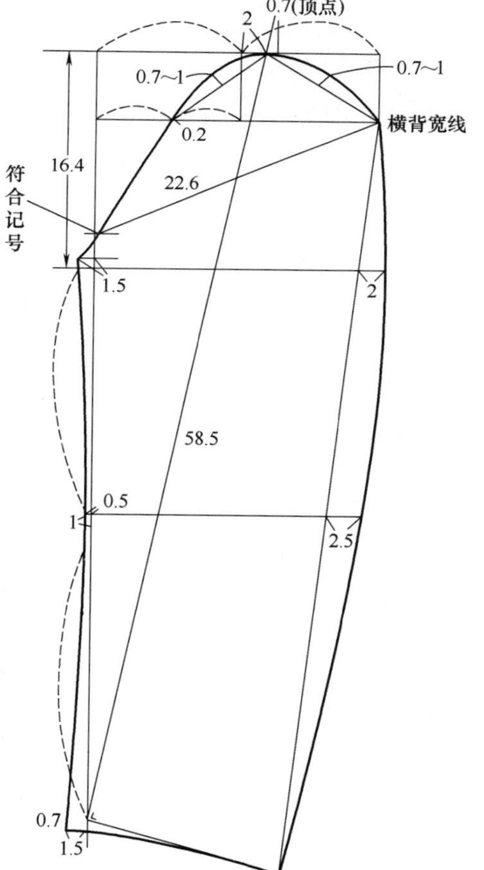

步骤 6　日本文化式男装大袖完成图

图 8－14

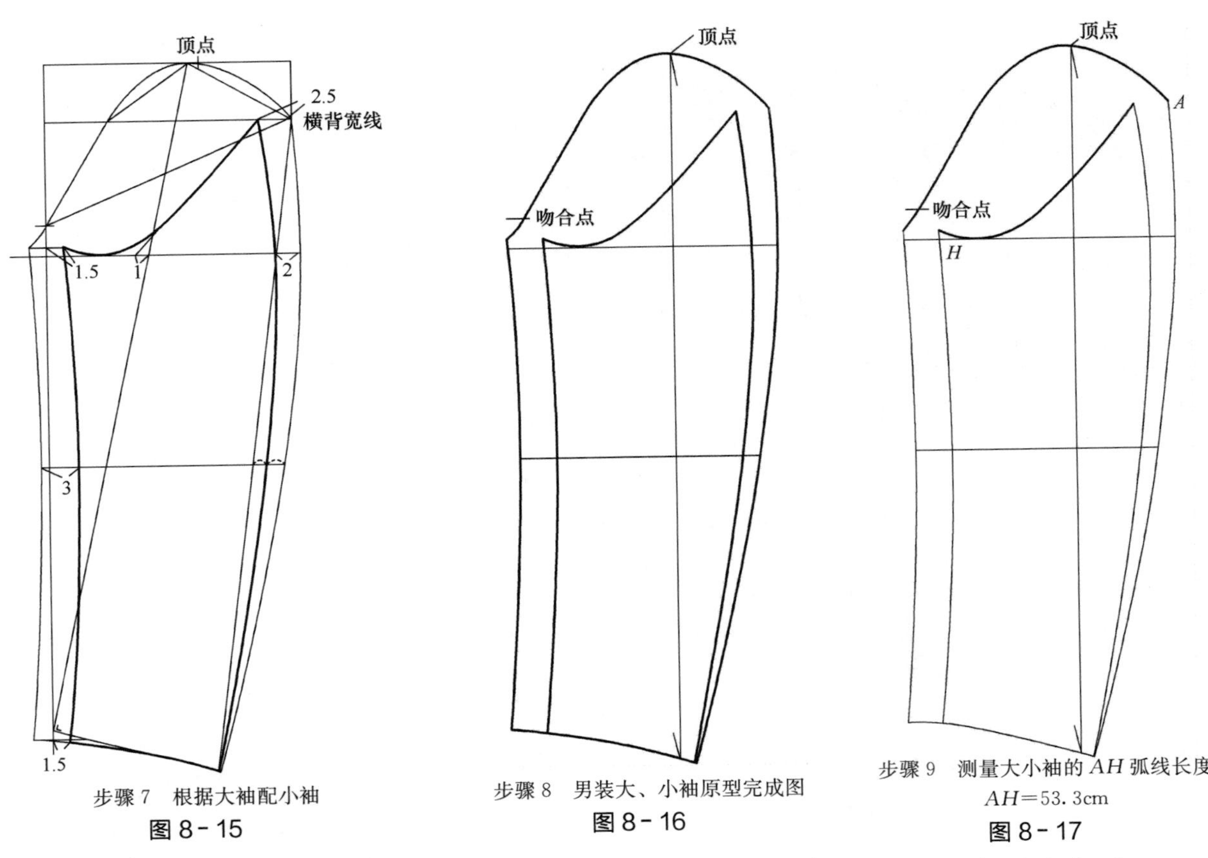

步骤 7　根据大袖配小袖

图 8-15

步骤 8　男装大、小袖原型完成图

图 8-16

步骤 9　测量大小袖的 AH 弧线长度

AH=53.3cm

图 8-17

步骤 10　将袖原型的袖窿弧线 AH 长度减去衣身原型的 AH 长度=53.3−47.2=6.1（cm）

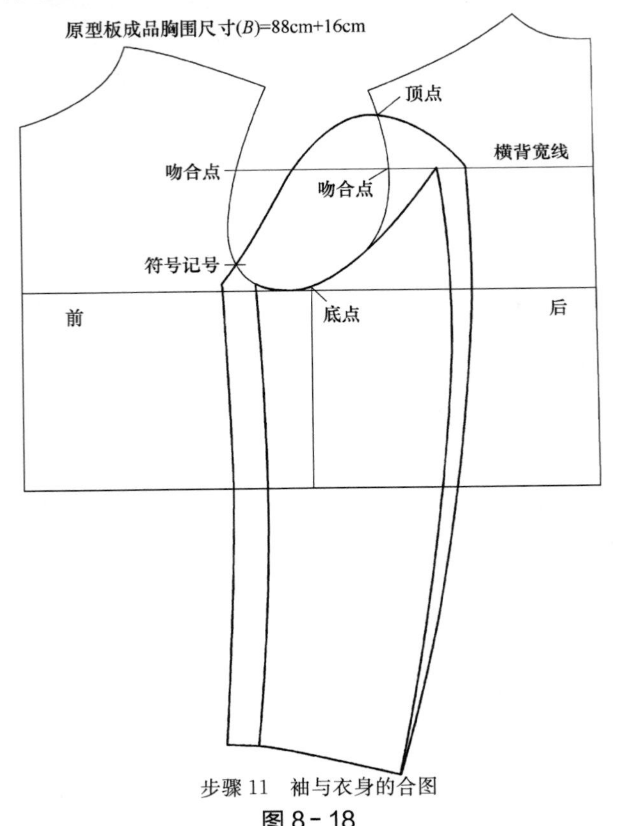

步骤 11　袖与衣身的合图

图 8-18

步骤 12　从袖窿弧线差量 6.1cm 来看，显然这个数据过大，一般 AH 长度差根据面料的厚薄来决定。厚型面料一般在 4.5cm 左右，中厚型面料一般在 3.8cm 左右，薄型面料一般在 3cm 左右，要解决 AH 差值过大的问题，必须调节一个关键数据：袖宽斜线长度，可将 $AH/2-1$ 调整为 $AH/2-2.5$。

第二节　基样

基样是按人体所量得的基本尺寸（以腰节长、胸围、肩宽尺寸为依据，其中胸围、肩宽加有必要的放松量），通过比例分配方法，制得的最初平面结构图。基样要求所量取的尺寸准确、制图方法简便，充分反映人体特征，并能转变成任何服装款式的一种图形。

一、女上装基样结构制图

基样规格　单位：cm

部位	腰节长	B	S	N
尺寸	40	98	40	38

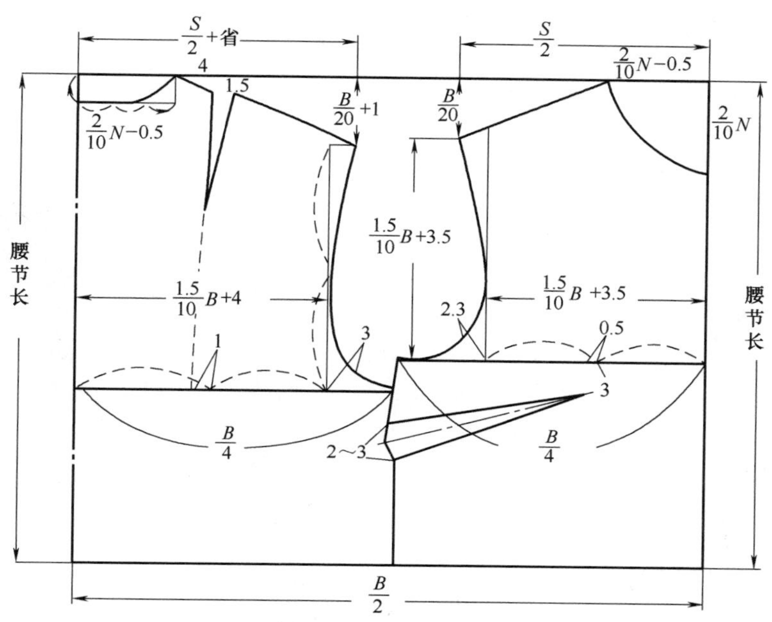

图 8-19

二、男上装基样结构制图

基样规格　单位：cm

部位	腰节长	B	S	N
尺寸	42	103	44	40

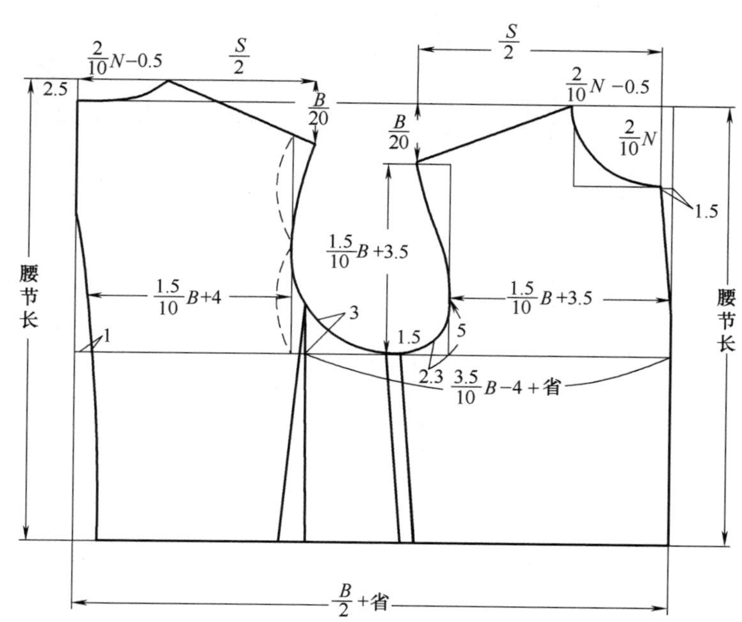

图 8-20

三、袖基样结构制图

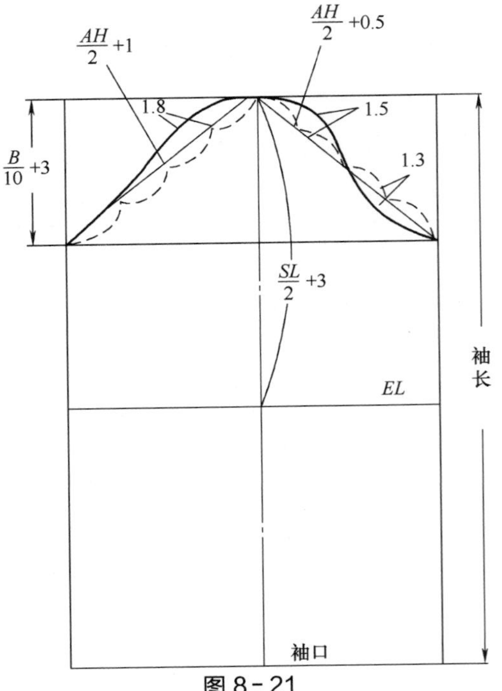

图 8-21

第三节　原型制图法实例

以下截图均为平时教学所使用过的一些参考图，是讲义的类总而已，仅供参考。

一、低腰连衣裙

成品规格（160/84A）　　　　　　单位：cm

部位	裙长	胸围	臀围	肩宽	袖长
规格	92	96	98	40	55.5

图 8-22

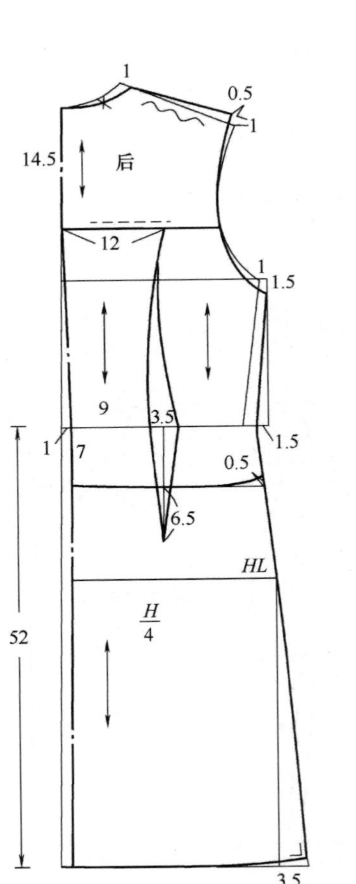

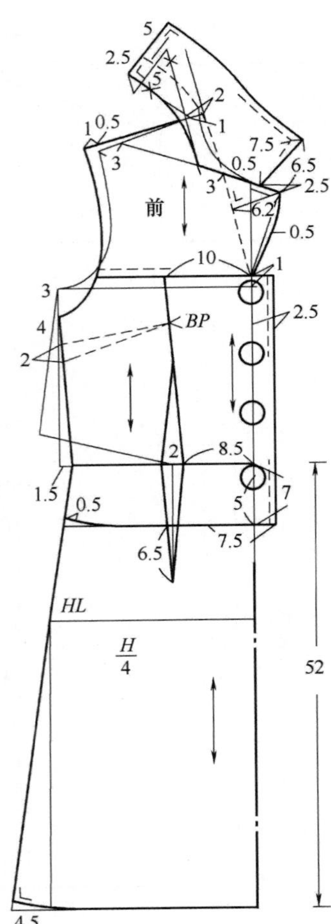

图 8-23 (1)

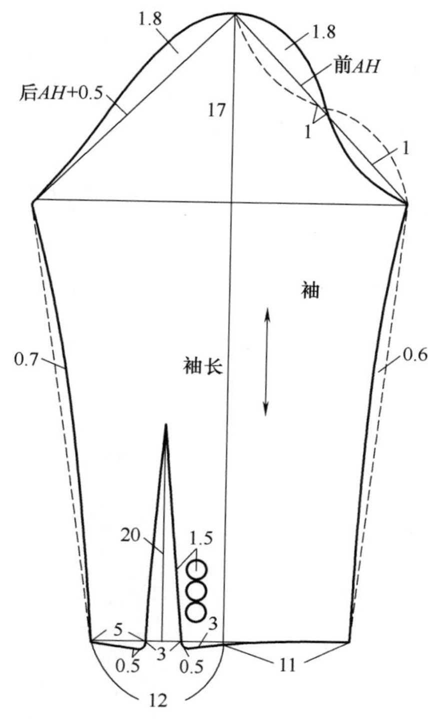
1.8
1.8
前AH
后AH+0.5
17
1
1
袖
0.7
袖长
0.6
20
1.5
3
5
3
0.5
0.5
11
12

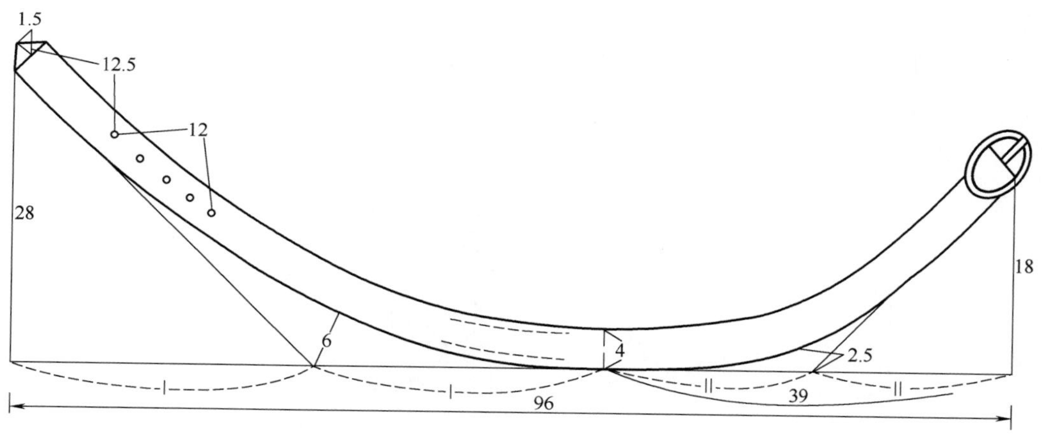
1.5
12.5
12
28
18
6
4
2.5
39
96

图 8-23 (2)

二、宽松长衬衫

成品规格（160/84A）　　　　单位：cm

部位	衣长	胸围	肩宽	袖长
规格	74	114	52.4	57

图 8-24

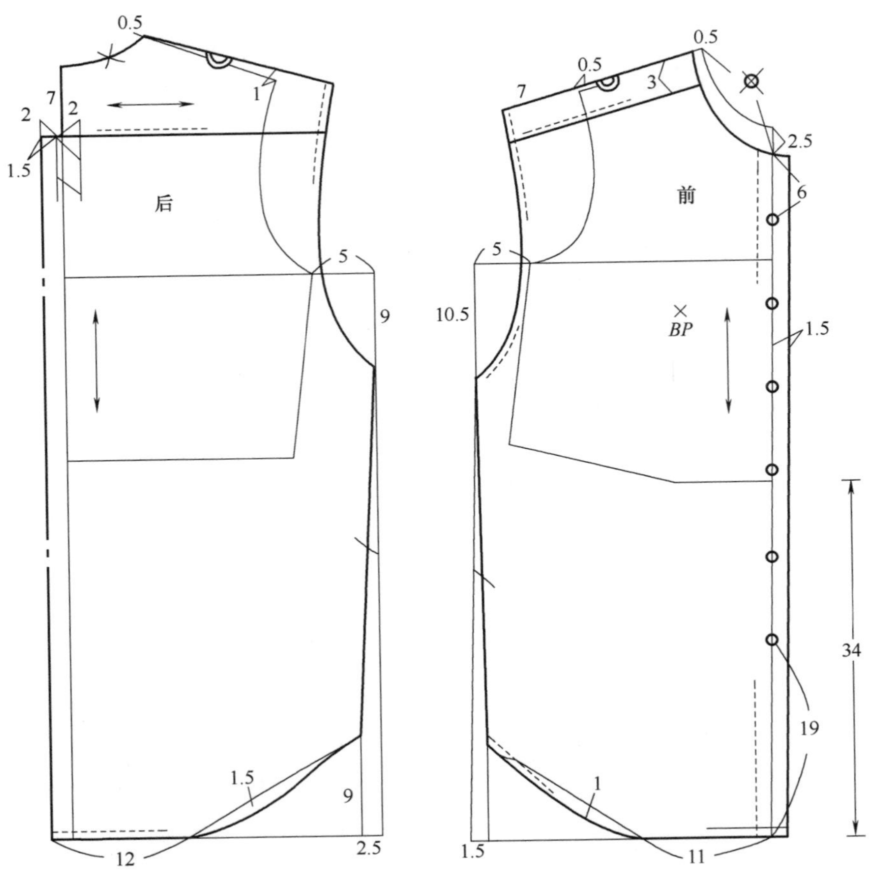

图 8-25 (1)

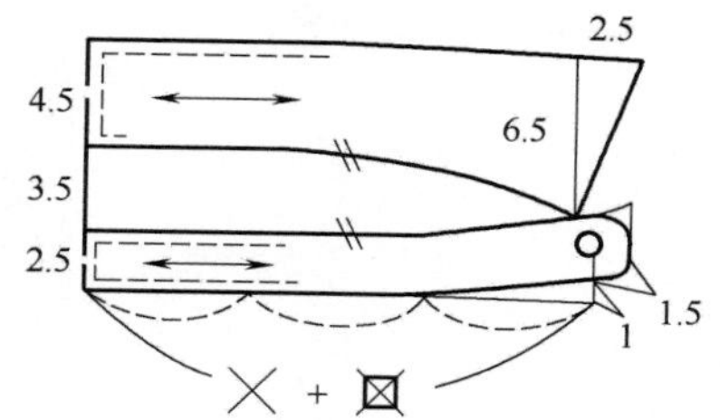
2.5
4.5
6.5
3.5
2.5
1.5
1
╳ + ⊠

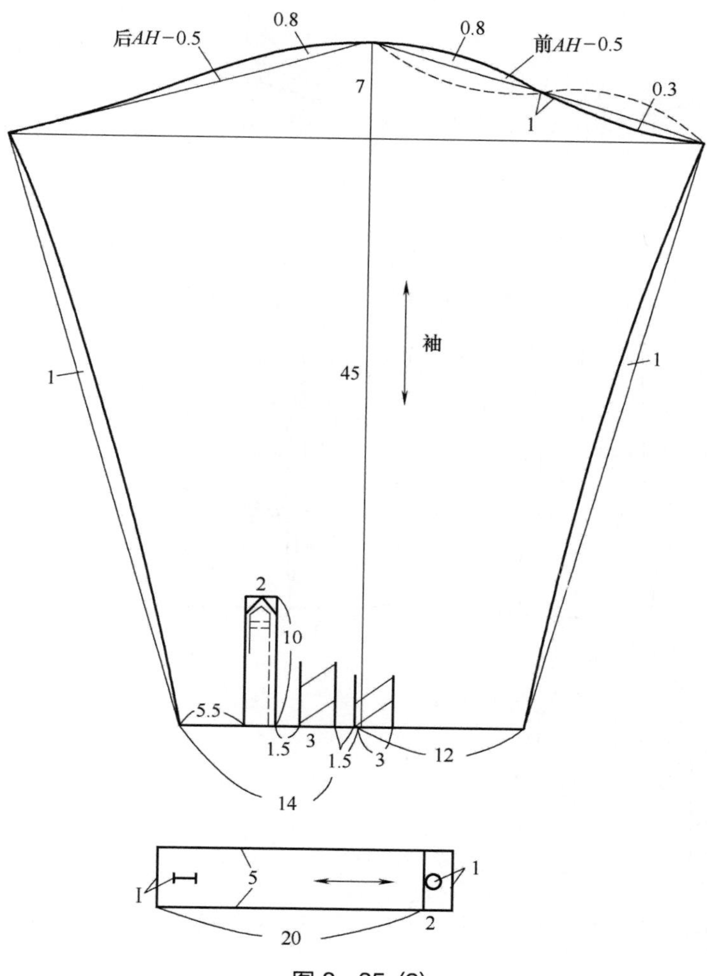
0.8
后AH−0.5
0.8
前AH−0.5
7
0.3
1
袖
45
1
1
2
10
5.5
1.5
3
1.5
3
12
14

1
5
1
5
20
2

图 8-25 (2)

三、套裙

成品规格（160/84A）　　　　单位：cm

部位	衣长	胸围	臀围	肩宽	袖长
规格	56	96	96	42.4	52.5

图 8-26

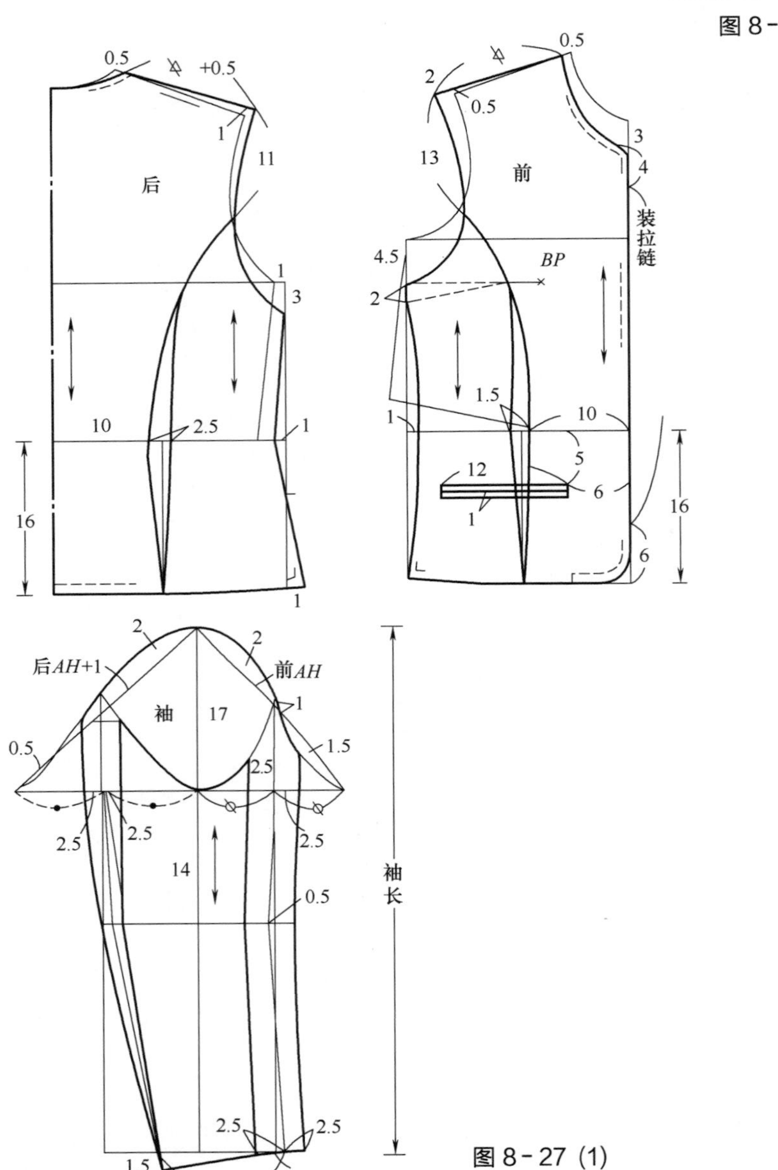

图 8-27 (1)

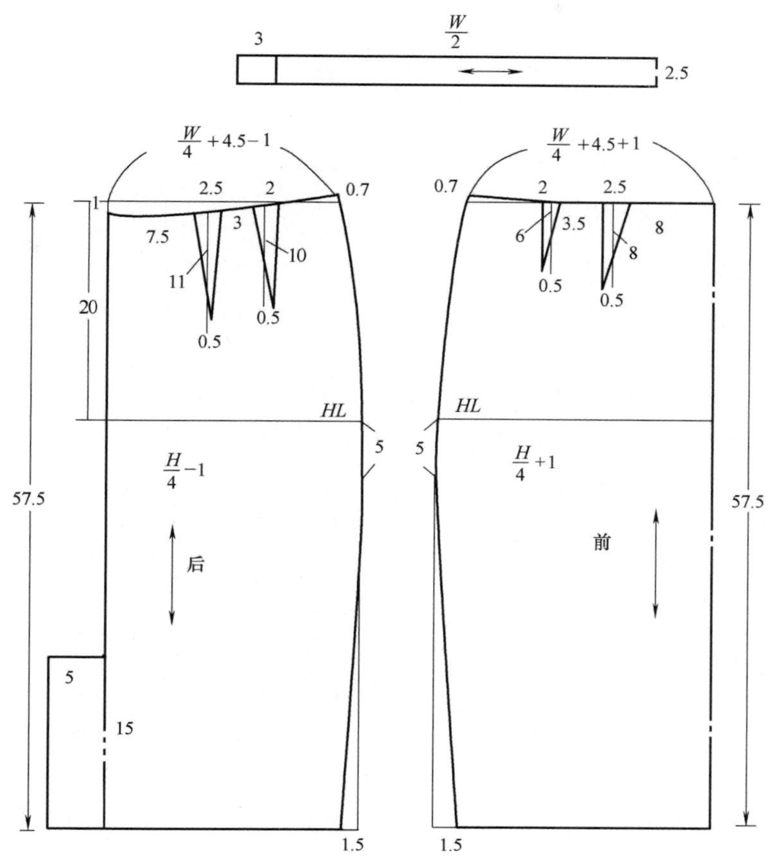

图 8-27 (2)

四、雪纺吊带连衣裙

成品规格（160/84A）　　　　单位：cm

部位	裙长	胸围
规格	90	94

图 8-28

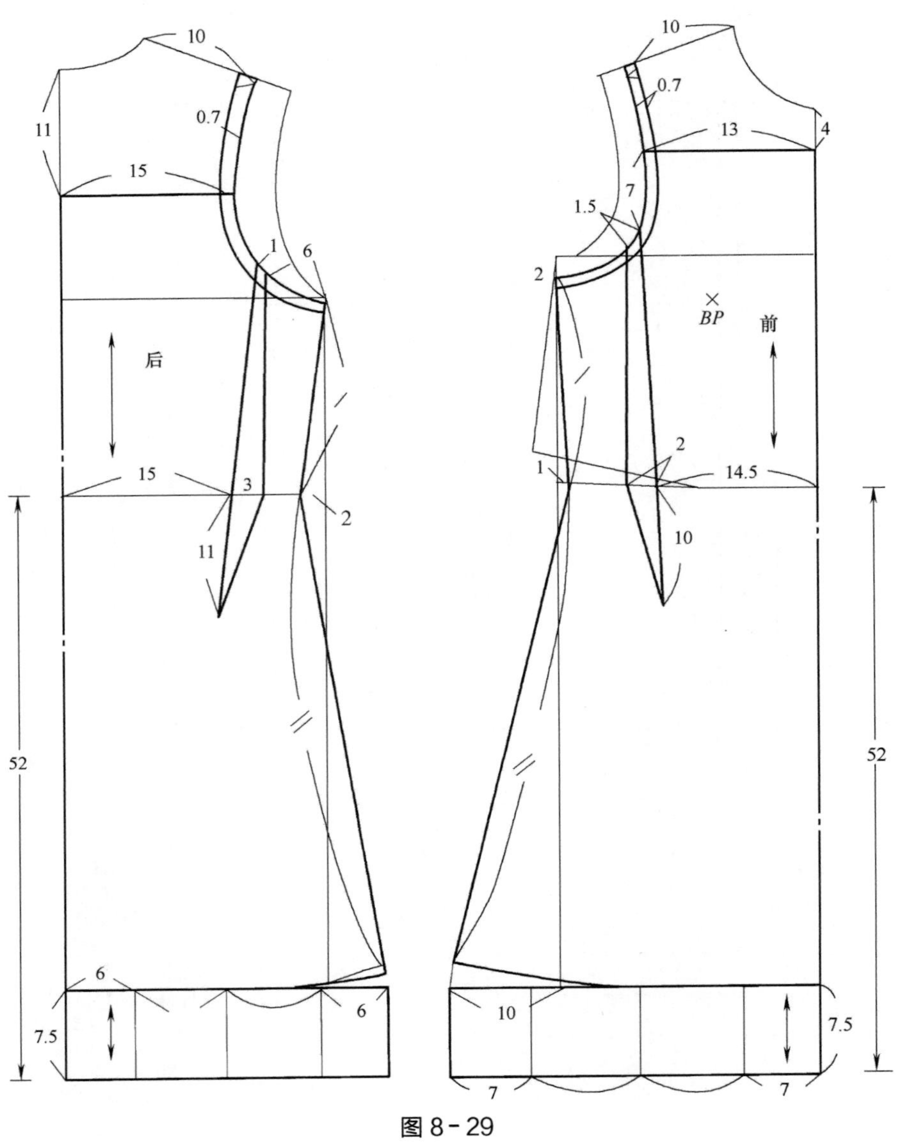
10
0.7
11
15
1
6
后
15
3
2
11
52
6
6
7.5
10
0.7
13
4
7
1.5
2
BP
前
2
1
14.5
10
52
10
7.5
7
7
图 8-29

五、连体裙裤

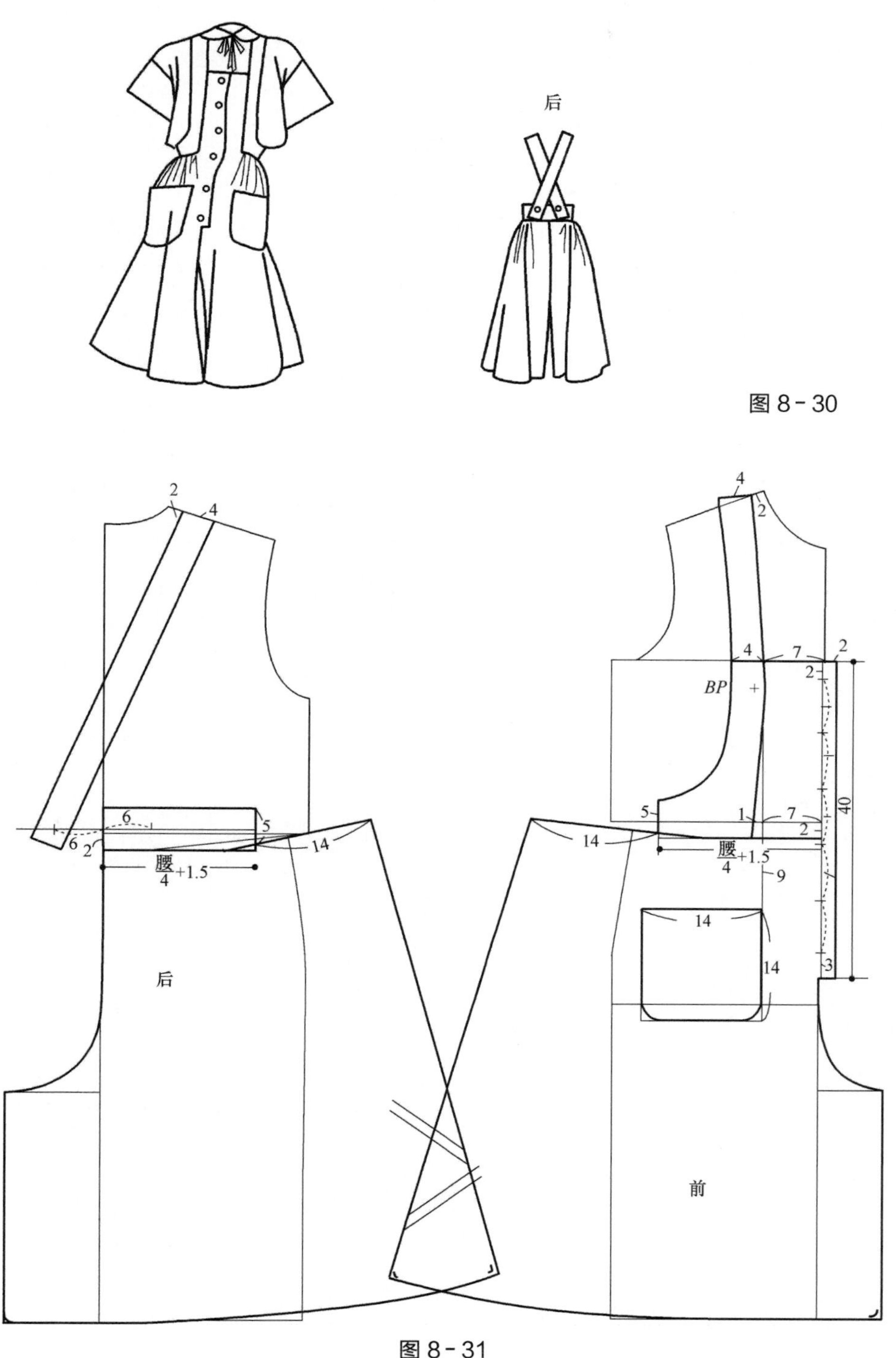

图8-30

图8-31

六、三褶高腰裤

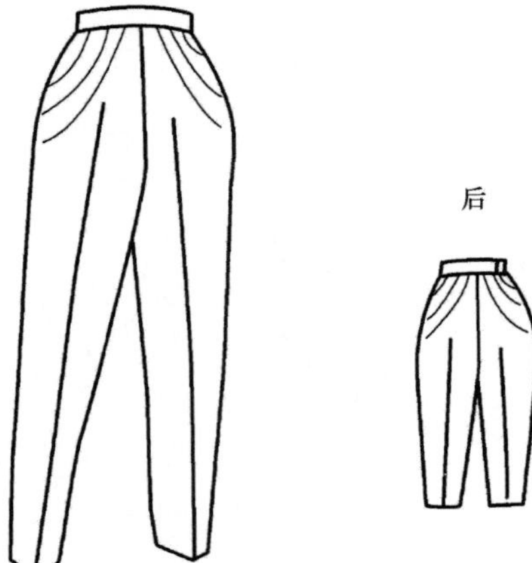

图 8-32

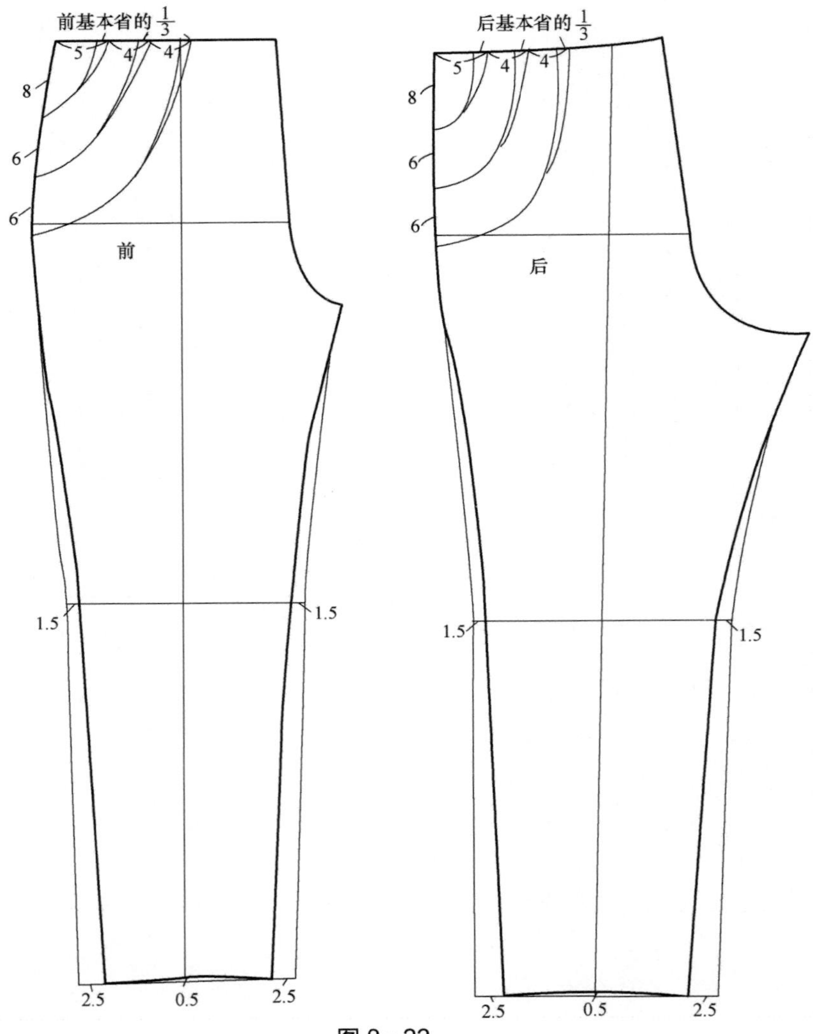

图 8-33

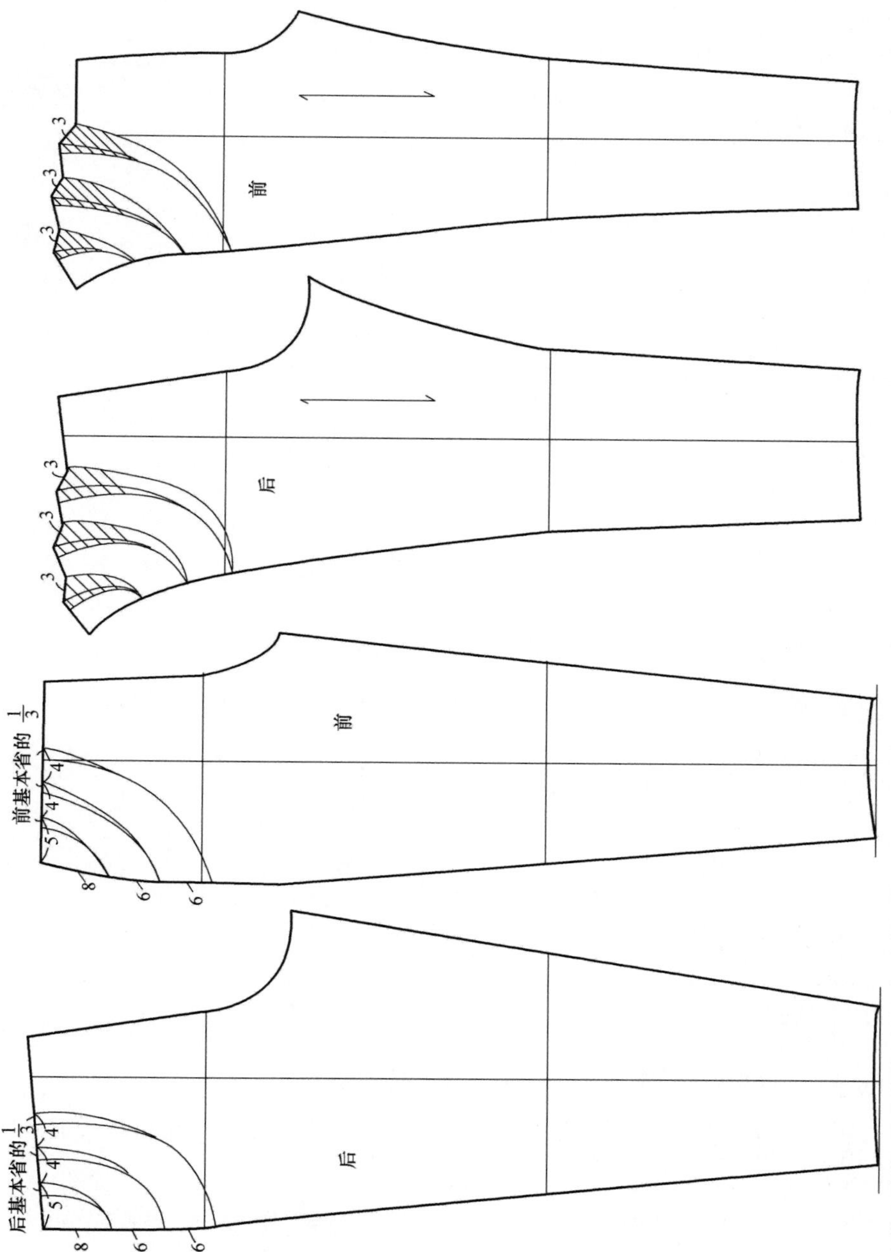

图 8-34

第九章
下装结构设计

课题名称：下装结构设计

课题内容：（一）裙子的结构设计与变化
（二）裤子的结构设计与变化

教学手段：（一）建议以成品及衣片同时演示说明及开格的教学方式
（二）着重说明臀围、腰围的基本松量依据
（三）合理导出“臀、腰差”及处理手段（省、褶、劈、皱）
（四）和学生一起画1∶1结构图

教学目的：基本掌握裙子、裤子基样的一般制图法，从“会”到“懂”，对制作基样的基本步法、部位理解、控制部位数据应用都能基本把握，是以此为基础，重点是变化应用

重点难点：（一）集中解决制图顺序、数据应用、制作公式
（二）着重说明裙子和裤子、腰线的变化原理及作用
（三）裤子大小窿门的画法、检查方法、应用公式使用
（四）注重对应边的“形”似和“量”等问题
（五）学会应用：重叠法制图、分割收放、款式变化等重心，做到变化自如

第一节　裙子的结构设计与变化

裙子款式造型各异，变化繁多，但无论如何变化，都离不开裙子的基本结构。裙基型是裙子结构设计与变化的基础。

一、裙子基型

裙子的基本结构是围拢腰部、腹部、臀部和下肢的筒状结构造型。它主要由一个长度（裙长）和三个围度（腰围、臀围、摆围）所构成。裙装结构中，其结构变化的关键是臀围量的加放，重点是如何处理臀腰差。

1. 制图规格

单位：cm

号型	部位	裙长	腰围	臀围
160/68A	规格	60	70	94

2. 结构制图

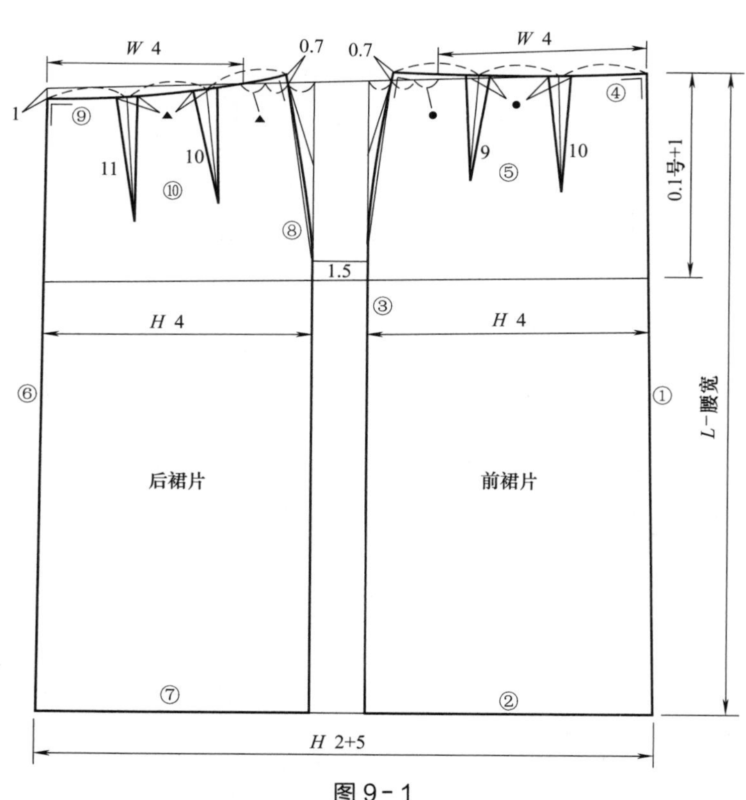

图 9－1

二、裙子的结构设计与变化

（一）裙子外轮廓的设计与变化

裙子外轮廓的设计是决定服装造型的重要构成因素之一。裙子的基本廓形主要有 H 型和 A 型两大类，H 型的结构为长方形，A 型的结构为圆形或部分圆形。在前文裙子的基本款式中，我们就是以最小裙摆的逐渐展开来进行款式介绍的。在裙摆逐渐增大的同时，臀围加放量与臀腰差的处理随之变化。

1. 窄裙

窄裙处在贴体的极限，臀围加放量为人体活动所需的最小量 4cm，裙摆可在臀围的基础上偏进 2cm 左右或直接取臀围量。

窄裙的结构设计只需在裙基型上增加一些功能性的设计，即开口、开衩的设计。其位置可根据款式结构需要，设置在前、后或侧面。开口的长度以穿脱方便为宜，开衩的长度以行走自如为宜，也可依据款式变化自行设计其长短。

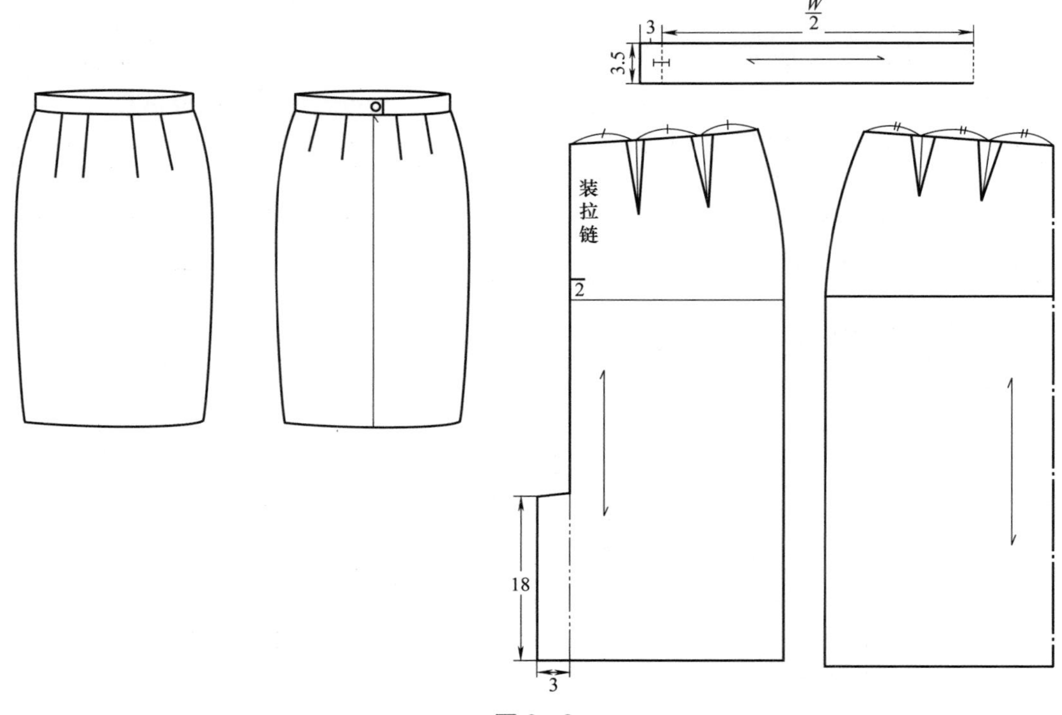

图 9-2

2. 半窄裙

半窄裙是在裙基型的基础上增加裙摆量，是 H 型向 A 型的过渡。

半窄裙的结构设计可在裙基型的一个省道上作剪开线并剪开纸样，然后将一省道合并，下摆则自然分开。如果下摆达不到设计量，还可在侧缝适当加放量，再修顺侧缝线和裙摆线，将余下省转移至腰线中部。

从上可以看出，半窄裙的增量是通过部分省量转移成裙摆量，从而使裙侧缝线上部曲度变小，腰线曲度变大。

3. 斜裙

斜裙是在半窄裙的基础上继续增加裙摆量，

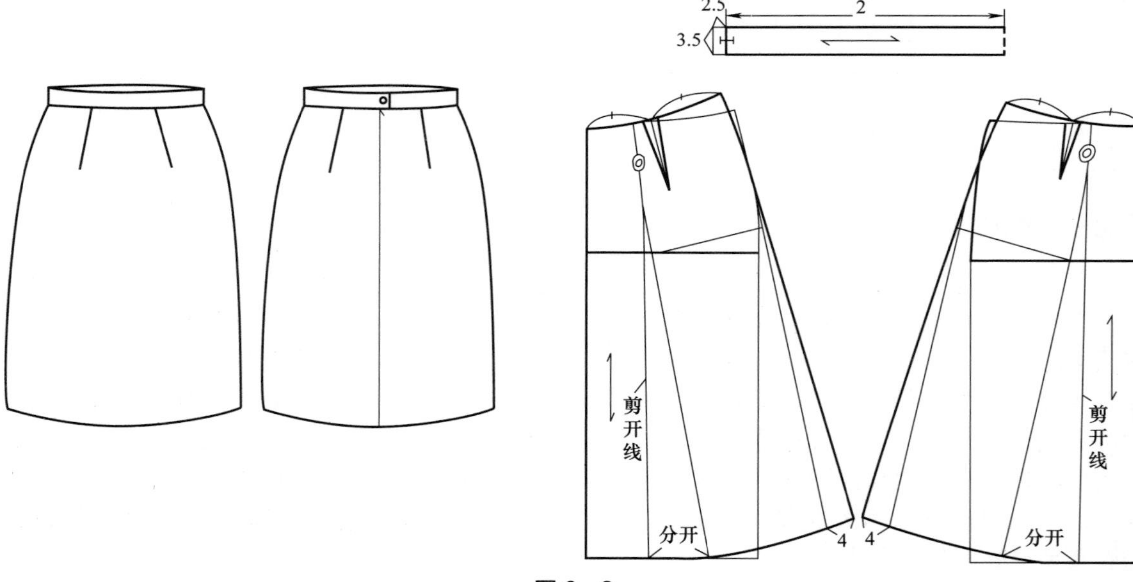

图 9-3

属 A 型廓形。

斜裙的结构设计可在裙基型上作两条剪开线并剪开纸样，然后合并两省道，下摆自然分开。在侧缝线适当加放量，修顺侧缝线和裙摆线。

从上可以看出，斜裙裙摆的增量是通过全部省量转移而成，从而使裙侧缝线更接近直线，腰线曲度更大。

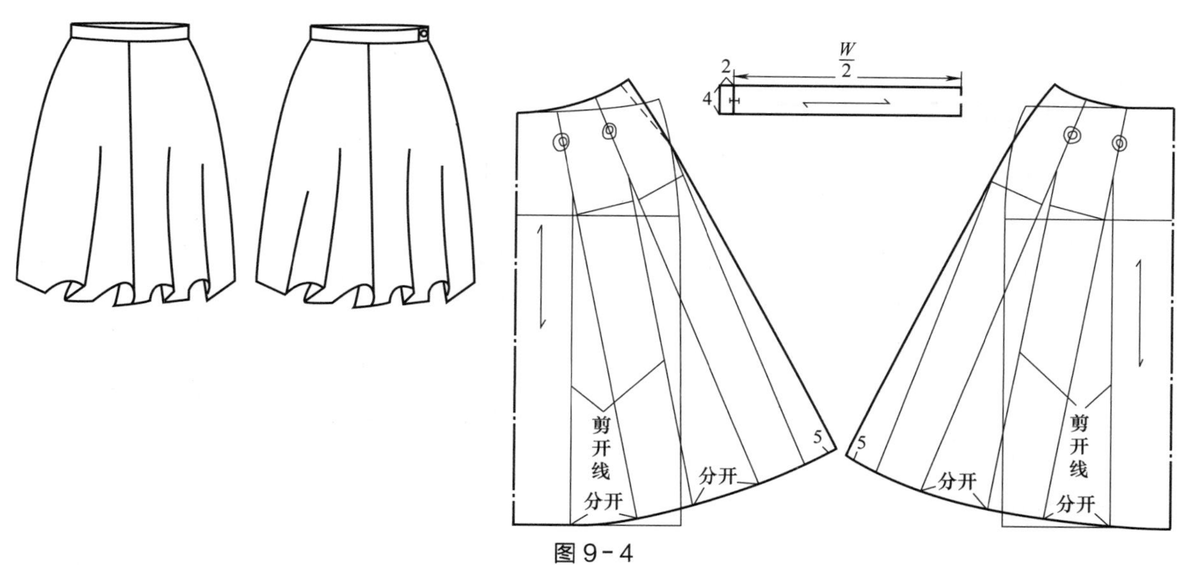

图 9-4

4. 圆形裙

圆形裙可分为半圆裙、整圆裙和多圆裙，是在斜裙的基础上继续增加裙摆量，半圆裙的裙摆是半个圆，整圆裙的裙摆是一个圆，多圆裙的裙摆是多个圆，均属 A 型廓形。

圆形裙的结构设计可在裙基样上作多条剪开线并剪开纸样，裙摆增大剪开线可增多，然后合并两省道，拉开纸样使下摆呈 1/8 圆、1/4 圆或半圆。修顺腰线与裙摆线，裙摆线注意在正斜方向抬高 3cm 左右，去除斜纱方向伸长的部分，使下摆呈平衡状态。

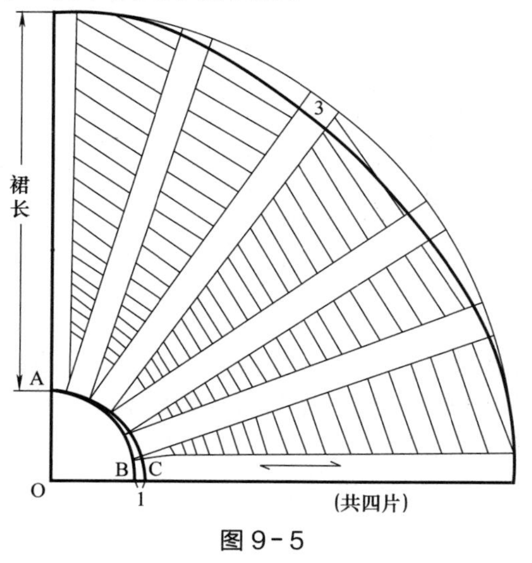

图 9-5

（二）裙子分割的设计与变化

服装的分割与人体的形体特征有着密切的关系。正确把握分割裙的造型特点，分割裙设计要尽可能使造型表面平整，这样才能充分表现出分割线的视觉效果。

首先，分割线设计要以结构的基本功能为前提，结构的基本功能是使服装穿着舒适、方便，造型美观，所以分割线的设计不是随意的。其次，竖线分割的分割线一般不能偏离人体的凹凸点，比如腹凸、臀凸等，在此基础上尽量达到平衡。省和分割的处理采用遇缝转省，强调结构的统一。再次，横线分割，特别是在臀部、腹部的分割线，要以凸点为确定位置。在其他部位可以依据功能性和形式美的综合造型原则去设计。上述的三个分割造型原则是有共性的，分割线设计除了遵循以上三个基本原则外，还要考虑裙子自身的特殊性。

1. 竖线分割裙设计

竖线分割裙就是在裙身上采用竖向分割线，把整个裙子分成四片、六片、八片、十片等，也可采用单片分割，如三片、五片等。它除有装饰性外，还与人体的形体特征有着密切的关系。

（1）六片裙。

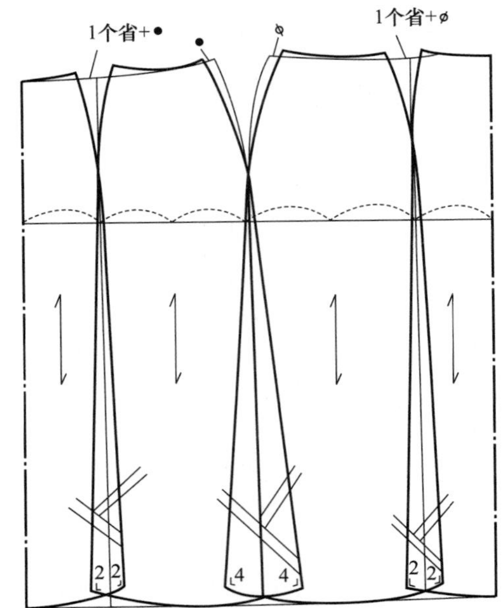

图 9-6

（2）十片裙。

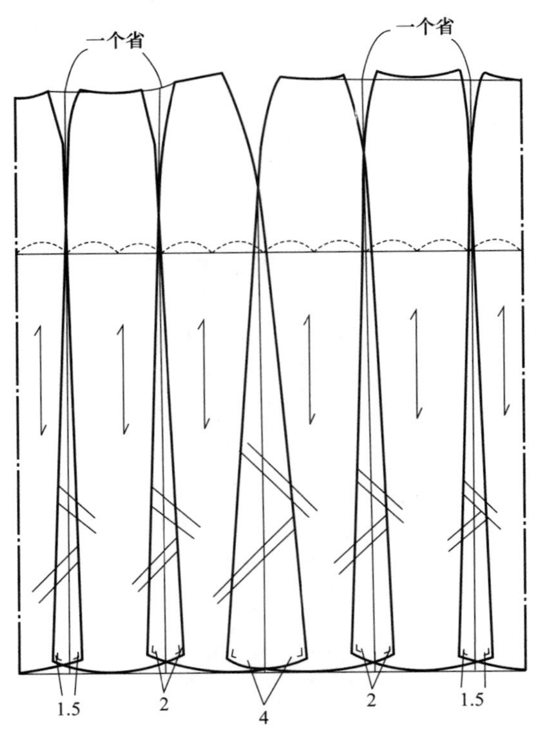

图 9-7

2. 育克分割裙设计

裙子的育克是指在腰臀部做分割处理所形成的结构形式。育克设计的造型要与人体吻合，并且能表现出特有的风格。特别在腰臀部位，更显出女性腰臀部曲线的魅力。同时在结构设计中，可以与竖向分割有机地结合起来，极大地丰富其表现力。

（1）育克分割裙一。

图 9-8

（2）育克分割裙二。

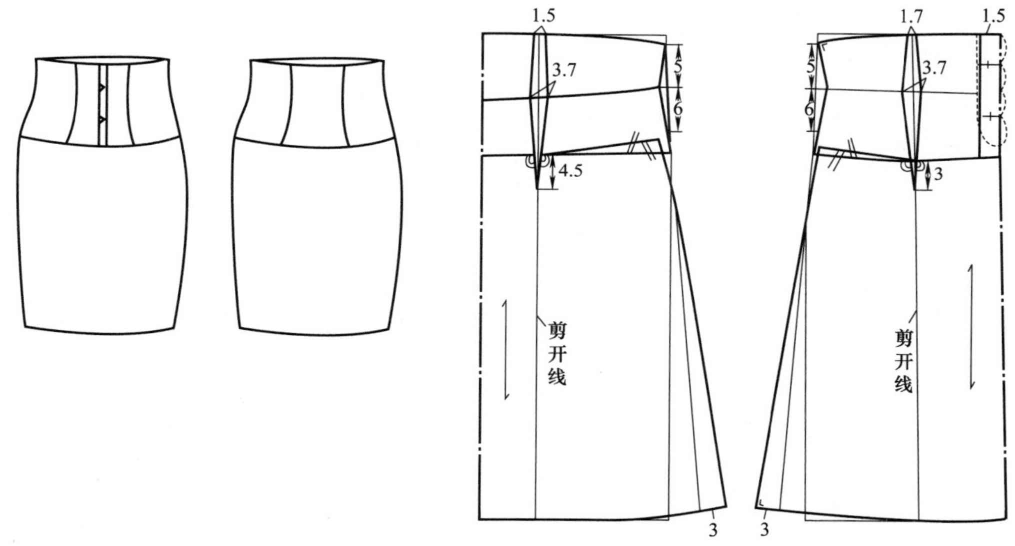

图 9-9

（三）裙子褶饰的设计与变化

褶饰设计是服装造型中的主要手段，是服装结构变化常用的形式之一。它除了具有省和分割线的作用外，还具有独特的造型功能。首先，褶具有多层性的立体效果。裙身施褶会具有三维空间的立体感觉。其次，褶具有运动感。一般褶的工艺是一端固定一端自然展开，由于褶的方向性，增强了裙装的运动感。再次，褶具有装饰性。褶的造型会产生立体、肌理和动感效果，而这些效果是以服装为载体附着在人身上的，因此会使人们产生造型上的视觉效应和丰富的联想。褶的这种装饰性，如果运用不当也容易产生华而不实的感觉。总之，褶饰设计要因人、因时、因地来综合考虑，这样才能最大程度地发挥褶的装饰作用。

1. 西服裙

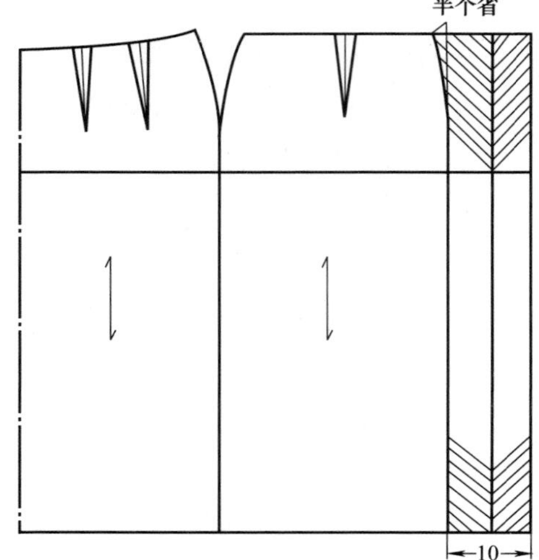

图 9-10

2. 分割波浪裙

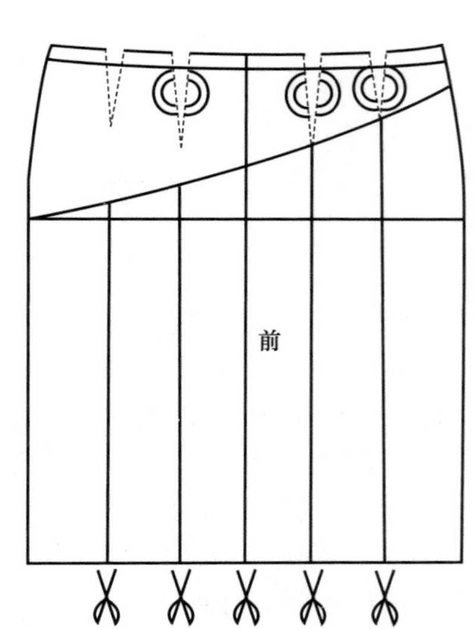

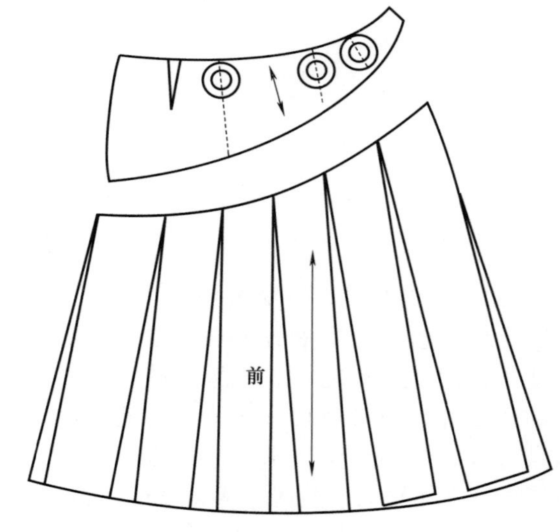

图 9-11

3. 鱼尾裙

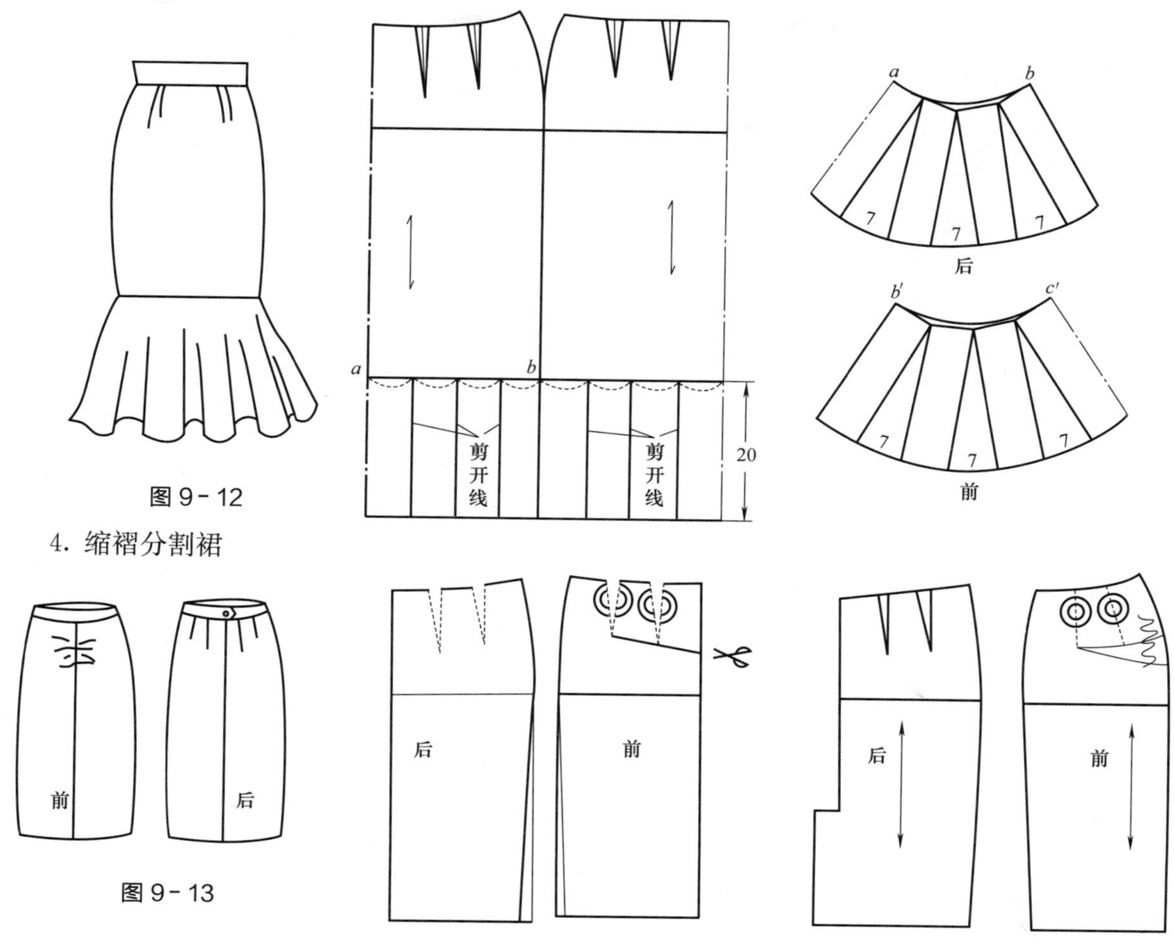

图 9-12

4. 缩褶分割裙

图 9-13

第二节 裤子的结构设计与变化

一、裤基型（见下页图）

二、裤子结构设计主要部位分析

裤装结构是裙装结构设计的延续，立裆、前后裆宽设计是裤装设计的关键，其控制部位主要是裤长、腰围、臀围、立裆，脚口的设计根据裤装的造型需要灵活设计。

（一）上裆

1. 上裆长

指裤子的最上端即腰头至裤子裆底的竖直距离。上裆长的设计是裤子结构设计的关键。若过长裤子会吊裆不美观，过短裤子会兜裆不舒适。一般宽松式裤子的上裆长较深，合体式裤子的上裆长较浅。确定上裆长一般有测量法和比例公式计算法，测量法是被测者坐在凳子上，从人体的腰节线开始量至凳面的垂直距离再加 2～3cm；比例公式计算法常采用 $H/4$、$(L+H)/10+10$、$(L+H)/8+5$ 等。根据款式需要，可通过加减调节数改变上裆长数值，如裙裤的上裆长可按 $H/4+2$ 计算。

2. 臀围比例

因下肢运动时对裆部产生影响，臀围放松量一般选取臀围的 10%左右，可根据裤子的廓形及面料的伸缩性灵活加放。前后裤片臀围的分配比例通常是前片略小于后片，这是因为上肢自然下垂时手中指指向下肢的偏前位置，便于手插侧袋的缘故。

3. 裆弯与裆宽

裤片裆弯的形成和人体臀腹部与下肢连接处的结构特征是分不开的。从侧面观察人体，上裆部呈倾斜的椭圆形，臀凸大于腹凸，故前裆弯弧度小于后裆弯弧度。裆宽反映躯干下部的厚度，经实际测算，裆宽占臀围的 1.6/10 左右。前裆宽和后裆宽的比例为 1∶3，这主要是由臀部活动规律及臀、腹凸比例所至。前小裆宽可按公式 $H/20-1$ 或 $0.4H/10$ 计算，后大裆宽可按 $H/10$ 或 $H/10\pm1$ 计算。

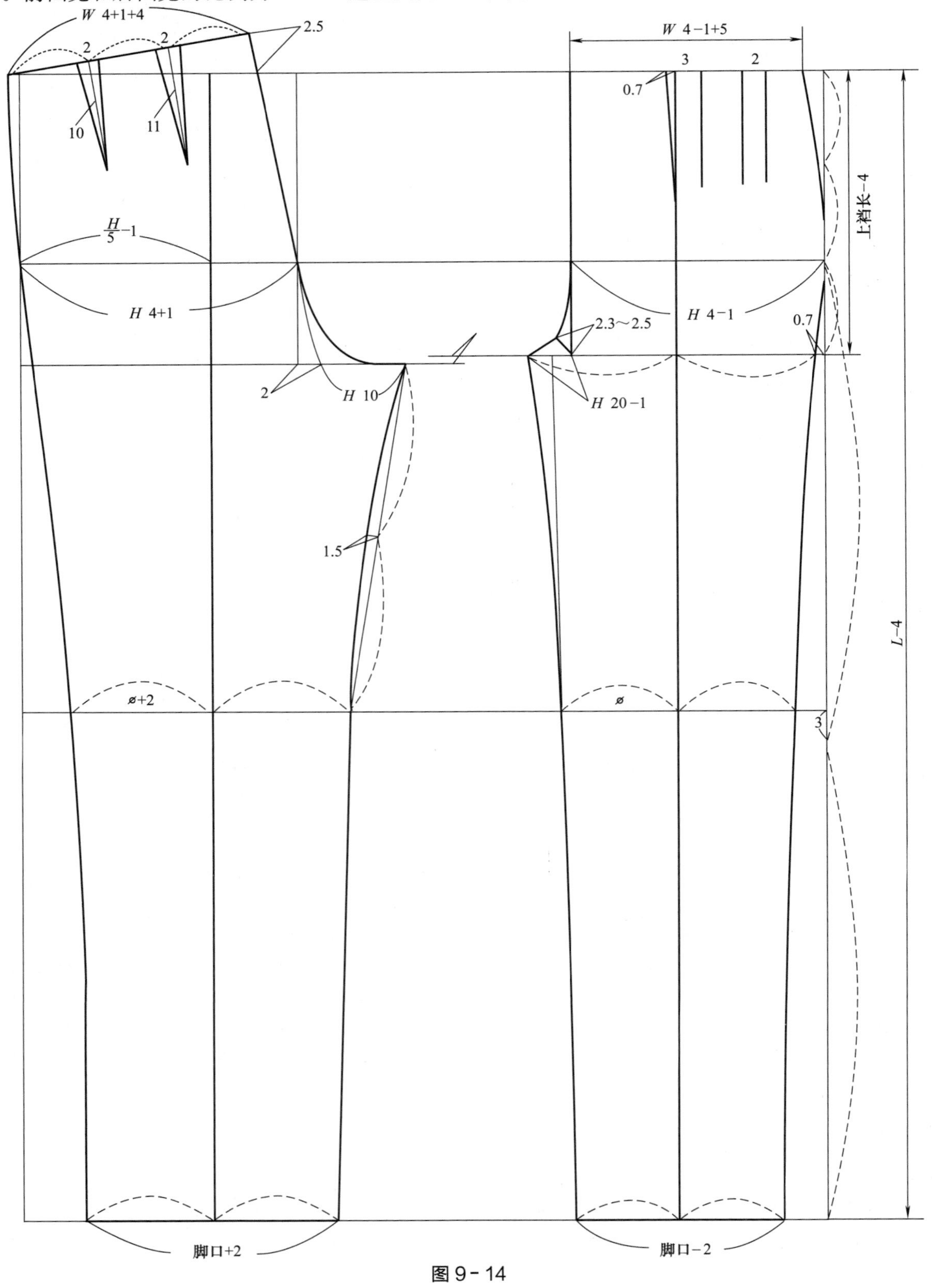

图 9-14

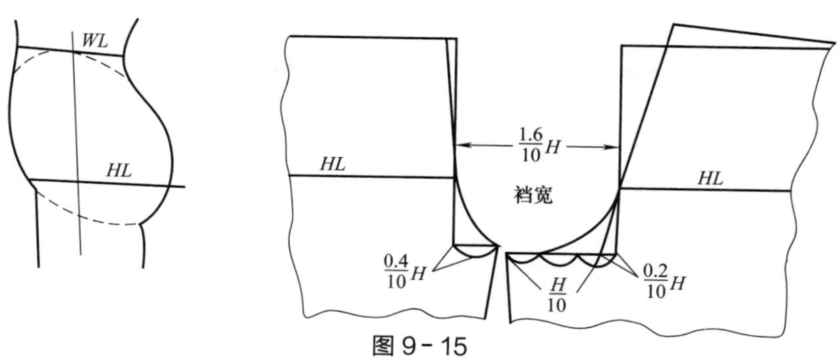

图 9－15

4. 后翘与后裆斜线

后翘是为使后裆弧线的总长增加而设计的，是为了满足臀部前屈等动作的需要，当人处于坐、蹲姿势时，向下的动作会使裤子的后裆缝被向下拉紧，从而牵制后裆缝的上端向下坠，即后腰口下坠。一般后翘长度 2～3cm 为宜，过小后裤腰下坠，过大后腰至臀部起涌。

后裆斜线的倾斜度取决于臀大肌的造型，臀大肌的挺度越大，后裆斜线越倾斜，它们的关系成正比。对于正常体型，后裆斜线的倾斜角度为 11.3°。常见后裆斜线的设计方法如下。

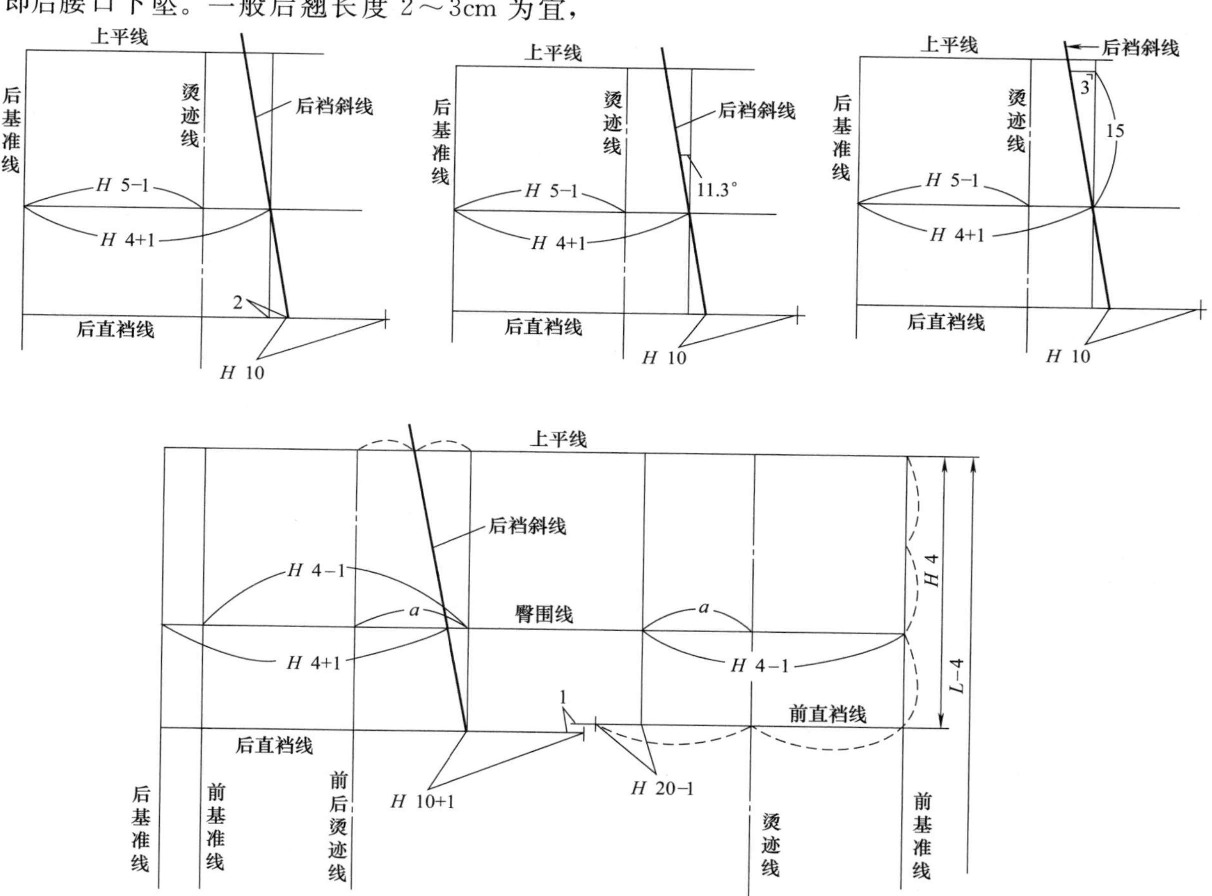

图 9－16

5. 裤袋

裤子一般采用侧缝插袋。后袋及表袋可根据爱好及流行取舍。有的裤子由于做得较为合体，侧缝袋易绷开张口，可采用前片斜袋。袋口大小应以手的宽度加手的厚度再加适量松度为基础。侧袋口大一般为 15～17cm，后袋口大 13～14cm 为宜。

（二）下裆

下裆部位是指臀沟至裤口间的部位，俗称裤筒，它是裤子结构的另一组成部分。

1. 下裆长

可用裤长减去上裆长得出，也可直接测量，从臀股沟至裤口处。

2. 中裆线

中裆线设置在人体膑骨附近，一般略向上些，这主要是考虑裤子造型的美观。中裆线不是固定不变的，可根据裤子的造型选择位置。如喇叭裤的中裆线较其他裤形要高些。

3. 中裆宽与裤口宽

两者的宽度变化可构成不同的款式。中裆宽度大于裤口宽为锥形裤；等于裤口宽为筒裤；小于裤口宽为喇叭裤。中裆宽度比裤口宽度相对稳定，一般控制在（$2H/10+3$）cm左右（特殊款式除外）。

4. 对称性

前裤片下裆部分以烫迹线为对称轴。后裤片下裆部分宽处应略大于侧缝，男性约 1～1.5cm，女性约 1.5～2.5cm。烫迹线对裤子的造型至关重要，是确定和判定裤子产品质量的重要依据。烫迹线必须与布料的经纱重合，即为布料的一根经纱。

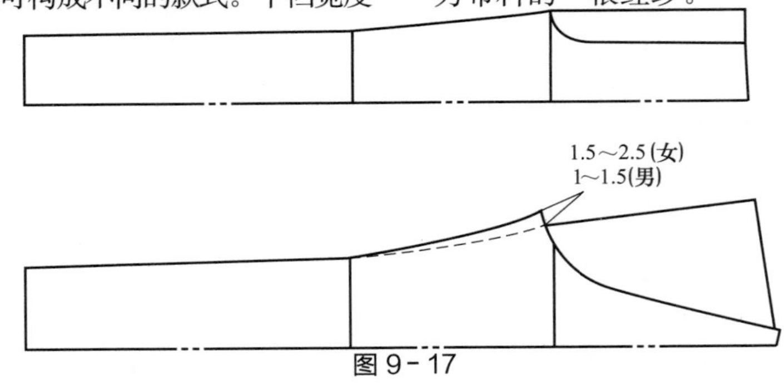

图 9-17

三、裤子结构设计与变化

（一）裤子廓形的设计与变化

裤子的廓形大体分四种：长方形（筒形裤）、倒梯形（锥形裤）、梯形（喇叭裤）与菱形（马裤）。这四种裤子廓形的结构组合就构成了裤子造型变化的内在规律。

1. 筒形裤

筒形裤的臀部比较合体，裤筒呈直筒形。

筒形裤的结构设计遵循裤子的基本结构，裤口宽应比中裆窄 1～2cm，这是因为平面与立体的视错效应所致。筒形裤的长度为基本裤长。

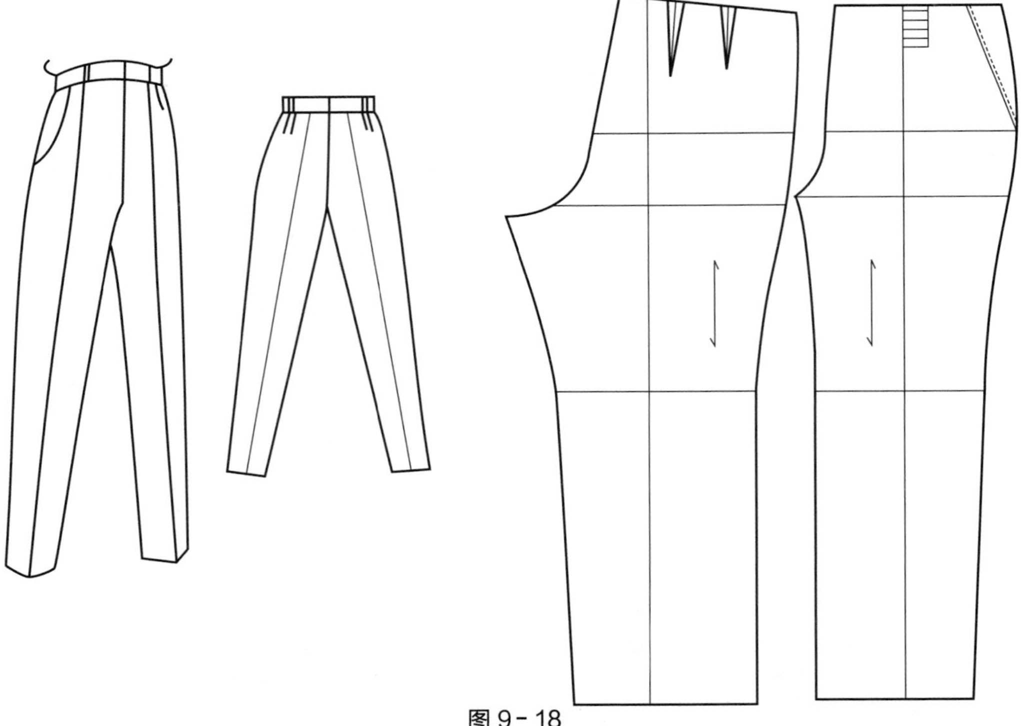

图 9-18

2. 锥形裤

锥形裤在造型上强调臀部、缩小裤口宽度，形成上宽下窄的倒梯形。

锥形裤在结构上往往采用腰部作褶及高腰的处理方法。为了夸张腰、臀部，可用剪切法在前片基本图形上沿烫迹线剪开纸样，腰部分开部分为增加的褶量，褶量的大小依造型而定。锥形裤的长度不宜超过足外踝点，裤口适当减少。当裤口减少至小于足围尺寸时，应作开衩处理。后身结构一般不变。

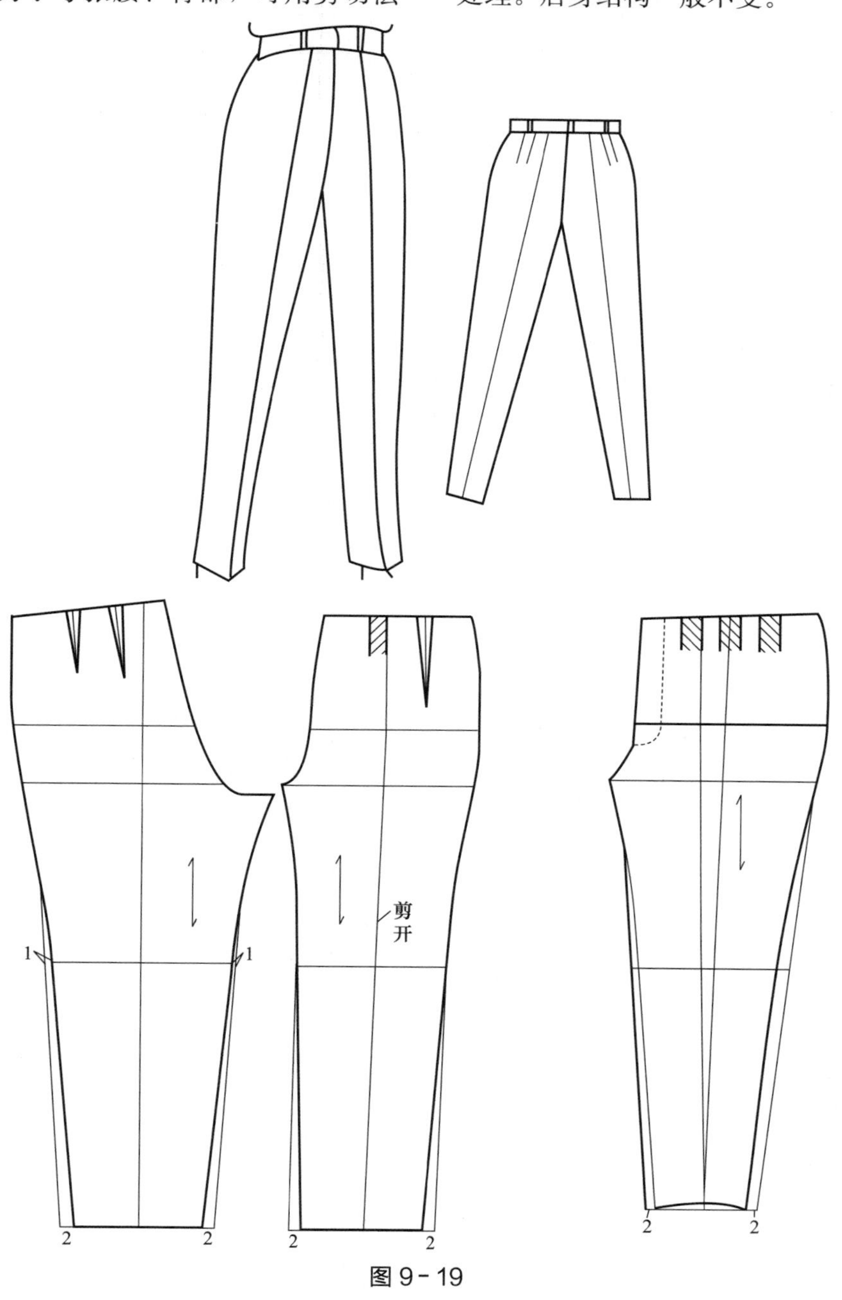

图 9 - 19

3. 喇叭裤

喇叭裤在造型上收紧臀部，加大裤口宽度，形成上窄下宽的梯形。

喇叭裤在结构上一般采用臀部紧身，低腰无褶。故腰围线下移，省量减少而移植于侧缝线处（或前裆直线与后裆斜线处）。由于裤口宽度的增加，要加长裤长至脚面，并作出裤口的凹凸曲线。另外，根据其造型特点，中裆线可向上调高，从而形成大、中、小喇叭的裤形。

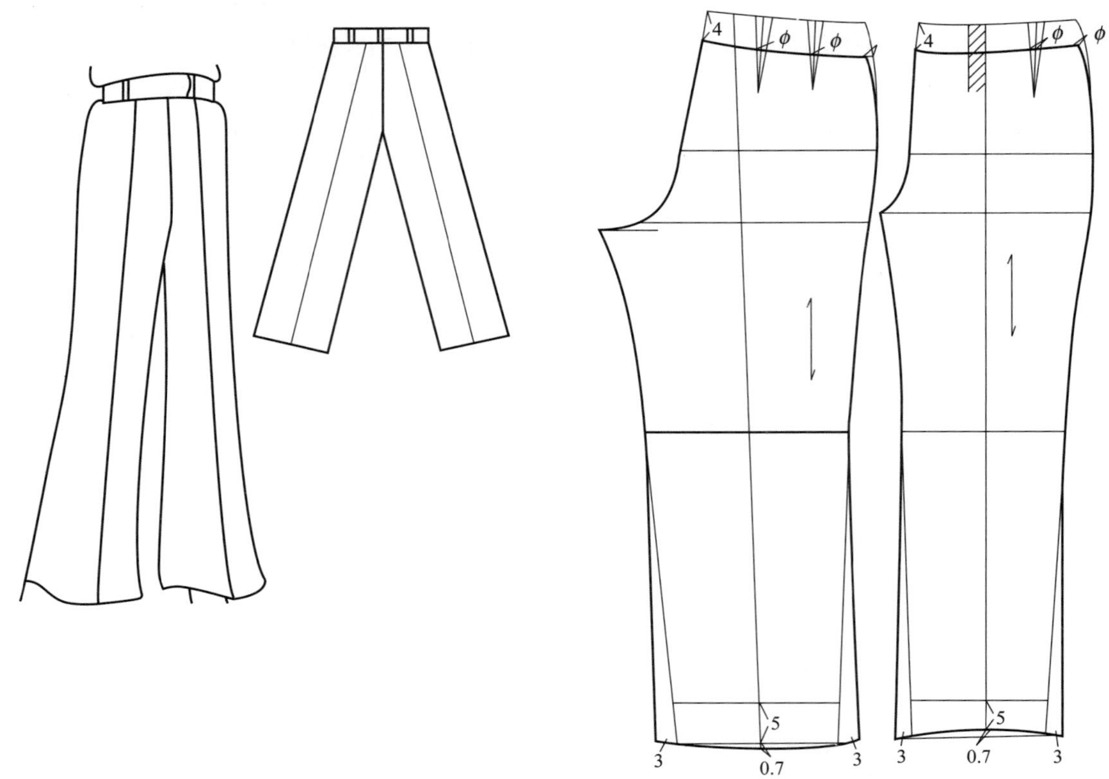

图 9-20

4. 裙裤

裙裤是将裙子和裤子的形态、功能结合起来设计的，故它既有裙子的风格，又保留了裤子的上裆结构，同时也是裤子的中裆线与上裆线重合的产物。

裙裤的结构上裆部与裙子相同，下裆部分仍由两个裤筒构成，而裤筒的结构又趋向裙子的廓形结构。因裙裤的裆宽尺寸加大，使裆部出现余量，致使后翘消失，后裆缝线变成直线。

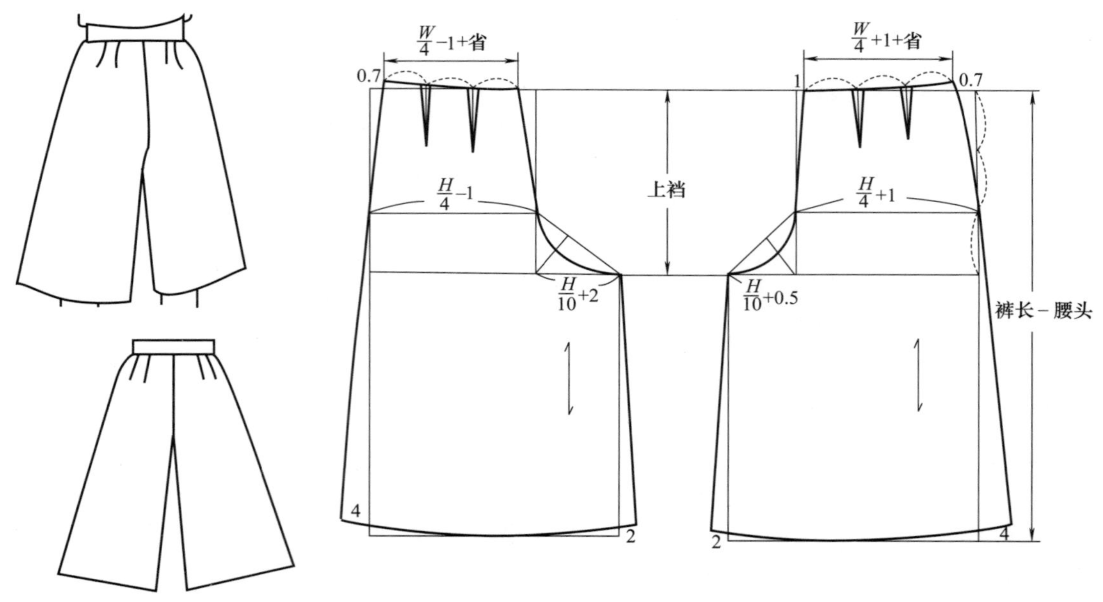

图 9-21

（二）裤子分割的设计与变化

裤子中的分割设计大多用在合体与塑型上，一般不是纯装饰性的，而是带有某种功能。

1. 裤子的竖向分割

裤子通过竖向分割可以改变组成片数，增加竖向线条，使造型显得修长而适体。如六片裤的结构图。

运用裤子的基本结构图，按设计的大小在前后裤片做竖向分割线，然后把分割出来的部分拼到一起，因原侧缝线为凹凸曲线，在腰和下部形成了部分空隙（即省量），这就要求利用前后分割线，把这部分的空隙去掉，使分割后的三片图形与分割前的两片图形在结构上保持相同（特殊处理除外）。

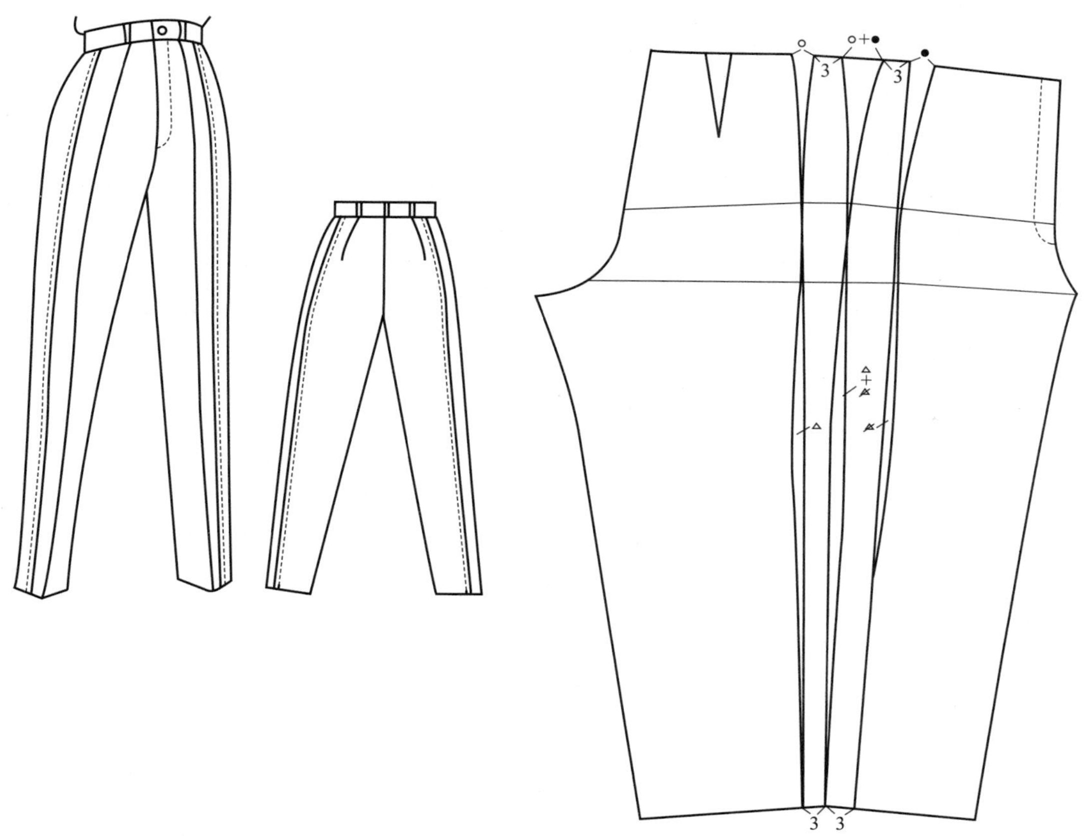

图 9-22

2. 裤子的横向分割

裤子的横向分割一般设置在腰部附近，形成了不同的育克造型。它比实际的省缝更富有装饰性和造型性，是牛仔裤、休闲裤常用的处理方法。

本例为低腰，臀腰差变小，可以把省量移到侧缝中（见前裤片）。后片利用分割线，把省量还原，使腰线与横分割线发生形变（即省量移到分割线中）。

总之，利用分割线，要把该省略的部分去掉，该放出的部分放出，不论省略与放出都要以基本的图形为依据。

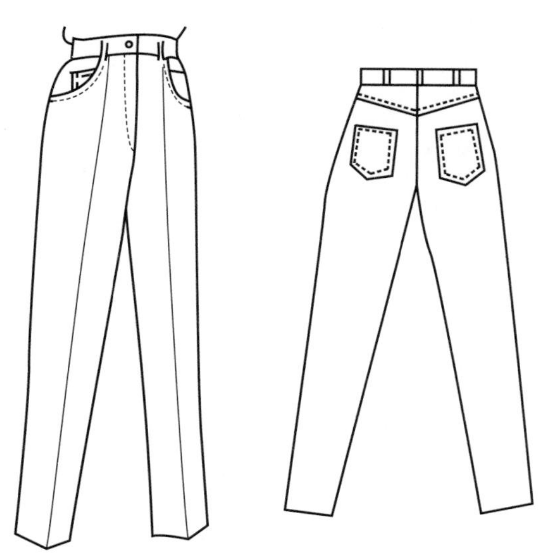

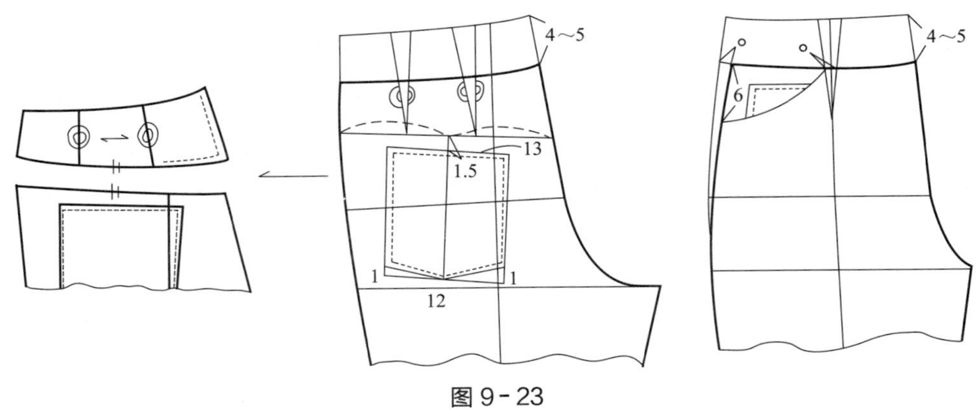

图 9-23

3. 裤子的褶饰变化

裤子的褶饰设计一般多在腰部，因为腰部容易与褶的变化特点相结合，是固定褶位的最佳处。

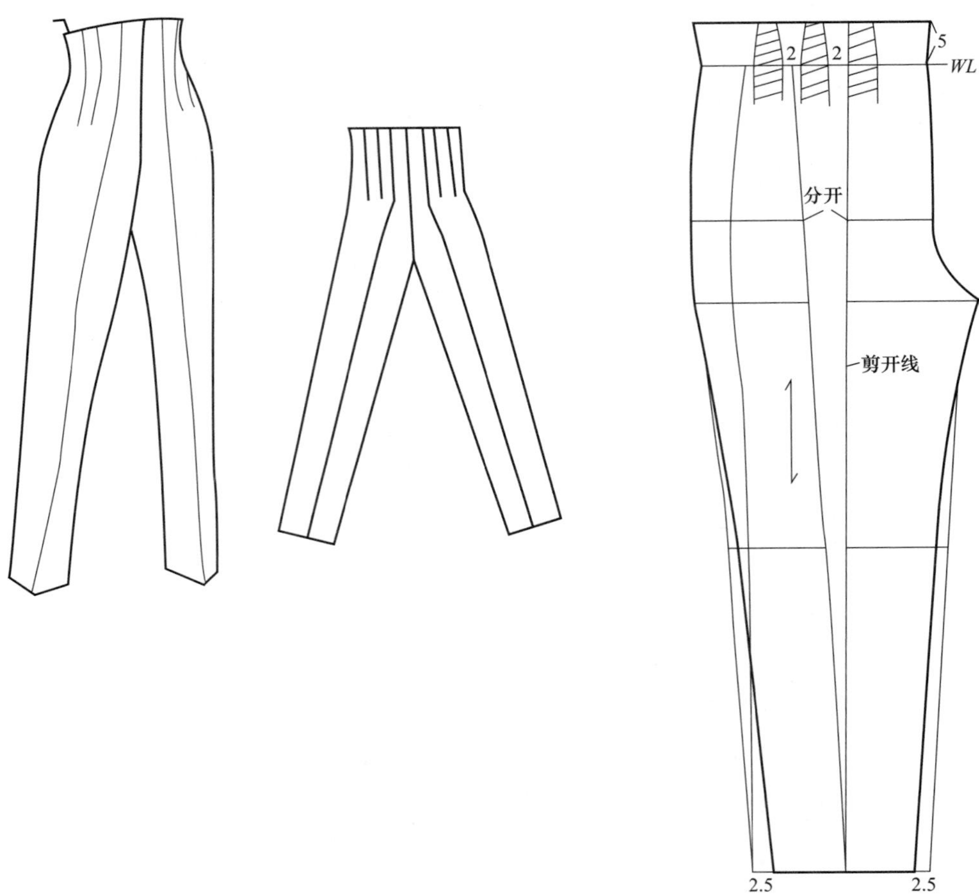

图 9-24

第十章
上装结构设计

课题名称：上装结构设计

课题内容：（一）衣身结构设计
（二）衣袖结构设计
（三）衣领结构设计
教学手段：（一）必须采用成品实物和纸样实物演示说明
（二）参照成品和纸样的结构特征，对应部位析义、析法
（三）特别是分割、拉、伸、收、放要用实物实例法、让学生看得明、做得出、能理解
教学目的：（一）巩固上装的基础知识、结构原理、部位作用
（二）能利用原形、基样迅速变化应用
重点难点：（一）原形、基样基本制图法
（二）分割线的定位方法、原则、走向、部位要领
（三）在结构变化应用时，衣身、衣袖、衣领等相互间的配合原则不能走样

服装款式的流行趋势朝着多样化、个性化发展，但是无论款式如何变化，衣服基本的结构是相同的，都是由衣身、衣领和衣袖三个部分组合而成，这些部位的变化也就构成了服装款式的千姿百态的变化。如何运用主要衣片和附件造型进行变化和创新，设计出结构合理、款式新颖的服装，是本章所要讲述的基本内容。

第一节　衣身结构设计

一、衣身基本结构

人体是由多种不规则的几何形体所组成的，而服装则是对人体的包装。我们按人体体型特征将这一“包装”剪开，且展成平面的话，就得到服装裁片的结构图，它是由若干个几何图形和线段组成的，如图 10-1。

衣身基型是按人体所量得的基本尺寸（以腰节长、胸围尺寸为依据，其中胸围加上必要的放松量），通过比例分配方法，制得的最初平面结构图。基本型要求所量取的尺寸准确、制图方法简便，充分反映人体特征，并能转变成任何服装款式的一种图形。本书采用日本文化式原型作为基型来进行应用。

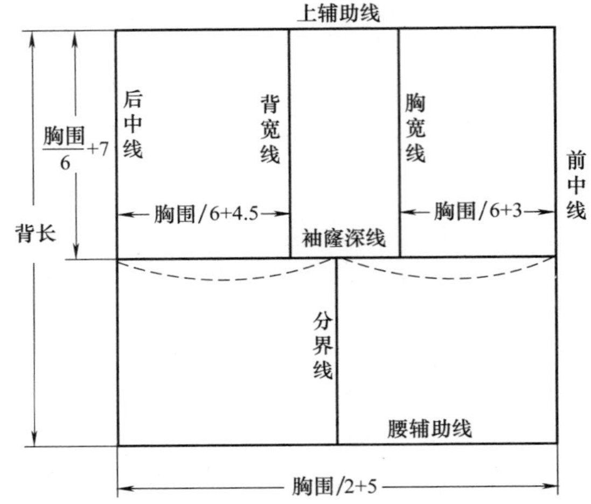

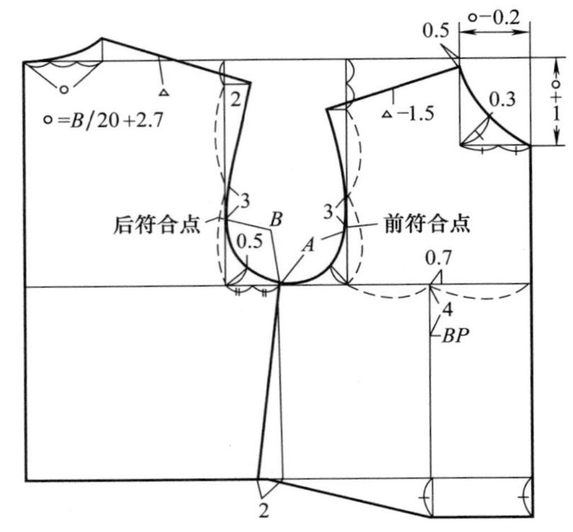

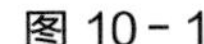
图 10－1

二、省道、褶、裥的表现形式

为了丰富服装款式的变化，服装构成所用的方法有省、褶、裥、缝。省是服装结构设计中最常用的一种造型处理方式，省使服装合体并丰富多彩，省道可以应用于很多部位和各类款式的服装中，如袖子、上衣、裤子、裙子中。褶、裥、缝增加了服装的款式变化，它们在构成服装结构线的同时还具有装饰性和功能性。

人体是一个复杂的三维立体形态，要使服装符合人体，就必须进行一系列的结构处理，当我们把一块平面的布围绕在人体上，由于人体下身有臀围和腰围的差数，上身有胸围与腰围的差数，布料在腰部就会产生多余的量，要去除这些多余的量，就要在腰部使用省，使之与形体相符合。由此看来，省的作用是把布料由平面转化成符合人体曲面的立体造型。

褶是没有规律的缩皱，它能把服装面料的较长或较宽松的部分缩短，使衣片与人体相符合，并有一定宽松量，它和省一样能起到使衣物合体的作用，但它与省的风格不同，它给人随意、活泼之感。

裥与褶在外观上有所区别，裥既有省的作用，其外观效果又是有规律的褶。裥的形式有：明裥、暗裥、顺裥等。

缝是在服装中人为设定的块面分割线，缝的分割要求比较严格，它往往与人体结构有关，缝在服装造型中既是一条分割线，同时它还具有省的性质。缝使平面布料变成符合人体的立体曲面，在服装造型中缝要比省自然。

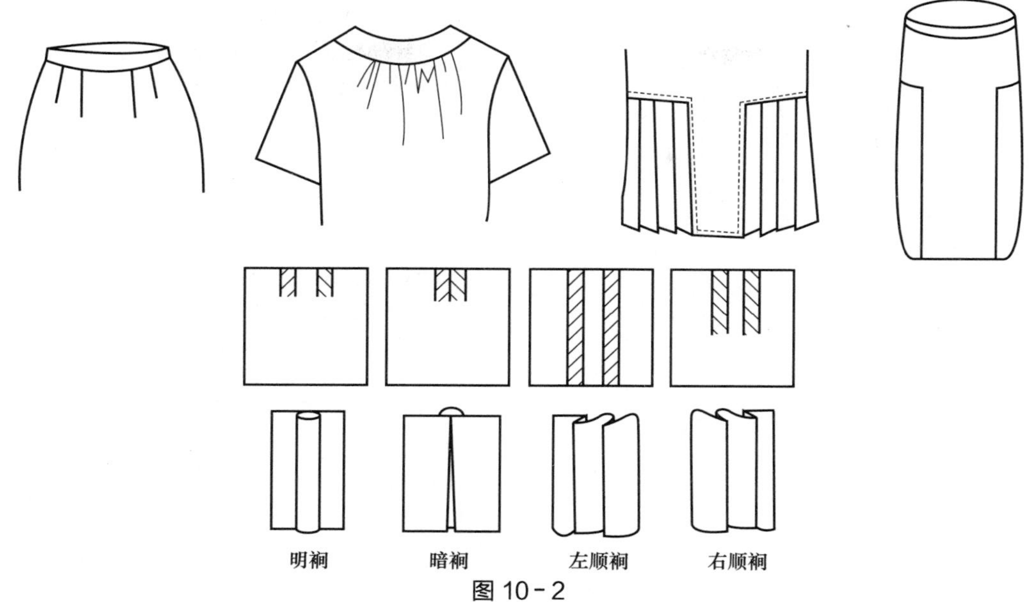

图 10-2

三、衣身中省道的转移

人体截面形态，并非是单纯的椭圆形或球形，它是一个复杂而又微妙的立体形。要想使平面状的布料符合复杂的人体曲面，收省则是重要的手段之一。它可以消除平面布料复合人体后所引起的各种褶皱、斜裂、重叠等现象，能从各个方向改变衣片块面的大小和形状，塑造出各种美观贴体的造型。

1. 省的名称

省缝主要设置在胸部、腰部、臀部等部位。在上衣纸样中，省主要有胸省和肩胛骨省。由于各部位突起、凹陷的程度不同，所设计的省量大小、长短也各有不同。省的名称按所设置的部位名称来命名。

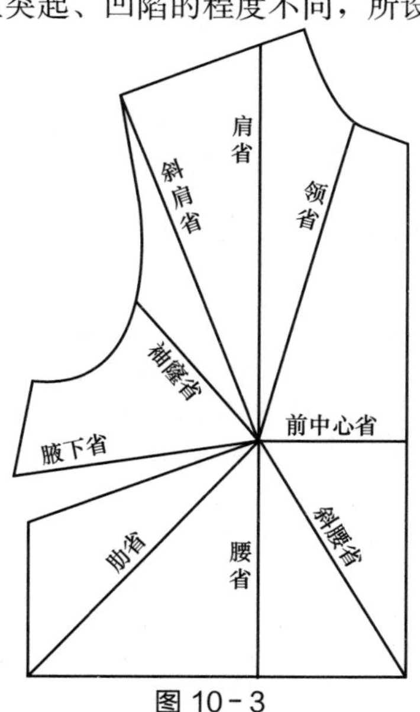

图 10-3

2. 省的转移

省缝的变化可通过纸样转换来完成。它可以根据个人的喜爱和款式的需要将一个省缝转移到衣片的任何一个部位。但无论转移到哪个位置，服装的原有造型及舒适性不能改变。下面以胸省为例进行讨论。

省的转移有两种方法：一是旋转法；二是剪切法。

旋转法是利用前上身的基础纸样，在新省道位置作记号，固定 *BP* 点，转动纸样使原弯曲的腰线移成水平线。移完后将以记号点为界的另外部分复描，最后把新省道打开的省量与 *BP* 点相连接，然后修正省道，使省尖距 *BP* 点有一定的距离，从而定省尖点，再连接省宽点，即完成了省道转移的纸样设计。

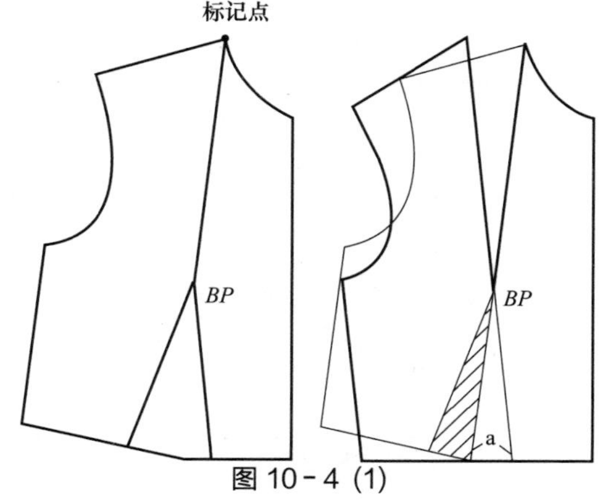

图 10-4 (1)

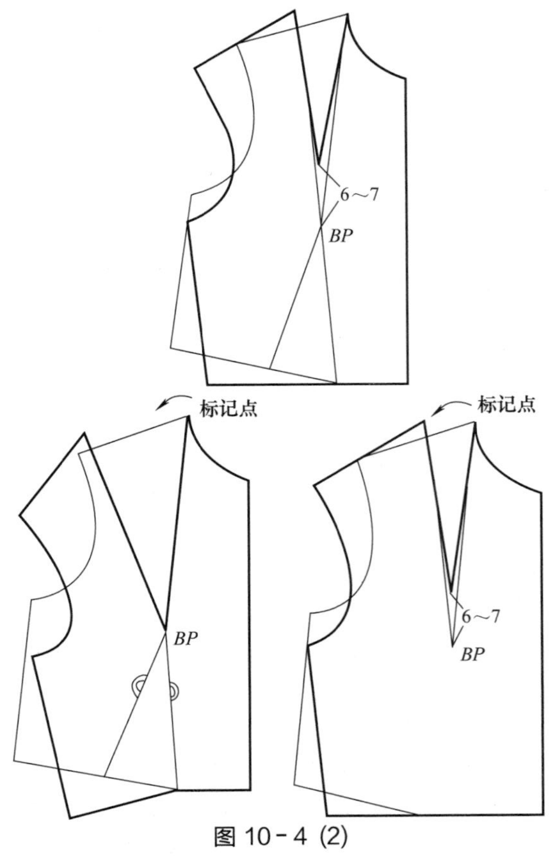

图 10-4 (2)

剪切法是把前上身基础纸样复制到薄纸上剪下，将新省道对准 BP 点剪开，合并原省量，新省道自然展开，距 BP 点 3～5cm 定省尖点，重新画好新省道。

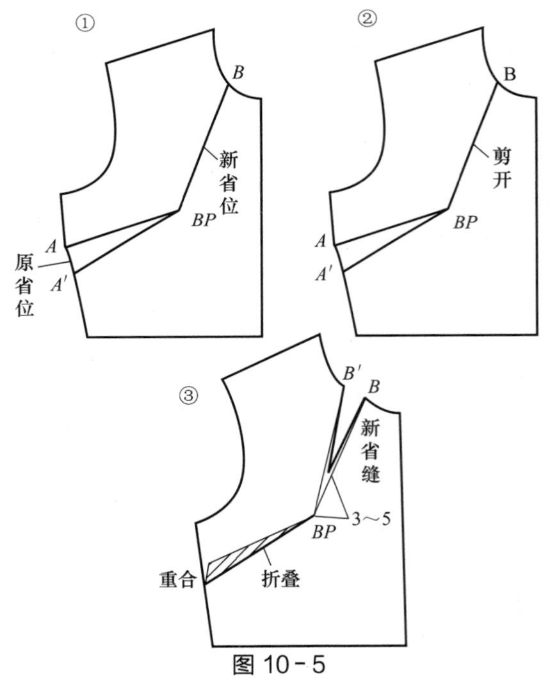

图 10-5

在进行省道转移和变化时，要掌握以下几个原则：

第一，经过省道转移和变化的省缝两线相交的夹角大小不变。对于不同方位的省缝来说，只要省尖的指向相同，则每一方位的省缝夹角必须相等。新省的长度与原省的长度不同，这是因省端与 BP 点的远近不同所致。即以 BP 点为圆心，只要半径相同，省的边长相等，省量大小就相等。半径不同，省的边长不同，省量的大小自然不会相同。

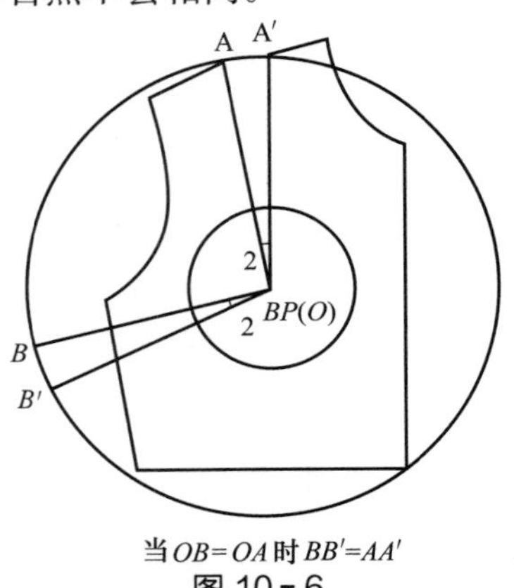

当 OB=OA 时 BB′=AA′

图 10-6

第二，从理论上讲，前衣身所有省道的尖点都应在 BP 点上，但为使胸部造型柔和、美观，一般省尖不能直达 BP 点，而应距 BP 点 3～5cm。具体设计时，肩省距 BP 点约 5～6cm；侧颈省距 BP 点约 6～7cm；袖窿省距 BP 点约3～4cm；腋下省距 BP 点约 4cm；腰省距 BP 点约 2～3cm。

第三，设计省缝时，其形式可以是单个的，也可以是分散的。单个的省缝由于缝进去的量较大，衣服成型后常会形成尖点，在外观上造型生硬。分散的省缝由于各分省缝缝进去的量小，可使省尖处造型较为匀称而平缓。在实际应用中，可根据款式造型与面料的特性而定。

四、衣身中省、褶、裥的变化

为了丰富服装造型变化，不但可以将一个省道分解成两个省或多个省，也可以用褶、裥及其他组合形式来代替。在服装造型中，褶、裥不仅起装饰和强调身体某部位的作用，它也包含有结构功能，特别是在上衣中使用褶、裥，其功能作用尤为重要。

褶的变化有两种情形。一种是衣身收褶量不太大的时候，只需将省缝的量转变成褶量。方法是先在衣片纸样上作出收褶的位置，然后用省转移的方法将原省量转换到新的省缝，新省缝的量就作为收褶的量。

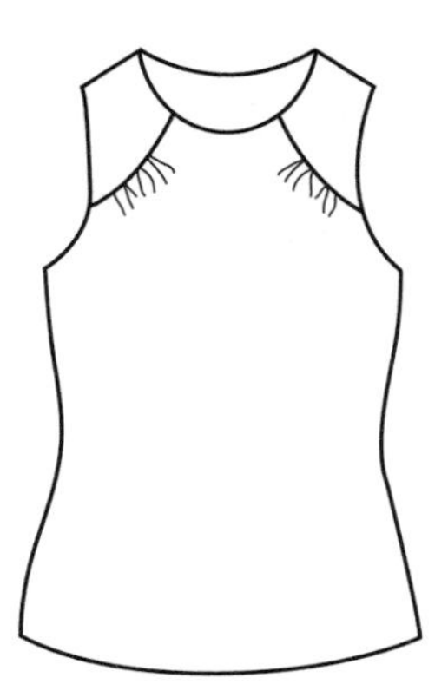

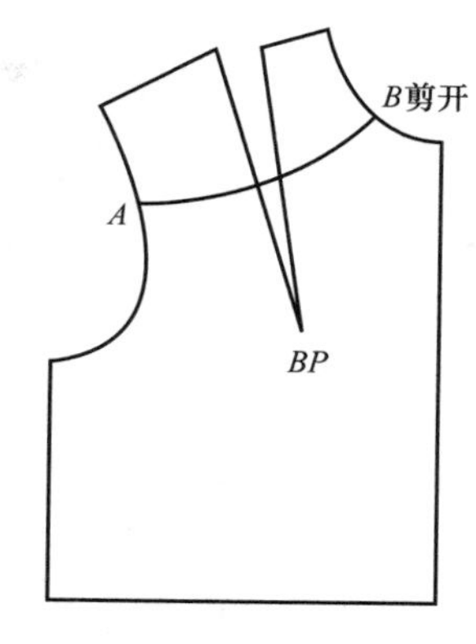

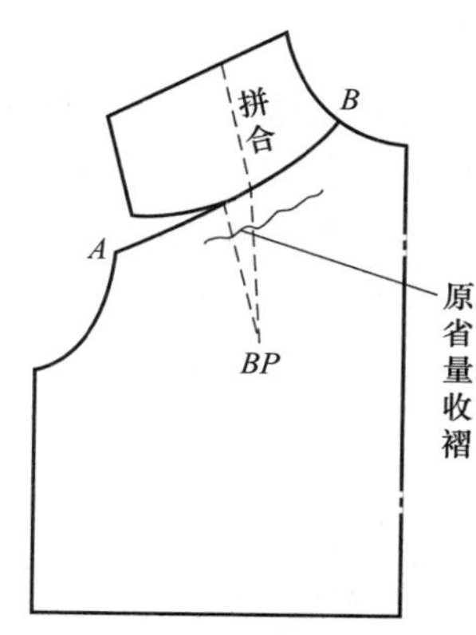

图 10-7

另一种是当衣身收褶的量较大时，单纯将省缝作为褶量已经不够。在这种情况下，应该先在基础纸样上沿收褶的位置作若干条展开线，然后按线剪开，放出所需要的收褶量。这些线条的走向很重要，既要在所需部位上拉开褶量，又要不影响其他部位的长度。

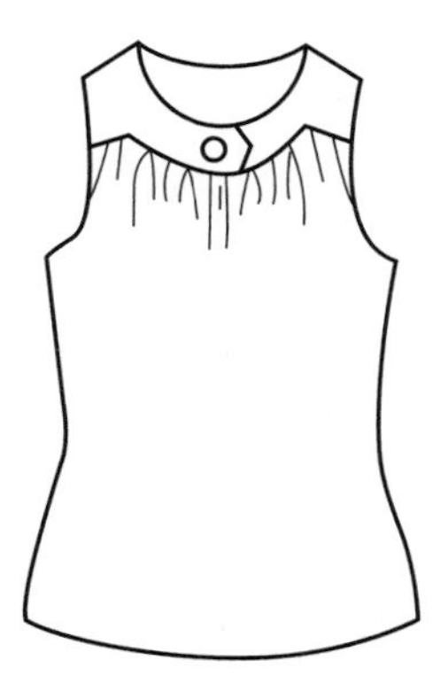

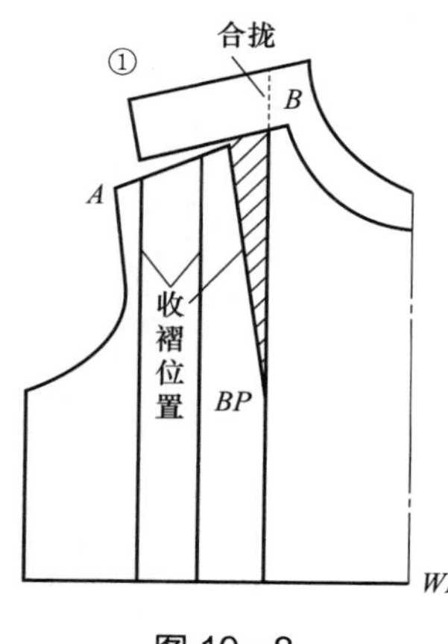

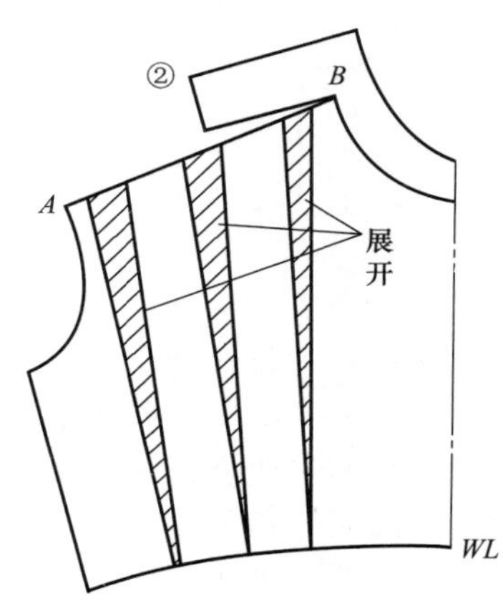

图 10-8

裥与褶的结构处理相同，但是工艺方法不一样，结构的表现形式也就不同。

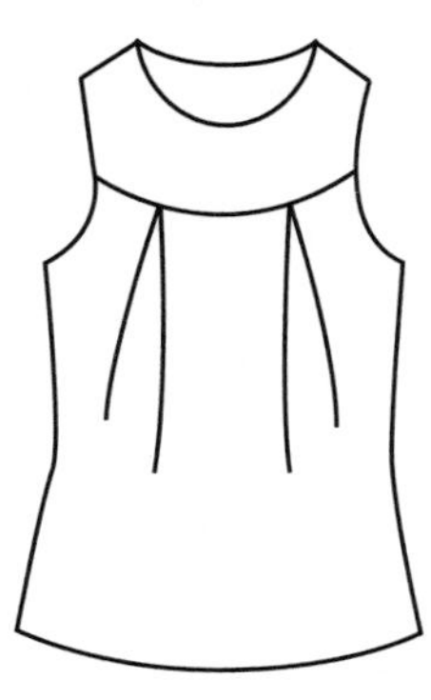

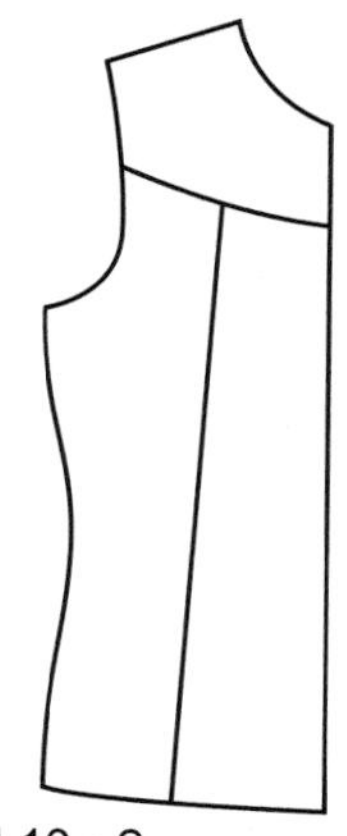

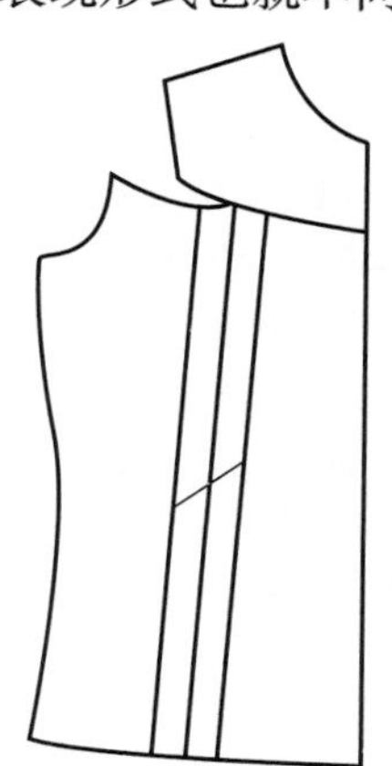

图 10-9

五、上衣分割线与款式设计

分割是指将衣片整体划分为若干组成部分，其形式可分为纵向分割、横向分割、自由分割等。在合体服装造型中，衣片无论采用哪种形式的分割，都要考虑分割线要设在与胸凸有关的位置上，这样才能使分割线与省结合起来，使分割线具有功能性。

1. 纵向分割

衣片的纵向分割线既是结构线，又是装饰线，它的设置往往与人体结构密切相关。

围绕人体一周最基本的纵向分割线有四条，它们是前中心线、后中心线和左右两个侧缝线。为突出形体，在四条线之间又分割了四条线，它们是前后公主线。为使分割更加均衡，还可以设计分割两条前侧线和两条后侧线，这样就将整个胸围分割成 12 条纵线。通过纵向分割的运用，能使服装产生不同的效果。

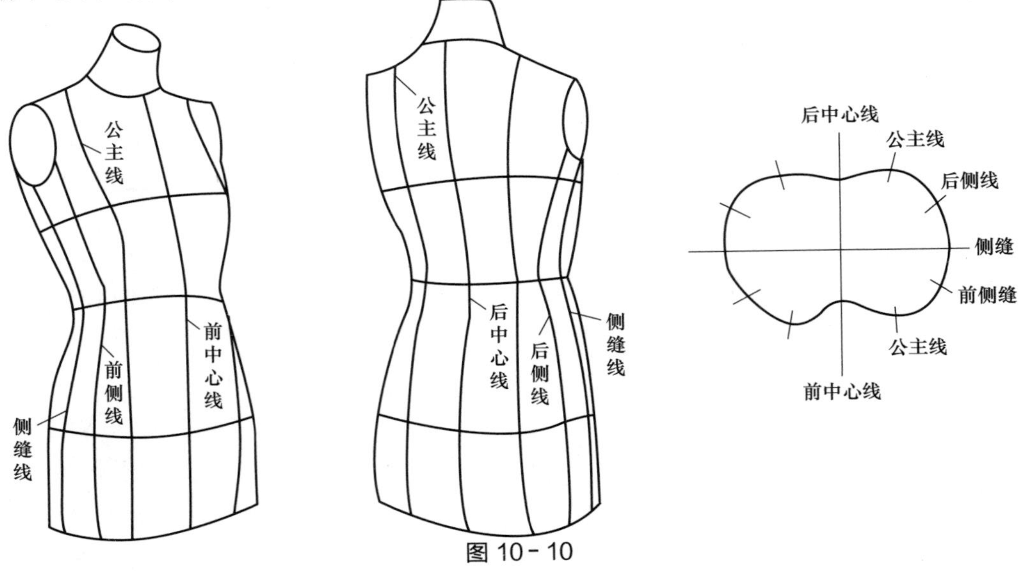

图 10－10

2. 横向分割

横向分割对服装造型的影响很大，因为横线起到了上下装的分割作用，相应产生了不同的上下身的比例，所以横向分割需慎重考虑设计的长度比例问题，分割线必须保持整体的平衡，伴有节奏和韵律感，并符合黄金分割率。

（1）衣长线。衣长是指衣服底边的位置，它有传统固定式和流行变化式两种。衣长线的位置应与下装配合形成一定的比例关系，从而达到不同的造型效果。在服装造型中衣长大致可分为短衣长、中长衣长、长衣长。短衣长一般是以腰节线为依据上下移动；中长衣长以臀围线为依据上下移动；长衣长以膝围线为依据上下移动。

（2）腰线分割。服装造型中常见的腰线分割有高腰、中腰和低腰三种形式。腰部分割对整体造型的影响很大，起到连接和隔断上下装，并突出腰部的作用。高腰一般设置在下胸围与腰线之间。高腰造型的外观效果是使人下肢显长、挺拔，由于下肢产生拉长的错觉，所以看起来人的整个身高增加了。中腰设置在人体正常腰线上，它可以强调腰部的造型，显示人体均匀的分割和均衡的美感。低腰一般设置在腰线与臀围线之间，可充分显示人体的躯干美。

（3）肩部分割。肩部的分割也称过肩式分割，这种分割可以起到夸张肩部的作用，产生稳定、平衡的效果。过肩在衣片上的配位有多种形式，设计时要与肩背省、前胸省一起考虑，使省量能转移到分割线中。

3. 自由分割

自由分割包括斜线分割、曲线分割以及纵横交错分割等。这些分割可使服装造型更加富有生气，并增加活泼感。

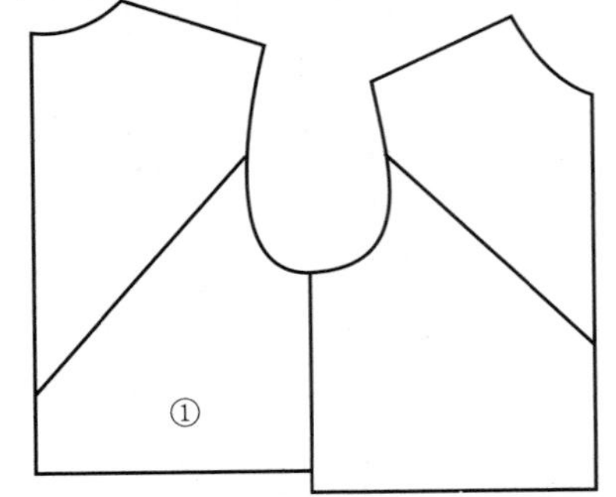

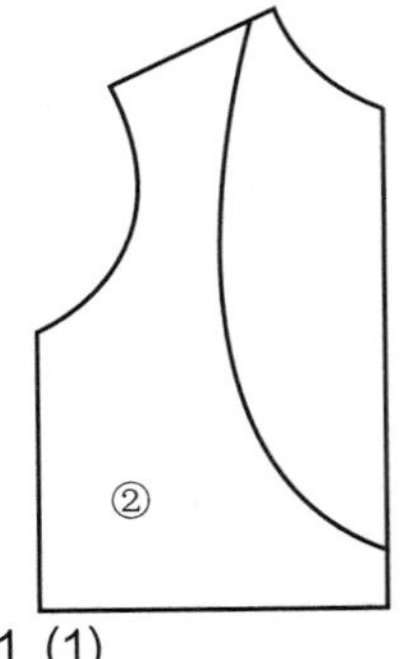

图 10－11 (1)

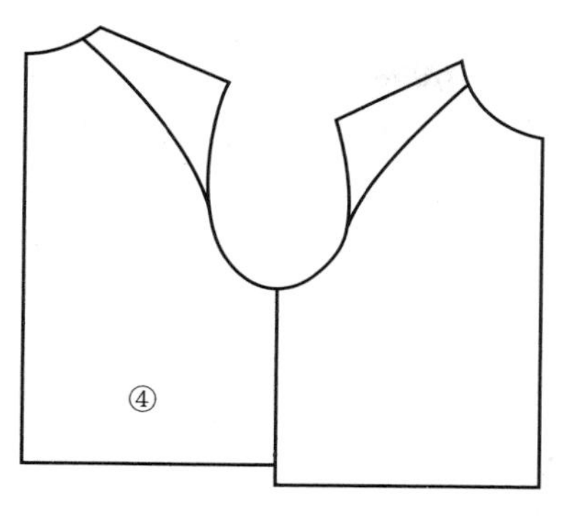

图 10－11 (2)

六、其他部位的变化

1. 口袋的位置与变化

口袋是服装的主要部件之一，其功能主要是放手和装盛物品，同时也起到装饰美化服装的作用。口袋的样式很多，常见的有大袋、小袋、表袋、里袋、装饰袋等。从结构上可分为三大类：贴袋、挖袋、插袋。口袋的位置应从功能性和装饰性两个方面进行考虑。一般应设在手臂取物方便的地方，同时要考虑与服装的整体造型相互协调。

大袋的高低位置一般设计在腰节线向下8～10cm的地方，前后位置在胸宽线向前移1.5～2.5cm的位置，此位置与腰节线向下8～10cm的交点处，是手臂稍弯曲伸手插袋的最佳位置。袋口的大小以这一点为中心，两边均分。无论袋口多大，袋牙多宽，袋口的形状如何变化，都应遵循这个规律制图。

小袋高低位置的设置，一般是在袖窿深线向上1～3cm的地方，是手臂平直后插袋的最佳位置。小袋的前后位置一般以胸宽的1/2处为袋口的中间，或由胸宽线向前移3cm左右为袋口的后端。

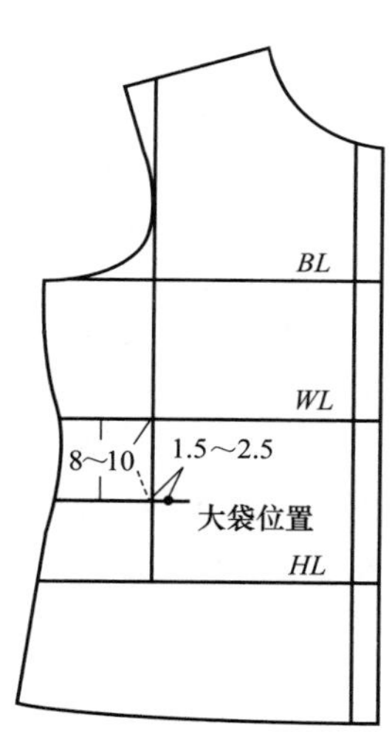

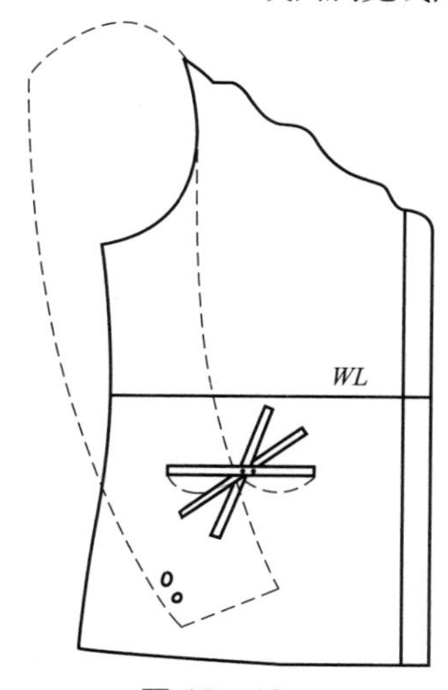

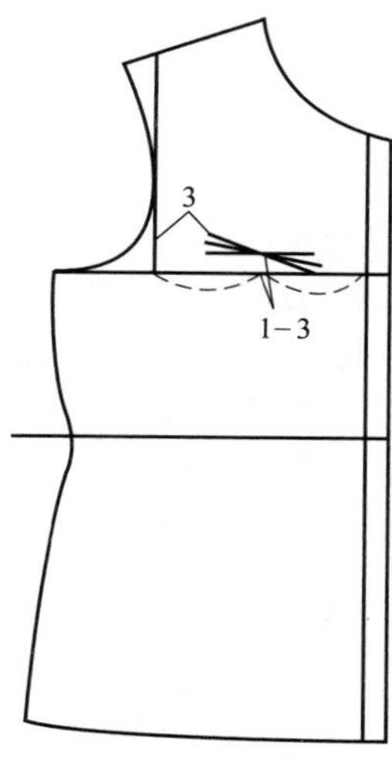

图 10－12

大袋袋口的大小是以手的宽度加上手的厚度为主要依据。男子的手宽约12～14cm，女子的手宽约10～12cm。袋口的大小是在此基础上加上一定的松量确定的。小袋的袋口因只是用手指取物，或起装饰的作用，袋口尺寸一般以$B/10$为基数，再加减0.7cm左右。

口袋中贴袋的大小变化，挖袋袋牙的宽窄变化以及袋盖的形状变化在设计时除了要考虑衣服本身的造型特点外，还要考虑它的装饰效果，特别是贴袋的外形，原则上要与服装外形相协调。在常规设计中，贴袋的袋底应稍大于袋口，而袋深又大于袋底。袋布的纱向一般与衣片相同。挖袋的袋牙纱向，如果在1cm以内应选用经纱，超过1～2cm以上应考虑与衣片的纱向一致。袋盖的纱向要与衣片一致。

随着款式的变化，口袋的设计位置逐渐增多，有时在衣袖、后背、膝围等，这些袋可称为装饰袋。装饰袋一般无实用价值，而实用袋却兼有装饰作用。

2. 门襟变化

门襟是为服装的穿脱方便而设计的，其形式多种多样，可设计在服装的很多部位。日常穿着的服装，门襟大部分都设计在前中心线处，原因是这个部位具有方便、明快、平衡的特点。门襟的形式可分为对襟和搭襟，这里主要介绍搭襟。

搭襟是指有搭门的门襟形式，分左右襟。一般男装的扣眼锁在左襟上，女装的扣眼则锁在右襟上。搭襟的宽度可分为单排扣和双排扣两种形式。一般单排扣搭门宽根据服装的种类和钮扣大小来确定。衬衣一般钉小扣，搭门宽为1.7～2cm；上衣钉中扣，搭门宽为2～2.5cm；大衣钉大钮扣，搭门宽为3～4cm。

双排扣搭门宽可根据个人爱好及款式来确定。一般情况衬衣5～7cm；上衣6～8cm；大衣8～10cm。钮扣一般是对称地钉在前中心线两侧。

门襟形式很多，除上述几种外，还有直线襟、斜线襟、曲线襟、偏大襟等。按开襟的长度可分为全开襟、半开襟。开襟的部位除可设在前中心线处外，还可设置在肩部、后中心处等。

图 10-13

3. 扣位变化

门襟的变化导致了扣位的变化。扣位的确定方法一般是先确定出第一粒扣和最后一粒扣的位置，其他扣位按它们两个扣的间距等分。第一粒扣是在领深与搭门的交点向下一个扣的直径，或一个扣的直径加上0.7cm左右。驳领衣服的扣位是在驳头止点处。扣眼有横、竖之分。横扣眼的眼位是从搭门线向外0.3cm，然后再向里量扣眼大；竖扣眼是由扣位在搭门线向上0.3cm，然后再向下量扣眼大。扣眼大等于扣的直径加上扣的厚度。

单排扣钉在搭门线上。双排扣的第一排扣是在门襟止口向里一个扣的直径，或一个扣的直径再加上0.7cm左右；第二排扣的位置是在中心线以里，离中心线的距离同第一排扣跟中心线的距离相等，两排扣的位置在中心线两侧，并且对称。还可将2～3粒扣组合成一组，排列成直列式或斜列式。

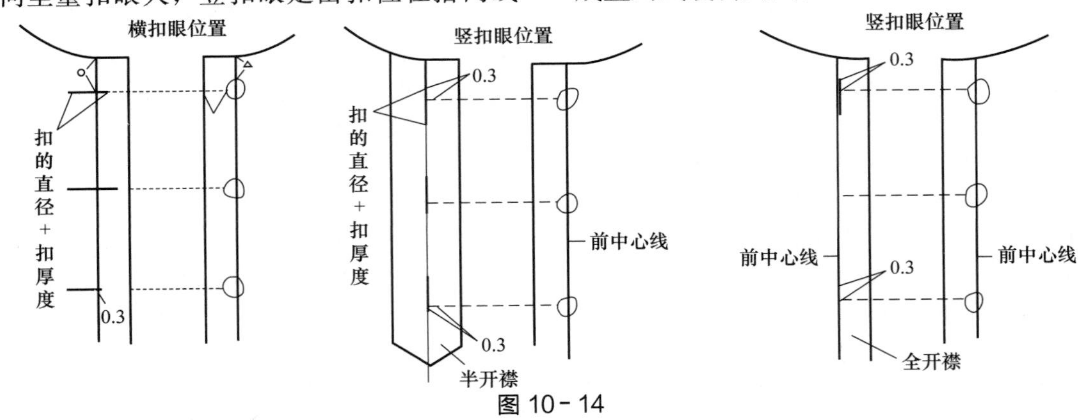

图 10-14

七、上衣综合设计的应用

如果把褶、裥和各种分割线的手法，结合结构的意识，运用在上衣的设计中，那么肯定会极大地丰富上衣的造型表现力。结构设计的步骤，首先是分析设计图的款式，然后在基础纸样上进行分割线的设计。在合体服装造型中，分割线的设计一定要与胸凸有关联，再通过省移或切展的手法增加一定的褶量。

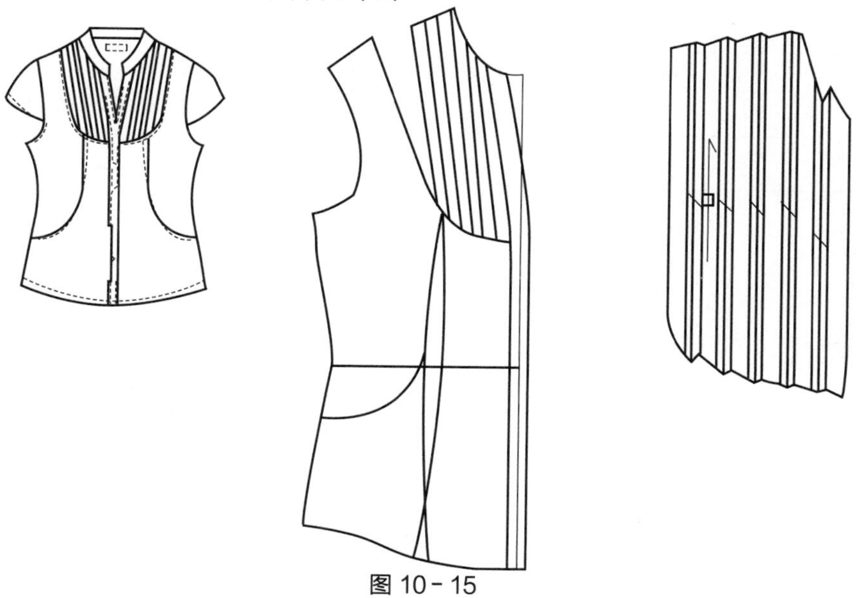

图 10－15

第二节　衣袖结构设计

衣袖是服装结构中的重要组成部件，它有多种形式，按构成袖型的结构形式，可分为两大类，即装袖类与连袖类。装袖类是指袖窿弧线与袖山弧线缝合的袖型。装袖类包括：平袖和圆装袖；连袖类是指袖子和衣身或衣身的一部分相连的袖型，连袖类包括中式袖、蝙蝠袖、插肩袖等。按其长度可分为短袖、半袖、七分袖、九分袖、长袖等。

袖子根据服装种类、材料、结构、流行等因素的不同，可有各种各样的变化。

一、衣袖的基本结构

衣袖是包裹人体上肢的结构，是以符合上肢的运动规律为基础成型的。衣袖的结构按人体腋窝水平位置可分上、下两部分，上部分为袖山高，下部分为袖下长。因为衣片的袖窿深是在人体腋窝处稍向下一些设定的，所以衣袖的基本结构也要与此相对应。衣袖的结构基础是袖山高，袖山的高低变化是袖子造型的决定因素，决定着袖子的整体形态。

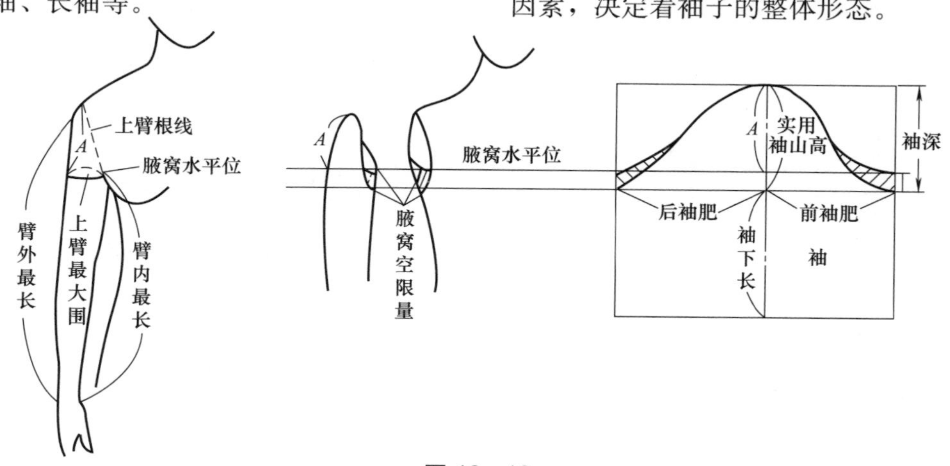

图 10－16

1. 袖基型

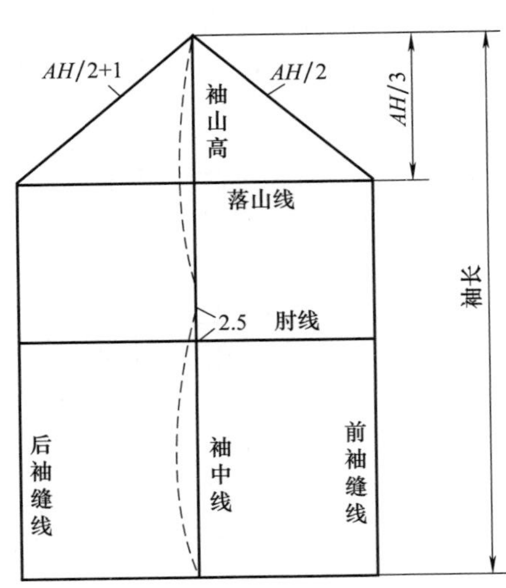

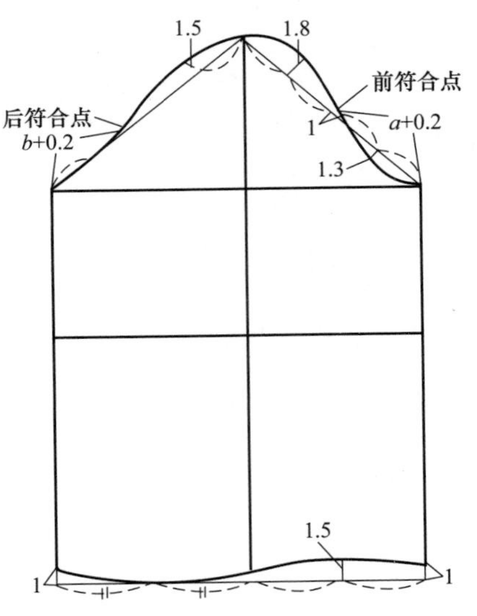

图 10-17

2. 合体一片袖的结构制图

设计合体袖结构时，为保证衣袖与衣身贴体的造型状态，首先要选择高袖山结构，这是合体袖的前提。在这个前提下，根据肩部的造型要求和面料的伸缩性，加大袖山的吃势容量，即使用袖子基础纸样，在原袖山顶点向上追加袖山高，然后重新修正袖山曲线。一般袖山弧线长度大于袖窿弧线长度 3cm 左右，这是为了使衣袖成型后圆润、饱满、美观。合体袖在高袖山结构的前提下，要使袖筒与手臂相吻合，袖筒的结构处理就要以肘线为基础，利用省道结构控制袖型，因为手臂的自然弯曲是以肘关节分界的，肘线的基础是肘点，因此要解决袖子的贴身造型和省的结构关系，就要从肘点开始。

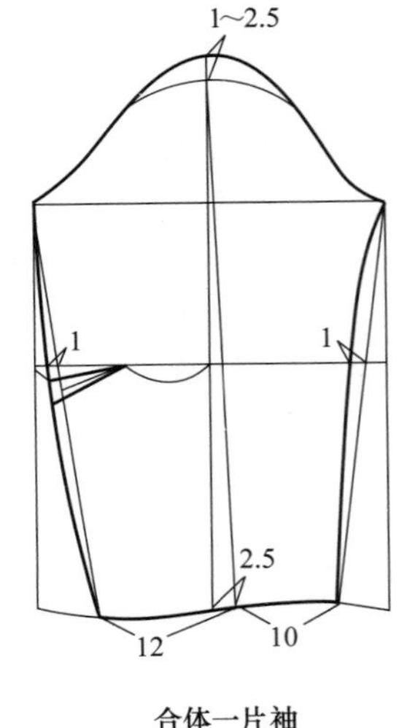

合体一片袖

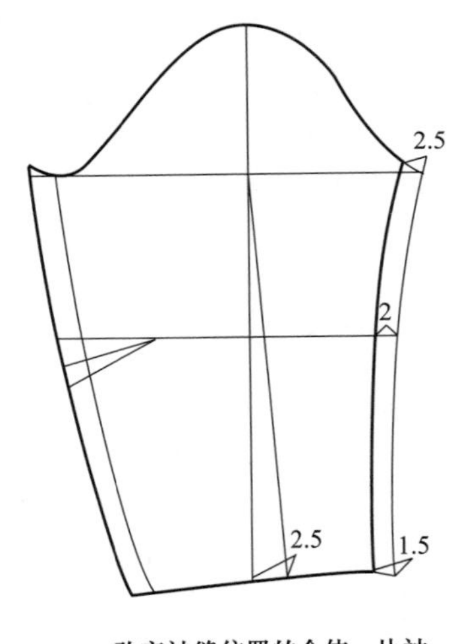

改变袖缝位置的合体一片袖

图 10-18

3. 合体两片袖的结构制图

合体两片袖也可应用袖子的基础纸样，对袖山作相应修正，作出新袖山弧线，并加以检验确定。将基础袖片一分为四，在此基础上作出大小袖。

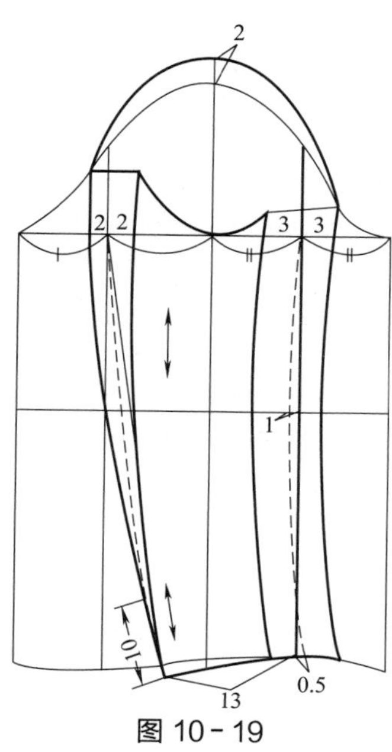

图 10－19

二、衣袖主要部位的分析

（一）袖山结构

袖山是指袖山顶点至袖深线的这段曲线。这段曲线的状态时而突兀，时而平缓，从而形成了不同的衣袖外形。无论是装袖还是连袖，各类袖型的演化过程，都是从贴身合体到宽松肥大。其造型结构变化的关键是袖山曲线曲度的变化。

袖山高的变化是袖山曲线曲度变化的根本原因，它的高低变化与衣袖的合体程度有直接关系，且对袖肥、袖窿深也产生一系列的影响。

（二）袖山高与袖肥的关系

袖山弧线的长度是以 AH 值为基数设计的，这种配袖方法比较科学，可以确保衣袖与袖窿的吻合。原则上讲袖山弧线与袖窿弧线的长度应该是相同的（暂不计算缩缝量），否则它们就不能缝合。但在实际运用时，考虑到服装造型的需要，往往袖山弧长大于袖窿弧长 2～5cm。这 2～5cm 是袖山的吃势，使袖子与袖窿缝合后形成饱满、圆润的造型。

现在，我们撇开袖窿形状的因素，在袖窿弧长等长的前提下，分析袖山高低的变化会给袖肥带来怎样的变化。

如下图所示，如果把袖山高 AB 理解为中性袖，按照结构的要求袖山曲线长度不变，袖山高越大，袖肥越小，袖山高越小，袖肥越大，袖山高为零时，袖肥成最大值，因此袖山高与袖肥的关系成反比。

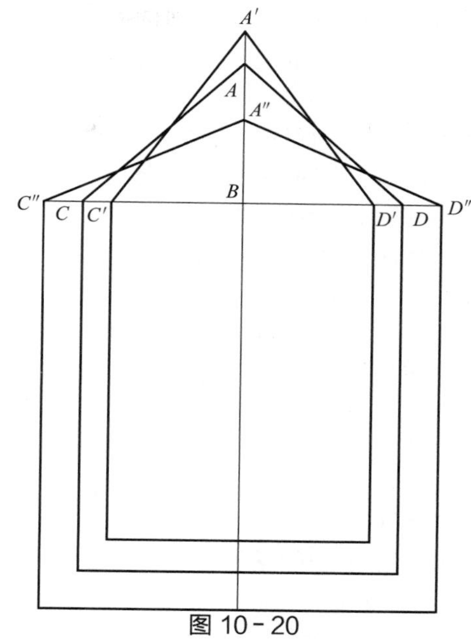

图 10－20

从袖山结构的立体角度看，袖山高尺寸制约着衣袖与衣身的贴体程度，袖山高加深，使衣袖变瘦而合体，腋下合身舒适但不宜手臂的活动，肩角俏丽而个性鲜明。袖山高变浅，衣袖变肥而不贴体，腋下容易堆褶，但活动方便，肩角模糊而含蓄。由此可见，袖山增高的设计，更适合活动量小的礼服，公职人员的制服和表现庄重的服装；袖山低的结构则更适合活动量大的休闲服、工作服和运动服。

（三）袖山高与袖窿的配合关系

袖山与袖窿的配合方式，会影响成型后服装的肩部造型，采用什么样的配合方式，要根据款式造型要求而定。现在我们从以下几个方面来展开讨论。

1. 袖山高低与袖窿深浅的关系

从前面袖山高与袖肥的变化关系中可以发现，袖山高的改变是在袖山长度不变的前提下进行的，而根本没有顾及到它与袖窿深浅和形状的配合关系，就是说袖山高加深衣袖变瘦，袖山高变浅使衣袖变肥时的袖窿状态完全相同，严格来讲这是不符合舒适和运动功能的，也不能达到较理想的造型要求。所以在选择低袖山结构时，袖窿应该开得深，宽度小，呈窄长形袖窿。相反袖窿越浅越贴近腋窝，其形状越接近基型袖窿的椭圆形。这些主要是从活动功能的结构考虑，因为，当袖山高接近最大值时，衣袖和衣身呈现较为贴身状态，这时袖窿越靠近腋窝，其衣袖的活动功能越佳，即腋下表面的结构和人体构成一个整体，使活动自如。反之，袖山很高，袖窿也很深，结构上远离腋窝而靠近前臂，这种衣袖虽然贴体，但手臂上举时受袖窿牵制，而且袖窿越深，牵制力越大。当袖山很低，衣袖和衣身的组合呈现出衣袖外展状态，如果这时袖窿仍采用基本袖窿深度，当手臂下垂时，腋下会堆集很多余量而产生不舒服感。因此，袖山很低的袖型应和袖窿深度大的细长形袖窿相匹配，可以达到活动、舒适和宽松的综合效果，直至袖山高接近于零，袖中线和肩线形成一条直线，袖窿的作用随之消失，这就成了中式袖的结构。

袖山的高低与袖窿的深浅，这之间有着一定的比例关系，但因构成服装结构的条件是可变的，如人体本身的活动。不同服装使用材料的伸缩性及物理性能各不相同，为此具体应用时，应考虑在一定范围和造型特点的要求下灵活运用。比如为达到某种造型效果，肩端点的位置需内外移动，落肩的尺寸也会需要变化，那么与此相对应的袖山部位也应随之进行调整。

2. 袖窿弧长与袖山弧长的数量关系

为了使袖山造型圆顺、饱满，袖山要有适当的缩缝量。这个缩缝量与袖山的高低有关系，当袖山高曲度大时，缩缝量应多些，反之少些。缩缝量与面料的薄厚、组织结构的疏密都有关系。较厚的面料、组织结构疏松的面料缩缝量应多些；较薄的面料、组织结构紧密的面料缩缝量应少些。这些缩缝量不是均匀地分布在各处，而是袖山顶点两侧的部位较多，其他部位较少，见下图。

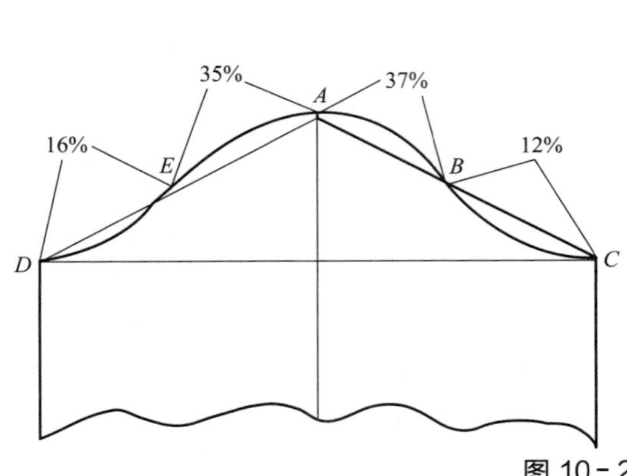

图 10-21

3. 袖底弧线与袖窿弧线的对应关系

要使衣袖装缝后能很好地与衣身吻合，除了袖窿与袖山的弧线比例正确，线迹圆顺外，还有一点比较关键的是衣袖的袖底弧线与袖窿线的吻合。造型合体、平服的衣袖，其底部与袖窿弧线的形状十分接近，基本吻合，否则衣袖底下会堆积余褶，西服的袖型基本属这一类。造型宽松、肥大的衣袖，衣袖底部与袖窿弧线不必吻合，形状上可以有较大的差异，见下图。

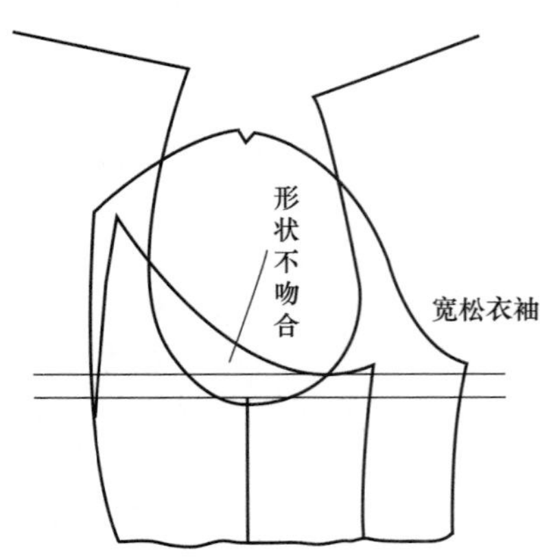

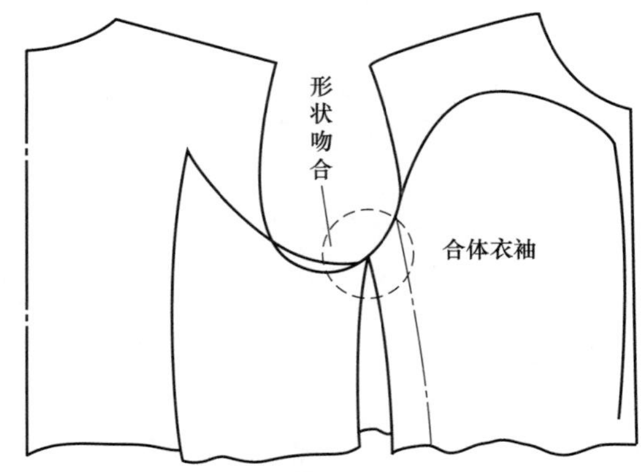

图 10-22

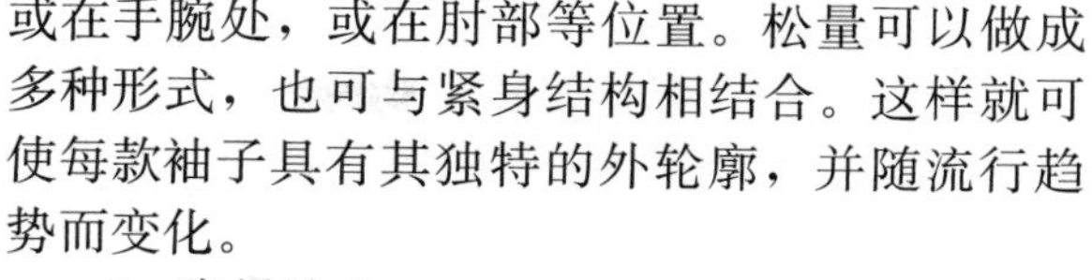

三、装袖类结构设计及变化

在衣服的结构造型中，任何部位的变化都有其变化的基本原理与方法，袖子也不例外。

袖子局部的造型效果及不同款式的外观，主要依靠改变袖子的外形轮廓和袖子与衣身的缝合方式来完成。装袖类袖子有两类：一类是袖子自然向前弯曲的贴合手臂的合体袖型；一类是自然下垂的宽松袖型，这种袖子不贴合手臂，宽松量可均匀分布，或集中于袖山顶处，或在手腕处，或在肘部等位置。松量可以做成多种形式，也可与紧身结构相结合。这样就可使每款袖子具有其独特的外轮廓，并随流行趋势而变化。

1. 降低袖山

落肩式衬衫、夹克等服装款式，衣身的肩点在实际肩点以下，袖山高要在基础袖山高的基础上降低，袖山降低的量应补在袖窿处，即加大肩宽尺寸，与此相对应的前胸宽和后背宽也要加大，如下图。

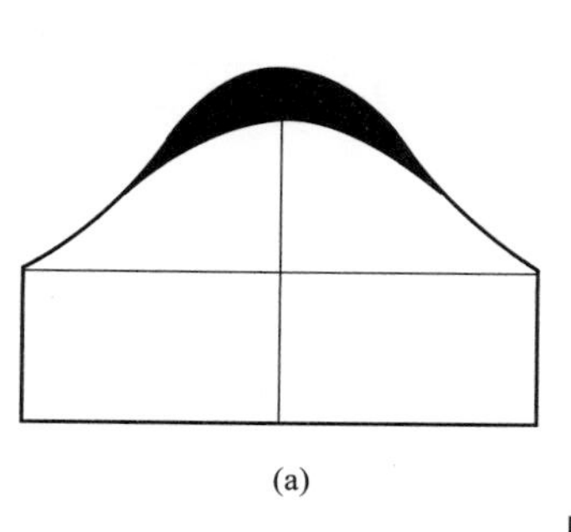

(a)　　(b)

图 10－23

当袖山降低后，袖山弧线的长度就会减少，袖山的吃势随着也会减少，袖窿弧长也会发生变化，这就需要核对袖山弧长与袖窿弧长是否对应，这种状态的袖山不需要过多的吃势，袖山吃量可在 1cm 左右。

2. 抬高袖山

这种袖型既适用于衣身肩点较高的造型，也适用于表现袖子耸立起来的外轮廓。这种绱袖位置较高的肩部造型，衣身肩点一般在人的实际肩点处，袖山高度需提高 0.5～2cm，如果袖山需要高出并远离肩点和手臂时，需要提高 2～3cm 。

袖山提高后，袖山弧线加长，相对于袖窿弧长大了很多，这个大出的量一般是通过抽褶或收省来实现袖山的隆起。还有些特殊的造型，需要袖山的提高量达到 4cm 左右，使袖山的隆起更明显，这就是通常所说的泡泡袖的结构设计，其结构特征为袖山增高，并在袖山上设褶，一般褶量较大，造成袖山顶部隆起，设置的褶量越多，袖山的增高量越大，其袖山隆起高度越高。泡泡袖塑造的是异于人体肩部的造型，它夸张了肩部造型，并增加了服装的装饰性。在设计泡泡袖结构时，袖山增高的方式不是在基本袖山上直接追加，这样容易造成袖子变形，而应在袖中线的袖山顶点至落山线作剪切，使袖山顶点到切展止点形成“V”形张开。张开角的量越大，褶量越多，袖山的隆起度越高。如果切展的位置是从袖中线的袖山顶点至落山线以下的位置，其位置离袖口越近，袖山造型隆起部分越靠近袖口。

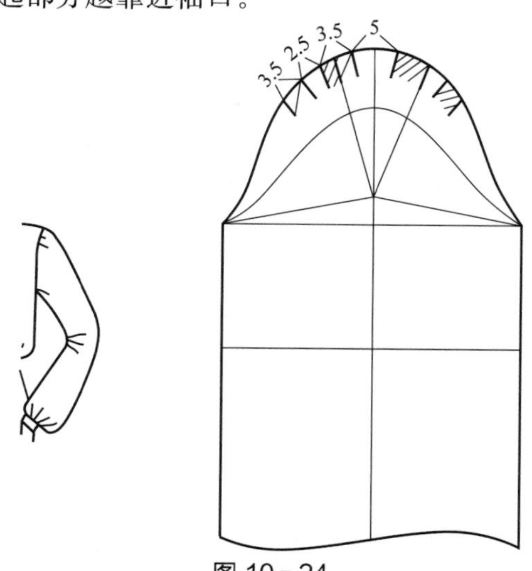

图 10－24

如上图表示的是泡泡袖的结构设计，从袖山顶点至落山线做剪切，向上转动提高，袖山高增加的同时袖山顶端宽度也加大。由以上可以看出提高袖山并加宽袖子的方法，可根据款式的要求，在袖子需要的位置进行切展，最后形成的新袖山弧线要圆顺美观。

3. 增加袖肥

根据袖子的外形要求，加大袖肥形成宽松袖的方法，通常是在不同位置上进行袖肥的变化，可以只加大袖根部的围度，也可以由上至下全部加大，产生不同的宽松效果。

图 10－25

以上两款是喇叭袖和灯笼袖的结构设计，从中可以看出，宽松袖的结构简单，设计灵活，其设计往往侧重于形式美，而功能性在其次的位置。这是因为宽松袖对于人体的上肢已有足够的活动余量，由于它宽松的特点，在面料的使用上也常常选择薄而垂度较好的面料；也由于宽松袖的设计装饰意味较强，在结构设计上的手法多采用褶裥的形式。褶包括自然褶、缩褶和规律褶等。

4. 袖子款式变化

袖子款式的变化具有一定的复杂性和多样性。袖型的变化一是在袖口、袖山和袖子肘部等部位进行松度的不同配置，就会产生袖子不同的外形轮廓；二是在袖子的不同位置进行切展而产生不同的袖子造型。

（1）袖子部分隆起的袖型一。

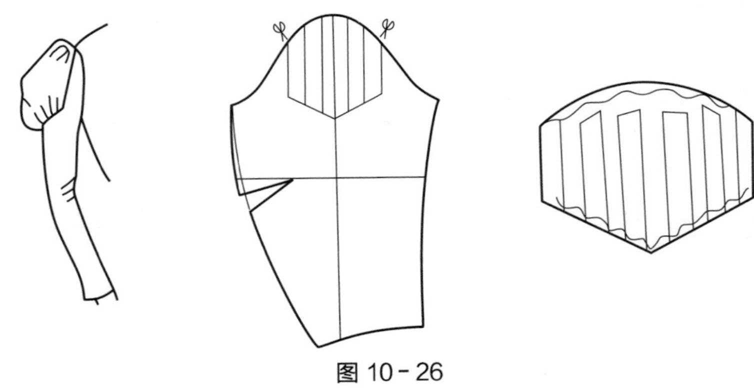

图 10－26

（2）袖子部分隆起的袖型二。

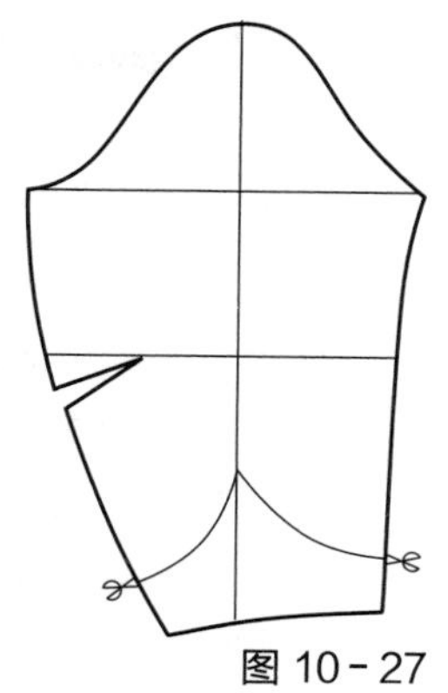
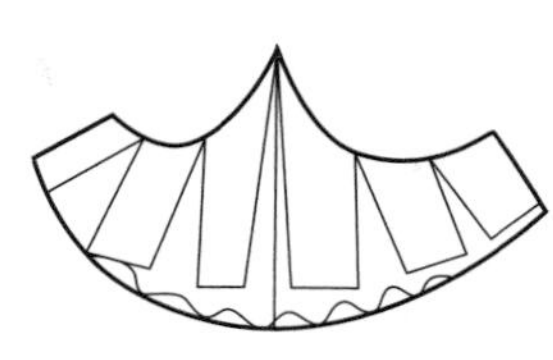

图 10－27

（3）剪切充褶量的袖型。

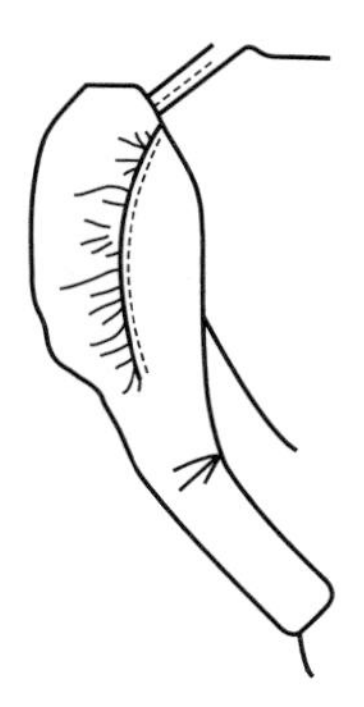
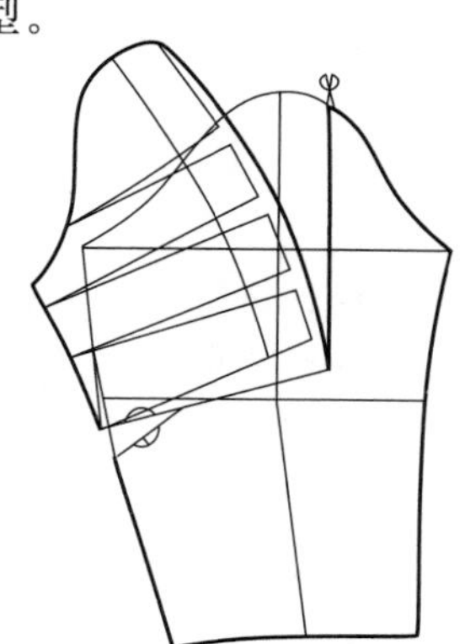

图 10－28

（4）袖口的变化一。

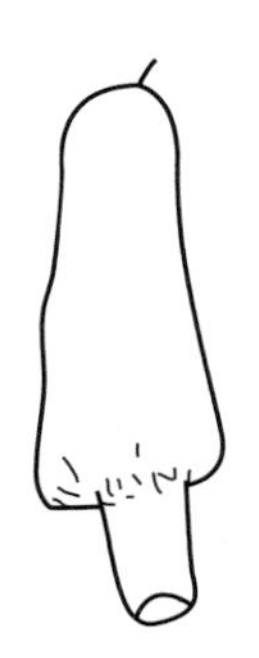
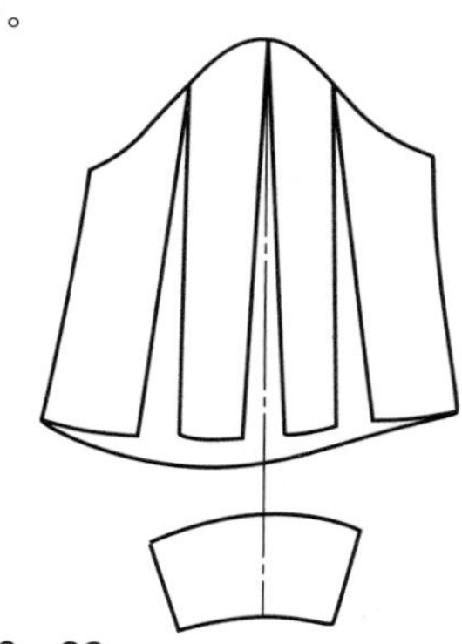

图 10－29

（5）袖口的变化二。

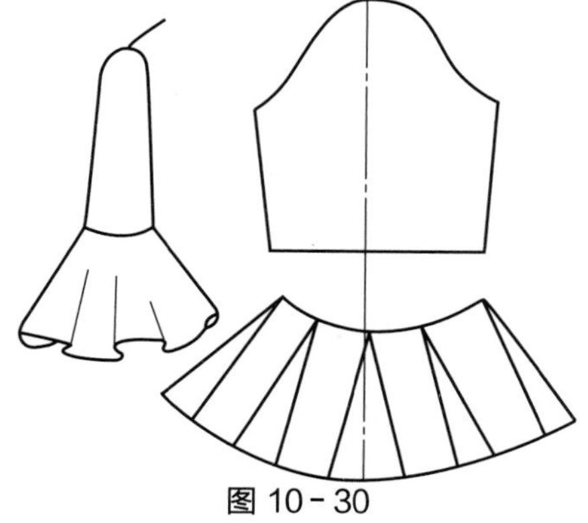

图 10－30

（6）平袖变圆装袖。

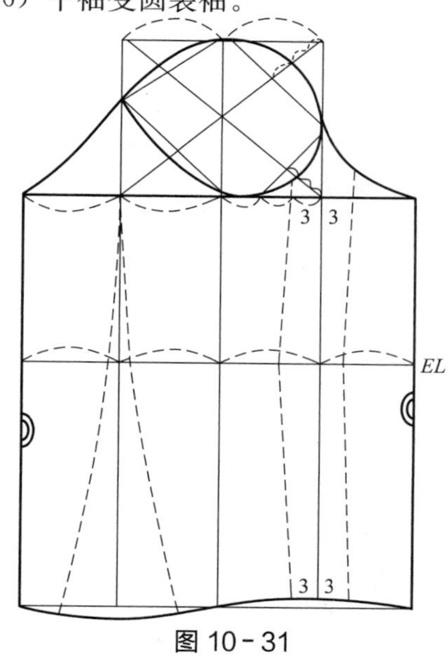

图 10－31

四、连袖类结构设计及变化

连袖是指衣片的肩部与袖山部连成一体的袖型。连袖的形式有很多种，按袖中线与肩端点水平线的关系可有0°～45°的变化，从而形成了各种角度的连袖。

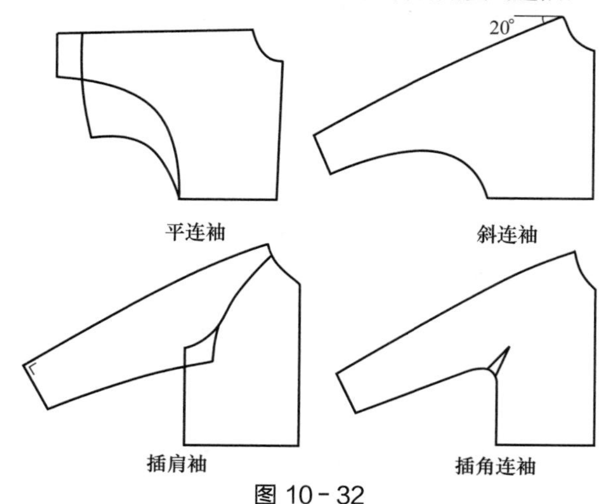

图 10－32

1. 0°型连袖

这种连袖是造型最宽松的一种，袖肥很大，例如蝙蝠袖、中式袖都属这一类。此袖型穿着舒适，但外观上看前后腋下有很多皱褶。如下图。

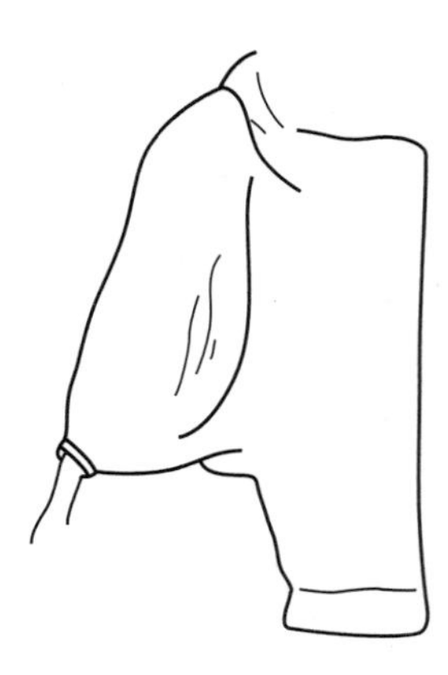

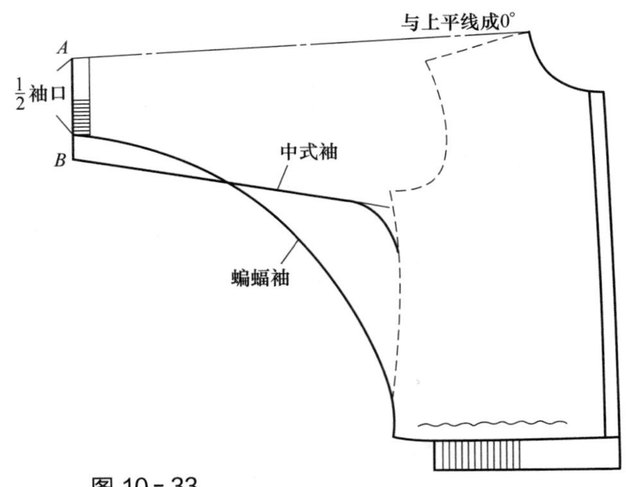

图 10-33

2. 21°连袖

因人体的肩斜度约 21°，其造型的袖中线斜度与肩斜度基本相同。这种袖的袖肥较大，穿着较为舒适，而且腋下的皱褶较少，是经常采用的连袖形式。如下图。

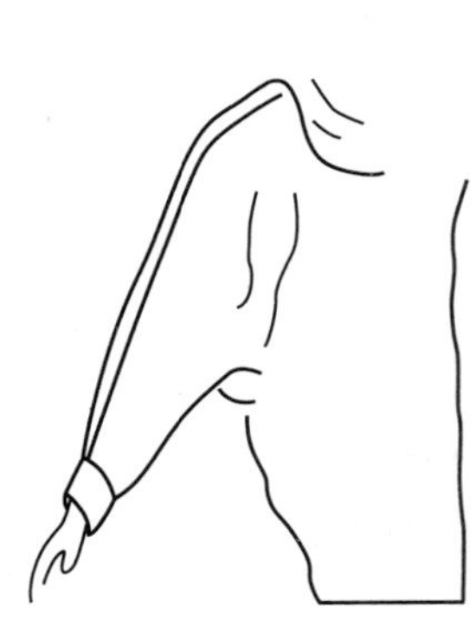

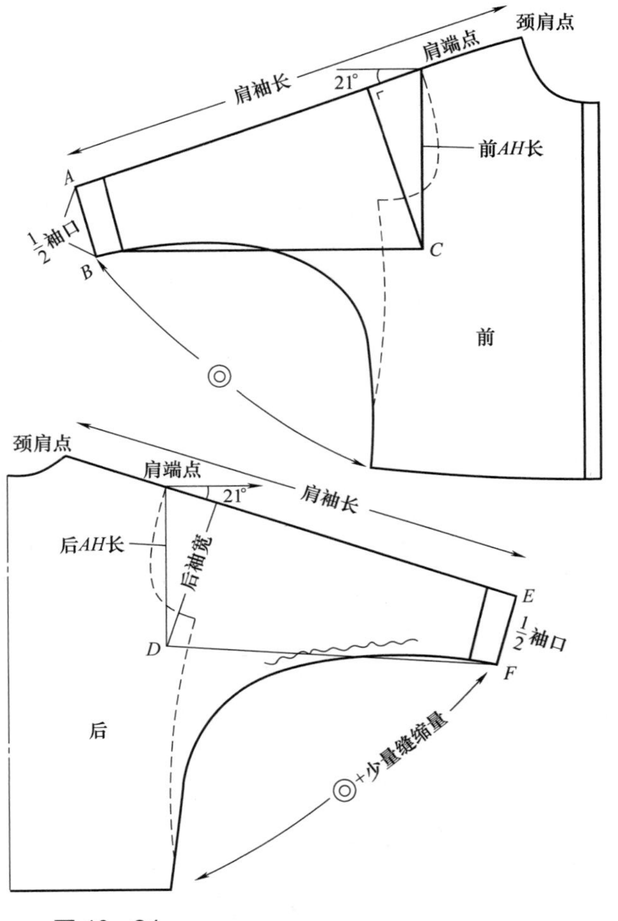

图 10-34

3. 45°连袖

连袖袖斜度的大小，与袖肥有关。斜度小衣袖肥，活动方便，但腋下有余褶；斜度大衣袖瘦，肩部造型好看，腋下无褶，但手臂上抬时，有牵拉感，活动不便，所以一般的蝙蝠袖不选择 25°以上的袖斜度。如有必要做 25°以上的大于自然肩斜度的连袖时，可在腋下拼接一个插角，来弥补腋下长度的不足。如下图是 45°的连袖，袖肥较合体，肩型美观，腋下插缝一个三角裆布，当手臂下垂时，插进的三角裆布藏入腋下，不会影响连袖的整体造型。为了缝制方便，可将前后的插角合并为菱形。

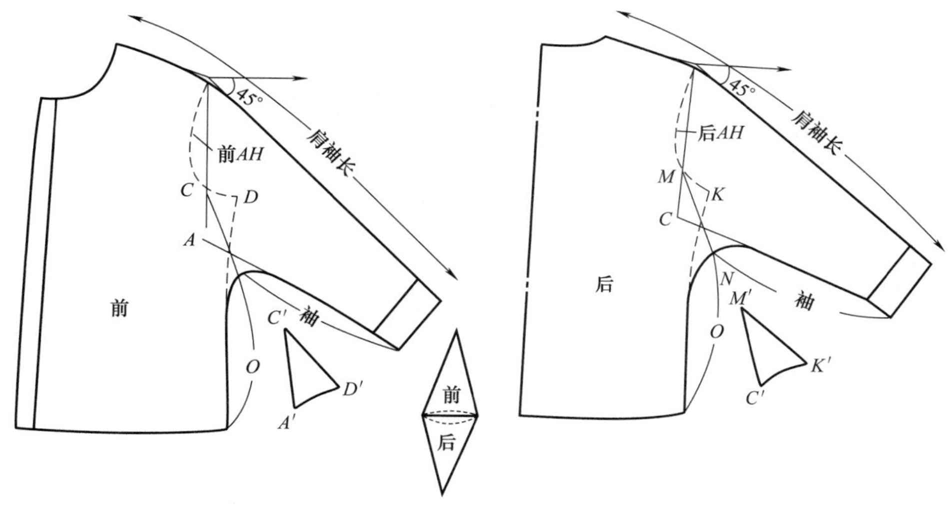

图 10－35

4. 插肩袖

插肩袖外观肩部造型流畅、大方，穿脱方便。插肩袖与连袖的袖斜度原理是相同的，也是按肩端点水平线与袖中线夹角的大小划分，可以为 0°～45°，甚至更多一些。由于夹角的变化，导致衣袖的肥瘦产生变化，插肩袖的袖片可以由一片、两片或多片组成。

（1）一片插肩袖。

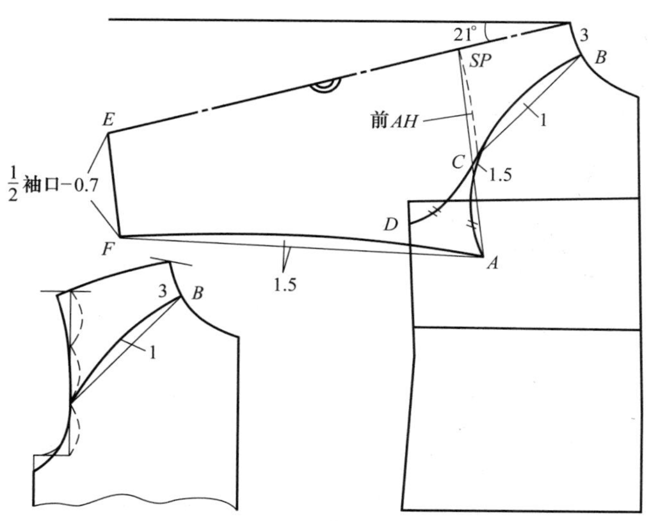

图 10－36 (1)

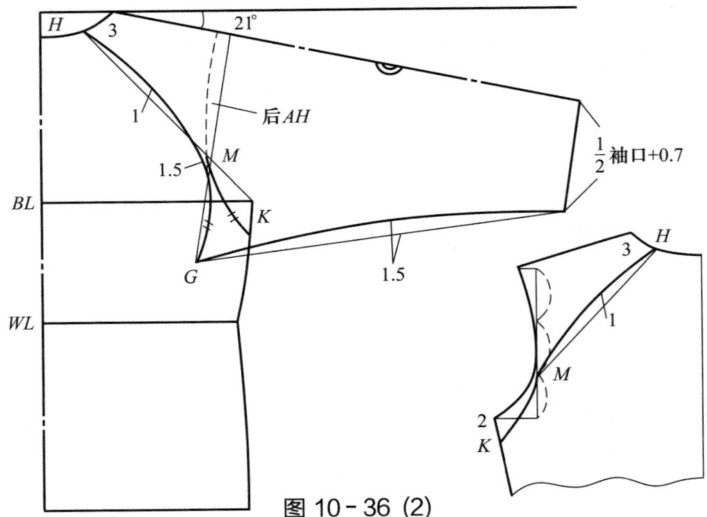

图 10－36 (2)

（2）两片插肩袖。

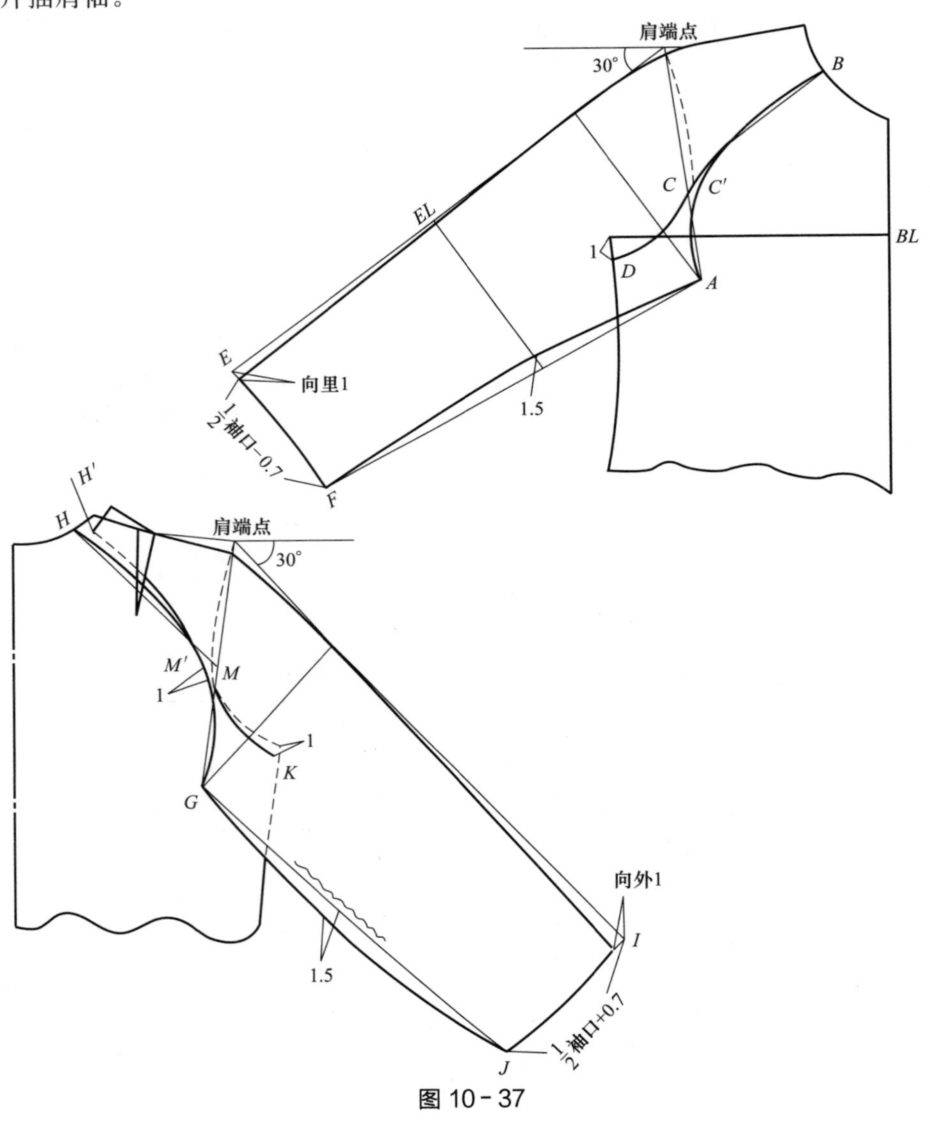

图 10－37

（3）插肩袖结构原理。

插肩袖结构原理来源于袖与身的互借关系，袖借身（也是一种分割）可以是各种几何形状，可根据设计和喜好而决定，但应把借出的部分与袖山连接在一起，构成新的袖型，从而形成各种风格的插肩袖。

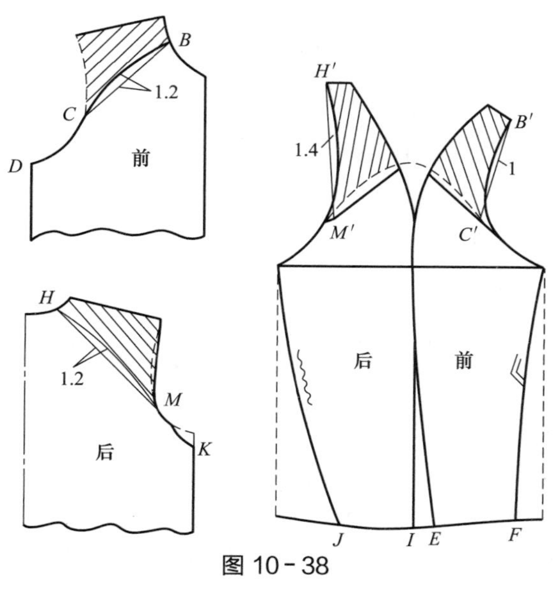

图 10 - 38

第三节　衣领结构设计

服装的衣领，可谓千姿百态、造型丰富多彩，它是服装款式很重要的组成部分之一。领子既有装饰性也有其实用功能，领子在服装中是最靠近面颊的部位，它起着烘托面部的装饰作用，又有保暖和挡风的功能。衣领可分为两大类：无领和有领。

一、无领结构

无领是指领口处无衣领的一种款式，但它并非是简单地去掉上领，而是利用领围线进行装饰的一种领型。它具有轻便、随意、简洁的独特风格。在某种意义上说，无领领口线的裁配要比有领更为关键，因无领的领口处无任何遮挡，全都暴露在外，稍有不合适的地方便会看得一清二楚。

基础纸样上的前后领窝表示的是领围的最小尺寸，我们称之为基础领窝，如果选择小于基础领窝的领口设计，就缺少合理性。在无领类领型中常常采用加大领窝的设计，即加大横开领的宽度和直开领的深度。加宽横开领是在肩线上由侧颈点向肩点移动，它的极限是肩点。加深直开领的深度变化，是在前后衣片的前中心线和后中心线上下移动，前领深开深是以不过分暴露为原则，后领深开深范围较宽，最深可到腰线位置。见下图。

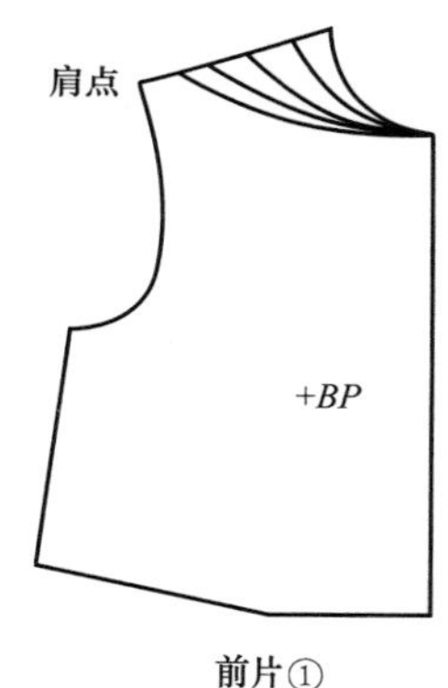

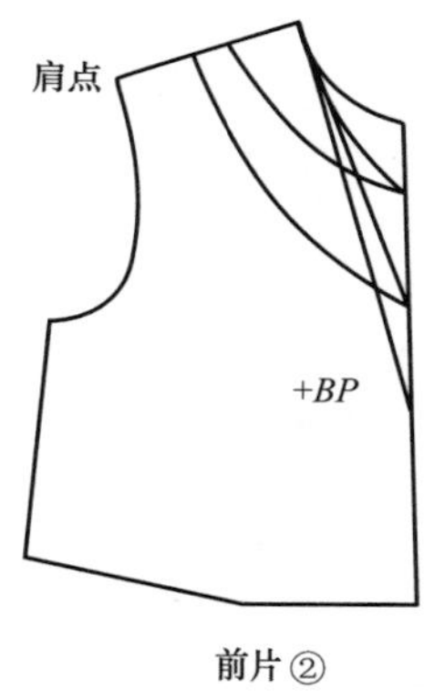

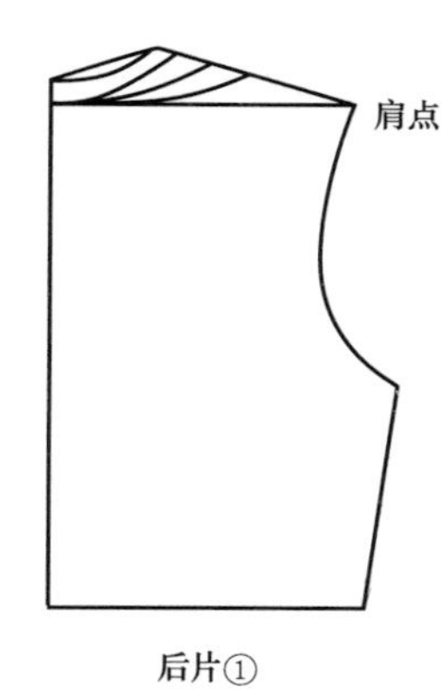

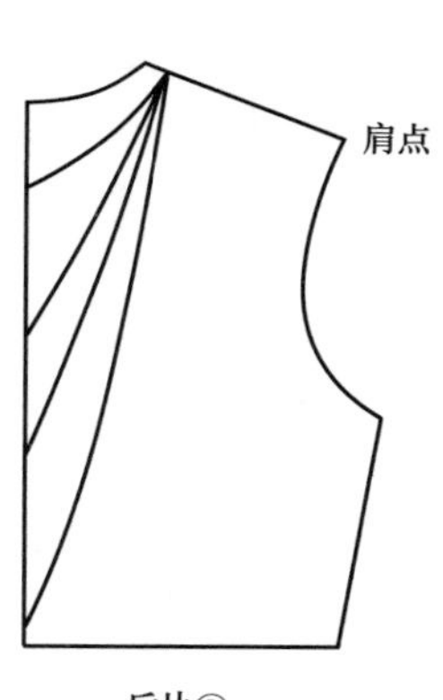

图 10 - 39

无领衣服可分为两种形式，一种是开襟式；另一种是套头式，两者在领口的裁配上略有不同。

无领的配制技术，主要指前后领宽大小所涉及的服装合体、平衡、协调等问题。因为领宽是服装中的着力点，如在配制中稍有不当，随之而来的就是不平衡现象的产生，导致前领口中心处起空、荡开、不贴体。因为人体胸部较为突出，为使平面的布料符合人体需要，合体服装前衣片都要收省。无领衣服收腋下省较为合适，如收肩省会留有“破相”、“不简洁”感。有些无领衬衣，既不收肩省，也不收腋下省，这种情况就存在着如何解决胸高量的问题。无领开襟领口，在裁剪前衣片时要留出撇胸量，根据胸高程度留出 1～2cm，然后再画领宽、领深。门襟止口的上端有撇胸时，无论是上衣还是衬衣，都不能自带贴边，否则无法抽掉撇胸量，见下图。

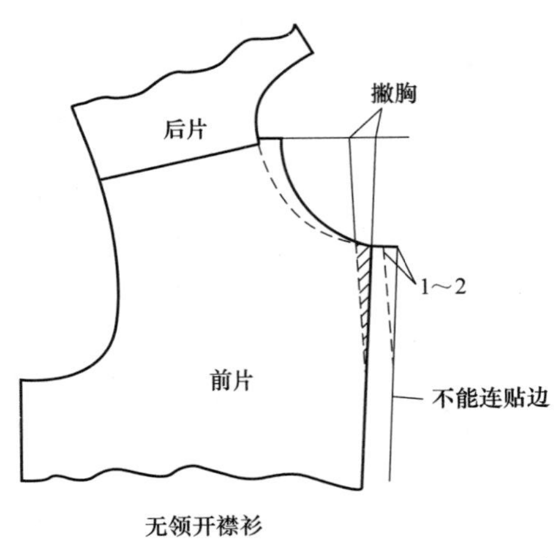

无领开襟衫

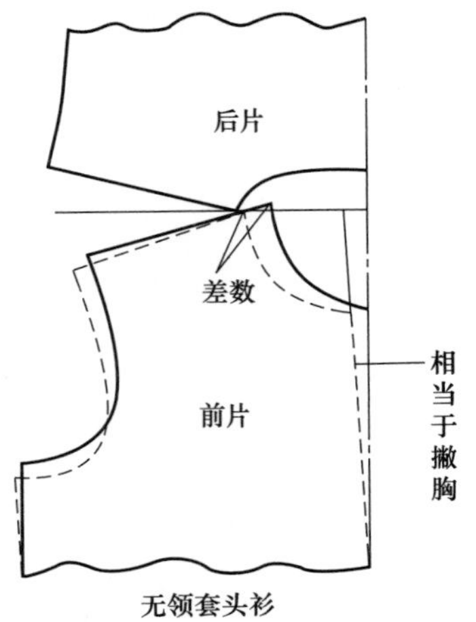

无领套头衫

图 10－40

无领套头衫领口，领口的裁配较开襟的更为难些，因前中心线无法抽掉撇胸，解决的方法可以将后领宽开宽于前领宽，使前后领宽有个差数，这样当肩缝缝合后，后领宽可将前领宽拉开，起到撇胸的作用，使前中心领口处贴体。前后领宽的差数随款式而定。领口越宽，相对这个差数应越大些。另外，这种领型还要考虑领口围度，必须大于头围尺寸，以便穿脱方便。见上图。

以下几款为无领的应用。

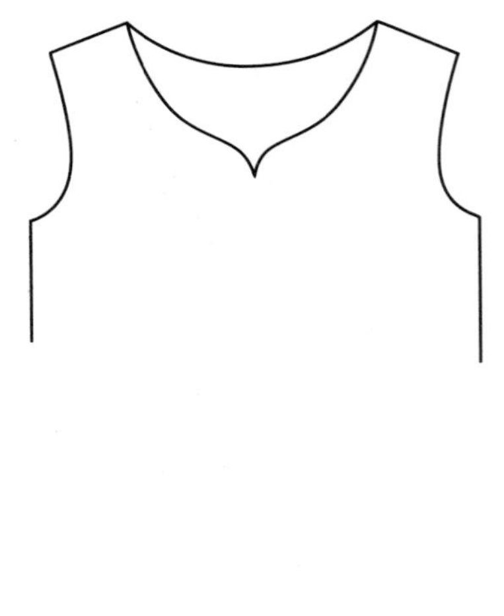

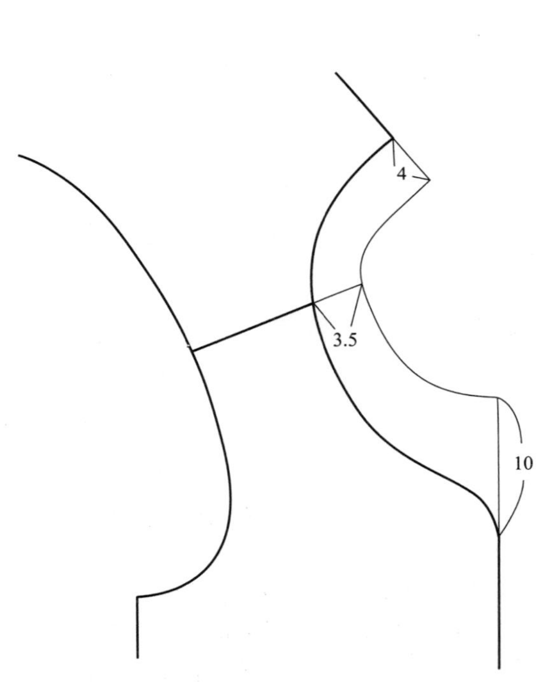

图 10－41 桃心领

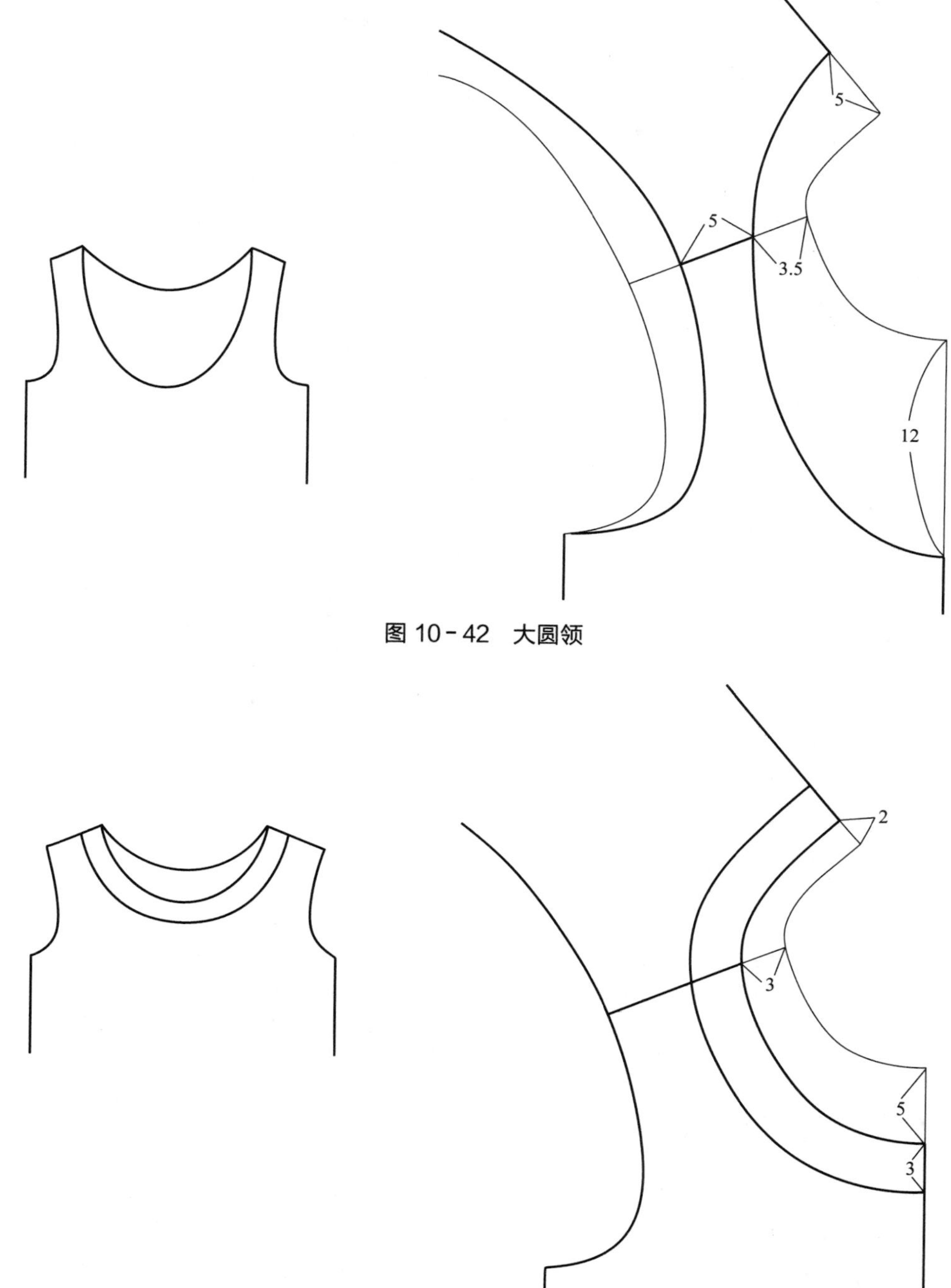

图 10－42　大圆领

图 10－43　贴边领

二、立领结构

立领是指只有底领，没有翻领，呈直立状态围绕颈部一周或大半周的领型。立领是有领类衣领中最基础的一种领型，也可以说是领子的基本型，其他领型都是由立领的变化而来的。它简洁、利落，具有较强的实用性。如学生服领、便服领都属这类领型。紧贴颈根部的立领领口特点是横开领较窄，前直领深较深，一般采用的计算公式为：前领宽（$2N/10-1$）cm 左右，前领深（$2N/10+1.5$）cm 左右，适合于 5cm 以内宽度的衣领。后领宽与前领相同，后领深在 2.3cm

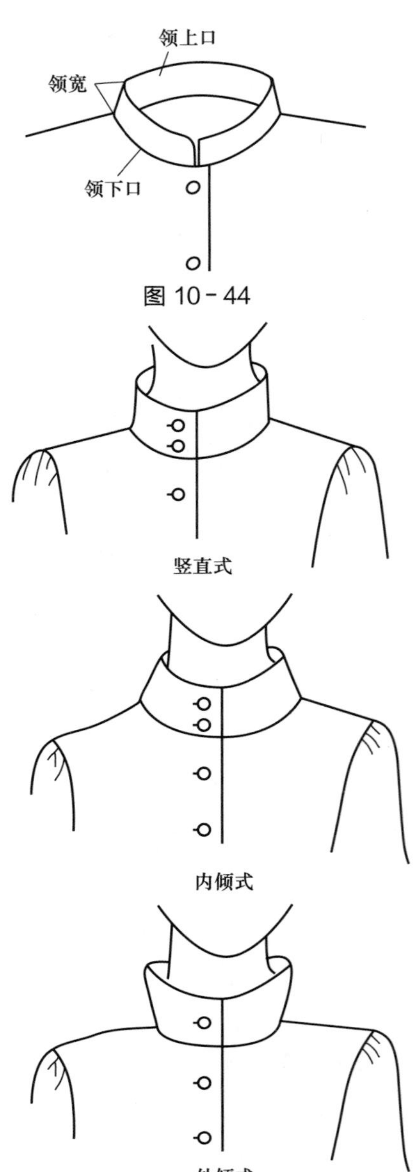

图 10-44

左右。假如领型有所变化，领口也要随之变化。领宽尺寸的变化则应根据立领的宽度（高度）适当进行变化。立领的领深不能开得太浅，否则会影响颈部的活动。

立领按其外部轮廓线的造型和立体形态，可分为竖直式、内倾式和外倾式。见下图。

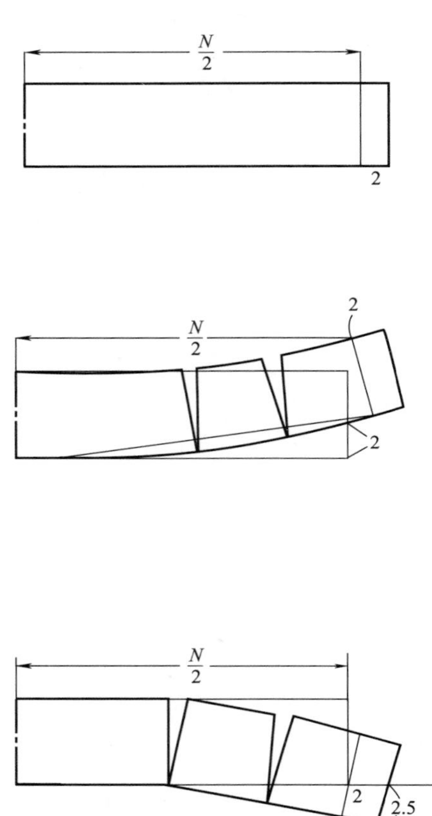

图 10-45

如果将一块长方形的衣料围在颈部一周呈环状，这种形态就称之为竖直式的立领。这种衣领的上口线与下口线的长度相等。但由于人体颈部颈中部较细，颈根部较粗，衣领的上口与颈部之间有一定的空隙；这种领型可称为不合体的立领，但穿着舒适，活动自如。

如果将竖直式的衣领剪开两个小口向里折进，使其变短，这样领的上口就贴近颈部，成为内倾式的立领。从内倾式的立领可以看出，由于领上口向里折进，领前端会产生起翘，当起翘 2cm 时，领上口比较合体，如起翘加大到 3cm，领上口就更加合体了。内倾式立领的前起翘一般在 1～3cm，如果超过 3cm 就不便活动了。领前端起翘 3cm 以上，在结构上是合理的，但由于领底线起翘过大，领外口线缩小过多而小于领围，穿着时就会产生不适感。当在结构设计中遇到这种情况时要注意两个问题：一要选择领宽较窄的领型，因为领宽越窄，立领上下边反差越小；二是款式要求领宽较宽时，可将基础领窝加大，领围线变长，使立领的领外口线仍保持大于颈部的状态。一般设计高立领时，领底线起翘不宜过大。

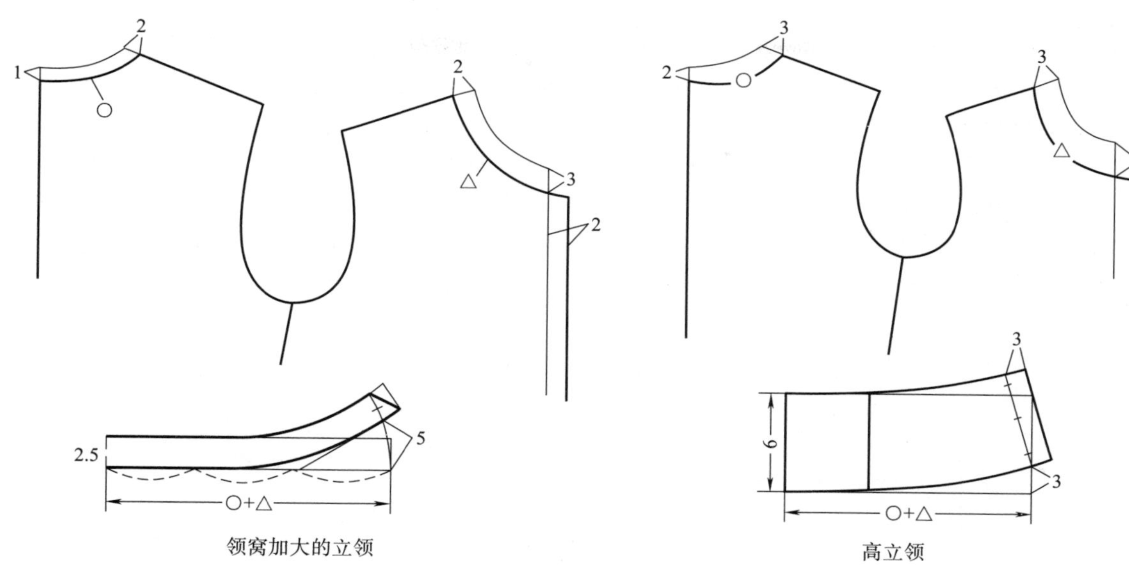

图 10-46

外倾式的立领与内倾式的立领比较，区别是衣领的立体外观形态倾斜的方向正相反。由前领所知，领上口线短，衣领向内倾斜。如果将竖直式的立领上口剪开小口向外放出，使领上口线变长，这样衣领就会形成向外倾斜的状态，成为外倾式立领。外倾式立领的前端是向下翘，翘得越多，领外口越松，同时衣领向外倾斜的程度也越大。但向下翘的量是有一定限度的，否则外领口太松，立领立不住就变成其他领型了。

立领的领型除上述的领上口松紧变化之外，还有领角的变化、衣领高低的变化，如果再引申还可变化出连身立领、偏襟立领、褶裥式立领等。但无论何种立领，在结构处理上不管领底起翘量的大小、立领的高低、领窝的加大等如何变化，都要以保证立领外口线不影响颈部活动为原则。

以下两款为立领的应用。

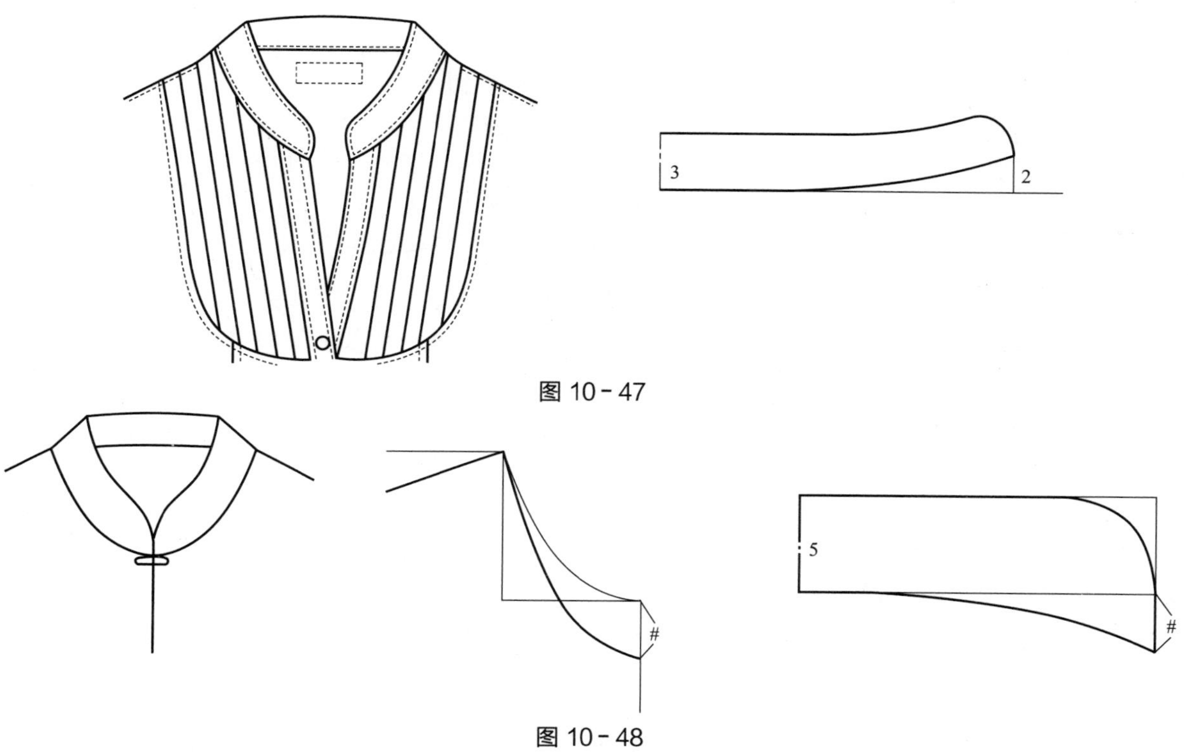

图 10-47

图 10-48

三、平领结构

平领也称为袒领、披肩领，是一种无底领或底领较小的领型，较宽的翻领披在肩部，给人一种年轻、活泼之感。

平领的配领方法最好是在前后衣片领口的基础上进行配制。将前后衣片的肩端点重叠，以重叠的多少来控制衣领里口的弯度、领座的高低以及领外口的长度。肩点重合的原因有两个：一是由于领外口线斜丝容易被拉开，肩点重合后，使平领外口线变短，可以很好地与肩部伏贴；二是领底线的曲度比领围线偏直，可使平领保留很小的一部分领座，使领底线与领围线缝合处不暴露在外面，并可形成平领靠近颈部位置微微隆起的优美造型效果。

图 10-49

肩点重合量的大小是根据平领的设计效果不同而变化的，一般肩部重合量越大，领围线曲度越小，底领越大；肩部重合量越小，领围线曲度越大，底领就越小，直至无底领。一般肩部的重合量每增加 2.5cm，底领就增加 0.6cm。

如在上述平领制图的基础上，将领外口剪开放出，使领外口变得更松，就形成了荷叶领的领型。为使波浪褶分布均匀，可按几等份进行剪切，每份放出的量也要相等，这样就能达到预期的效果了。见下图。

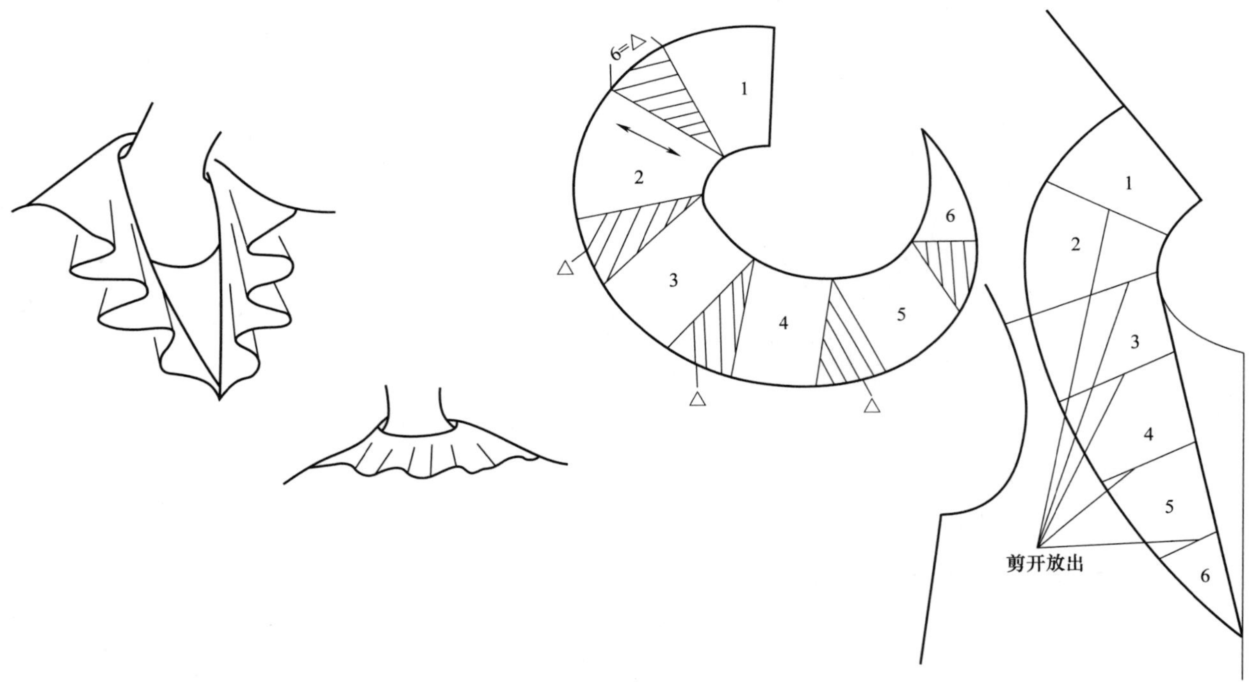

荷叶领

图 10-50

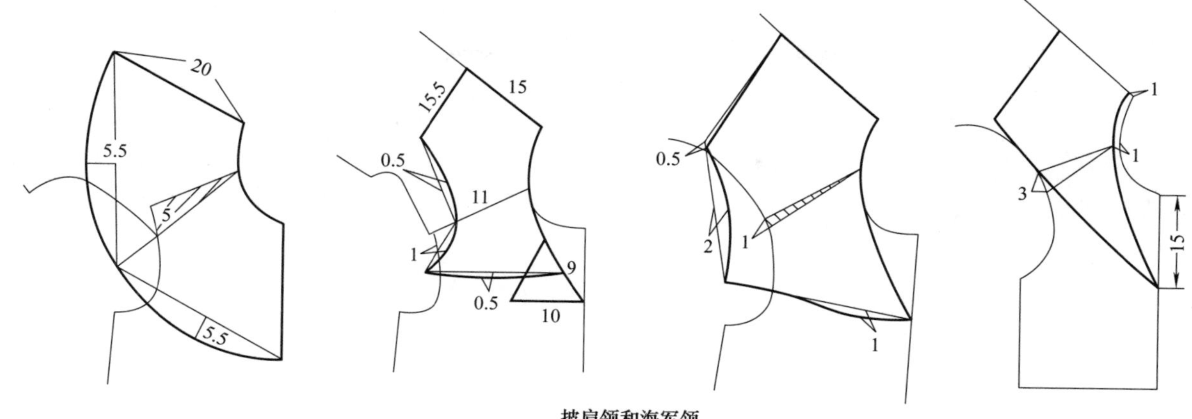

披肩领和海军领

图 10－51

四、翻领结构

翻领是指在领口部位能够翻折的领型。翻领有一片式翻领，可与底领相连，如女衬衫领；还有两片式翻领，需外连上底领，如男衬衫领、中山服领等。

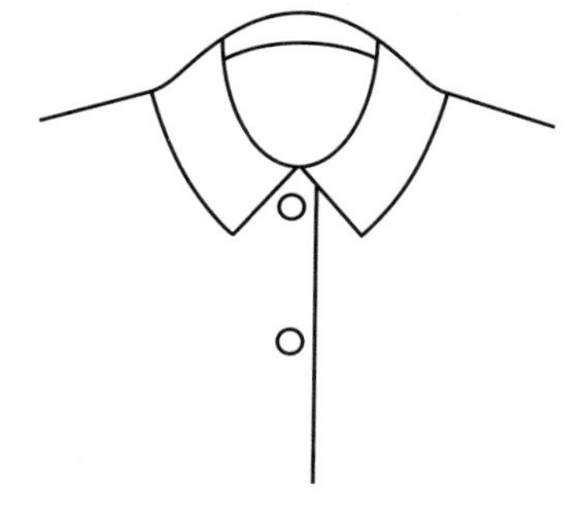

图 10－52

（一）连底领的翻领

连底领的翻领是指翻领与底领连接在一起的领型。底领的高度可从 0.5～4cm，翻领的高度可从 4～10cm 以上。由于衣领结构的多种变化，单独制领的方法比较难把握，这里我们需先搞清楚以下几个问题。

1. 翻领的宽窄与衣领外口长度的关系

当底领的宽度相同，翻领宽不同时，翻领越宽说明衣领翻得越往下。由于人体背部、肩部的特征是由颈根部向外逐渐扩展，所以衣领翻得越往下，所需要的领外口长度相对就越长。

2. 底领宽与翻领宽的差数大小与领外口长度的关系

当底领宽 3cm，翻领宽 5cm 时，两者之间差数为 2cm，这 2cm 是衣领披在肩部的宽度。假如底领宽 1cm，翻领宽还是 5cm 时，两者差数为 4cm，那么衣领翻折后从领口处算起，披在肩部的宽度就是 4cm 了。两者差数越大，说明翻领翻得越往下，所需要的领外口长度相对就长。底领宽与翻领宽差数的大小，是确定领外口长度的主要依据。见下图。

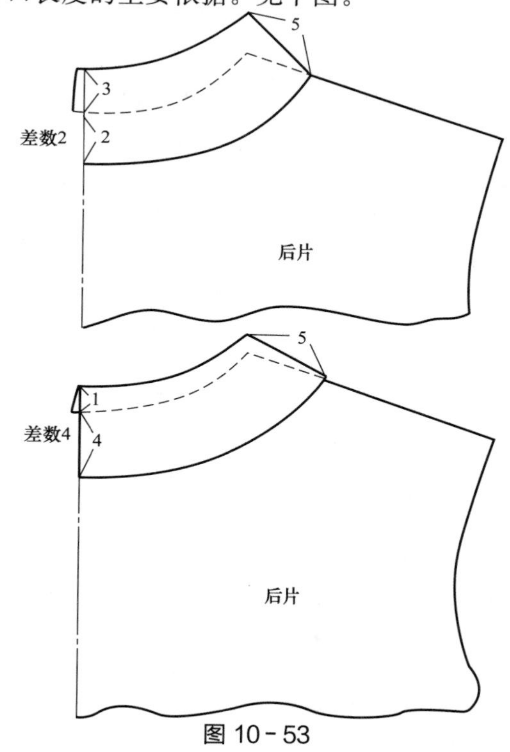

图 10－53

3. 底领宽与翻领宽的差数大小与领翘势的关系

为了讨论问题方便，我们以女衬衫为例进行结构分析。

女衬衫领的底领宽 2cm，翻领宽 5.5cm 时，两者差数为 3.5cm，领后起翘定为 3.5cm 较为合适。假如领座宽 1cm，翻领宽 6.5cm 时，两者差数为 5.5cm，领后起翘为 5.5cm。如果继续加宽翻领宽至 7.5cm，底领再低些，领后起翘应更大。由此得出，底领宽与翻领宽差数的大小，是确定领起翘的主要依据，因领后起翘可以直接控制领外口的长度。见下图。

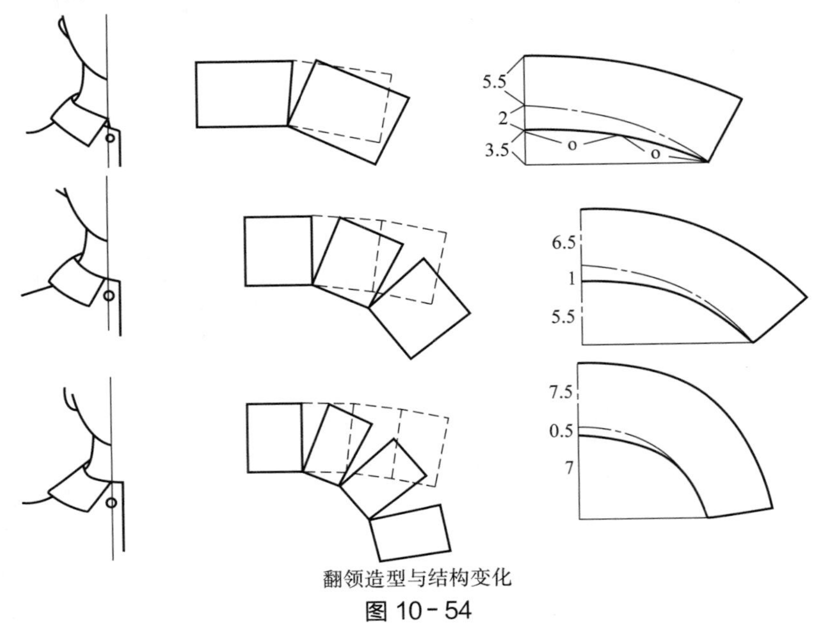

翻领造型与结构变化

图 10-54

（二）外上底领的翻领

也称两片领。这里指底领与翻领分别裁出，然后又拼缝在一起的领型。这种领型实际是采用分割手法，将一片领在翻折线的部位分开，从而在中间抽掉一部分，使领上口翻折线变短，达到合体的目的。

两片领的底领部分与前面讲的立领结构相同。由于它与翻领可以分开，领上口的长短可以利用领前起翘进行调整。翻领部分也是一样，可以利用领后起翘进行调整，使领外口的长度合适。这些就是两片领的优点所在，从而解决了连底领领型上口易松弛不贴脖的现象。

两片领的底领与翻领相拼接两条弧线的曲度正好相反，同时要求翻领弧线的曲度要略大于底领弧线的曲度。因翻领处于成品衣领的外围圈，其外口线的长度略长，这样衣领才容易翻折。底领与翻领的起翘多少，决定衣领上口的合体程度，同时也与翻领的宽度有关系，翻领宽起翘量就大，反之则小。

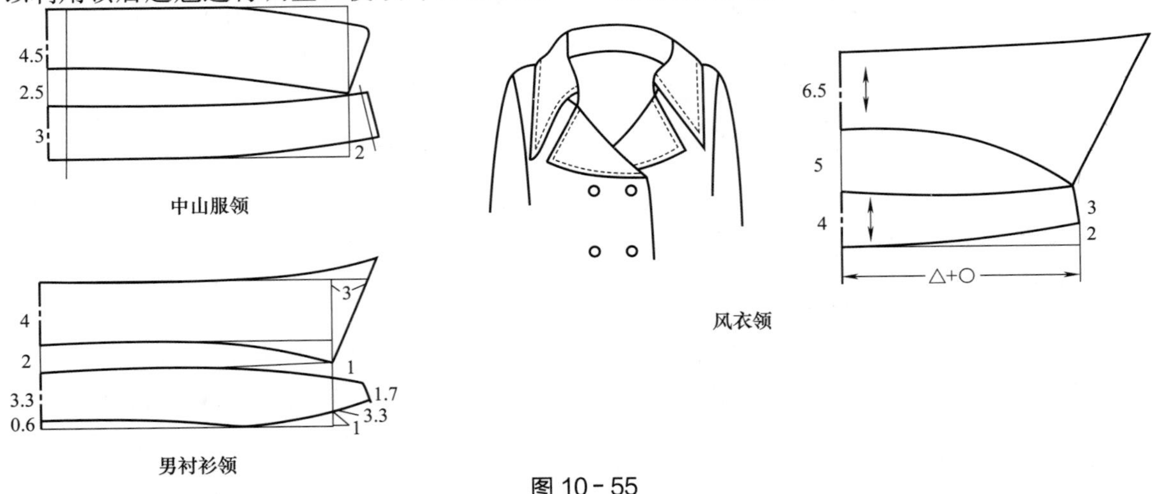

图 10-55

五、驳领结构

驳领是各种领型中最富有变化、用途最广、结构最复杂的一种，因为它具有其他领型结构的综合特点。驳领由底领、翻领和驳头三部分组合而成，三者之间有着密切的关系，既相互联系又相互制约。驳领的代表领型是西服领。

（一）驳领的配领方法

驳领的配领一般需在前领口上进行制图，目的是可以根据驳头的宽窄、领口线的形状以及驳口线的倾斜角度配制领样。驳领的配领方法相对较难，下面以平驳头西服为例说明驳领配领的基本方法。

首先根据款式图的衣领造型，设定出底领的宽度为 3cm，翻领的宽度为 4cm，同时将前衣片的领口、驳头等部位准确地画好。见下图。

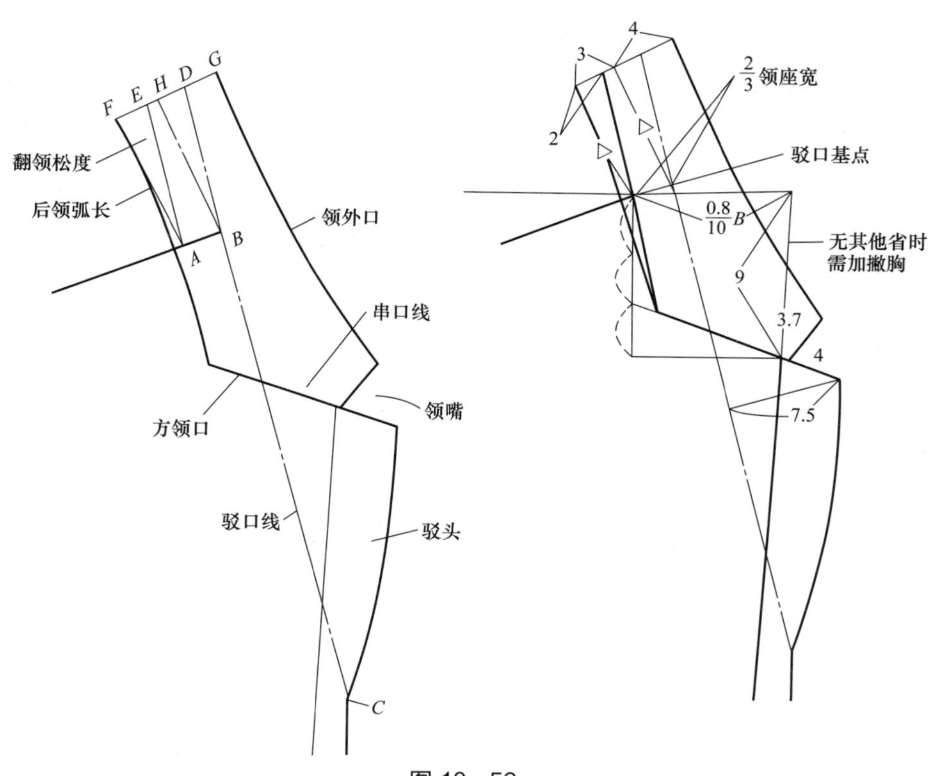

图 10 - 56

配领步骤：

（1）设肩端点为 A 点，由 A 点作肩线延长线，并截取底领宽的 2/3 为 B 点，此点可称作驳口基点。

（2）由驳头止点 C 点画线通过 B 点并向上延长至 D 点，且使 BD 等于后领弧长。

（3）过 A 点作 BD 点的平行线 AE，使$AE=BD$。

（4）以 A 点为圆心，AE 为半径做弧，在弧长上量取 2cm 为 F 点，这段距离称翻领松度，并由 F 点连线至 A 点。

（5）作 AF 线的垂线 FG，截取 3cm 底领宽为 FH，4cm 为翻领宽 HG。

（6）由 G 点连线至前领角，按其款式造型画准、画顺领外口线。

（7）领里口线是由 F 点画顺至领口的拐点处。

（二）驳领的构成要素及变化原理

驳领结构的主要构成要素有三个：底领宽、翻领宽和驳头止点的位置。底领宽一般为 2.5～5cm，过宽会影响颈部的活动。而翻领宽与驳头止点的位置则根据造型而定。这三个要素同时制约着衣领的结构形状，只要其中有一个要素变化了，衣领的结构造型就会跟着产生变化。

驳头的长短，搭门的宽窄以及底领的宽窄都直接影响驳口线的倾斜角度。见下图。

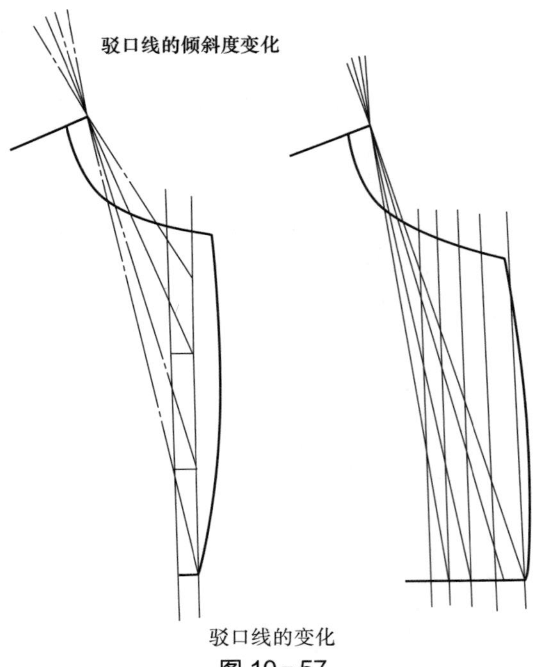

驳口线的变化

图 10－57

在衣片领口部位配制领样时，需要设定一个翻领松度。这个翻领松度是为了弥补领外口长度不足，有意让衣领向后倾倒所设计的量。翻领松度的量是由底领宽与翻领宽的差数确定的。

为了准确地绘制出衣领与驳头的结构图，可先在衣片上画出衣领与驳头的结构图，然后采用对称移位的方法，将领型移画到另一侧，这种方法既直观又准确。前领部分上下口线的差数很小，约 0.5cm 左右，这是为使前后领上口造型能够很好地衔接，衣领向后转移所需要的量。

测量出衣领外口线的长度后，就可以采用纸样剪开放出所需要的量，通过图形可以看到原领翻折线的 F 点，移到 F' 点上，这段距离就称为翻领松度。翻领松度的多少主要取决于底领与翻领的差数，差数大翻领松度就大，反之则小。见下图。

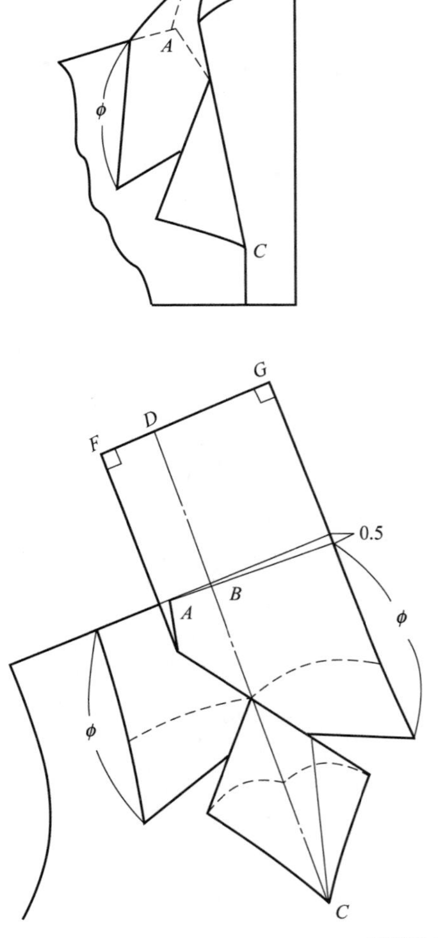

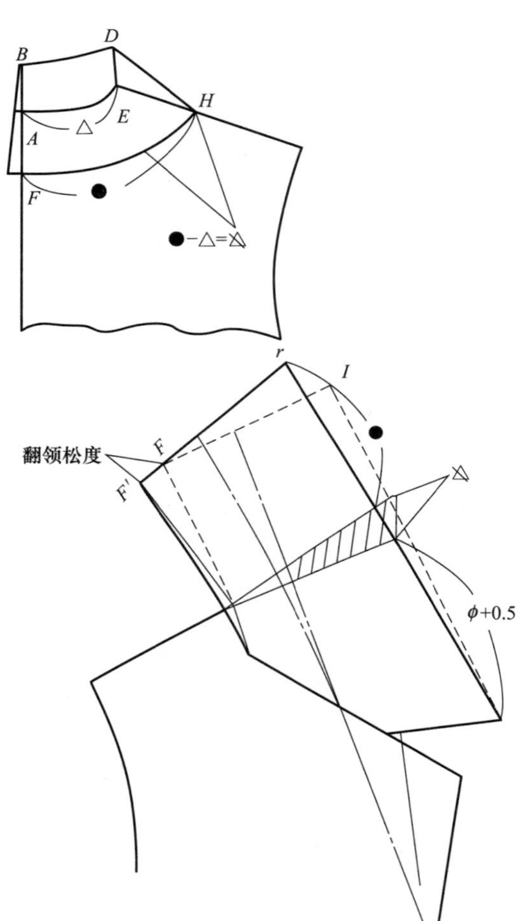

驳领外口线与翻领松度的关系

图 10－58

目前国内外求得翻领松度的方法很多，如按角度、比例、定寸等方法。但无论采用何种方法，只要掌握衣领的结构原理，并灵活地加以运用，都可以配制出合适的领样。见下图。

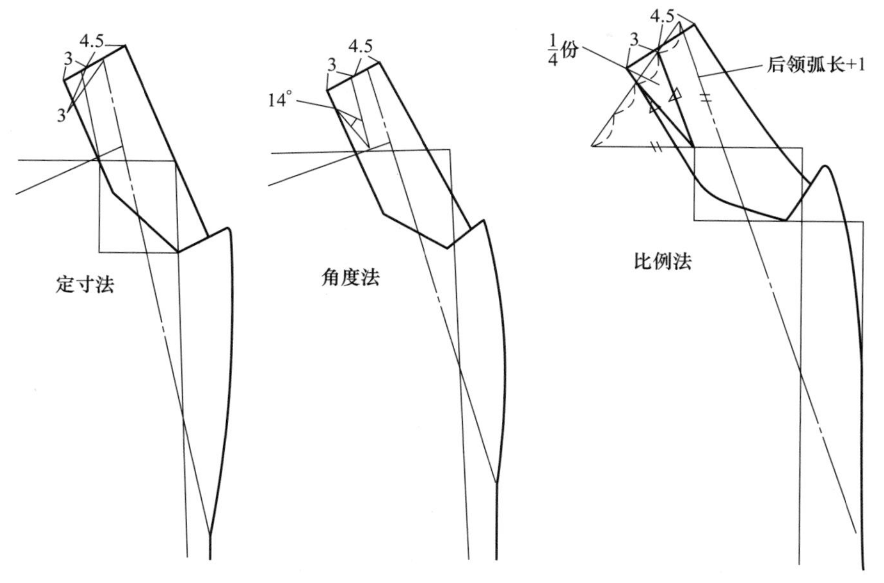

三种配领方法

图 10－59

驳领在领嘴部位的变化是很丰富的，如平驳头、戗驳头、圆领角、方领角以及领嘴张开的大小等。这些变化对结构的合理性不产生直接影响，因此在驳领形式的设计中，完全是审美和流行时尚的要求。

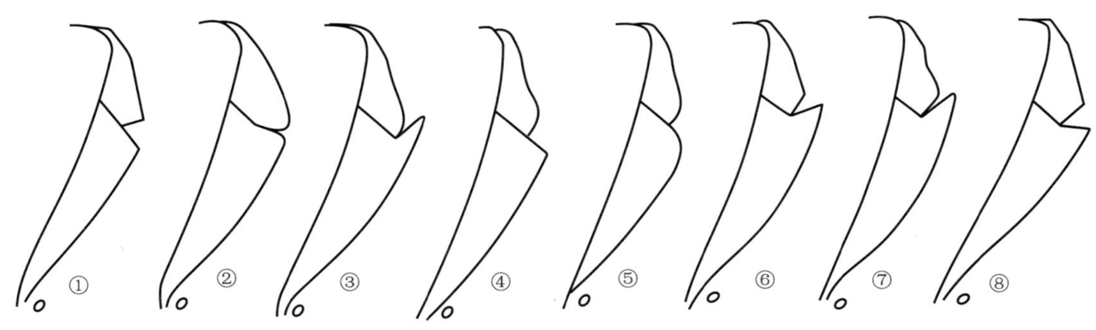

驳领领型的变化

图 10－60

驳领一般都采用带领嘴的结构。领嘴的张角，实际上也起着翻领与衣片容量的调解作用，因此带领嘴的翻领松度设计通常较为保守。而没有领嘴的驳领，其调解容量的作用就不存在了，因此这种衣领的翻领松度应适当地增加，如青果领的领型就是一例。

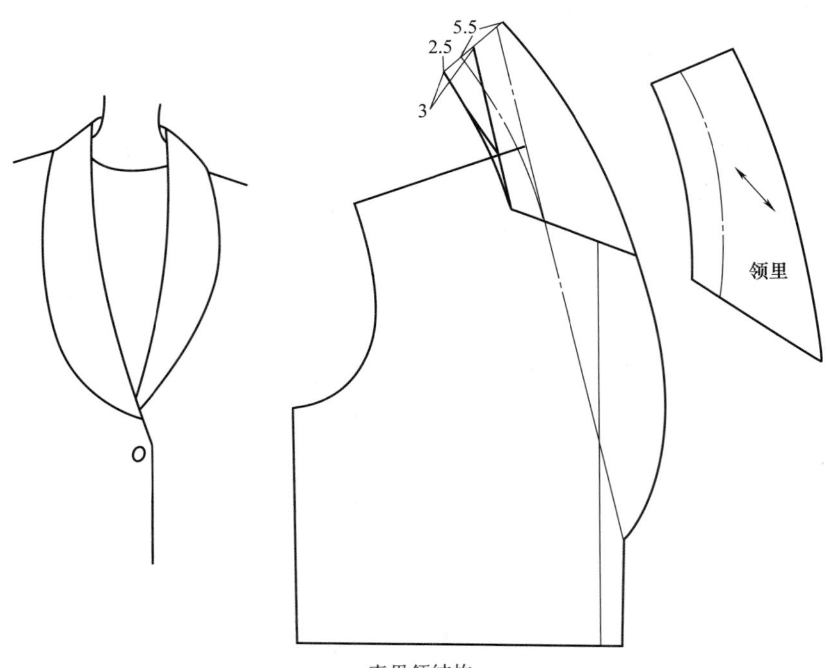

青果领结构

图 10－61

青果领连领，它在驳领类型中属特殊领型结构。它的特点是驳头与衣领连成一体，当翻领部分不是很宽时，挂面与领面可以全部连在一起裁下，当翻领部分很宽时，衣领里口有一小部分与衣片的颈肩点部位重合在一起，当重叠的量超过 1.5cm 以上时，则应采用特殊的结构处理，将挂面上重叠的部分剪去，然后将剪去的部分与后领里口下面贴边一同裁下，缝制时再与衣领拼缝到一起，这样的结构处理是非常有必要的，它对于连领衣服领里口处的平服起着不可忽视的作用。见下图。

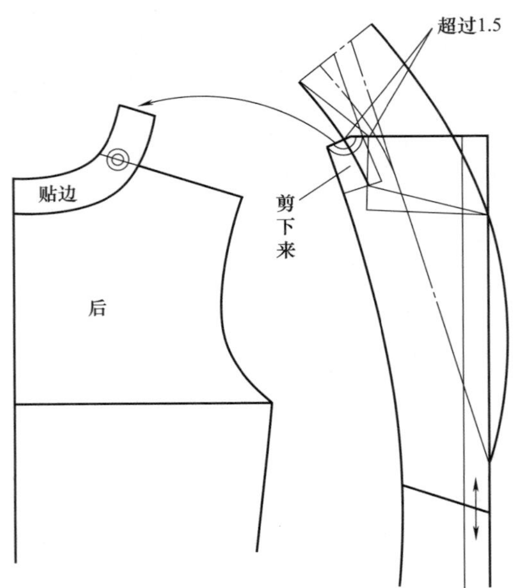

图 10－62

六、衣领变化

衣领的变化非常丰富，除前面讲过的立领、翻领、驳领之处，还有一些变化领型，如垂褶领、叠驳领、连身领等。

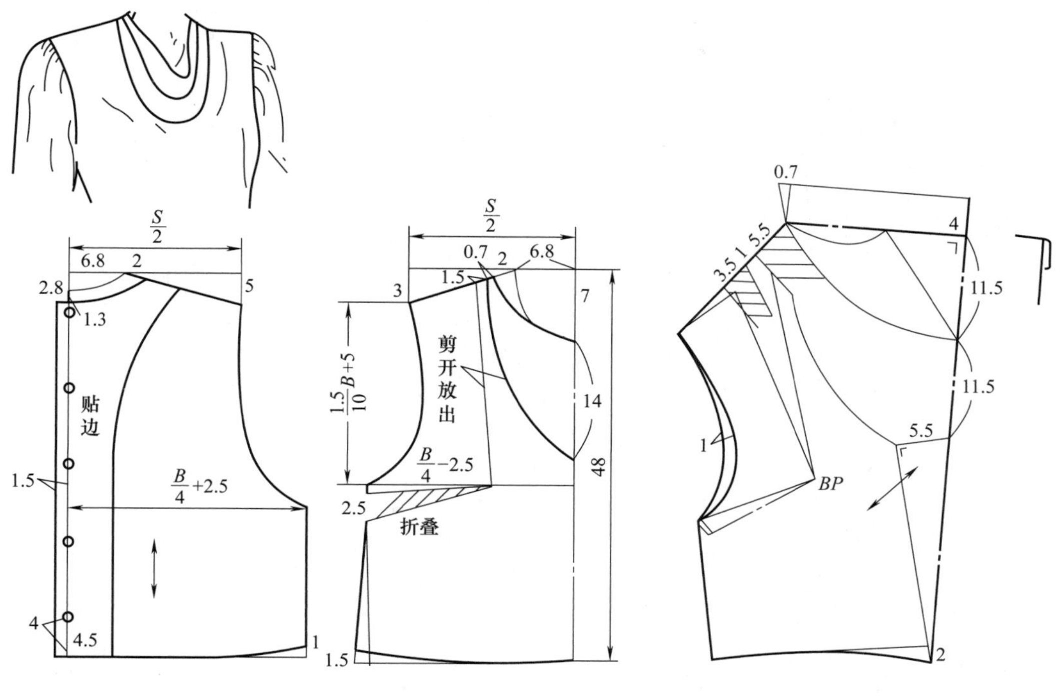

垂褶领

图 10-63

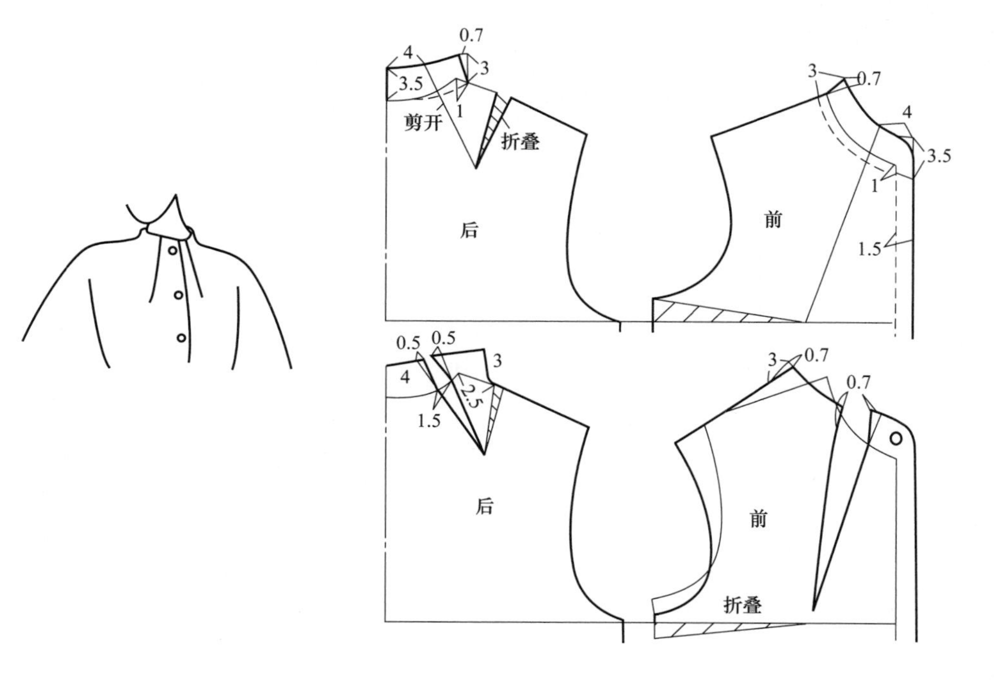

连身出领

图 10-64

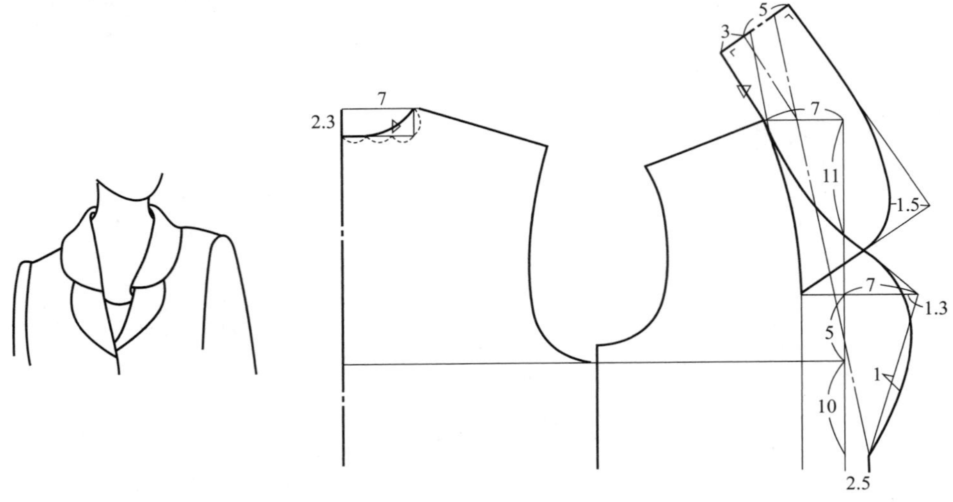

叠驳领

图 10 - 65

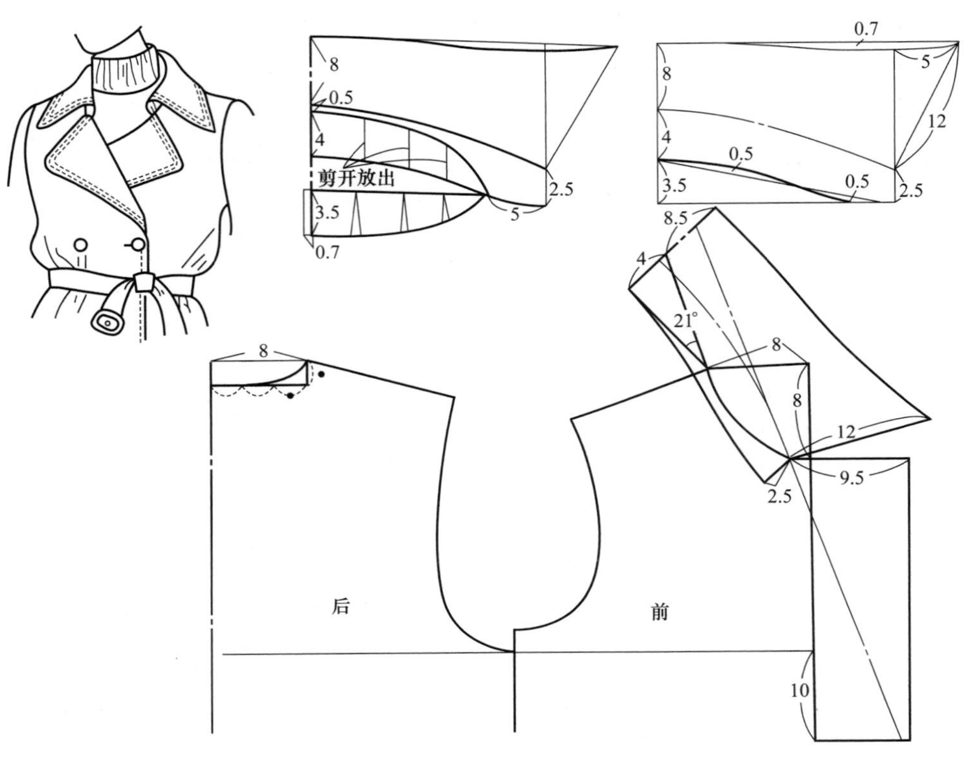

立驳领

图 10 - 66

第十一章
工业纸样运用

课题名称：工业纸样应用

课题内容：（一）工业纸样概述
（二）A 型裙工业纸样
（三）女休闲裤工业纸样
（四）女衬衫工业纸样
（五）女插肩袖上衣
（六）连衣裙工业纸样
（七）女西服工业纸样
（八）女风衣工业纸样
（九）男西裤工业纸样
（十）男衬衫工业纸样
（十一）男夹克工业纸样
（十二）休闲男西服工业纸样
（十三）短袖衫工业纸样
（十四）运动休闲夹克工业纸样
（十五）连肩袖棉夹克工业纸样

教学手段：（一）以实物展示说明引导为主，建议教师先动手备实物，指导学生实践为重
（二）明确地向学生阐述一般教学纸样与工业纸样的根本区别在什么地方
（三）工业纸样的几大要素是什么，要做认真说明

教学目的：通过多形式案例的学习，让学生初步掌握工业纸样的基本原理和基本制作手段

重点难点：（一）工业纸样的基本要素
（二）纸样与面料质地及性能的关系
（三）纸样与成品直接的尺寸差异关系
（四）纸样资料的基本要求与内容
（五）CAD 的应用手法

第一节 工业纸样概述

制定工业纸样是服装厂在进行批量生产时首先要解决的问题。工业纸样是生产同一产品，多种规格的批量生产的需要，其由一整套从小到大，各种规格的面料、里料和衬料等纸样组成。工业纸样就是在服装结构制图的基础上，运用一系列技术手段制作的适合于工业化生产的服装纸样。

工业纸样在服装工业生产中起着标准化和规范化的模板作用，必须经过严格的审核、确认才能正式投入工业生产中使用，其是保证产品质量和追求最佳生产效益的重要环节，工业纸样经确认后，裁剪、缝制部分都要严格地按工艺规程进行加工。工业纸样根据用途不同可分为：裁剪纸样和工艺纸样。裁剪纸样一般供服装生产的裁剪工序使用，是服装生产流水作业的开始，在很大程度上影响着后续生产的顺利进行。工艺纸样一般在缝制过程中使用，保证服装品质的统一。

一、服装工业制板与单裁单做的区别

1. 研究的对象不同

单裁单做的服装是满足人体的造型要求，对象是单独的个体。而服装工业纸样研究的对象是大众化的人，具有普遍性的特点。

2. 采用的方式不同

单裁单做采用的方式是制板人绘制出纸样后，再裁剪、假缝、修正，最后缝制出成品，裁剪是一对一，量身定做的，一个尺寸只能一个人用。

而工业纸样不同，它是按照国家标准的尺寸打板，又放了几个码，一个尺寸可以生产很多件衣服，少的几十件、几百件，多的几千、几万甚至几十万件，而且成衣化工业生产是由许多部门共同完成的，这就要求服装工业纸样需做到详细、准确、规范，各部门尽可能配合默契，一气呵成。

3. 质量要求不同

在质量上，服装工业纸样应严格按照规格标准、工艺要求进行设计和制作，裁剪纸样上必须标有纸样绘制符号和纸样生产符号，有些还要在工艺单中详细说明。服装工艺纸样上有时标记上胸袋和扣眼等的位置，这些都要求裁剪和缝制车间完全按纸样进行生产，才能保证同一尺寸的服装规格如一。而单裁单做由于是一个人独立操作，则没有这些标准化、规范化的要求。

二、服装工业制板的流程

要进行服装工业化生产，首先要求由内销或外销的客户提供样品或款式效果图及工艺要求（如工业尺寸、面辅料要求、制作要求、熨烫的注意事项、成品的质量及包装要求等），制作确认样。但在制作确认样前，必须得做好以下几项准备工作。

1. 了解款式

查看以前是否生产过同样面料或相同制作工艺的服装，考虑本厂的设备是否能快速、方便地制作完成该款式的服装。认真了解服装的款式还可以计算出产品的成本及出库时间等。

2. 收集资料

仔细查阅客户提供的资料（如样品、样板、确认意见、制作确认样品的面辅料等），确定这些资料能否完成确认样品的制作。如果客户提供的资料是外文的，除请专业人员进行翻译外，还应对客户提供样品用的面辅料进行查看，缺少时应及时与客户联系解决。

3. 检查

仔细检查规格尺寸是否齐全，如果不全应及时向有关部门进行说明。

4. 确认面辅料的来源

要了解是客户提供，还是委托工厂自己组织面辅料，是国产还是进口。如果是由工厂自己组织，应及时与有关部门联系。不管是客供还是自己组织，技术部门都要算出面辅料准确的损耗率，作为面辅料用量的主要依据。

在完成以上准备工作后，根据面料的性质制作纸样，使纸样能准确地运用本批原料的性能。确定纸样规格后，按客户提供的规格制板，不用加面料的缩率。而在做确认样时，需先预缩面料，这样做出来的样品尺寸和板型会更标准。确认样发给客户后，客户通常会提出修改意见，工厂技术人员需按照客户提供的书面确认意见，对纸样或样衣进行修改。这样制作完成的纸样才是最完善的，可以做批量生产的基础纸样。大货生产时，还需根据大货面料来进行纸样调整，修正过的系列纸样才能进行大货生产。

三、服装工业纸样的分类

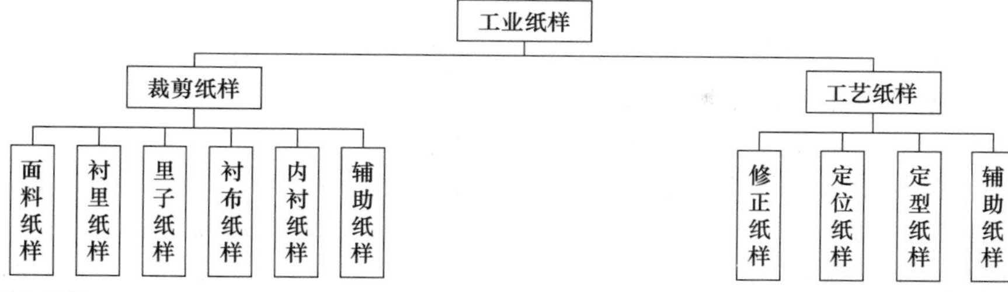

（一）面料纸样

面料纸样通常指服装显露在外部分的纸样，上衣一般有：前后衣身片、袖子、领子、挂面、袋盖以及其他小部件纸样等。裤子一般有：前后裤片、门襟、裤腰、裤袢、垫袋、袋盖等。裙子的面料纸样较少些，但也必须包括：前后裙片、裙腰等。款式不同，面料纸样需依款式而定。

面料纸样是服装裁剪纸样中要求最严格的纸样，这些纸样要求结构必须准确，纸样上的相关标识必须正确、清楚。标识包含着服装设计、服装的生产工艺、服装的面料性能等各方面的要求。因此服装面料纸样是包含信息量最多的一类服装纸样，也是裁剪纸样最重要的部分。

面料纸样上的标识主要包括以下内容。

1. 放缝份

放缝份是做服装纸样的最基本的内容。服装纸样的缝份量和放缝方法对于不同的服装面料、缝制部位和缝制方式（缝型）是不同的。下面以表格形式将常见的缝份量列出，详见表11-1～表11-3。

表 11-1　常见面料的缝份量　单位：cm

面料种类	说明	参考加放量
薄型雪纺、丝绸	普通合缝、锁边或来去缝	0.8～1.0
薄型棉布	普通合缝、锁边或来去缝	0.8～1.0
中型化纤	普通合缝、锁边	1.0～1.2
中型牛仔、灯芯绒	普通合缝、锁边或来去缝	1.0～1.5
精纺毛料	普通合缝、锁边	1.0～1.5
中型粗纺毛花呢	普通合缝、锁边	1.0～2.0
厚型粗纺大衣呢	普通合缝、锁边	1.0～2.0

2. 产品型号、号型系列

产品型号一般是由工厂或设计师按照一定的规律或习惯编制，每一个产品号对应一种或一套确定的服装产品，并且做出相应的产品档案，便于登记、查找和分类管理等。这个产品档案中应该有产品的款式图、面辅料规格表及样卡、详细的订单数量、规格尺寸、号型系列、用料说明以及详细的缝制工艺说明等，通常在工厂中就是生产文件。

号型系列是工厂为服装投入市场而决定生产的服装的全部号型尺码，通常包括从小到大的若干个号型，这样才能够适应市场上不同高矮、胖瘦人体的需求。不同的服装，在生产时需要的号型系列是不同的。例如：少女装需要的号型系列数量相对较少，因为少女的体型通

表 11-2　常见部位的缝份量　单位：cm

部位名称	说明	参考加放量
前中缝	和过面缝合，一般不受力	0.8～1.0
前后片肋缝	有一定的曲线、弧度，不宜过大	1.0～1.2
侧缝、肩缝	主要受力部位，需要加强	1.0～1.5
后背中缝	主要受力部位，需要加强	1.0～2.0
领窝	有大的曲线变化，不宜过大	0.8～1.0
袖缝	有一定的弧度变化，同时是受力部位	0.8～1.0
袖山、袖窿	有大的曲线变化，不宜过大	0.8～1.0
袖口底边	不能外露，需加大数值	2.0～5.0
衣身底边	不能外露，需加大数值	2.0～5.0

表 11-3　常见缝型的缝份量　单位：cm

缝型名称	缝型构成图	说　明	参考加放量
合缝		单线切边，分缝熨烫	1.0～1.3
双包边		多用于双针双链缝，理论上上层的比下层的缝份大	1.0～2.0
折边（缲边）		多使用锁缝线迹或手针线迹，分毛边和光边	2.0～5.0
来去缝		多用于轻薄型或易脱散的面料，线迹类型为锁缝	1.0～1.2
滚边		分实滚边和虚滚边，常用链缝和锁缝线迹	1.0～2.5
双针插缝		多用于针织面料的拼接	0.5～0.8

常偏瘦，标准体型较多，胖体较少，在销售服装时，中小号型销量很大，因此生产时以中小号型为主。中青年服装生产时，需要的号型数量较多，因为中青年体型是变化最大的一个群体，从苗条的少女体型、丰满的妇女体型到肥胖的不匀称体型等在这一人群中都有体现，因此投入市场的服装必须较全面地考虑各种体型人体的需求。

3. 纸样类型、裁剪数量

纸样类型指在纸样上要标注这个纸样是面料还是其他材料，或是面料中的配色布等。现代服装设计运用的材料越来越变化多端，一件服装运用的材料也越来越丰富，一个部位由多种材料重叠或者一件服装由多种材料堆砌，都是常见的设计手法，在纸样上需要清晰地表达出来。

裁剪的数量就是指这一块纸样需要裁剪几片。在服装中，不同的款式、不同的部位裁剪的数量是不同的，例如，对称的前后片如没有分割或开襟之类的服装，前后片均需裁剪一片；对称的前后中心分割了的服装，前后衣片需要对称地裁剪两片；袖子需要裁剪两片。不对称的服装就更加要注意了。裁剪数量的错误，会给工业生产造成直接的经济损失和不必要的麻烦，所以工业纸样上的数量标注是相当重要的。

4. 布纹方向

在服装工业纸样中，服装的款式和面料都确定后，纸样的布纹方向还是一个可变因素，这个因素的变化可以在一定程度上改变服装的外观效果。布纹主要有经纱、纬纱和斜纱三个方向。

常规的面料一般采用经纱方向为裁剪方向，这样可以最大限度地保证服装的定型性和可穿着性。因为常规的服装面料经纱方向有较好的不变形性和悬垂性，可以较好地保证服装的外观效果；面料纬纱方向一般有一定的弹性，可以提供人体穿着活动时需要的舒适性。

有些面料由于有特殊的外观效果，在裁剪时需要用纬纱方向裁剪。如常见的沿面料的一个布边刺绣、印花或烧花的面料，设计师喜欢将有花纹的布边放在服装的底边，带来花儿向上生长的效果，这时裁剪面料就只能用面料的纬向了。

有时不是由于面料的原因，而是由于设计因素，例如为了使没有弹性的面料也达到一种非常合体而又舒适的效果，或者格子面料在衣服的某些部位为打破沉闷感，在裁剪面料时采用 45°斜裁的方式，也就是应用了服装面料的斜向。

5. 定位点

在服装纸样中，各种定位点主要指：省道、袋位、对位点、剪口位及装饰位置等。这些点有的来自于设计师的设计，如省道位、口袋位、绣（印）花装饰位等；有的来自于服装合理的结构，如绱袖、绱领的对位点，收省的剪口或钻眼等。

服装纸样上的各种定位点必须清晰、明确，这些定位点是服装能够正确、合理、快捷制作的基本保证。在服装企业的生产过程中，服装纸样和其他辅助的生产文件起生产的指导作用。

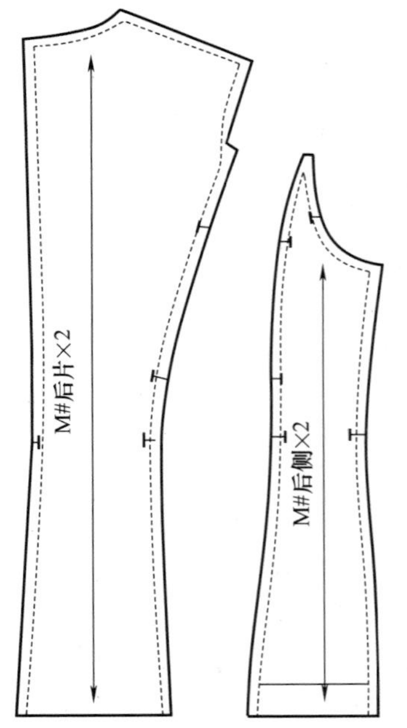

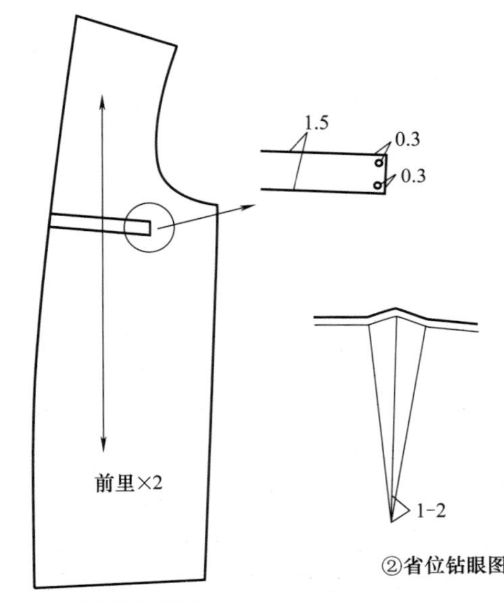

图 11-1

①兜位钻眼图

②省位钻眼图

6. 工艺标注

工艺标注在服装工业纸样中，也是不可缺少的重要内容。纸样上何处需用粘合衬、何处需归拔、何处需抽褶、何处需打褶裥……这些工艺处理的部位和数量又如何？这些内容在纸样上都应有明确的体现。如分割线的吃势分布，如下图。

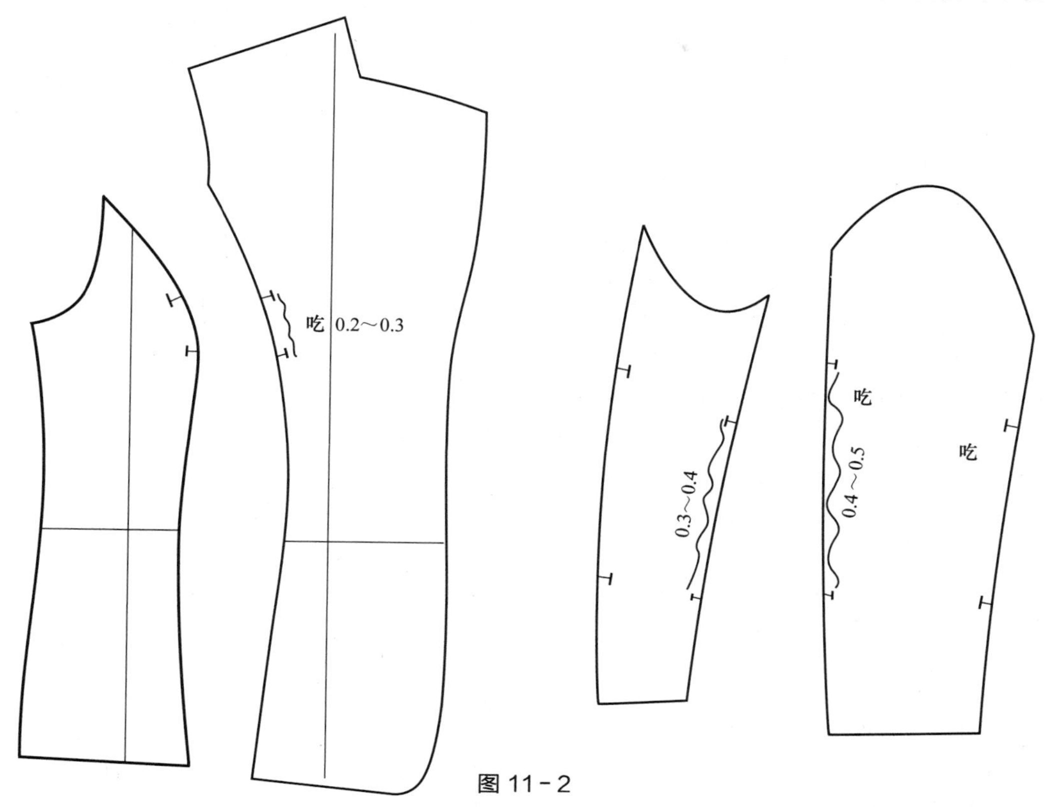

图 11-2

（二）衬里纸样

衬里纸样为加放缝份的毛样，通常和需要衬垫的面料毛样等大或略大，加大的范围每个外周边不能超过 0.3cm，小于或大于面料纸样太多都会引起外观面料起皱，影响服装外观美，也影响服装的穿着舒适性。

（三）里子纸样

里子纸样也是服装重要的纸样，里子在服装的内侧，与身体相贴，可以提高服装的可穿着性、穿着牢度，还可以提高服装的档次。服装里子一般选用轻薄、柔和和化纤聚酯类材质（醋酸丝、美丽绸）或丝绸等，要求能够防静电、防臭、有一定的牢度和较好的悬垂性，这些材质一般没有弹性，抗拉强度也不是很好。

这些条件对里子纸样就提出了一些制作要求。里子纸样在制作时与面料纸样有很大的联系，同样需要有：产品号、号型系列、纸样类型、裁片数、布纹方向、各种定位点和工艺标注等。此外，里子纸样放缝份数据与面料纸样是不同的。以西服为例：

（1）里子纸样与前中挂面相接的缝份一般为 1cm。

（2）侧缝、胁缝以及袖缝在围度方向上的缝份，要留出一定的熨烫活折量。里子纸样除常规放缝 1cm 外，另加熨烫需要的活折量为 0.2～0.3cm，即里子纸样放缝份为 1.2～1.3cm。熨烫活折量是根据里料的性能而设定的，即西服制作中常说的“穷面富里”。制作时，仍按 1cm 缝份缝合，再将缝份熨烫出0.2～0.3cm 的活折量做人体活动时需要的虚度量。

（3）后背中缝需要的缝份量较为特殊。在后背中腰以上到后中领口，为了提供人体手臂一般向前的较大活动量，需要做出更多的活折量。因此，后背中缝从领口到后背中腰的缝份为 2cm，从后背中腰到底边的缝份为 1.3cm。制作时，在后背中缝缝合 1cm，上段熨烫出 1cm 宽的活折量，下段熨烫出 0.2～0.3cm 的活折量。

（4）里子袖窿和袖山也是缝份放量较为特殊的部位。因为人体的活动主要集中于手臂的肩关节，因此袖窿和袖山需要较大的活动量，袖窿缝份一般为 1.5～2cm，袖山底部缝份一般为 2.5～3.5cm，袖山尖部缝份一般为 2～2.5cm。

(5) 服装里子衣身底边和袖口的缝份在净纸样基础上加放 0～2cm，这样既可保证服装里子在底边不会外漏，也可以保证里子不会太短而使服装底边起勾。

(四) 衬布纸样

衬布起到简化服装缝制工艺，提高服装穿着性能，增强服装的牢固性等作用。衬布一般有有纺衬布和无纺衬布两大类，其中又根据材料成分、织造方式、胶粒分布状态和厚薄等可以分许多种，不同的面料应选用相对应的衬布。

衬布的使用部位对于不同种类的服装是不同的，以女西服为例，前身衣片、挂面、面领、底领、袋盖、袋条、口袋开线处、衣摆、袖口等处均需粘合衬布，所有这些部位的衬布纸样有一个共同的要求，就是衬布纸样要比需要粘合衬布的面料纸样稍小，整个外圈小 0.2～0.3cm，这样可以保证不影响面料纸样的廓形，同时在制作过程中还可以保证衬布胶粒不外漏。

(五) 内衬纸样

内衬纸样指服装面料和里料之间的填充物，一般有棉、绒料、毛等，有些材料如羽绒、棉花等需要填充到服装中，就不需要纸样。有些可以直接裁剪的，如腈纶棉、起绒布或人造毛等，这些材料在裁剪时需要纸样。这些纸样需要比面料纸样在外轮廓大 0.5～1cm。制作时，将面料和内衬复合后再将多余的量修剪掉，这样才能保证服装平服不起皱。

(六) 辅助纸样

辅助纸样主要对服装的裁剪过程起辅助作用，常用于服装的腰衬、松紧、袋口衬等辅助材料的裁剪，这些材料一般在服装的某些部位会少量使用，不需要像面料一样的大量裁剪，只需要个别人利用裁剪纸样直接剪取，就可完成并满足生产的需要。裁剪纸样与这些部位需要的长度或宽度以及形状相等就可以。

(七) 车间工艺纸样

服装车间的工艺纸样又叫净样。由于工厂的大批量生产，是为了保证服装款式的同样性，就要用净样来控制，使做出来的服装规格统一，造型统一，保证服装的质量。

由于制作工艺不同，习惯不同，制作车间工艺纸样相对比较灵活。车间纸样主要分为半毛半净纸样、定位样、砂纸样、扣烫纸样、扣位纸样、全净纸样等。

1. 半毛半净纸样

这是用来控制服装整体规格尺寸的纸样。一般是胸围、腰围、摆围处剪成净样线，领弧肩点处剪成净样线，这样制作时按照画线缉线，无论做多少件，都能保证尺寸是一样的。

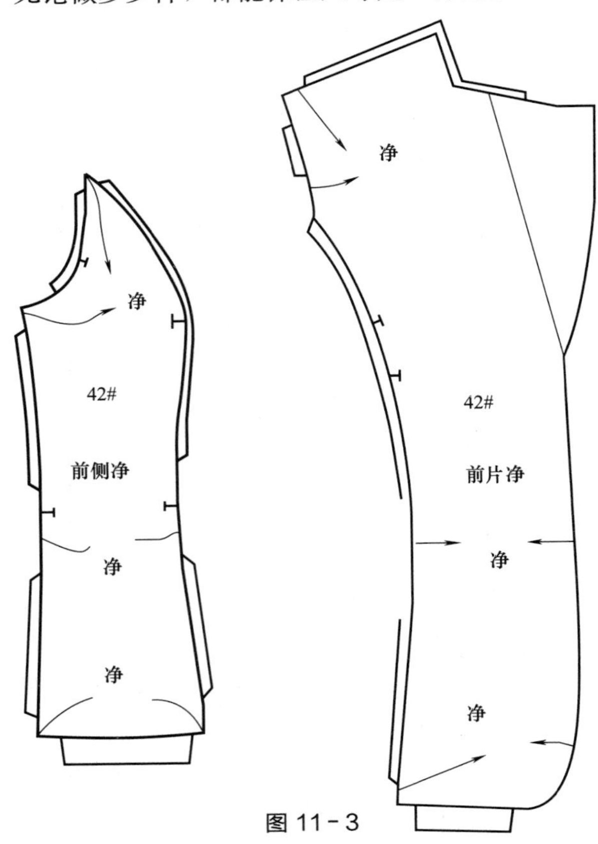

图 11-3

2. 定位样

有些位置在衣片缝合后才能决定，这时需打单独的定位样。例如做大袋的定位样时，根据袋位在两端距交点向里进 0.2cm 左右钻眼，这样袋盖完成后可将点盖住，不影响产品的质量。

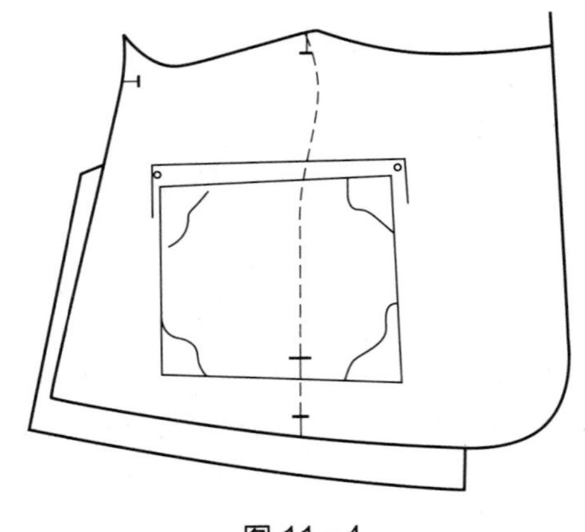

图 11-4

3. 砂纸样

在白板下面加砂纸可以起到防滑作用，再按纸样勾绢出所需要的形状。例如裤门襟砂纸样，制作方法是在砂纸上画出门襟的形状，在白板上画出绢线的位置，按比原样要求小0.5cm的形状剪下，粘在砂纸上剪下来。

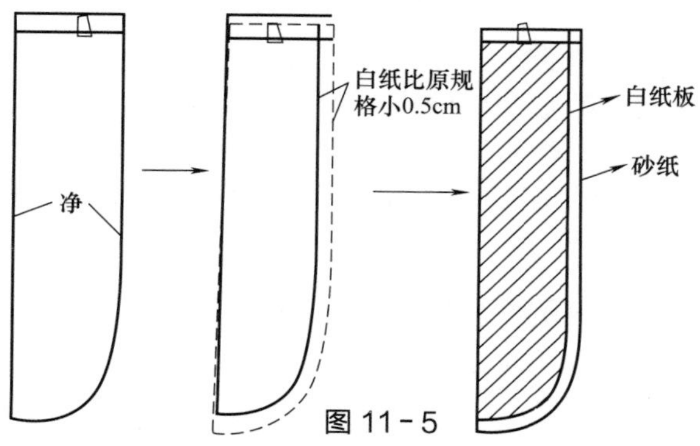

图 11-5

4. 扣烫纸样

扣烫纸样是根据制板工艺的要求，将衣片用熨斗扣出所需要形状的样板。如果产品批量大，可以用铁皮制作，这样反复用样板也不会变形。如果是腰头扣烫纸样，要根据面料的厚薄，可以比原纸样小0.1～0.2cm，这样扣烫出来的裁片会与要求的规格相同。

5. 扣位样

此为定钉扣、扣眼、四合扣及线钉等位置的样板，制作时要考虑使用的方便及准确性。

6. 全净样

用来控制零部件尺寸的样板，如领底、领面、袋盖等净样。

总之，车间工艺样板是可以保证产品质量和制作使用方便的样板，可根据工厂的条件及产品的工艺要求灵活运用。

四、服装工业制板的方法及注意事项

（一）手工制板法

手工制板法多使用一些简单、直观的常用和专用工具。方法以比例法和原型法为主。比例法以成品尺寸为基数，对衣片内在结构的各部位进行直接分配。原型法按照款式要求，通过加放或缩减制得所需要的纸样。

（二）计算机制板法

计算机制板法则是人直接与计算机进行交流，它依靠计算机界面上提供的各种模拟工具在绘图区绘制出所需要的纸样，由于是模仿手工制板法，所以采用的方法也是比例法和原型法。现在计算机已成为办公的必备品，服装CAD也已基本普及，绝大部分服装工厂、公司已采用CAD制板。

（三）服装工业制板的注意事项

为了保证产品质量中规格尺寸的一致性，在工业制板中我们需要注意以下内容。

1. 注意纸样尺寸与成品尺寸的差数

工业纸样在生产过程中，衣片经过裁剪、缝制、熨烫后，完成的成品尺寸往往与规格尺寸有所不同，因此需在制作纸样之前，预先在成品尺寸中加入由缩水率、缝缩率、烫缩率等组成的差数，生产出的成品尺寸才能回到规格尺寸。纸样尺寸与成品尺寸之间的差数，因面料的厚薄、弹力、悬垂性等不同而不同，生产中需根据实际情况综合分析而定，而且在实际打板中可能需多次调整。

表 11-4　上装规格修正参考量　　单位：cm

部　　位	修正量
后中长	+(0～1.2)
肩宽	+(0～0.6)
胸围	+(0.6～1.2)
腰围	+(0.6～1.2)
臀围	+(0.3～1.2)
下摆	+(0.3～1.2)
袖长	+(0.3～1)
袖肥	+(0.3～1)
袖口	+(0～1)

表 11-5　下装规格修正参考量　　单位：cm

部　　位	修正量
外侧长	+(0.6～1.2)
裤长	+(0.6～1.2)
腰围	+(0～1)
臀围	+(0.6～1.2)
横裆	+(0.6～1.2)
膝围	+(0.3～0.6)
脚口	+(0.3～0.6)
前浪	−(0～0.6)
后浪	−(0～0.6)

2. 纸样缝份的加放

纸样缝份的加放，应根据服装品种、款式造型、面料特性和缝制工艺要求等来决定。

如：单层品种的缝份直接暴露在外，其缝份较规范；在压止口缝中，存在着内做缝和外做缝两种不同宽窄的缝份；在不同质地面料中，凡结构疏松的面料，宜宽不宜窄；在缝制过程中，遇到两片角端形状不一致时，如何保证缝制后的圆顺是我们研究的重点。

（1）缝份加放的基本原则。缝份与样板轮廓线平行一致，宽度为 0.7～1.4cm，其中 1cm 为标准缝份。

（2）角端缝份的基本原理。样板边缘角端缝份呈直角状，而且两片组合时对应相等，才能保证缝制后相互圆顺地结合在一起，如前后肩点处。

（3）特殊角端缝份的处理原则。当角端大于 90°缝份呈直角时，翻折后会出现缺少缝份的现象，因此，不用夹里的服装中要解决以上问题，只有使缝份呈夹角状。

当端角小于 90°缝份呈直角时，翻折后会出现多余缝份现象。因此，在宽摆造型的底边贴边中，为了满足“里外匀”的需要应减除多余的缝份。

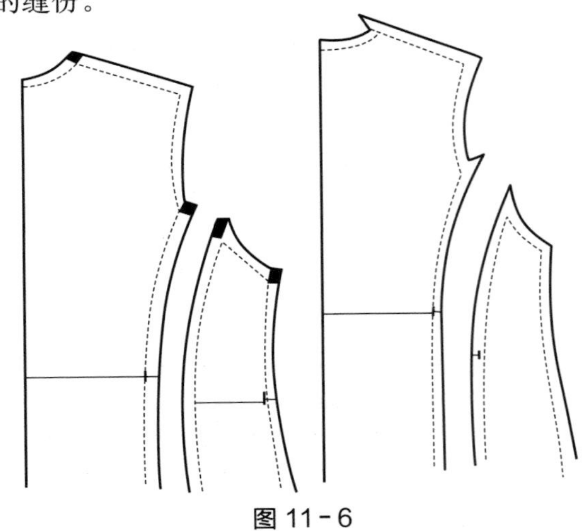

图 11-6

（4）折边处理。底摆、裤脚口、袖口等部位的折边加缝份时，可用折剪法（软纸）即按净样线把折边折上去，然后按毛缝剪掉即可，或用对称法（硬纸），以折边线为中线，根据折边宽度画出对称的形状即可。

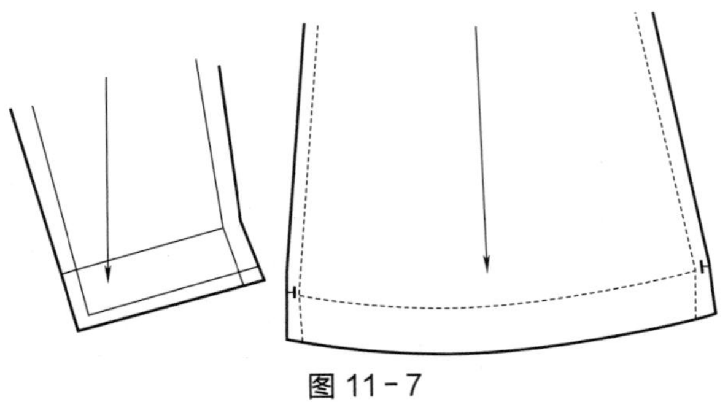

图 11-7

3. 里布纸样制作要点

里布是高档服装的重要组成部分，在配里布时也存在着两种截然不同的方法。一种是主张里布要小，符合“里外匀”的需要。另一种要求里布宽于面布，但在制作时采用“坐倒缝”工艺，使里布缝呈“坐势”状，静态时达到里小、面大，符合“里外匀”的需要。由于“坐倒缝”内的缝份可以自由调节，又能满足动态时微量扩张变形的需要。因此，配里布时也要注意静态与动态的实际需要，稍有处理不当就会使服装起皱、起吊影响服装的平衡、合体效果。

五、测试的面料缩率及方法

（一）测试的面料缩率

缩率包括缩水、自然回缩率和缝制缩率等。

1. 测试缩水率

缩水率与面料的纤维特性、组织结构、生产加工及工艺有密切关系。各种纤维的吸湿性不一样，吸湿性好的缩水率就大（如棉布），吸湿性差的缩水率就小（如涤纶）。缩水率的大小还跟织物紧密或稀松程度有关，结构紧密的织物比结构稀松的缩率要小。即使同一批面料，缩水率因加工的方法或制作工艺不同也是不同的。

2. 测试自然回缩率

这是指面料在织造、印染等加工生产过程中，受到机械作用，面料会被拉伸一定的长度。将面料放置在自然状态下，它会自然回缩。所以，裁剪前要将面料松开，在自然状态下放置 24 小时。如果时间或工厂条件不允许，可根据面料的情况在样板上调整。

3. 测试缝缩率

这是指面料经过缝制加工后，合缝部位的长度缩短，它与缝型（平缝、来去缝、勾压缝等）、缝纫线的张力、压脚的压力、面料的性能等有关。一般来说，缉线越少，缝缩率越小，反之则大。缝纫线的张力及压脚压力小，缝缩率也小。另外，面料薄，结构紧密，缝缩率就小。

4. 测试熨烫缩率

这是指在加工过程中受高温蒸汽的作用产生的缩率，它与面料的性能有关，一般面料经过熨烫后会产生收缩，也有面料经过熨烫后会伸长。

表 11-6 常见织物的缩水率

衣料		品种	缩水率(%)	
			经向（长度方向）	纬向（门幅方向）
印染织物	丝光布	平布、斜纹、哔叽、贡呢	3.5～4	3～3.5
		府绸	4.5	2
		纱（线）、卡其、纱（线）、华达呢	5～5.5	2
	本光布	平布、纱卡其、纱斜纹、纱华达呢	6～6.5	2～2.5
		防缩整理的各类印染布	1～2	1～2
色织棉布		男女线呢	8	8
		条格府绸	5	2
		被单布	9	5
		劳动布（预缩）	5	5
呢绒	精纺呢绒	纯毛或含毛量在 70%以上	3.5	3
		一般织物	4	3.5
	粗纺呢绒	呢面或紧密的露纹织物	3.5～4	3.5～4
		绒面织物	4.5～5	4.5～5
		组织结构比较稀松的织物	5 以上	5 以上
丝绸		桑蚕丝织物（真丝）	5	2
		桑蚕丝织物与其他纤维交织物	5	3
		绉线织物和纹线织物	10	3

5. 测试其他缩率

由于面料具有厚度、衣片缝合后再劈开会产生背量，在开剪多的服装中尤其明显，因此背量的缩率也要考虑在内。

（二）测试缩率的方法

由于在制作确认样的纸样时不包含缩率，因此我们要对大货生产用的面料进行缩率测试，然后对纸样进行调整，使之做出成衣后符合工艺要求的成品尺寸。

1. 测试不水洗面料

不水洗的产品，取大货生产的面料，每种颜色都要用 50cm×50cm 的纸板，在面料上画出，如果面料上画不上，在板皮纸上画出 50cm×50cm 的方块，把面料夹在中间，用剪刀剪出 50cm×50cm 的方块，标明方向。根据制作的要求，无论是过高温粘合机，还是用熨斗做汽缩，根据不同情况测量出经纱和纬纱的缩率。如果产品粘衬部位大且多时，应该做粘衬缩率的测试。把粘合机开到面料适合的温度，过两遍粘合机，让衬牢牢地粘在面料上，待冷却后，测量经纱和纬纱的缩率，计算公式：（缩水前尺寸－缩水后尺寸）×2/100。例如，50cm×50cm 的面料，经纱方向缩到 49cm，那么缩水率就是（50－49）×2/100＝2%。

2. 测试水洗面料

水洗的产品，一般取大于 50cm×50cm 的面料，在中央画上 50cm×50cm 的方块，再用平缝机缉线做标记，不然，画的线水洗后就会消失。洗水回来后测量经纱和纬纱的缩率，用测量出的缩率对纸样进行调整，其中必须考虑到缝制的其他缩率，并一起在纸样上进行修改。如果面料的缩率很大，就不能在纸样上修改，这时应该对面料进行预缩处理，在裁剪前让面料过缩水机，然后放置一段时间，让面料充分地回缩。缩率加好后，再做一件样衣，作为大货生产前样衣，样衣做好后量尺寸，如有偏差，需再调整纸样，让尺寸更符合规格要求。

第二节　A 型裙工业纸样

一、样板制造通知单

样板制造通知单

设计号：　　　　款　式：　　　　尺　码：　　　　下单期：

设计师：　　　　纸样师：　　　　车板师：　　　　交板期：

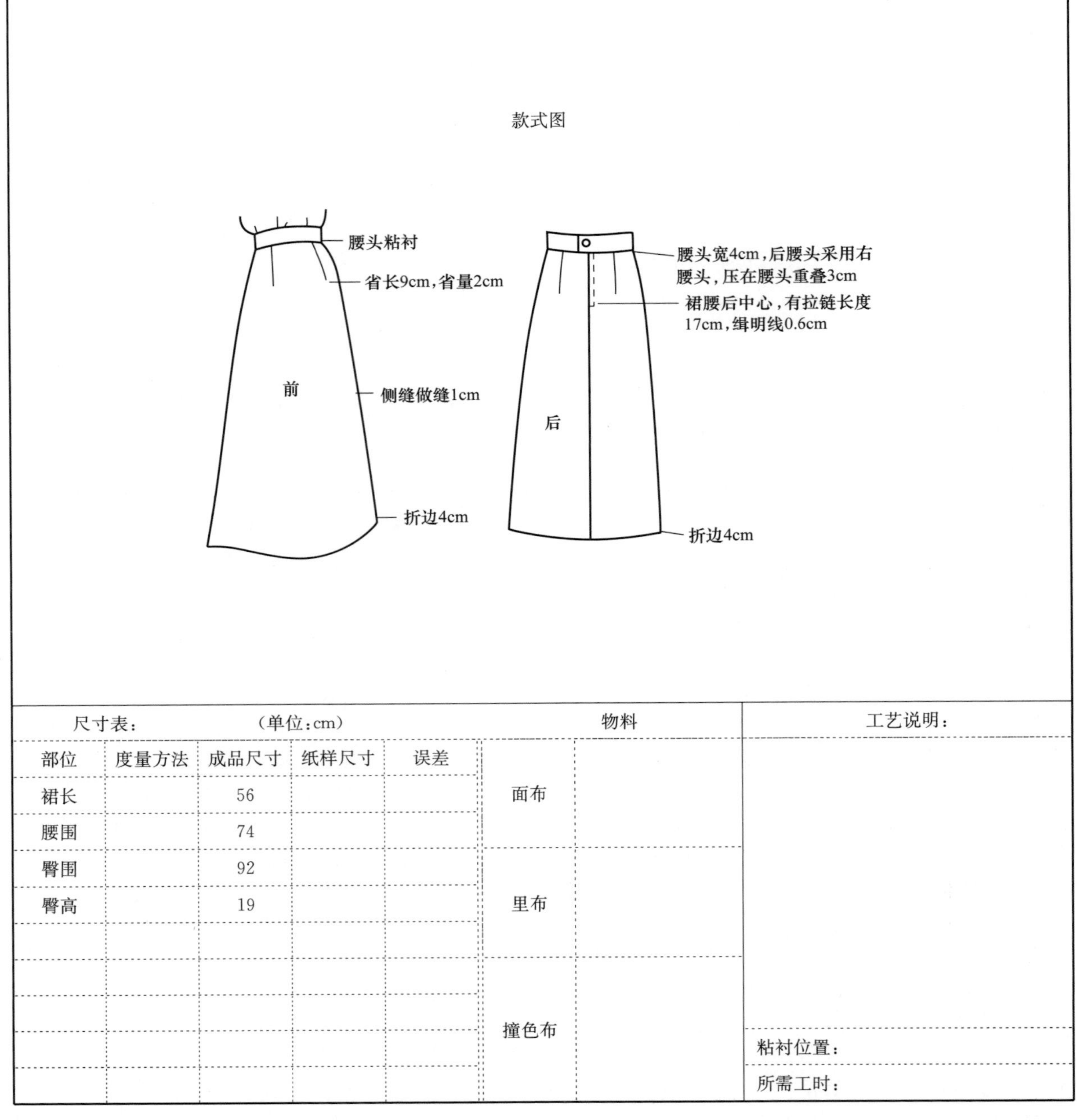

尺寸表：　　（单位：cm）

部位	度量方法	成品尺寸	纸样尺寸	误差
裙长		56		
腰围		74		
臀围		92		
臀高		19		

物料	
面布	
里布	
撞色布	

工艺说明：

粘衬位置：

所需工时：

板房主管：　　　　日期：

二、结构制图

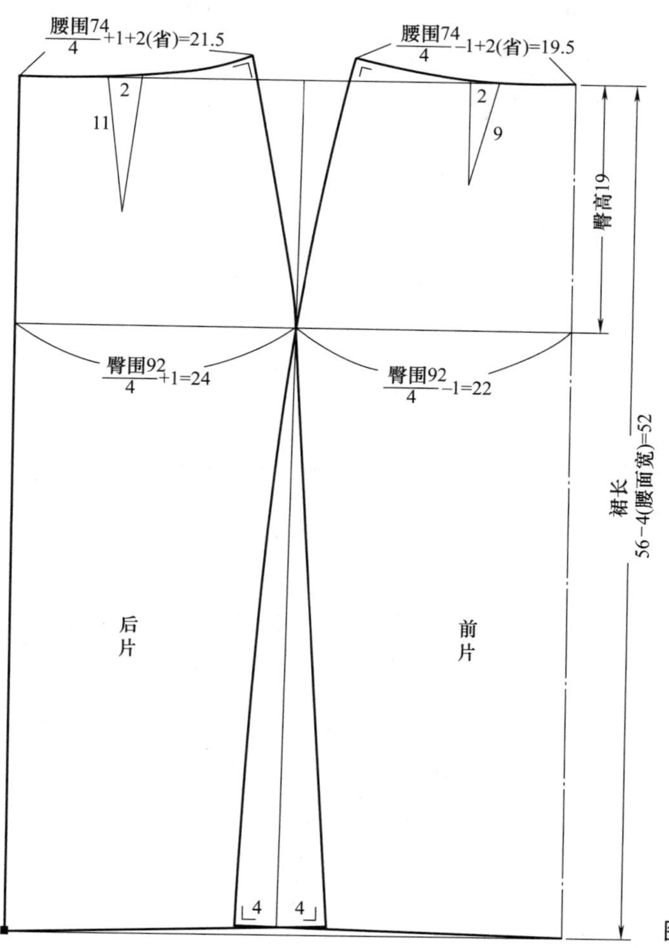

图 11-8

三、取裁片

下摆贴边放 4cm 缝份，后中绱明拉链放 1.5cm 缝份，其余部位放缝份 1cm。

1. A 型裙面料纸样

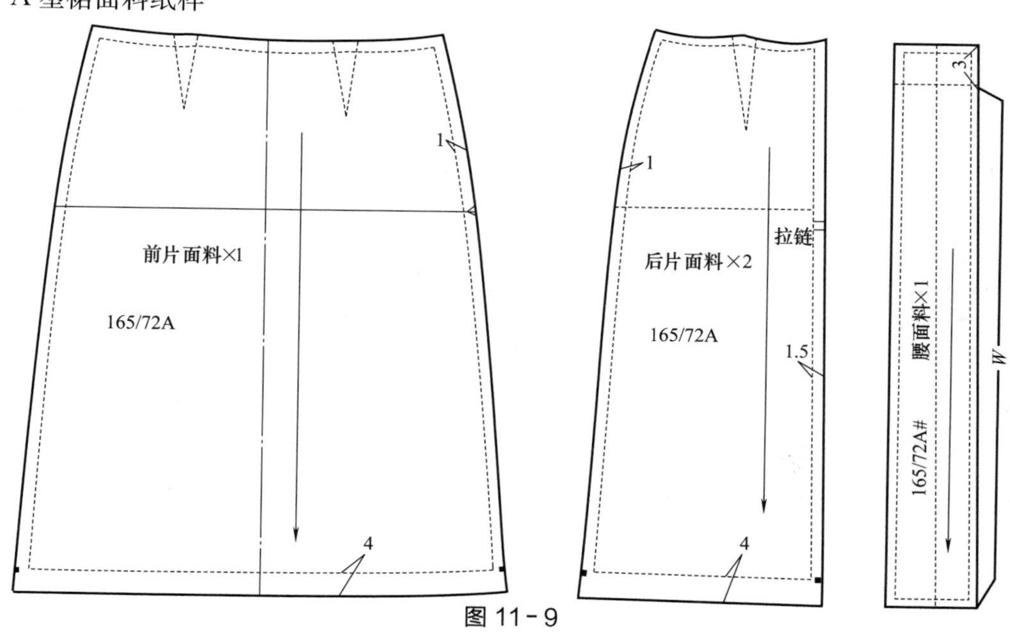

图 11-9

2. A 型裙车间工艺纸样

在车间工艺纸样中，前后定省位纸样是为保证每条裙子的省位省长相同，所以只需上半部分的毛样，车间工艺纸样要标明剪口位置、号型、款式、编号省位等。

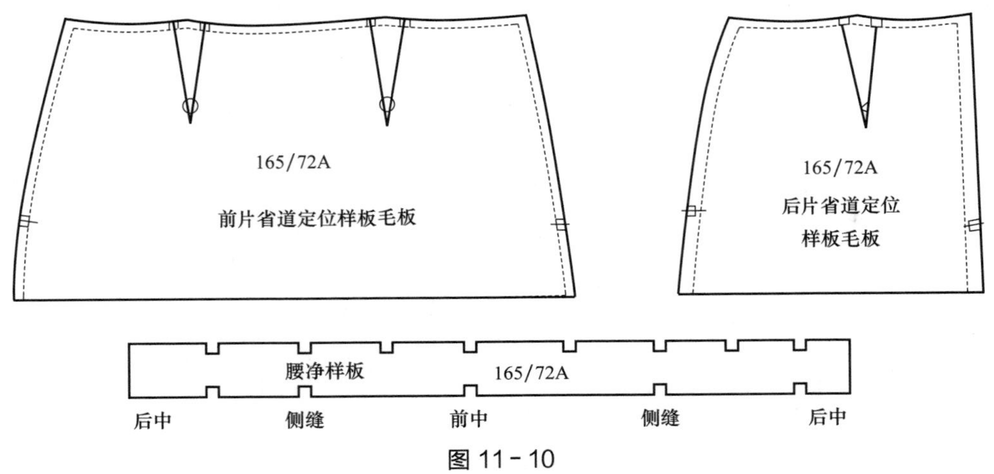

图 11－10

3. A 型裙里布纸样

一般而言，里布放缝总比面布大些，侧缝在面布纸样 1cm 缝份的基础上加 0.2cm，下摆在净样线基础上放 0.5cm，后中绱拉链处里布向上加 0.5cm 缝缩量，为的是防止拉链起皱。里布改省为活褶。

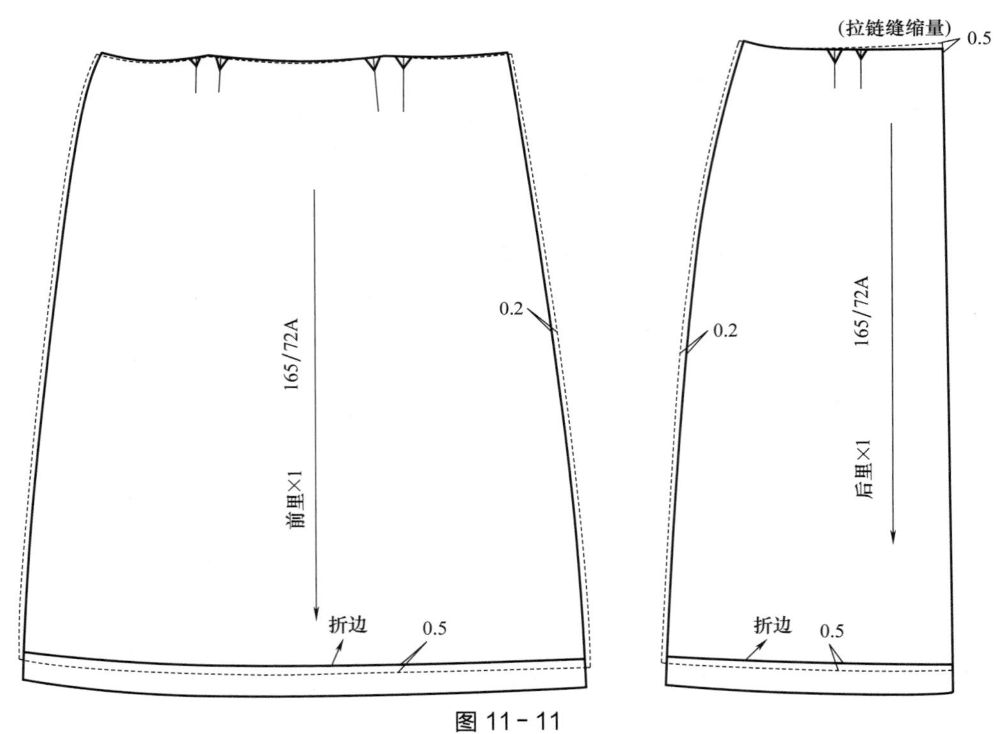

图 11－11

4. A 型裙衬纸样

在 A 型裙中，只有腰面需要粘衬。

腰衬×1　165/72A

树脂腰衬

腰衬×1　165/72A

无纺腰衬

图 11－12

第三节　女休闲裤工业纸样

一、样板制造通知单

样板制造通知单

设计号：	款　式：	尺　码：	下单期：
设计师：	纸样师：	车板师：	交板期：

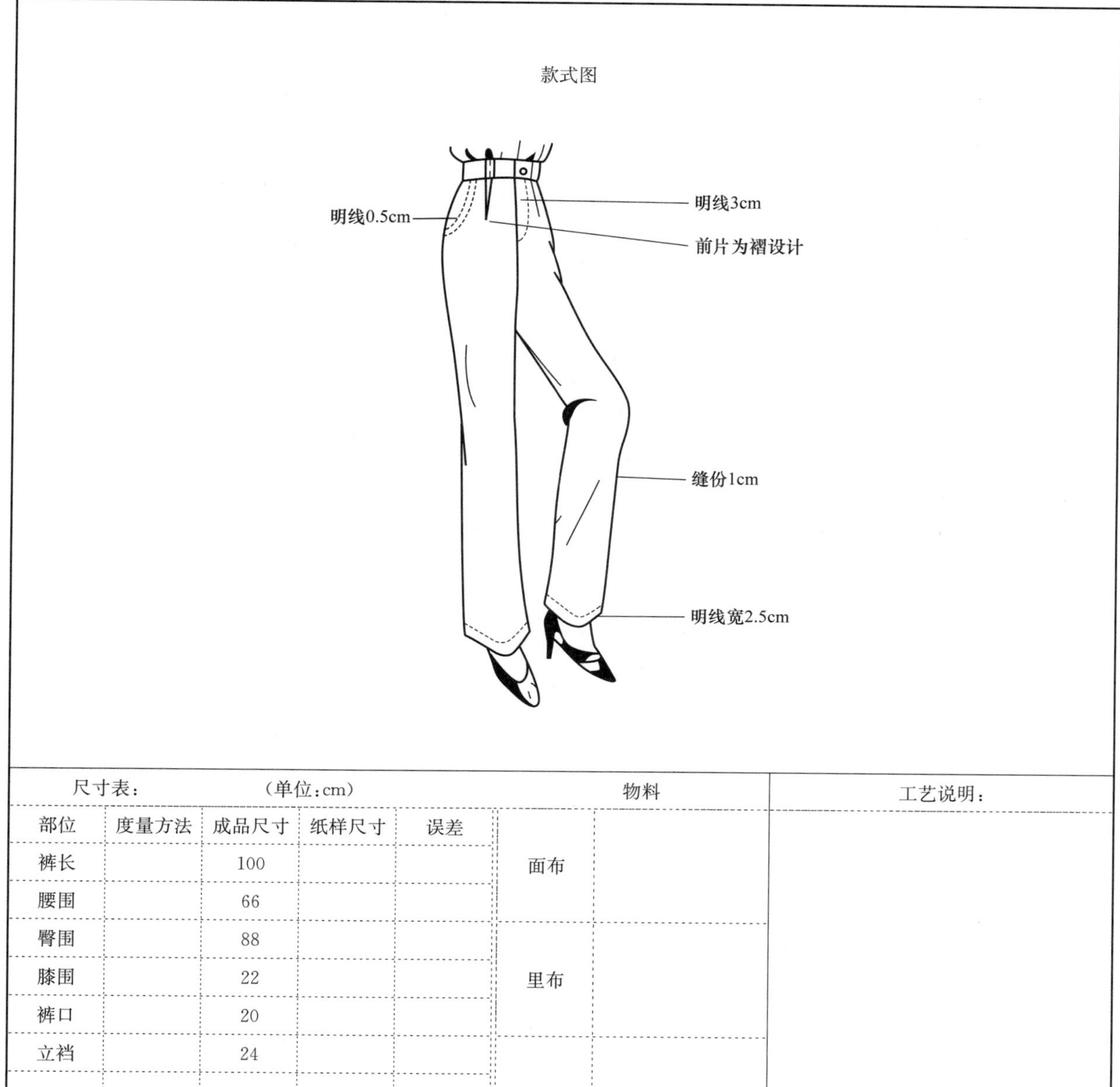

尺寸表：	（单位：cm）				物料		工艺说明：
部位	度量方法	成品尺寸	纸样尺寸	误差			
裤长		100			面布		
腰围		66					
臀围		88					
膝围		22			里布		
裤口		20					
立裆		24					
					撞色布		
							粘衬位置：
							所需工时：

板房主管：　　　　　　　　日期：

二、结构制图

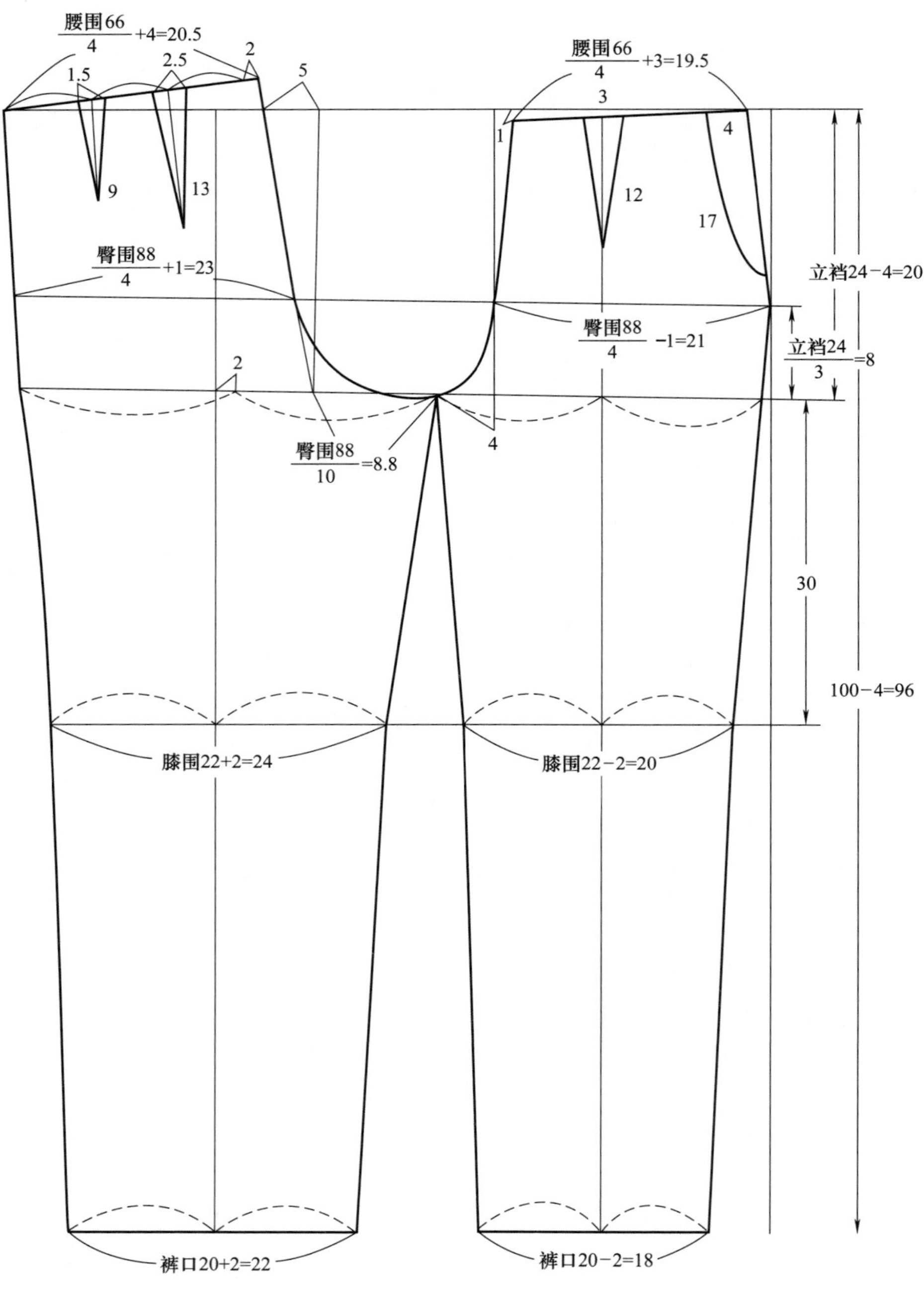

图 11－13

三、取裁片

1. 女休闲裤面布纸样

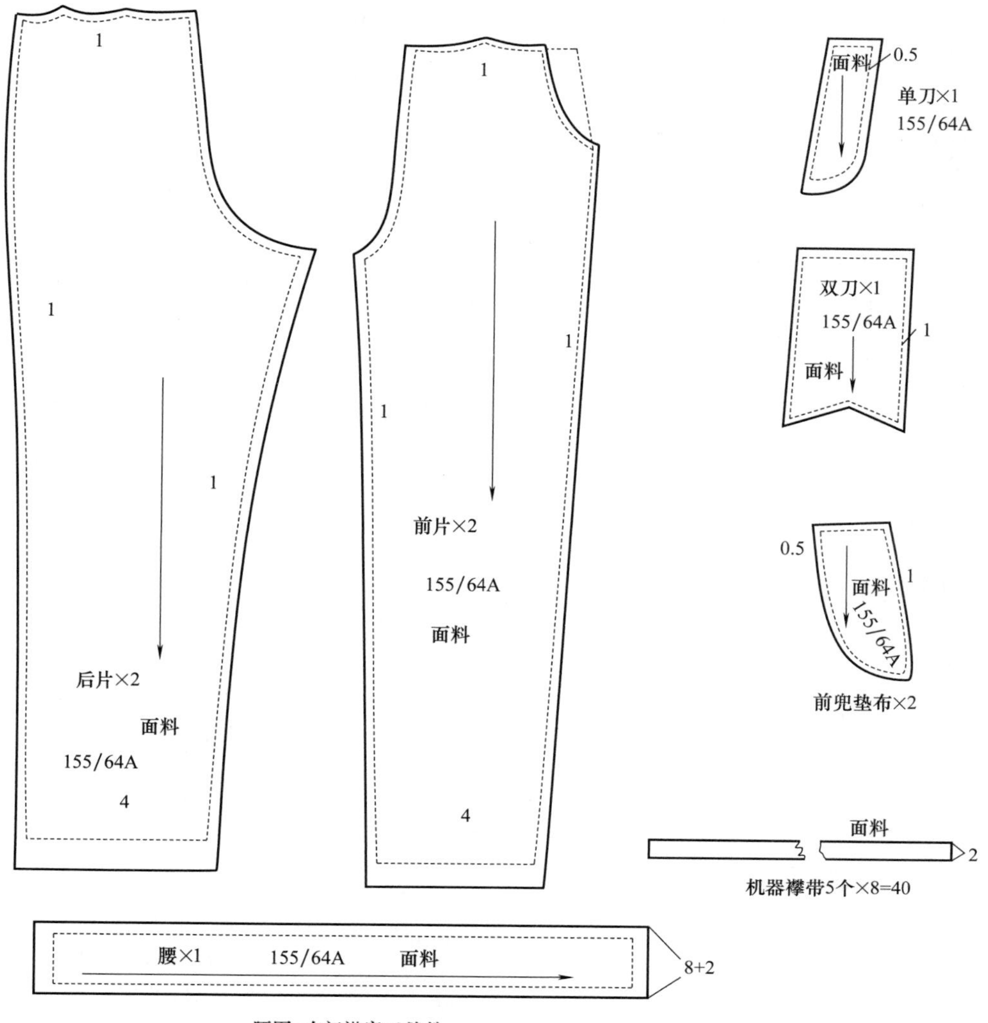

图 11－14

2. 女休闲裤兜布纸样

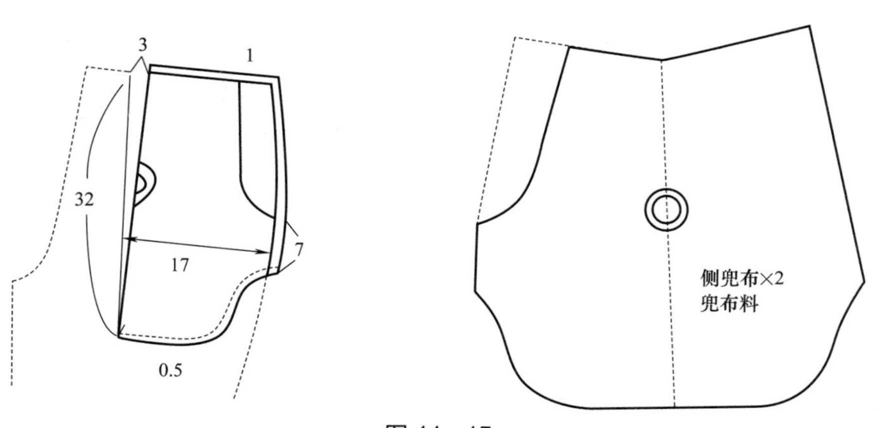

图 11－15

3. 女休闲裤衬纸样

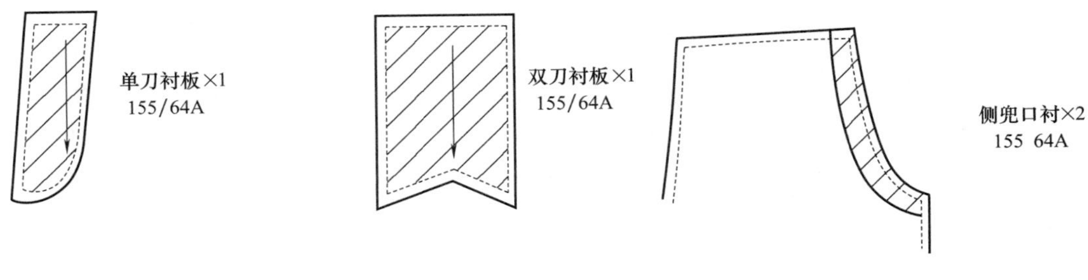

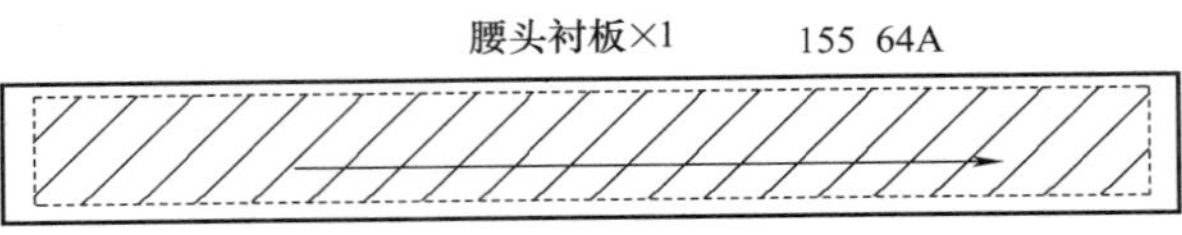

图 11-16

4. 女休闲裤车间工艺纸样

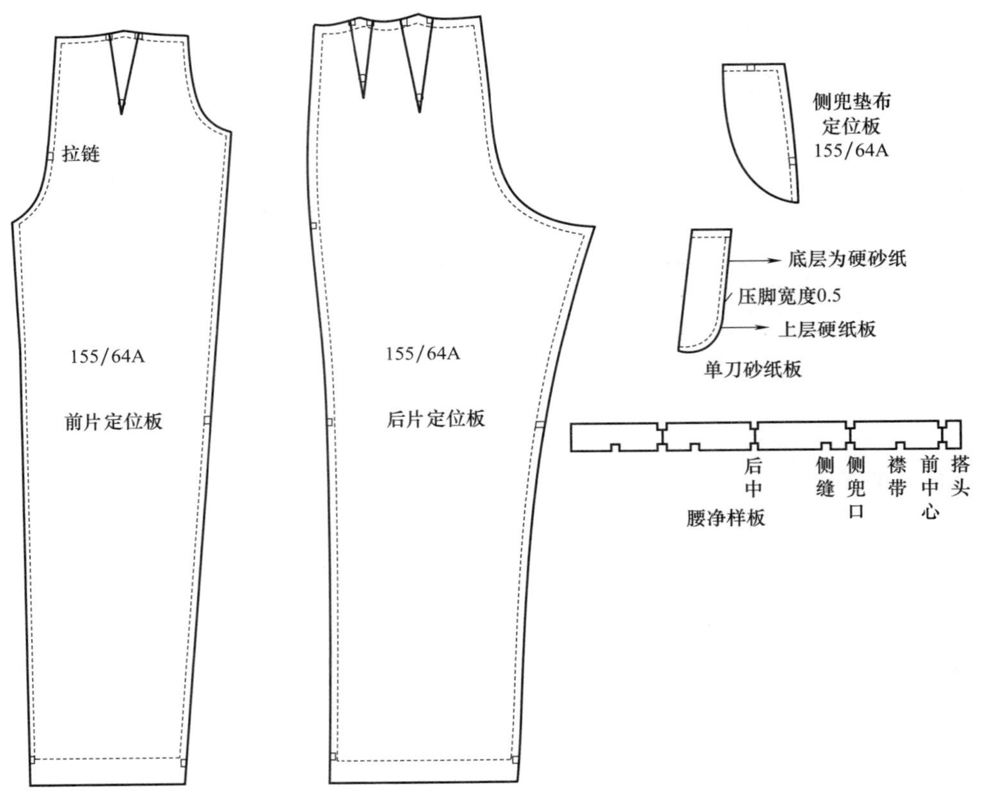

图 11-17

第四节　女衬衫工业纸样

一、样板制造通知单

样板制造通知单

设计号：　　　　款　式：　　　　尺　码：　　　　下单期：

设计师：　　　　纸样师：　　　　车板师：　　　　交板期：

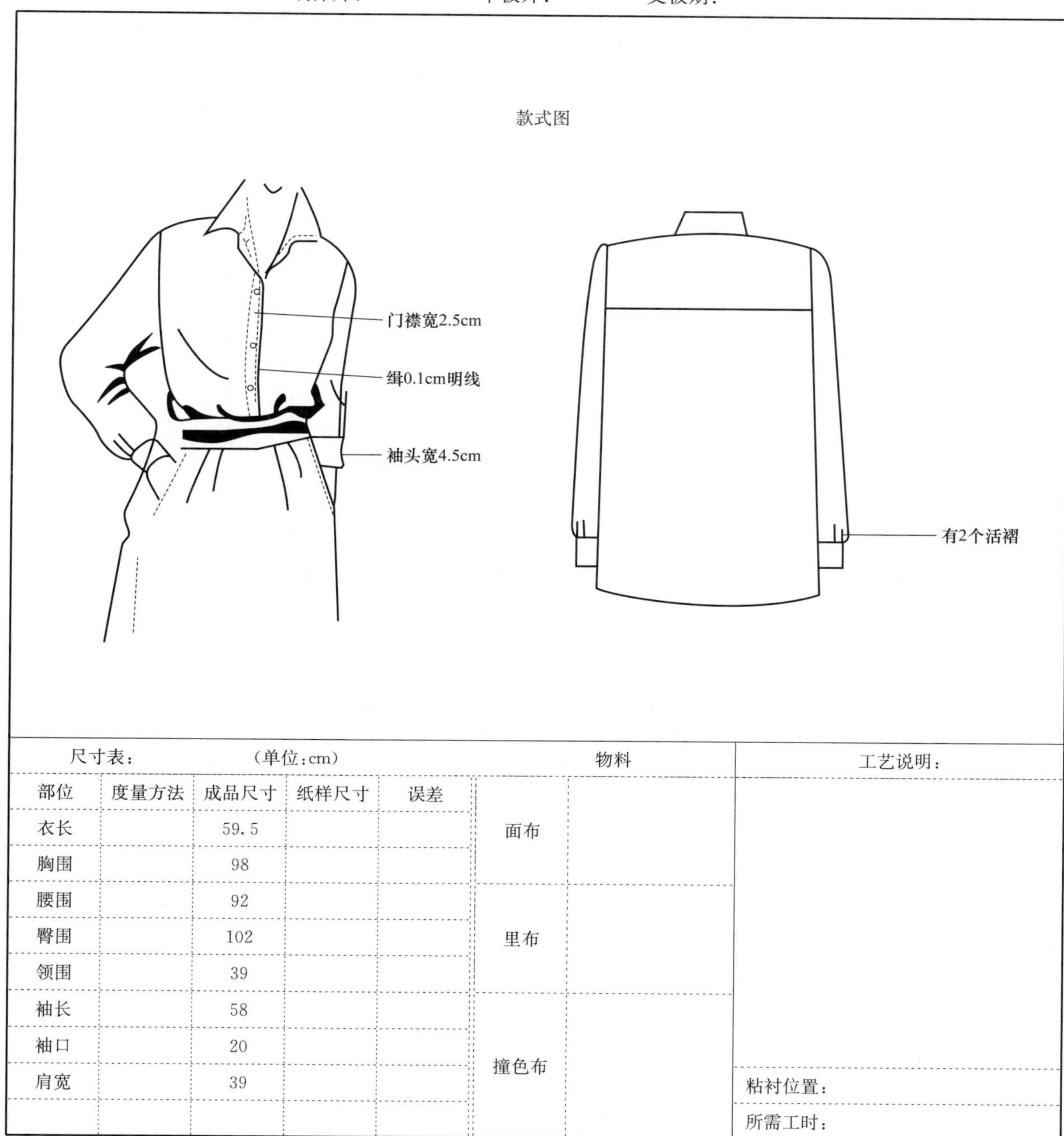

尺寸表：　（单位：cm）

部位	度量方法	成品尺寸	纸样尺寸	误差
衣长		59.5		
胸围		98		
腰围		92		
臀围		102		
领围		39		
袖长		58		
袖口		20		
肩宽		39		

物料	
面布	
里布	
撞色布	

工艺说明：
粘衬位置：
所需工时：

板房主管：　　　　日期：

二、结构制图

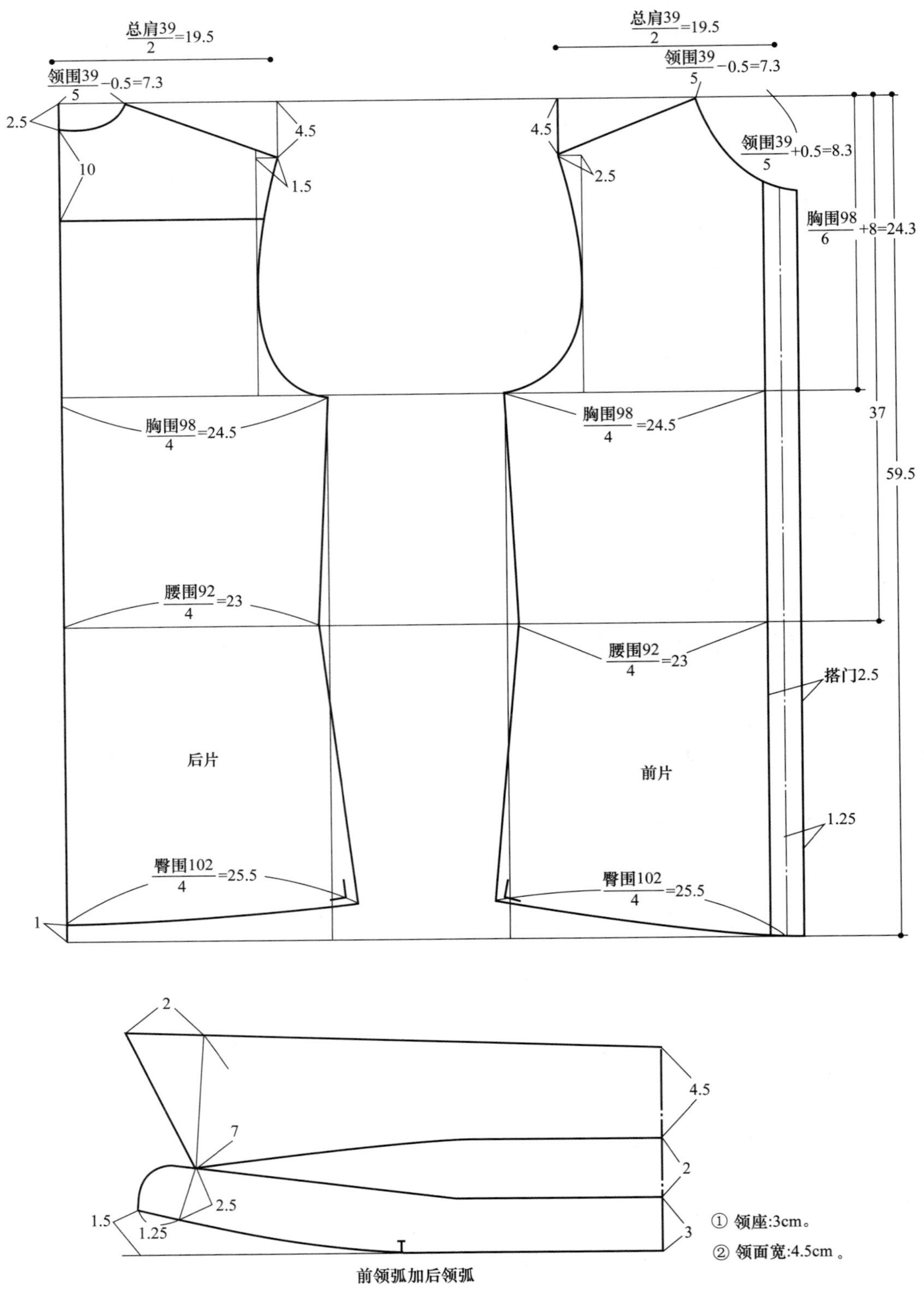

图 11－18 (1)

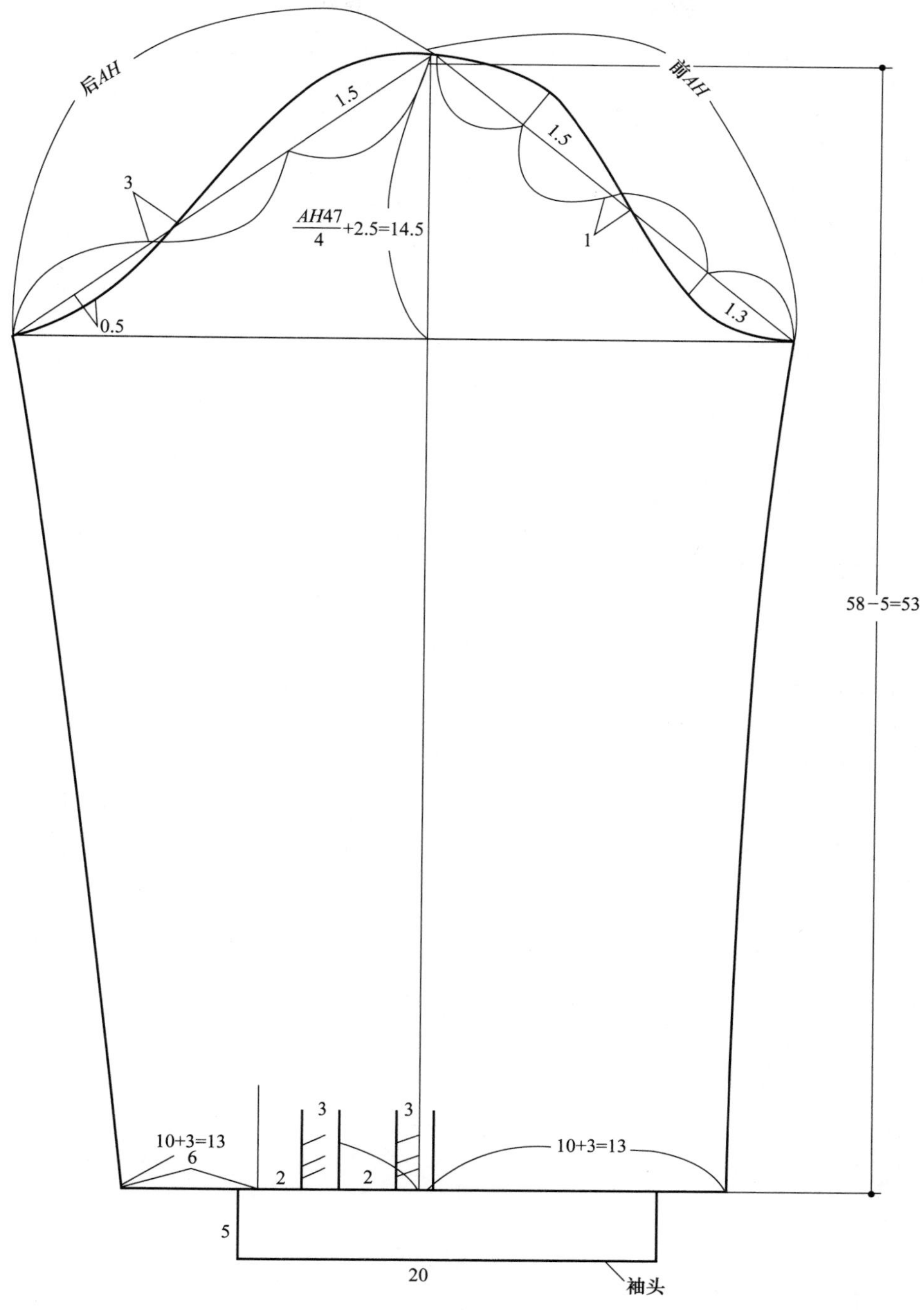

图 11-18 (2)

三、取裁片

1. 女衬衫面布纸样

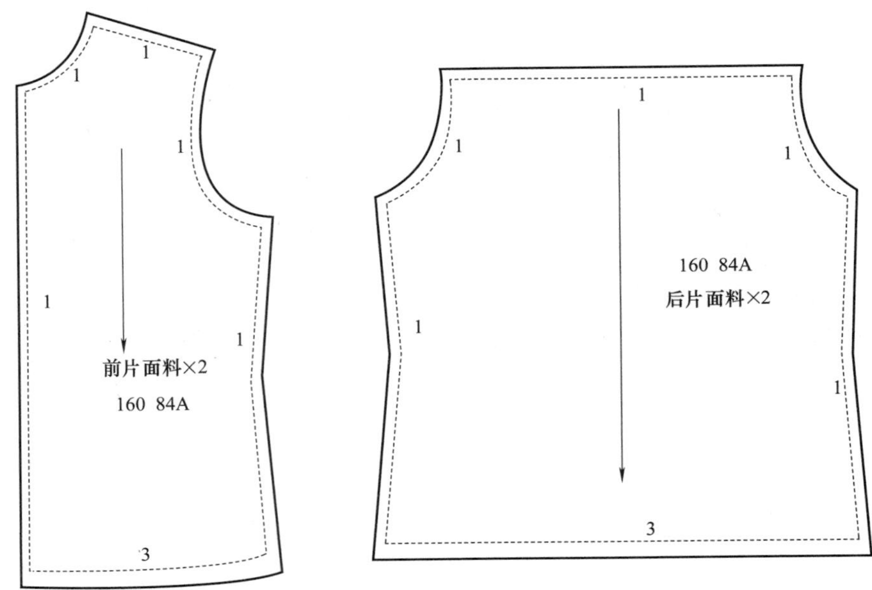

前片面料×2
160 84A
160 84A
后片面料×2

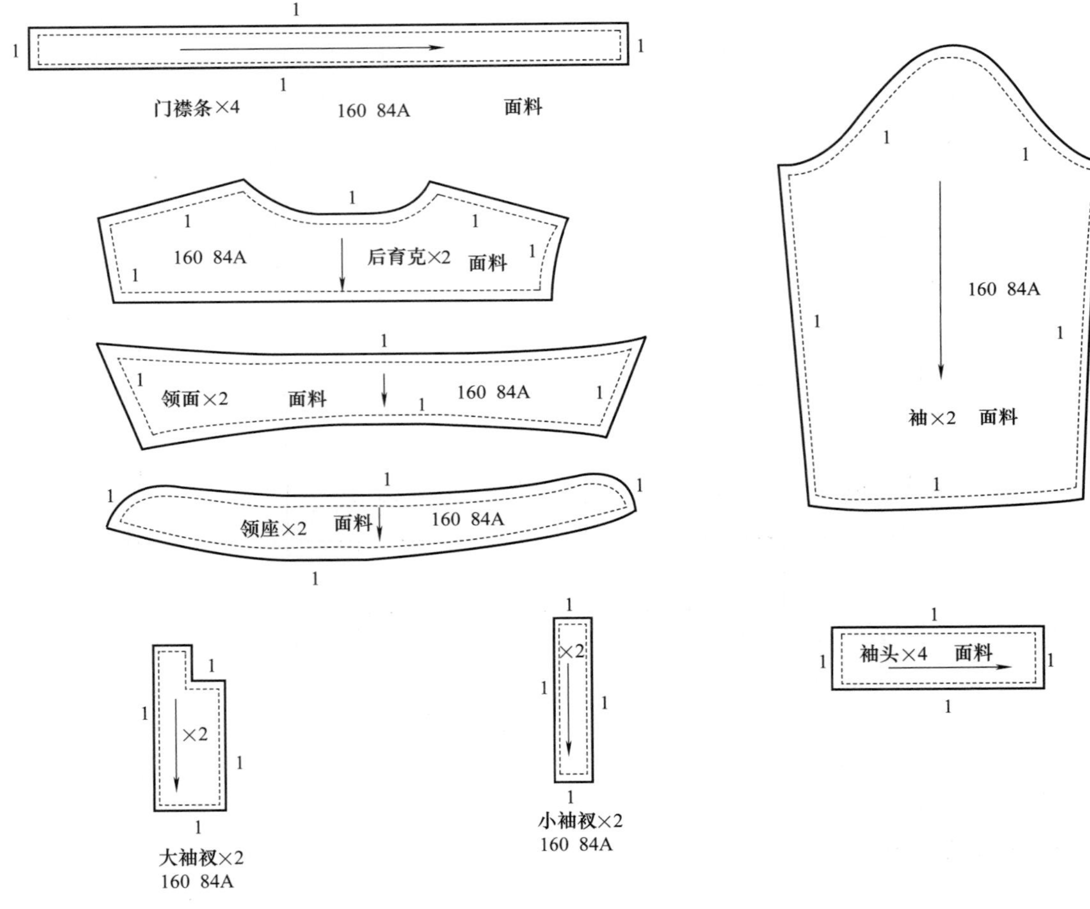

门襟条×4
160 84A
面料
160 84A
后育克×2
面料
领面×2
面料
160 84A
领座×2
面料
160 84A
160 84A
袖×2
面料
袖头×4
面料
大袖衩×2
160 84A
小袖衩×2
160 84A

图 11-19

2. 女衬衫衬纸样

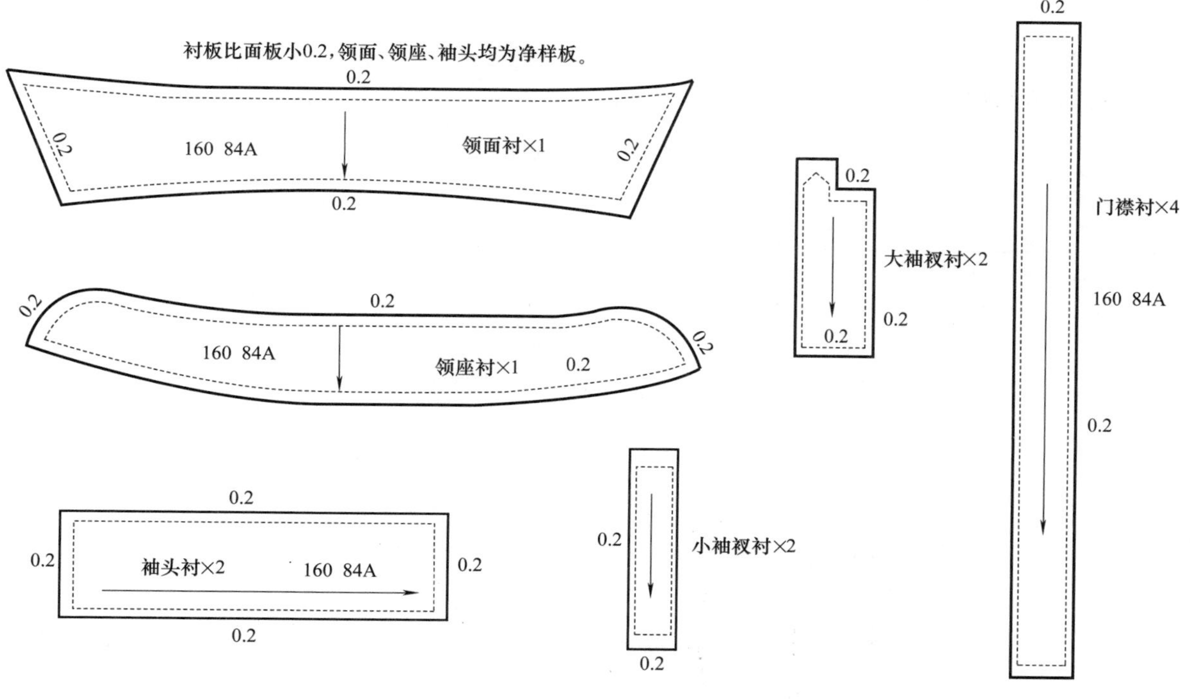

图 11-20

3. 女衬衫车间工艺纸样

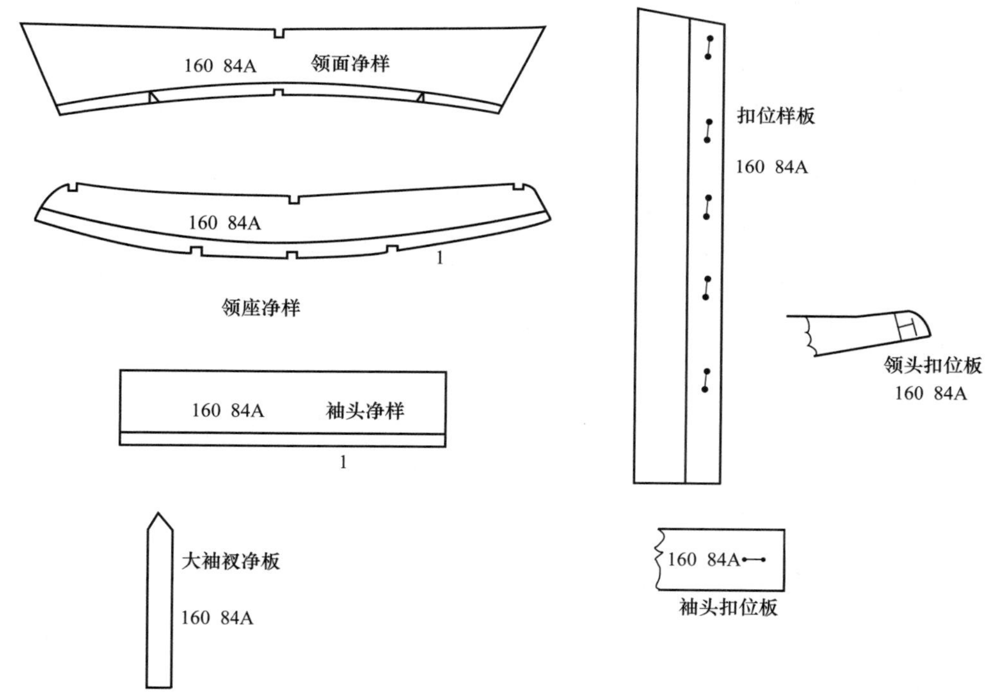

图 11-21

第五节　女插肩袖上衣

一、样板制造通知单

样板制造通知单

设计号：　　　　款　式：　　　　尺　码：　　　　下单期：

设计师：　　　　纸样师：　　　　车板师：　　　　交板期：

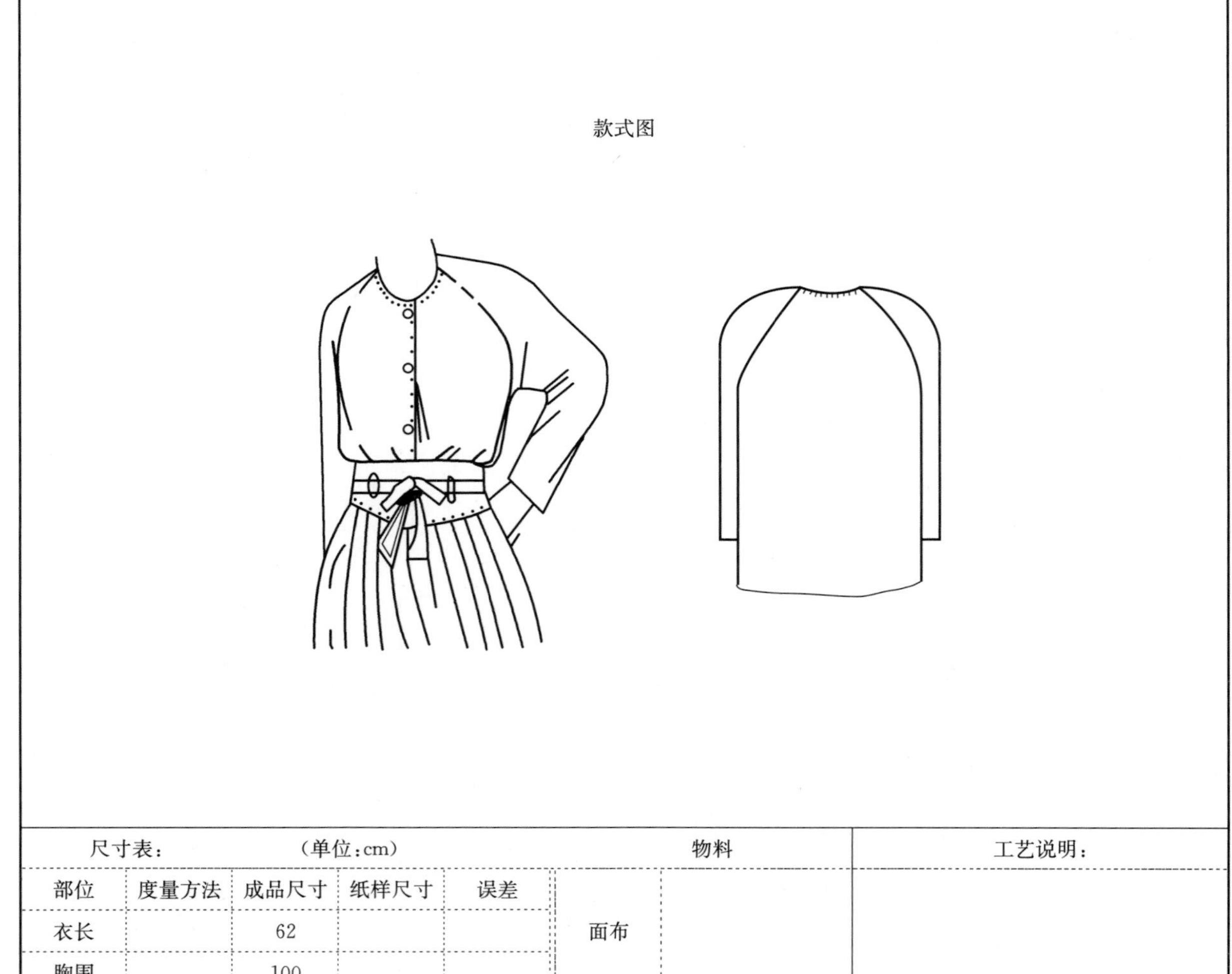

尺寸表：（单位：cm）					物料		工艺说明：
部位	度量方法	成品尺寸	纸样尺寸	误差	面布		
衣长		62					
胸围		100					
摆围		108			里布		
领围		40					
袖长		58.5					
袖口		12			撞色布		
肩宽		40					
							粘衬位置：
							所需工时：

板房主管：　　　　　　日期：

二、结构制图

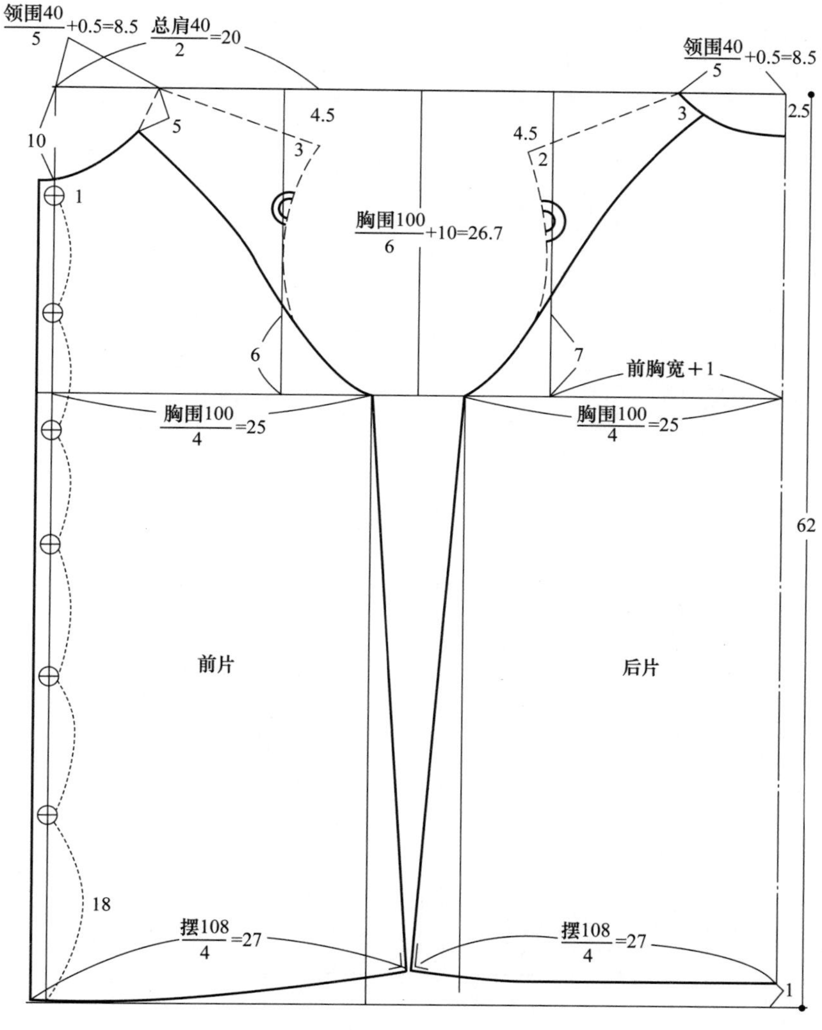

图 11-22 (1)

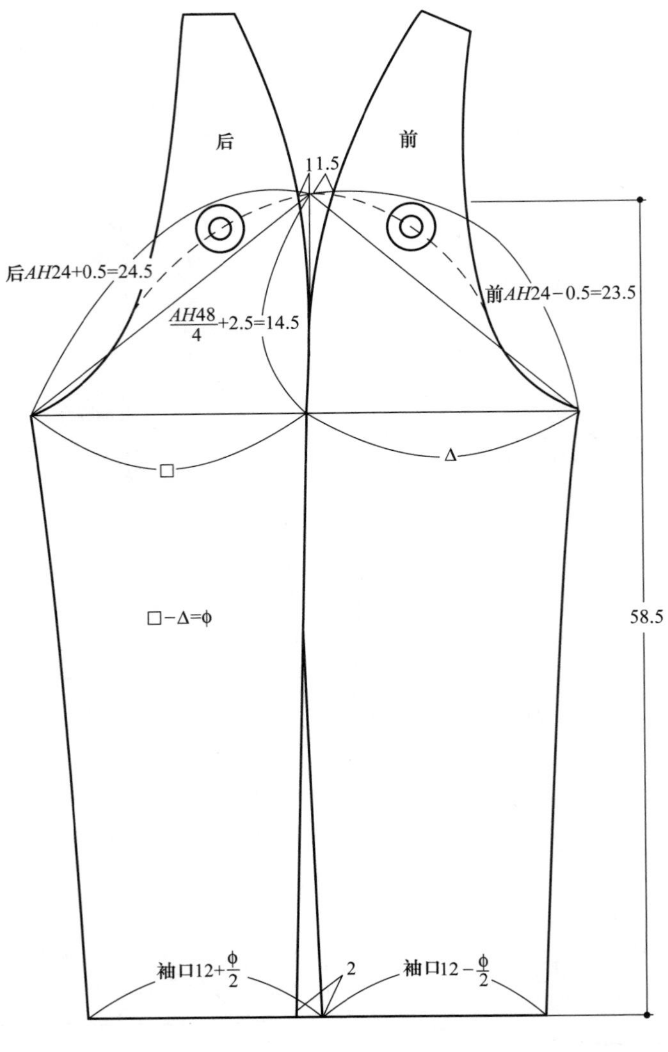
后
前
11.5
后AH24+0.5=24.5
AH48/4+2.5=14.5
前AH24−0.5=23.5
□
Δ
□−Δ=ϕ
58.5
袖口12+ϕ/2
2
袖口12−ϕ/2

图 11-22 (2)

三、取裁片

1. 女插肩袖上衣面布纸样

图 11-23

2. 女插肩袖上衣衬纸样

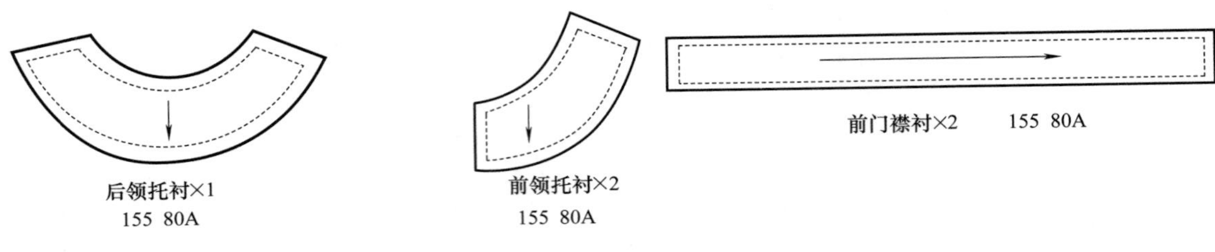

图 11-24

3. 女插肩袖上衣车间工艺纸样

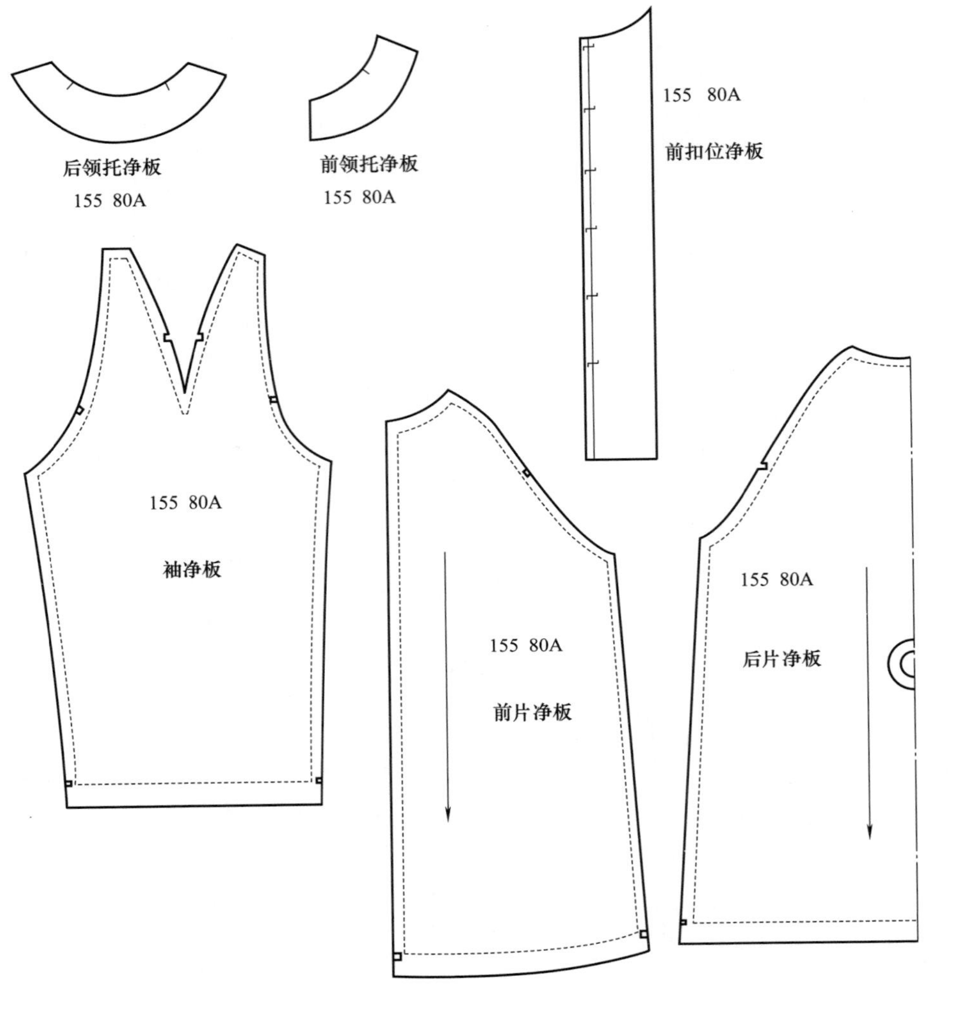

图 11-25

第六节　连衣裙工业纸样

一、样板制造通知单

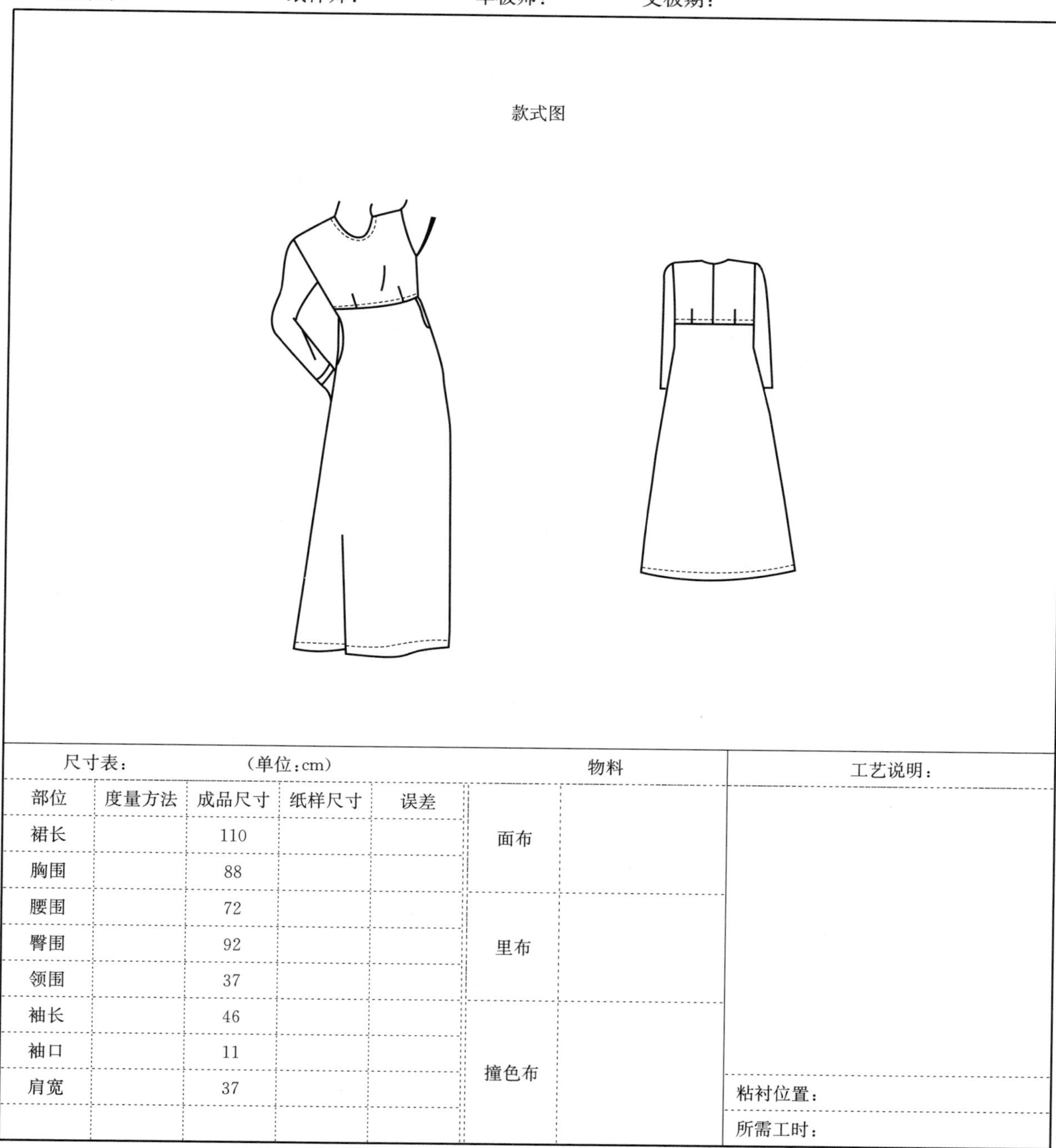

样板制造通知单

设计号：　　款　式：　　尺　码：　　下单期：

设计师：　　纸样师：　　车板师：　　交板期：

款式图

尺寸表：　（单位：cm）

部位	度量方法	成品尺寸	纸样尺寸	误差
裙长		110		
胸围		88		
腰围		72		
臀围		92		
领围		37		
袖长		46		
袖口		11		
肩宽		37		

物料	
面布	
里布	
撞色布	

工艺说明：

粘衬位置：

所需工时：

板房主管：　　日期：

二、结构制图

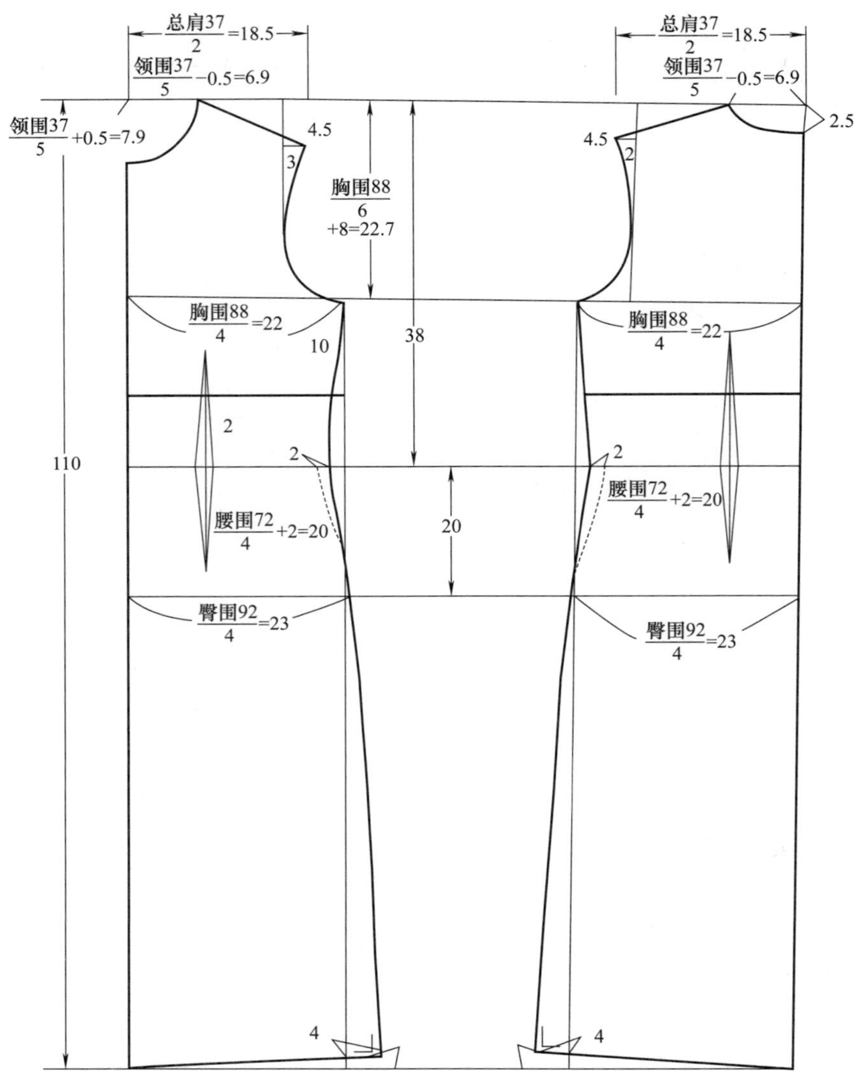

图 11-26 (1)

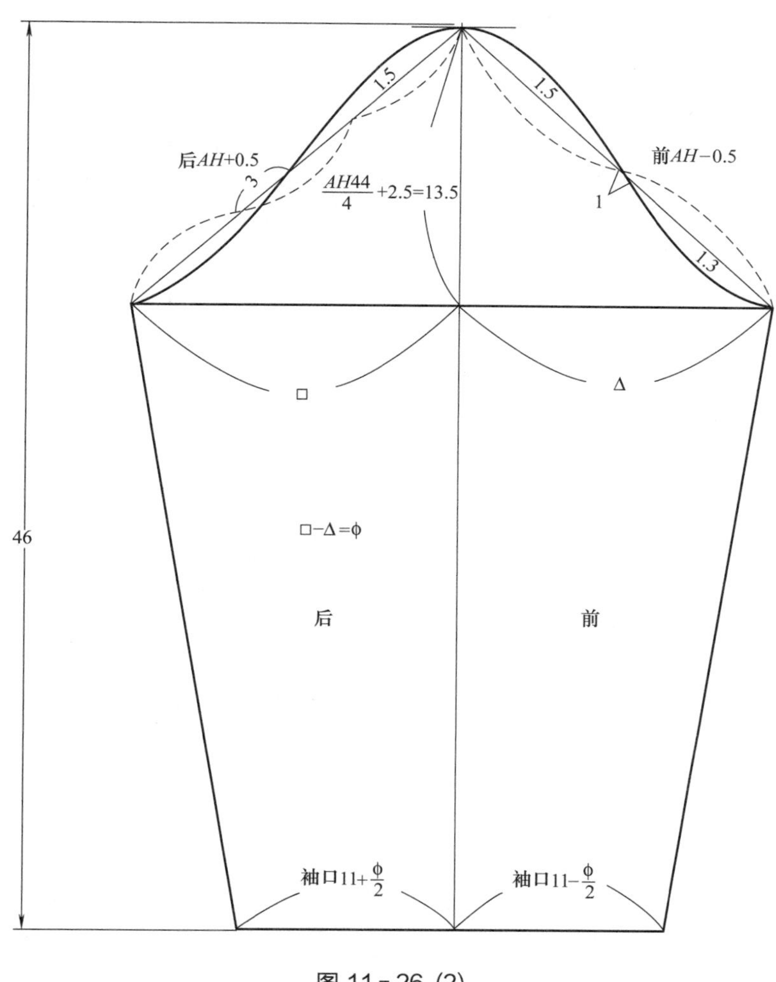

图 11-26 (2)

三、取裁片

1. 连衣裙面布纸样

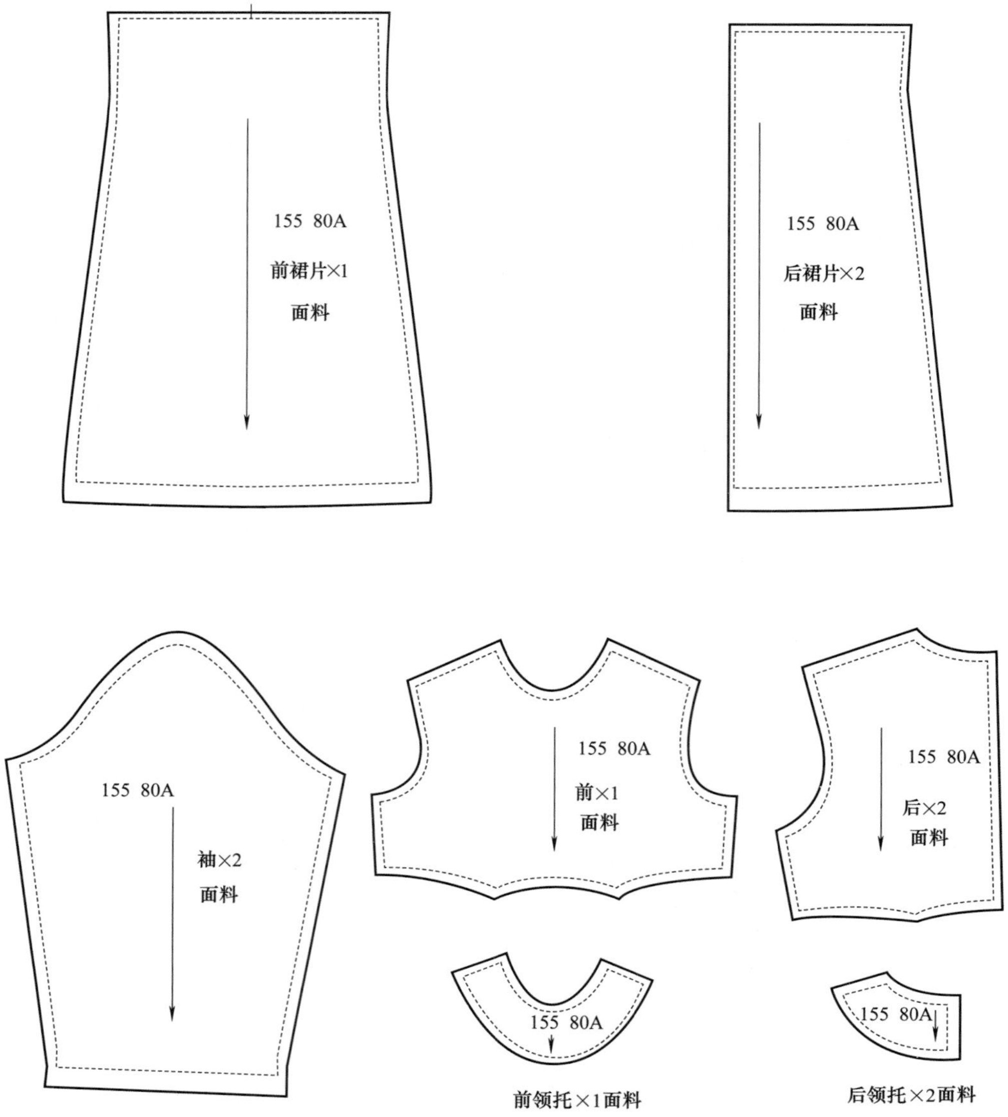

155 80A
前裙片×1
面料
155 80A
后裙片×2
面料
155 80A
袖×2
面料
155 80A
前×1
面料
155 80A
后×2
面料
155 80A
155 80A
前领托×1面料
后领托×2面料

图 11-27

2. 连衣裙衬纸样

衬纸样比面布纸样放缝小 0.2cm。

155/80A
前领托衬×1
155/80A
后领托衬×2

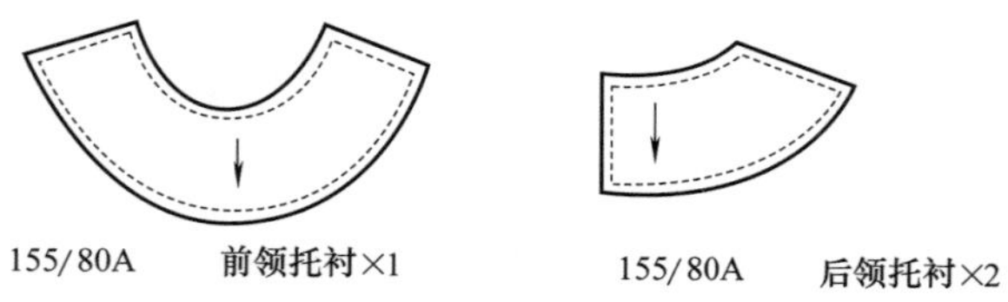

图 11-28

3. 连衣裙车间工艺纸样

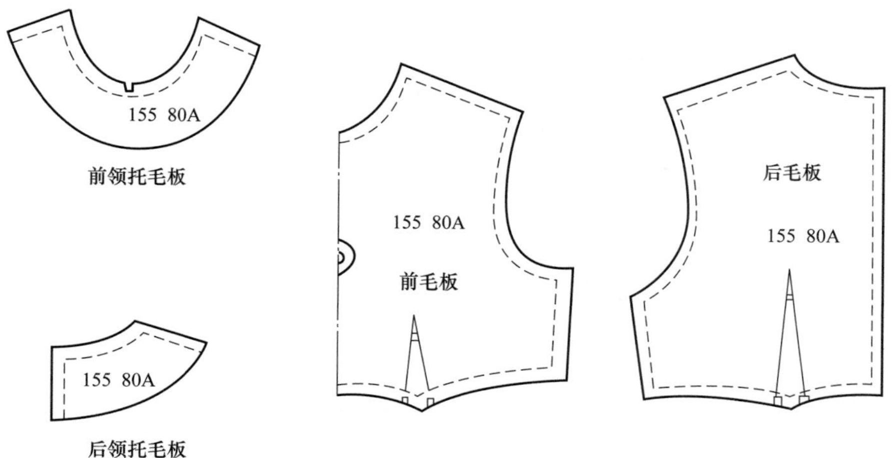

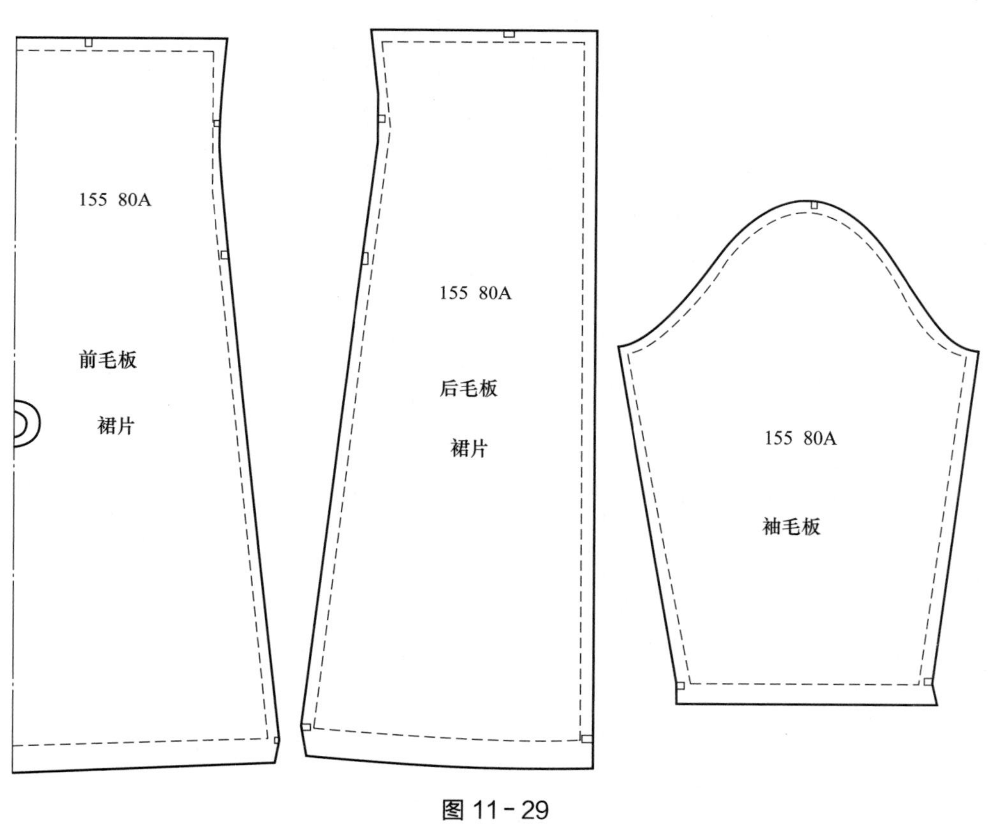

图 11-29

第七节　女西服工业纸样

一、样板制造通知单

样板制造通知单

设计号：　　　　　款　式：　　　　　尺　码：　　　　　下单期：

设计师：　　　　　纸样师：　　　　　车板师：　　　　　交板期：

尺寸表：（单位：cm）					物料		工艺说明：
部位	度量方法	成品尺寸	纸样尺寸	误差	面布		
衣长		67					
胸围		94					
腰围		82			里布		
臀围		102					
背长		37					
袖长		56			撞色布		
袖口		14					
肩宽		41					粘衬位置：
							所需工时：

板房主管：　　　　　　　　日期：

二、结构制图

做纸样前，需先确定衣服的自然缩量（缝缩、烫缩、自然回缩等），女西服一般胸围增加 1.2～2cm，衣长、袖长加 0.5～1cm。

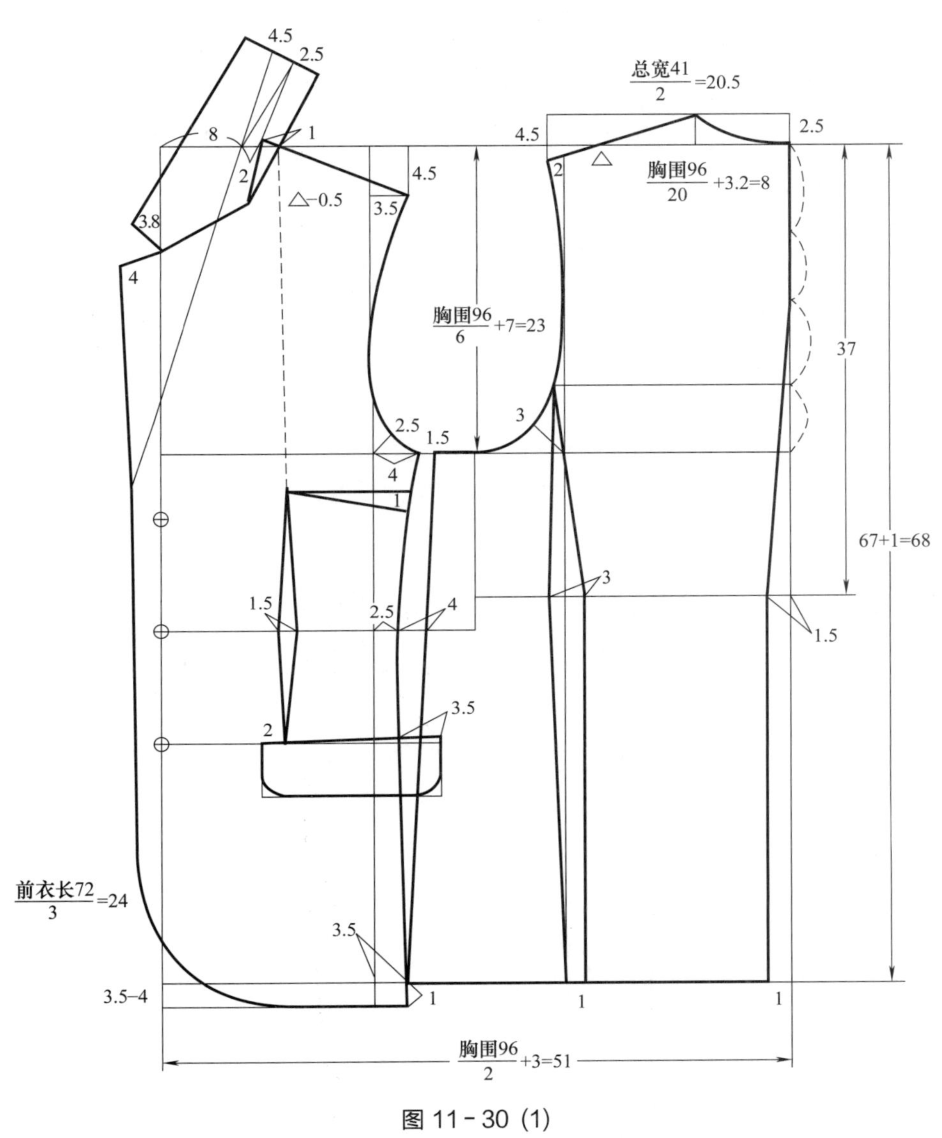

图 11-30（1）

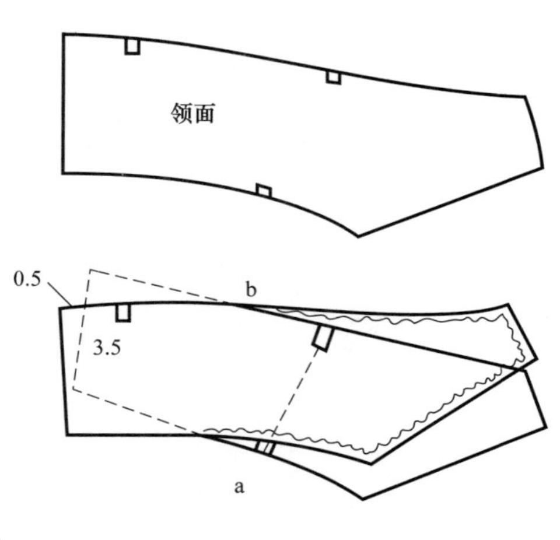

前片转省后

领里转领面：

领面要加吐牙份，一般需要用领里转成领面加松量，在后领中向里进 0.5cm，向上抬 1cm，将转后的领上弧、下弧与原始上弧、下弧交点处修圆顺。

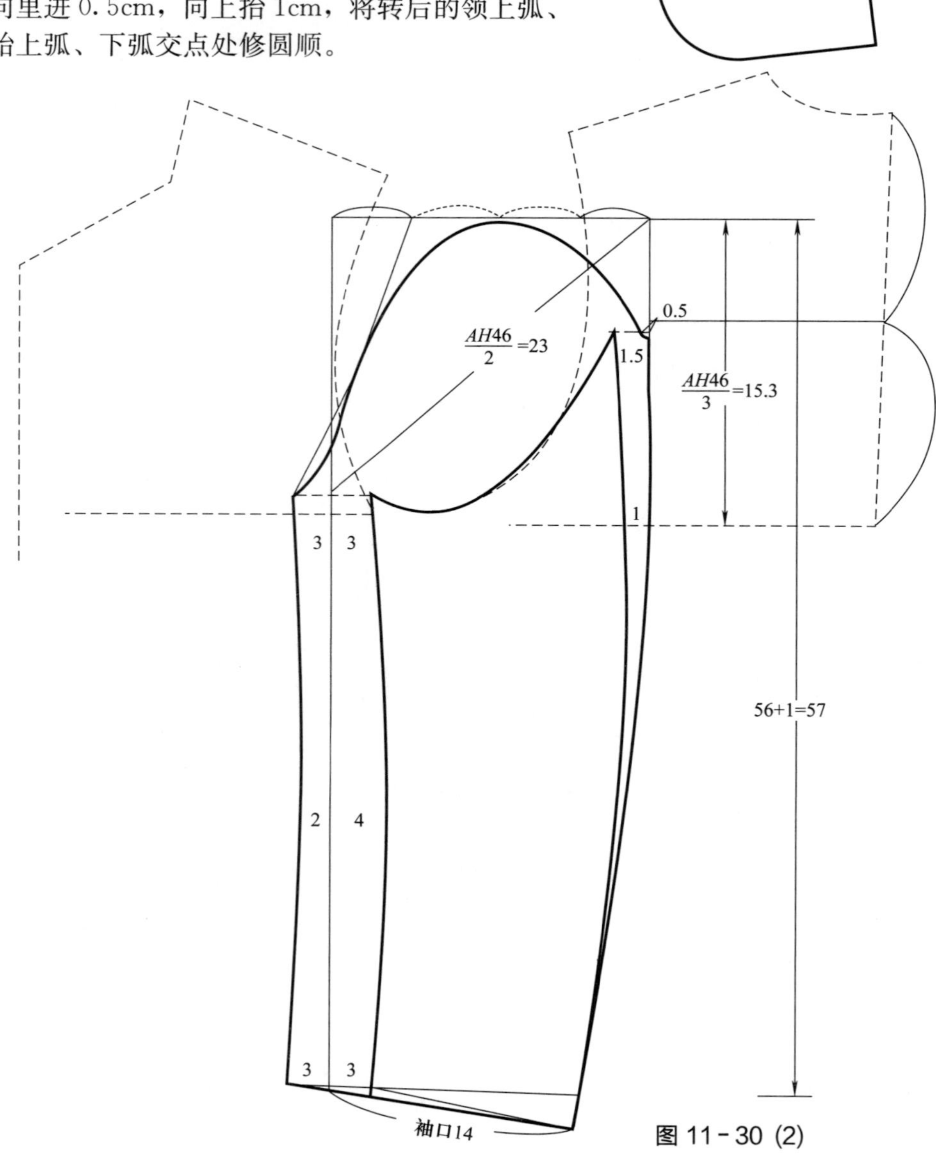

图 11－30 (2)

三、取裁片

1. 女西服面布纸样

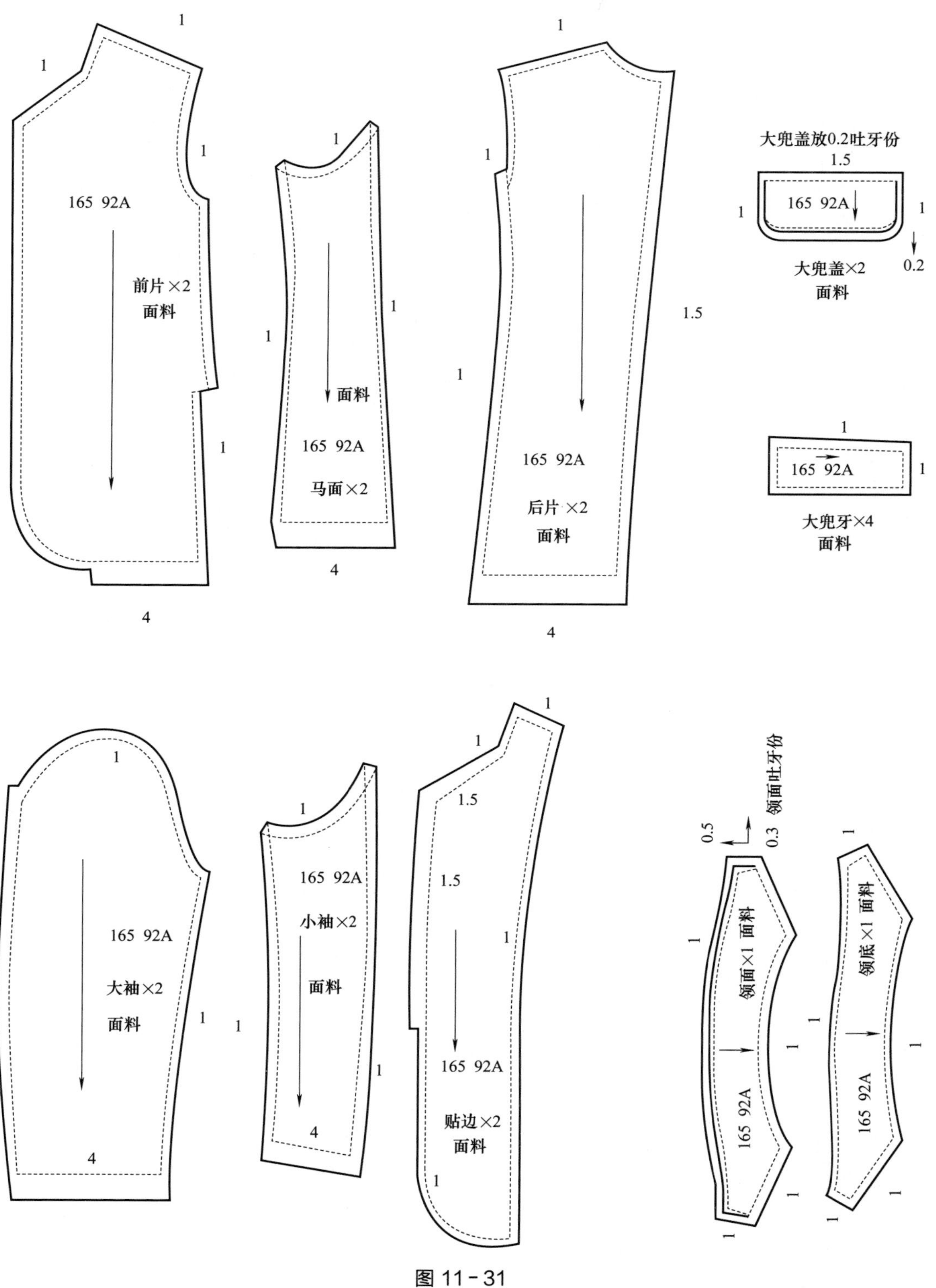

图 11-31

2. 女西服里布纸样

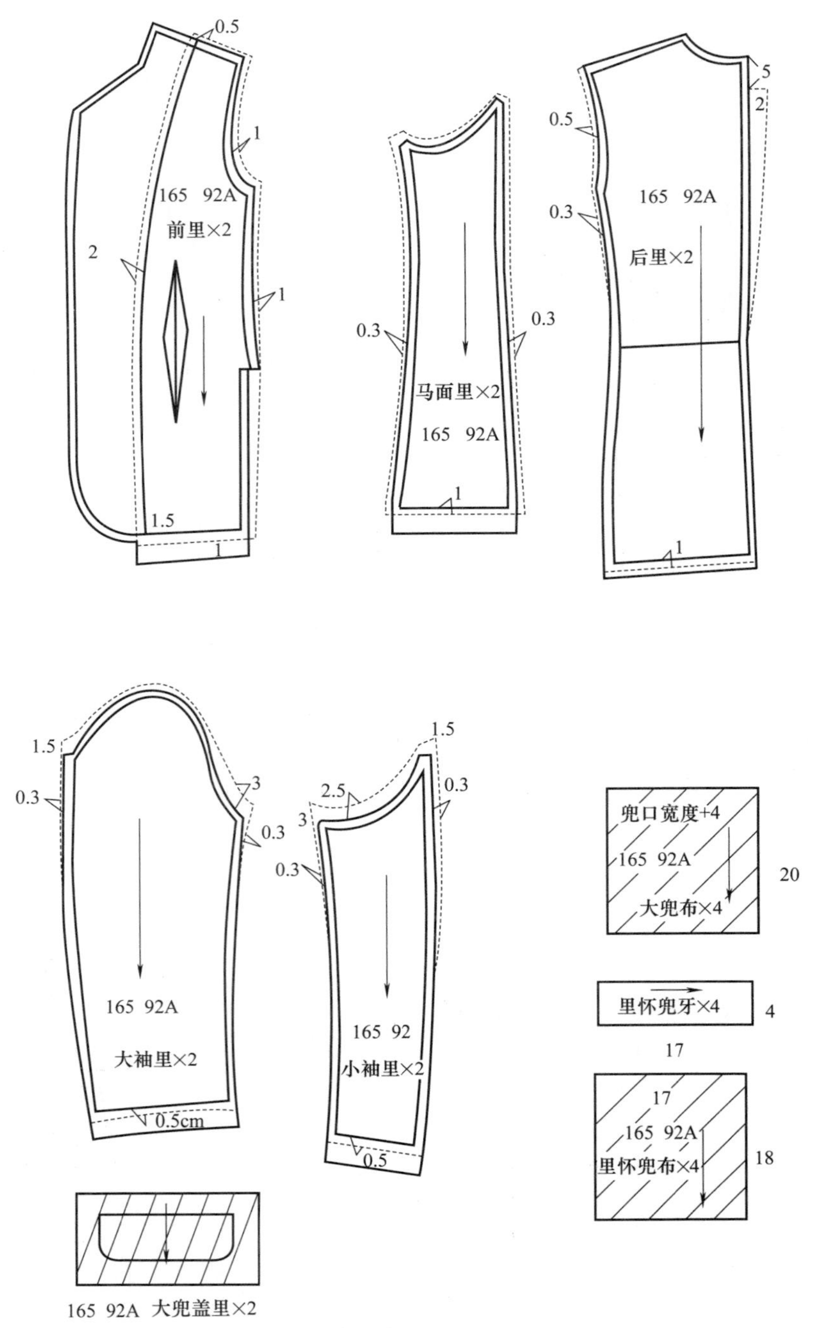

图 11－32

西服前片里子放缝有两种方法：第一种是男西服直腰省量一般为 1cm，这时可将里子两侧腰节处分别去掉 0.5cm，这样前片里子为无省道，这种方法适用于直腰省量小、无胸省的款式。第二种是女西服的直腰省已转入了胸省量，这时直腰省较大，在里子上可将直腰省保留上里子缝。贴边放缝 1cm，袖窿、拼缝处放 1cm 松量，里子肩缝处向上提 0.5cm 为胸部的吃量，底摆处放 0.5cm 为腹部吃量。

后中从上向下量 5cm，向外放 2cm 的宽松量，顺至腰节，袖窿、身肥向外放 0.3cm 松量顺至腰节，底摆向下放 1cm。

大袖片袖山顶向上放 0.5cm，小袖底放 3cm，大小袖肥各向外放 0.3cm，顺至袖肘。大小袖外侧缝向上抬 1.5cm，里侧缝向外放 3cm，袖口按净缝向外放 0.5cm。

3. 女西服衬纸样

衬纸样比面布纸样一周小 0.2cm。

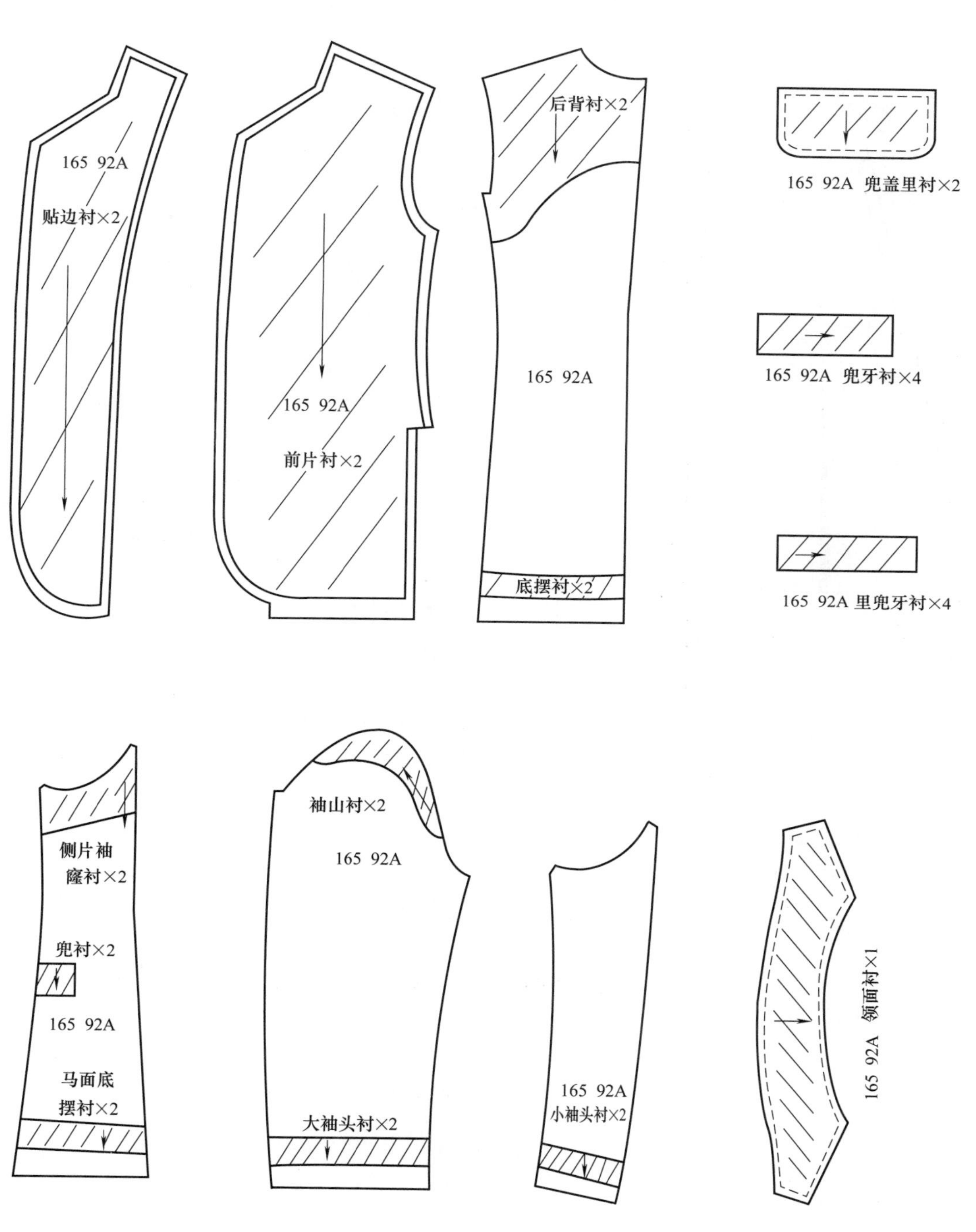

图 11-33

4. 女西服车间工艺纸样

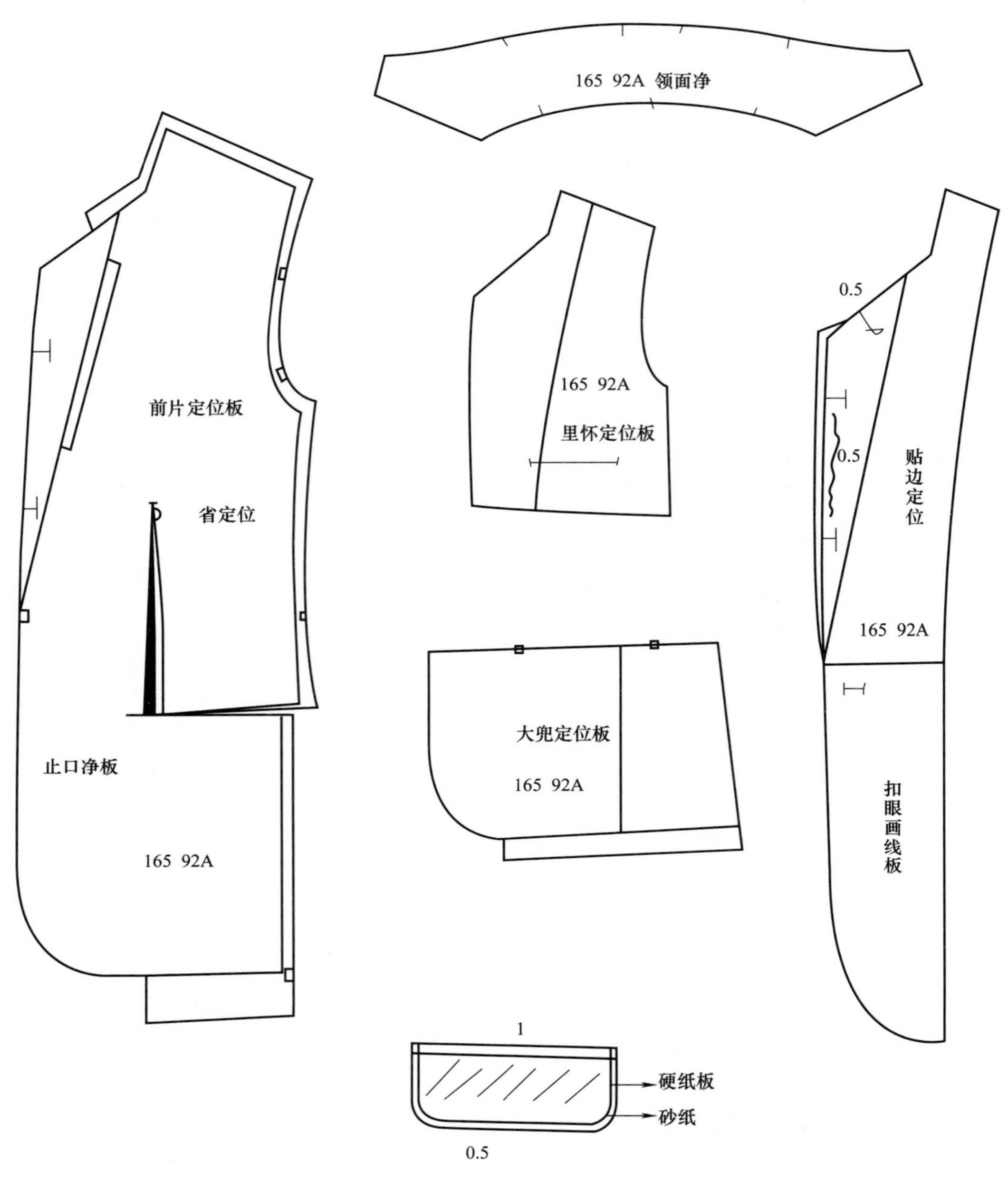

165 92A 大兜盖砂纸板

图 11-34

第八节　女风衣工业纸样

一、样板制造通知单

样板制造通知单

设计号：　　　　款　式：　　　　尺　码：　　　　下单期：

设计师：　　　　纸样师：　　　　车板师：　　　　交板期：

款式图

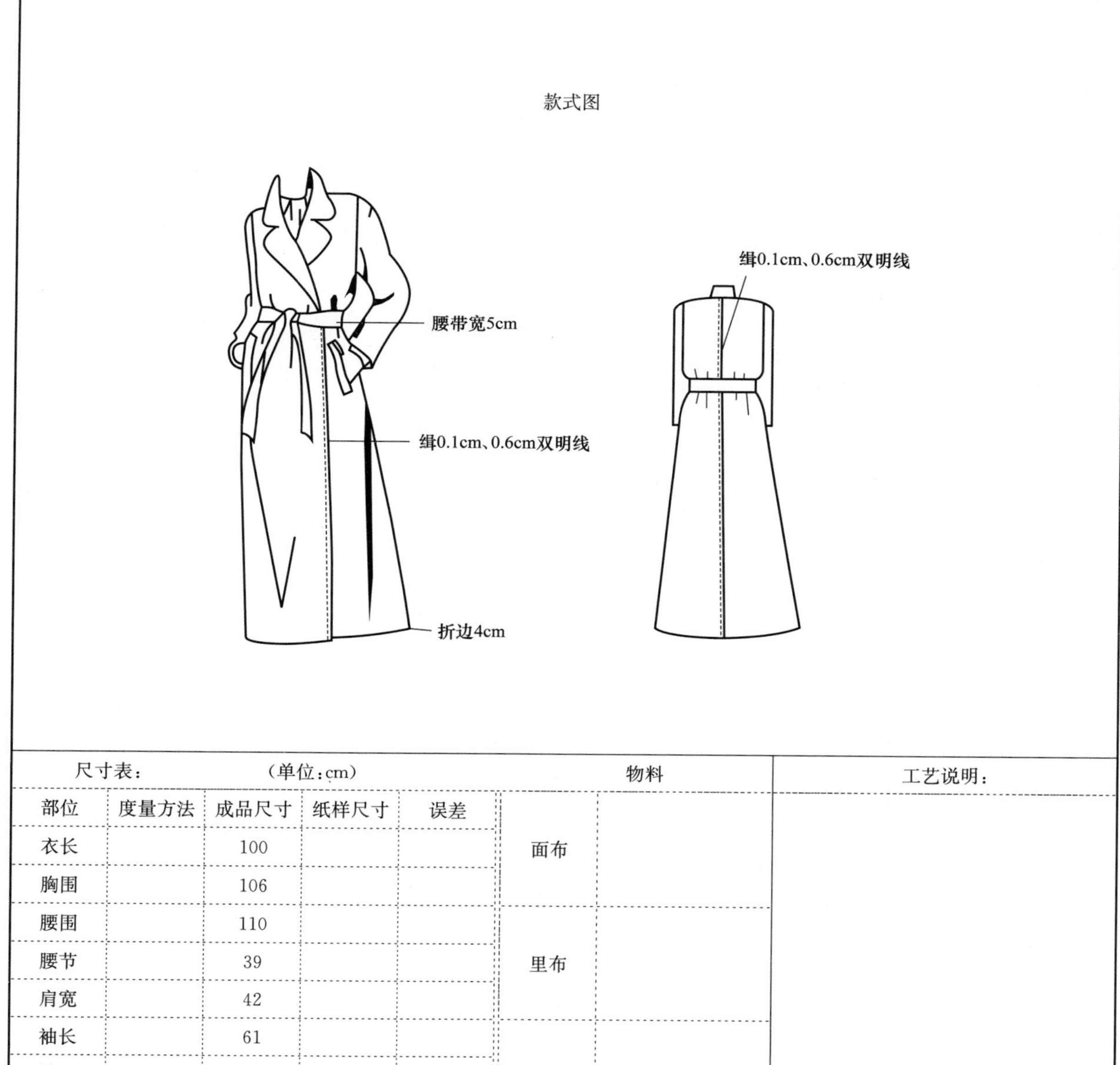

尺寸表：	（单位：cm）				物料		工艺说明：
部位	度量方法	成品尺寸	纸样尺寸	误差			
衣长		100			面布		
胸围		106					
腰围		110					
腰节		39			里布		
肩宽		42					
袖长		61					
袖口		14			撞色布		
							粘衬位置：
							所需工时：

板房主管：　　　　日期：

二、结构制图

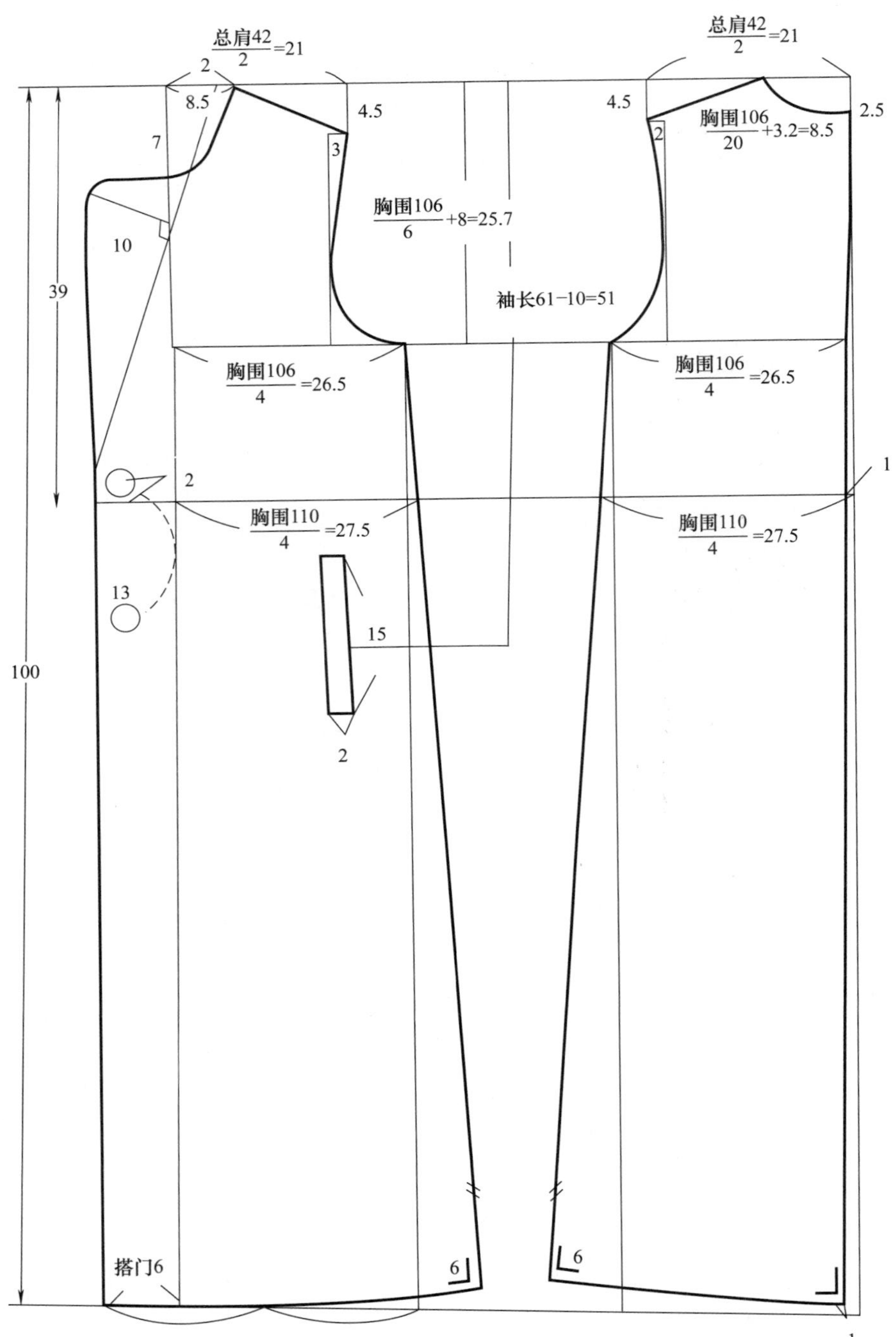

图 11-35 (1)

注：领面的松量一般由面料来确定，面料薄一点的可以少放些，厚一点的可多放些。

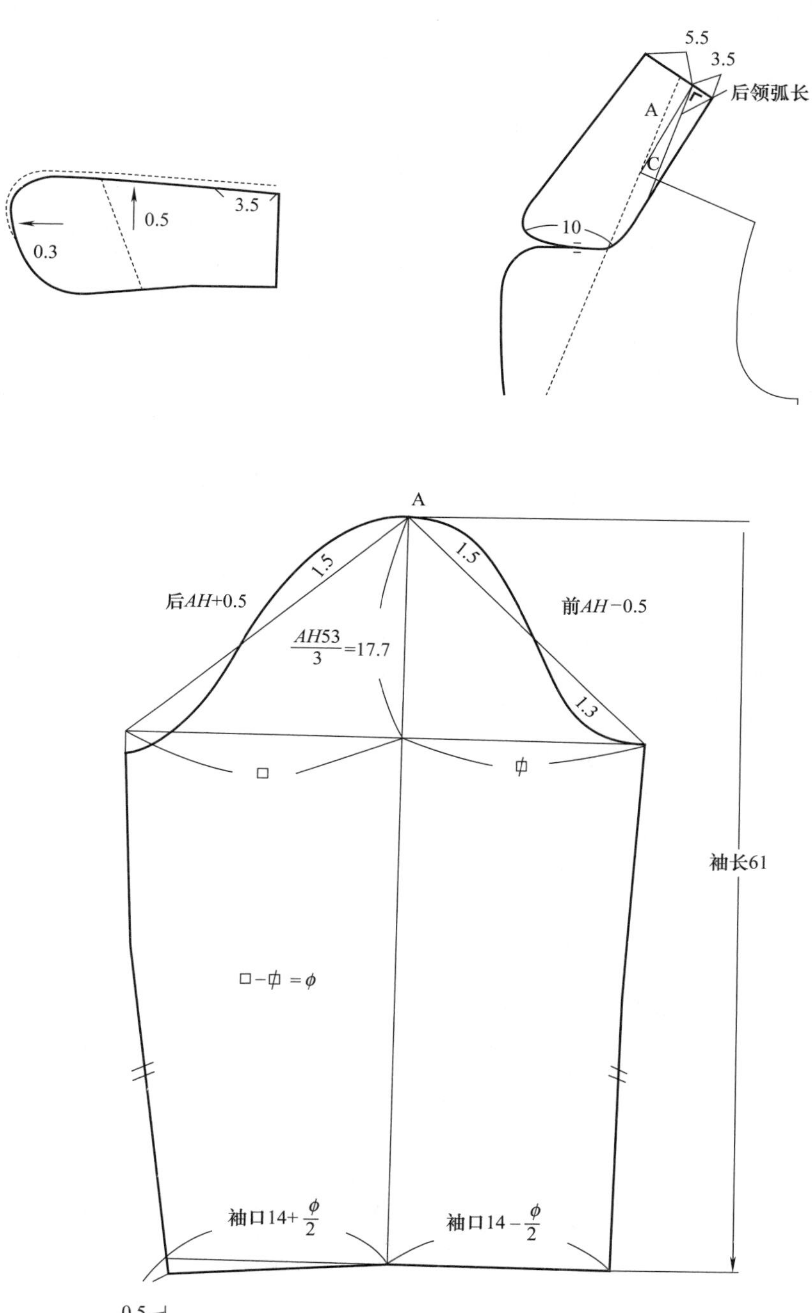

图 11 - 35 (2)

三、取裁片

1. 女风衣面布纸样

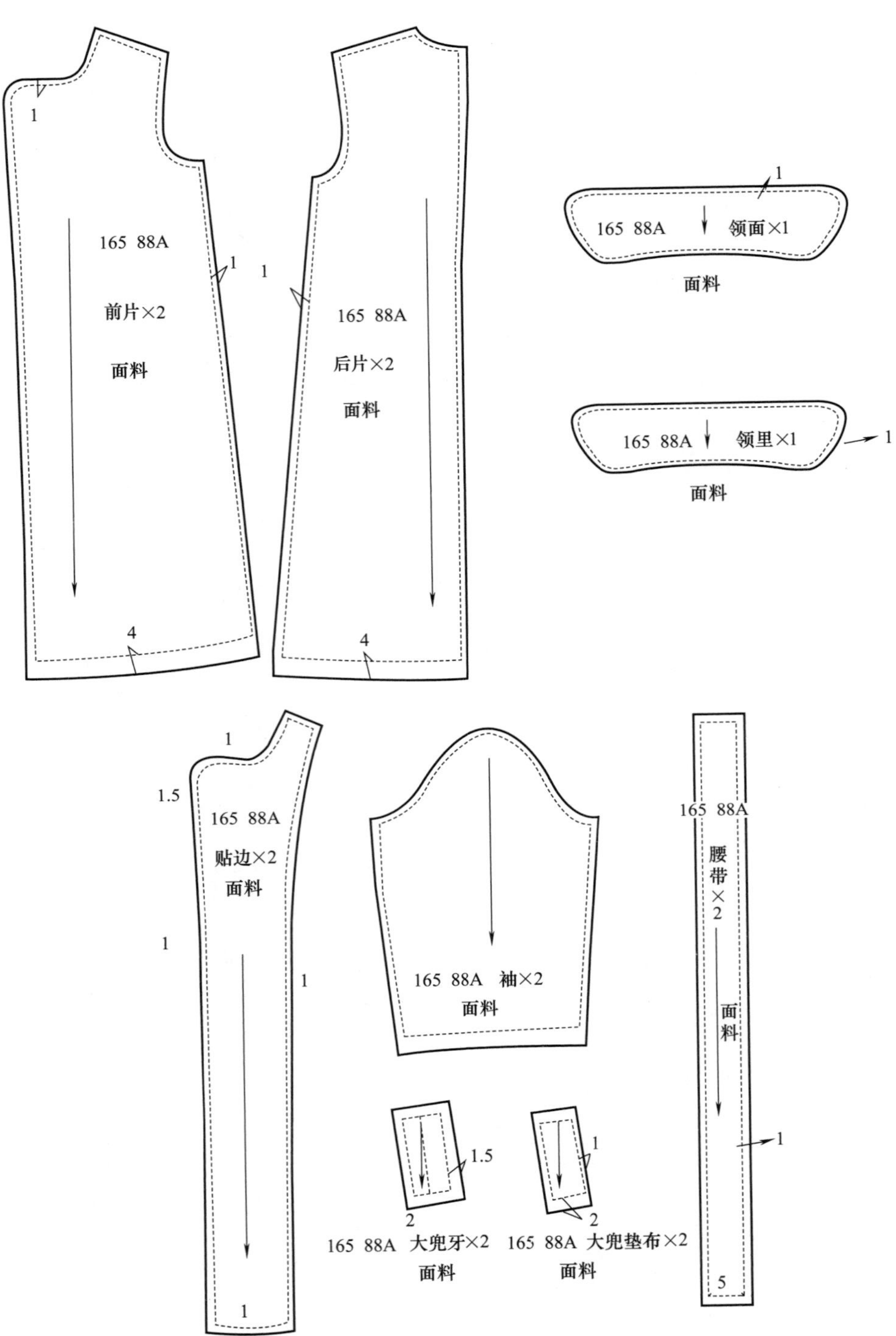

图 11-36

2. 女风衣里布纸样

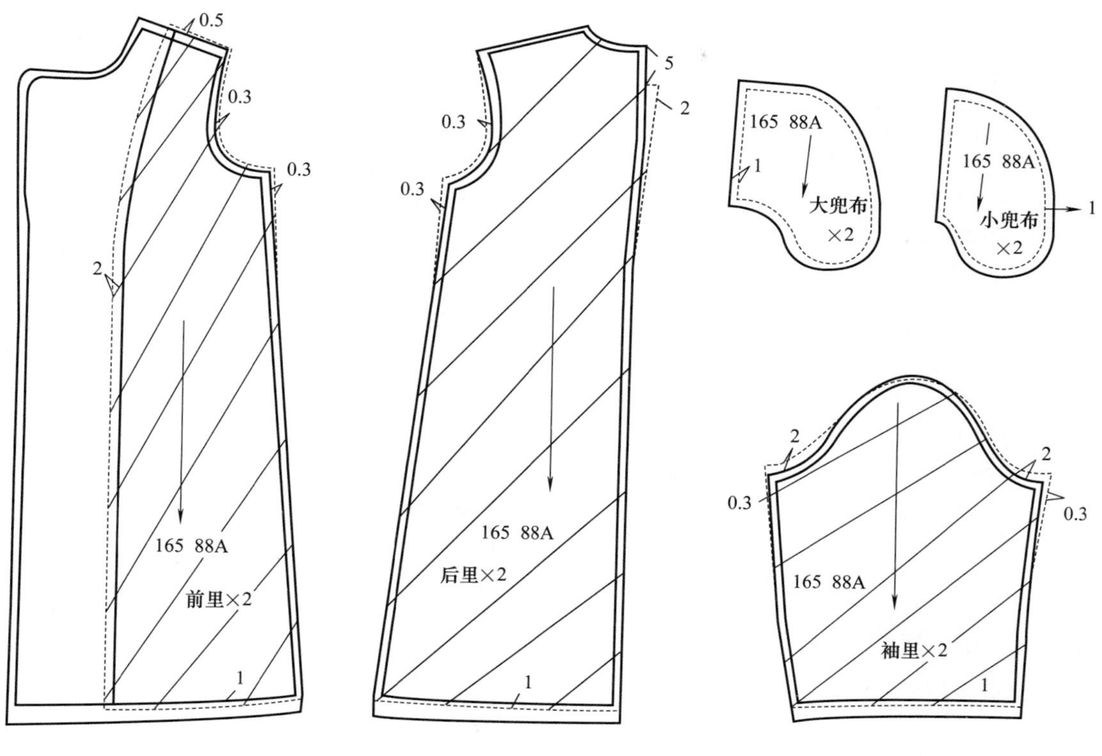

图 11-37

3. 女风衣车间工艺纸样

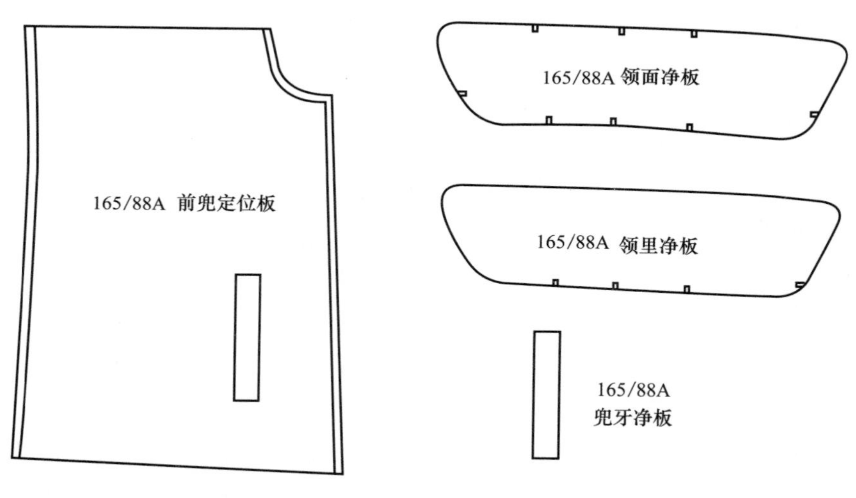

图 11-38

第九节　男西裤工业纸样

一、样板制造通知单

样板制造通知单

设计号：　　　　款　式：　　　　尺　码：　　　　下单期：

设计师：　　　　纸样师：　　　　车板师：　　　　交板期：

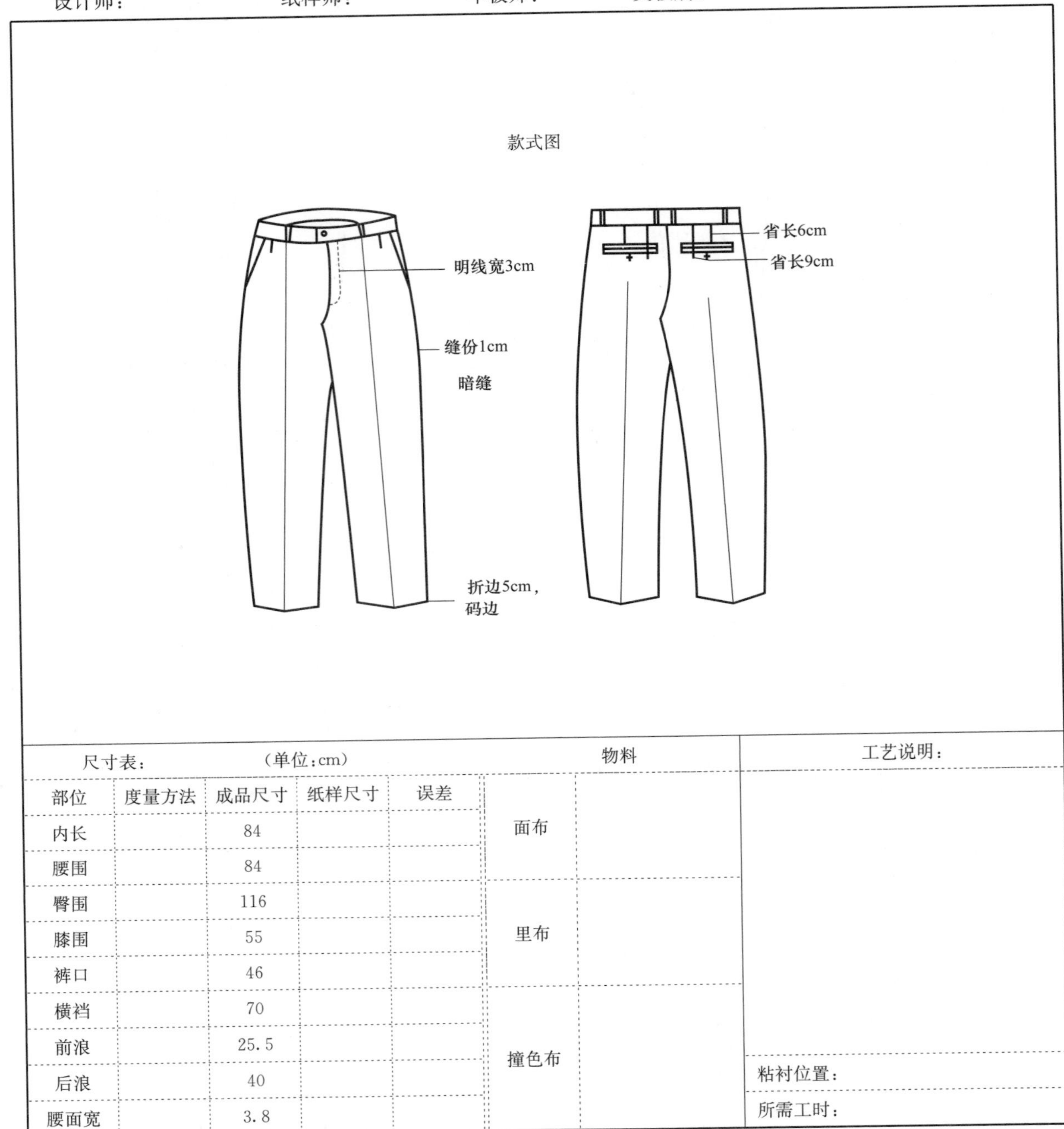

尺寸表：（单位：cm）

部位	度量方法	成品尺寸	纸样尺寸	误差
内长		84		
腰围		84		
臀围		116		
膝围		55		
裤口		46		
横裆		70		
前浪		25.5		
后浪		40		
腰面宽		3.8		

物料	
面布	
里布	
撞色布	

工艺说明：

粘衬位置：

所需工时：

板房主管：　　　　日期：

二、结构制图

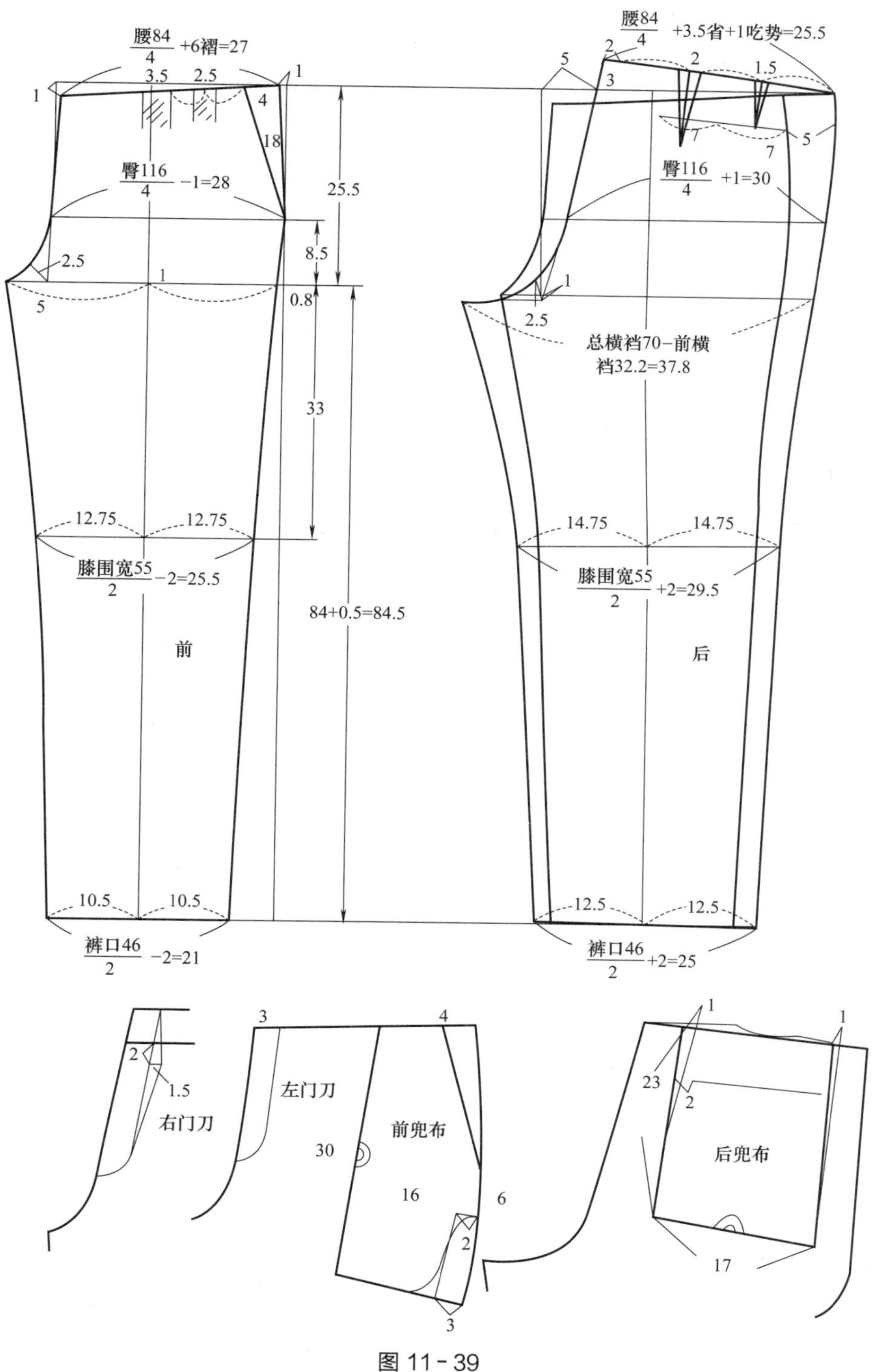

腰84/4 +6褶=27
3.5
2.5
1
4
18
臀116/4 −1=28
25.5
8.5
2.5
1
5
0.8
33
12.75
12.75
膝围宽55/2 −2=25.5
84+0.5=84.5
前
10.5
10.5
裤口46/2 −2=21
腰84/4 +3.5省+1吃势=25.5
2
5
3
2
1.5
7
7
5
臀116/4 +1=30
1
2.5
总横裆70−前横裆32.2=37.8
14.75
14.75
膝围宽55/2 +2=29.5
后
12.5
12.5
裤口46/2 +2=25
2
1.5
右门刀
3
4
左门刀
前兜布
30
16
6
2
3
1
1
23
2
后兜布
17

图 11-39

三、取裁片

1. 男西裤面布纸样

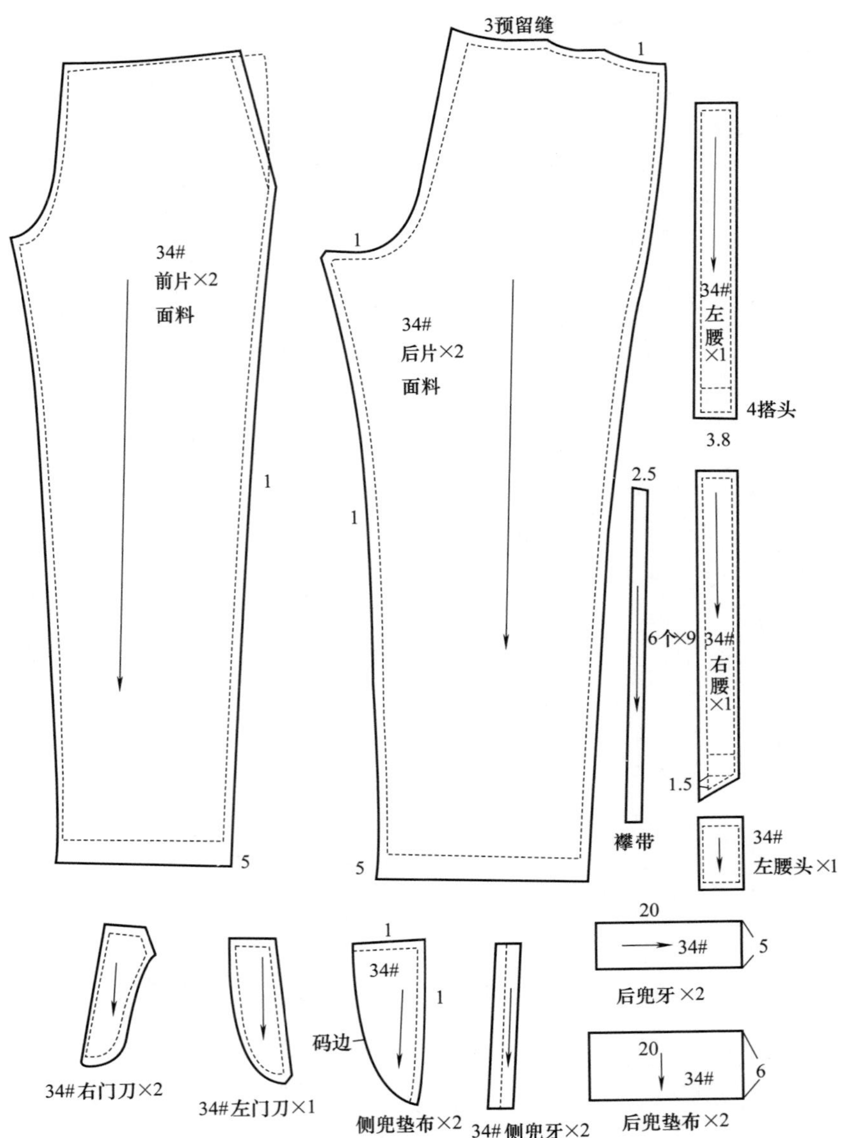

图 11-40

2. 男西裤辅料纸样

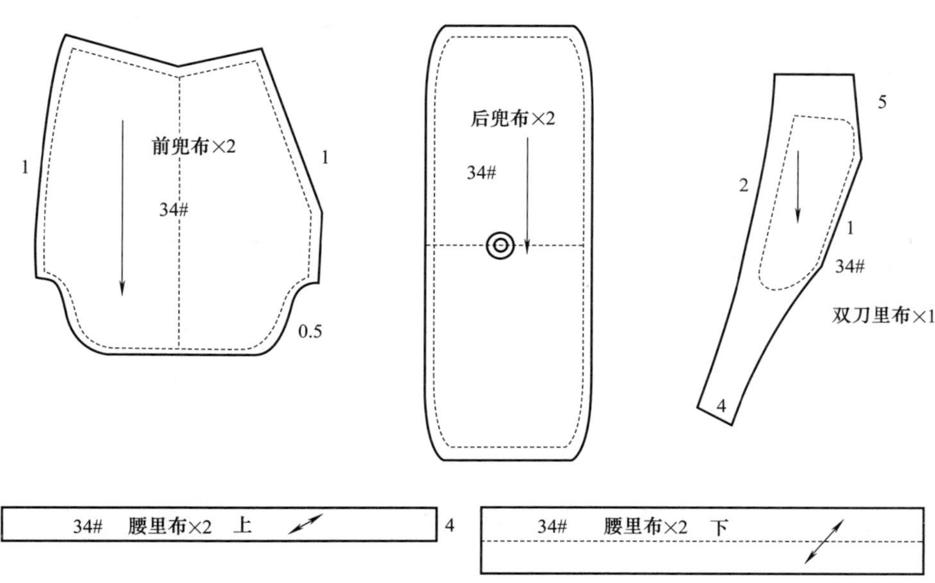

图 11-41

3. 男西裤衬纸样

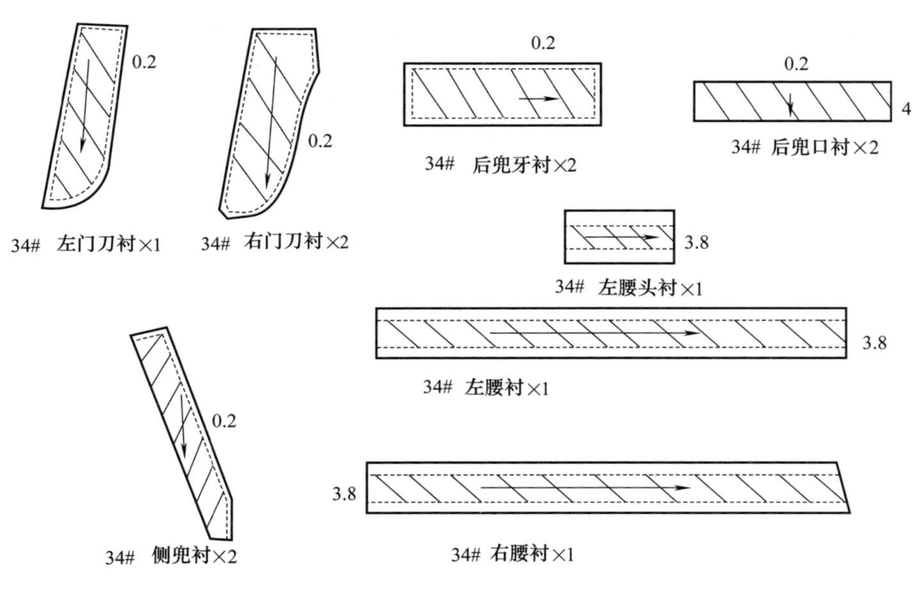

图 11-42

4. 男西裤车间工艺纸样

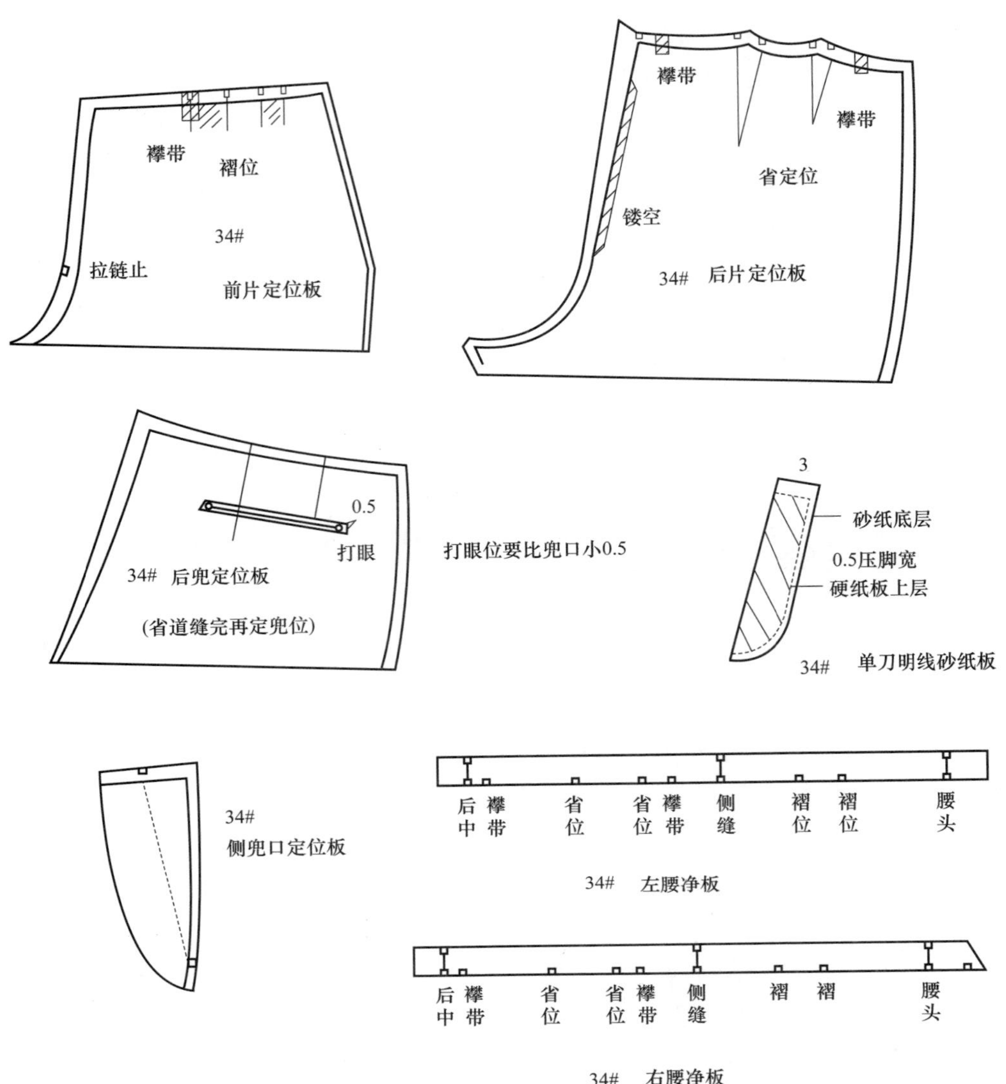

图 11-43

第十节　男衬衫工业纸样

一、样板制造通知单

样板制造通知单

设计号：　　　　款　式：　　　　尺　码：　　　　下单期：

设计师：　　　　纸样师：　　　　车板师：　　　　交板期：

尺寸表：　　（单位：cm）

部位	度量方法	成品尺寸	纸样尺寸	误差
衣长		74		
胸围		116		
领围		41		
肩宽		46.4		
腰节		41.2		
袖长		59		
袖口		24		

物料	
面布	
里布	
撞色布	

工艺说明：

粘衬位置：

所需工时：

板房主管：　　　　　　日期：

二、 结构制图

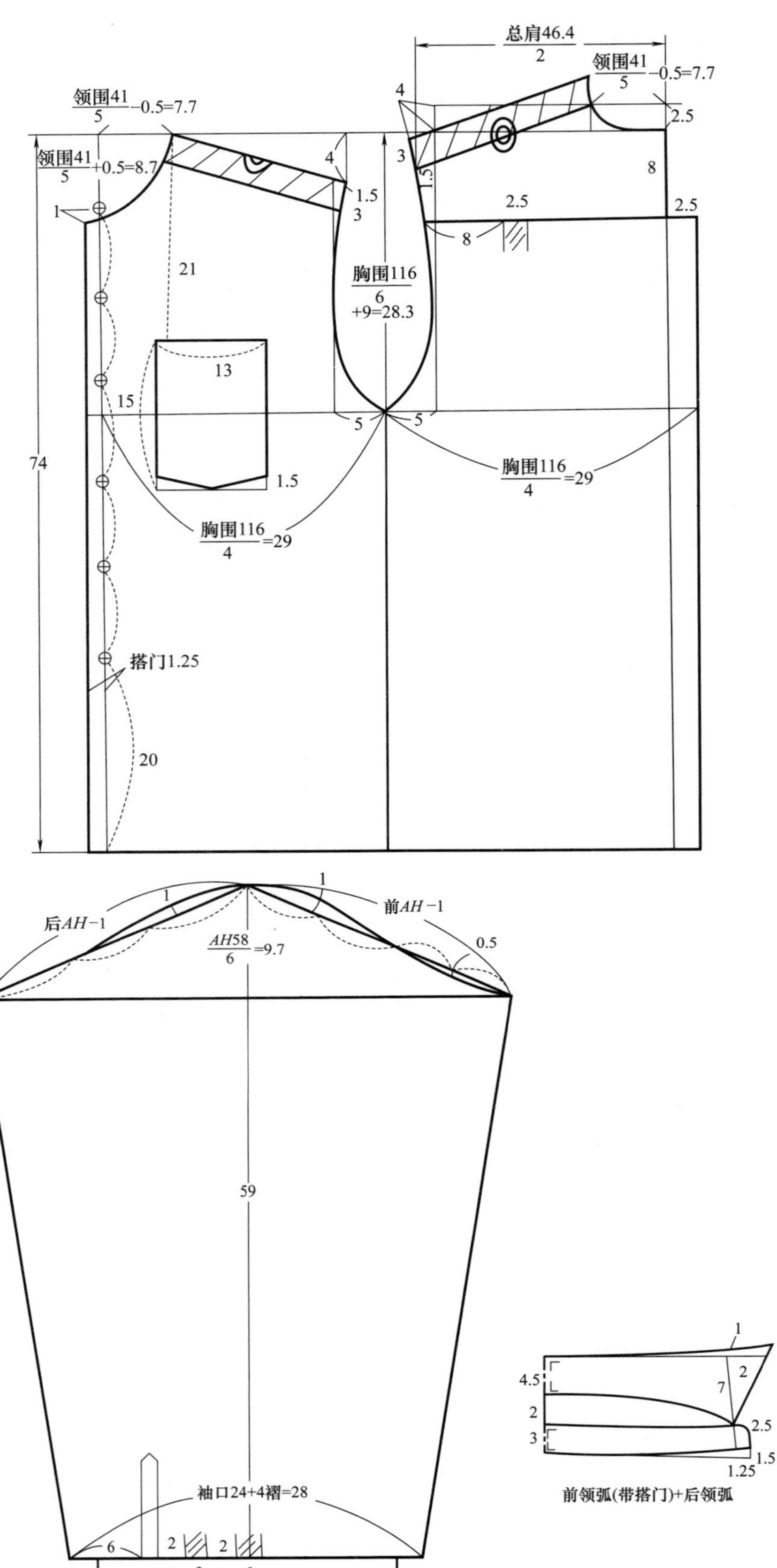

总肩46.4/2
领围41/5 −0.5=7.7
领围41/5 −0.5=7.7
领围41/5 +0.5=8.7
4
3
1.5
2.5
8
2.5
2.5
8
4
1.5
3
1
21
胸围116/6 +9=28.3
13
15
5
5
74
胸围116/4 =29
1.5
胸围116/4 =29
搭门1.25
20
后AH −1
1
AH58/6 =9.7
1
前AH −1
0.5
59
袖口24+4褶=28
6
2
2
2
2
4.5
24
1
4.5
2
7
2
2.5
3
1.5
1.25
前领弧(带搭门)+后领弧

图 11-44

三、取裁片

1. 男衬衫面布纸样

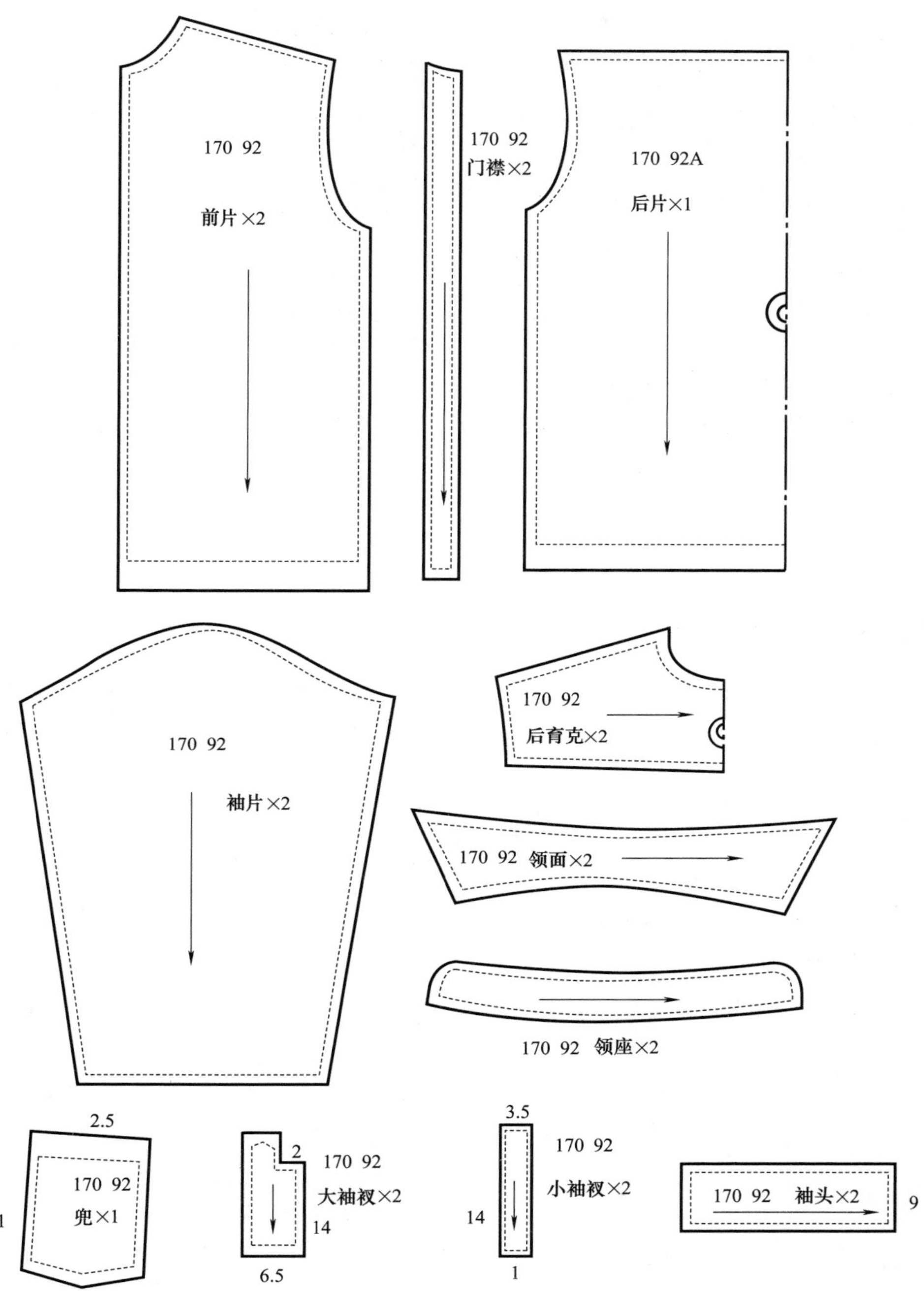

图 11-45

2. 男衬衫衬纸样

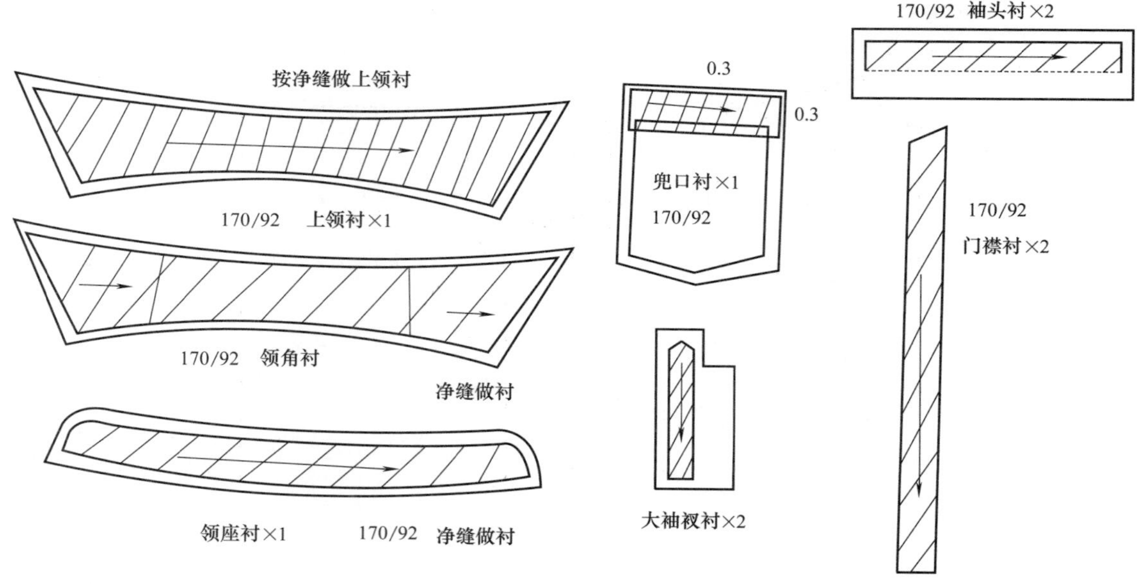

图 11-46

3. 男衬衫车间工艺纸样

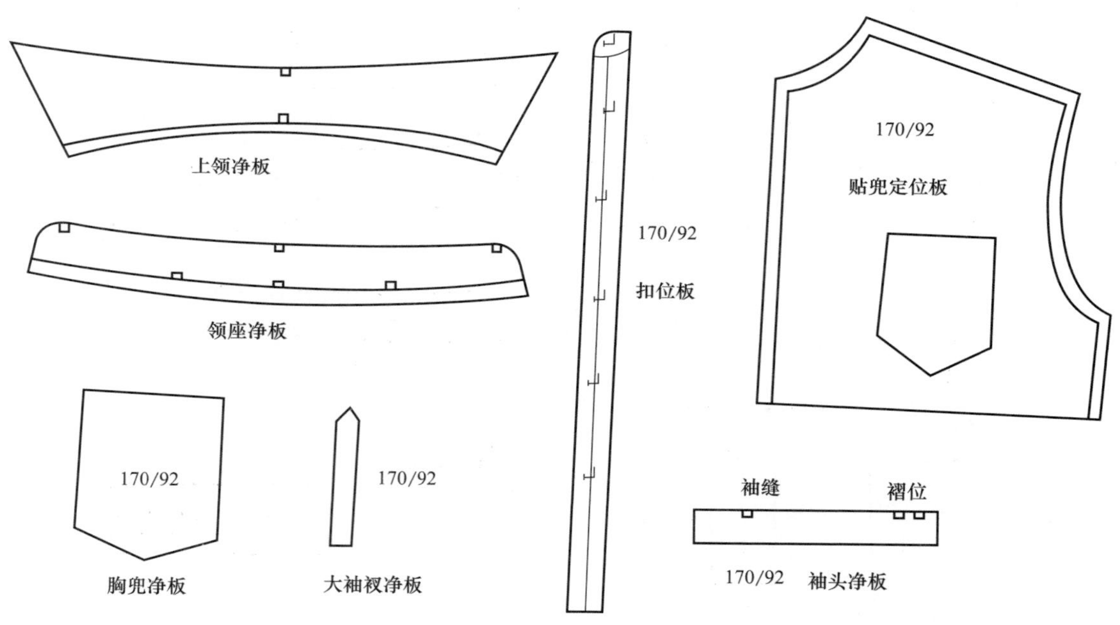

图 11-47

第十一节 男夹克工业纸样

一、样板制造通知单

样板制造通知单

设计号： 款　式： 尺　码： 下单期：

设计师： 纸样师： 车板师： 交板期：

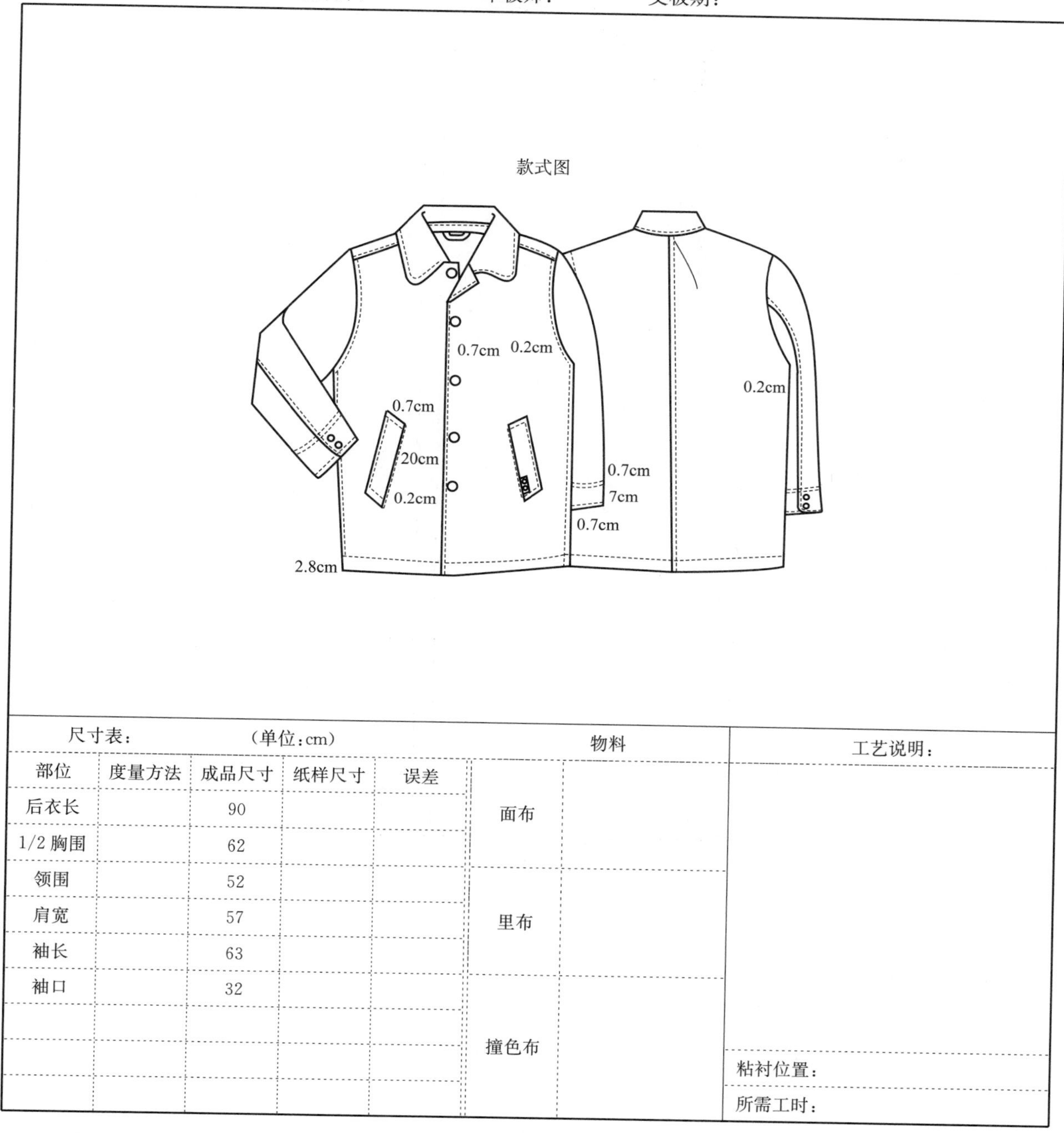

尺寸表： （单位：cm）

部位	度量方法	成品尺寸	纸样尺寸	误差
后衣长		90		
1/2 胸围		62		
领围		52		
肩宽		57		
袖长		63		
袖口		32		

物料	
面布	
里布	
撞色布	

工艺说明：
粘衬位置：
所需工时：

板房主管： 日期：

二、结构制图

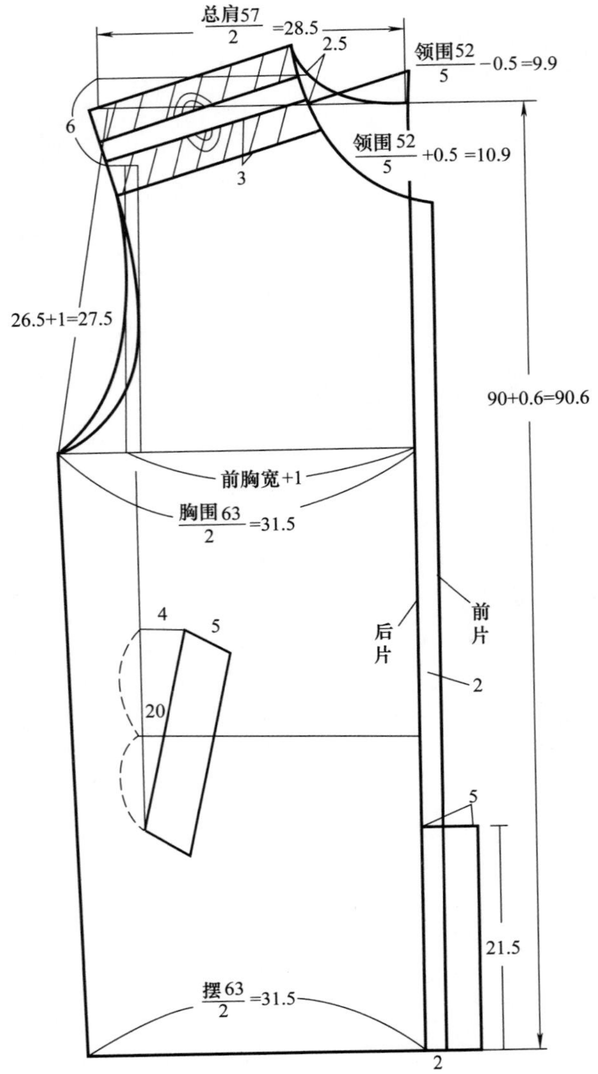

图 11-48 (1)

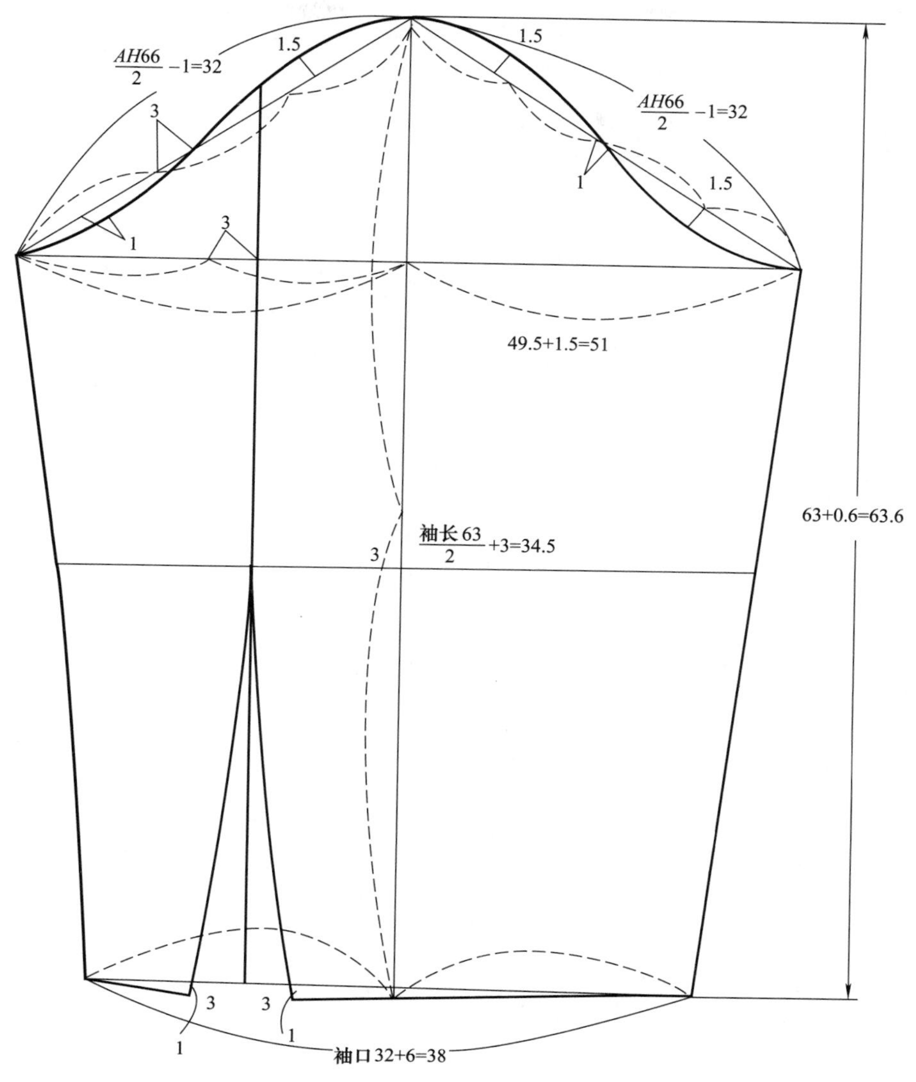

$\frac{AH66}{2}-1=32$
1.5
1.5
$\frac{AH66}{2}-1=32$
3
1
1
3
1.5
49.5+1.5=51
63+0.6=63.6
$\frac{袖长63}{2}+3=34.5$
3
3
3
1
1
袖口32+6=38

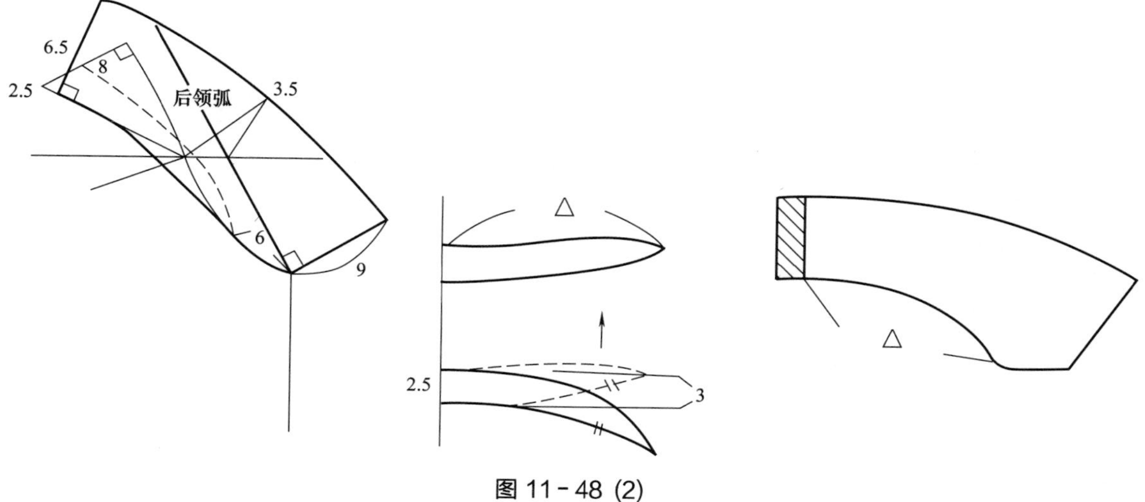

6.5
8
2.5
后领弧
3.5
6
9
△
2.5
3
△

图 11-48 (2)

三、取裁片

1. 男夹克面布纸样

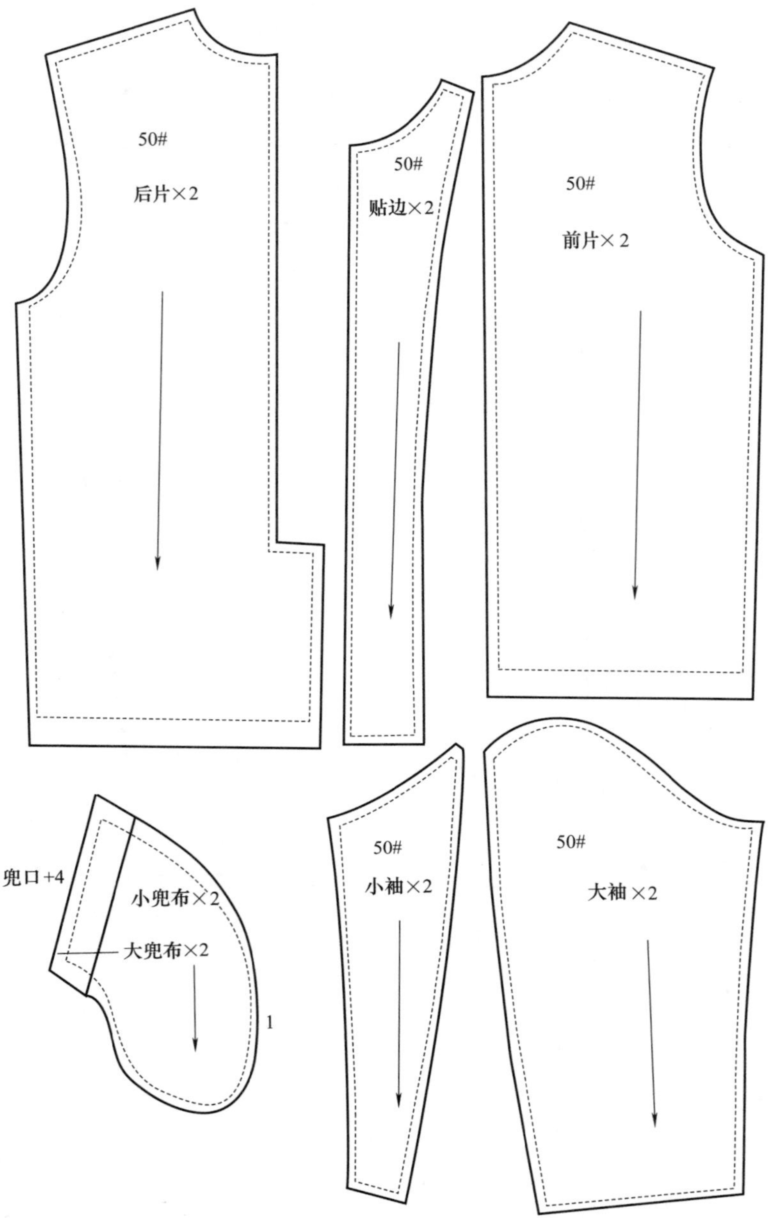

图 11-49 (1)

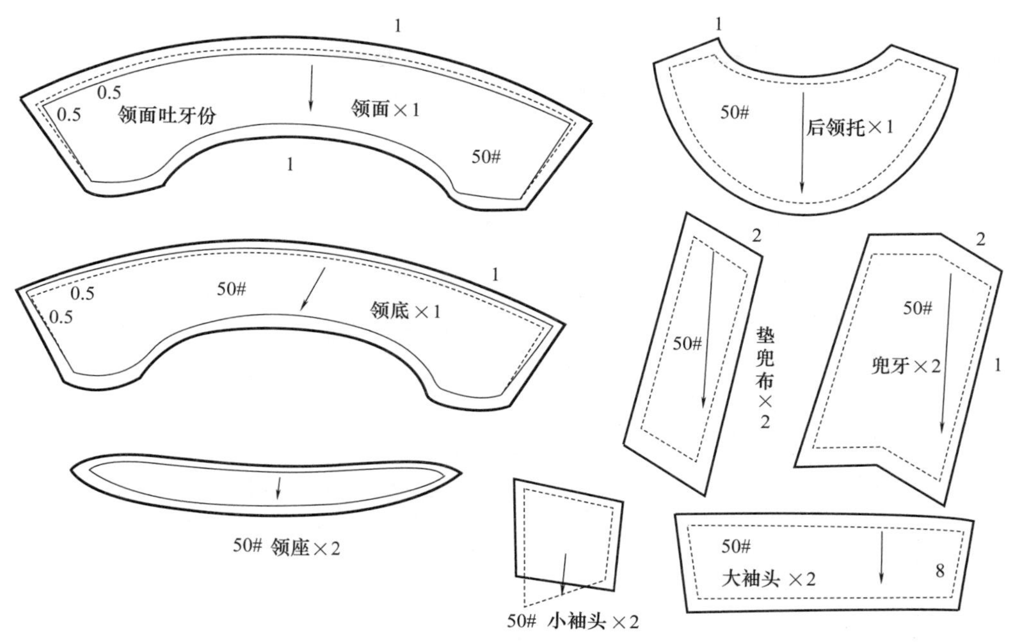

图 11-49 (2)

2. 男夹克里布纸样

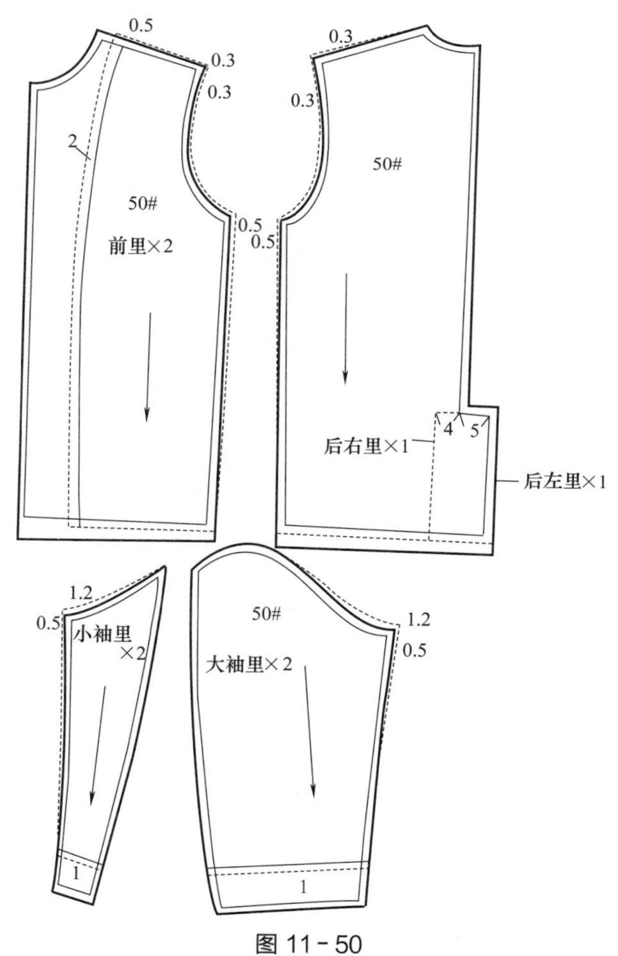

图 11-50

3. 男夹克衬纸样

衬纸样比面布纸样小 0.2cm。

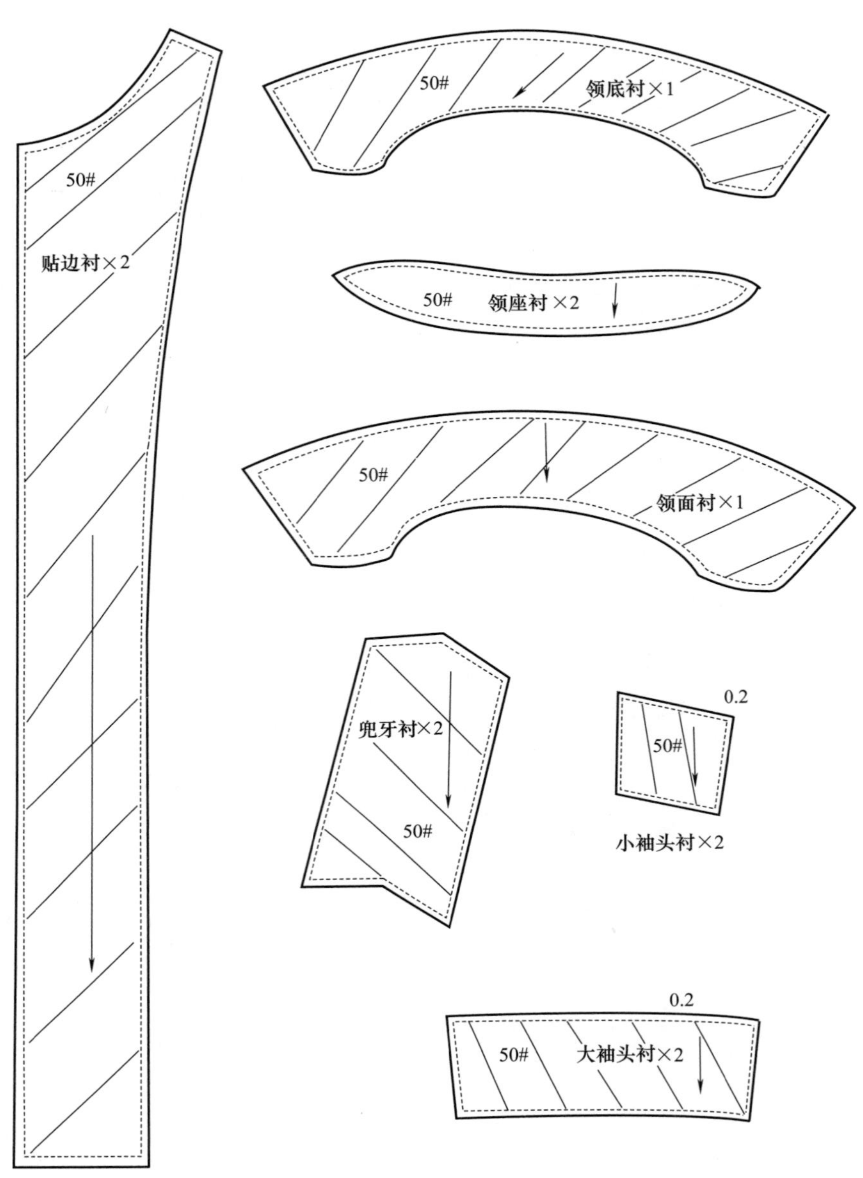

图 11-51

4. 男夹克车间工艺纸样

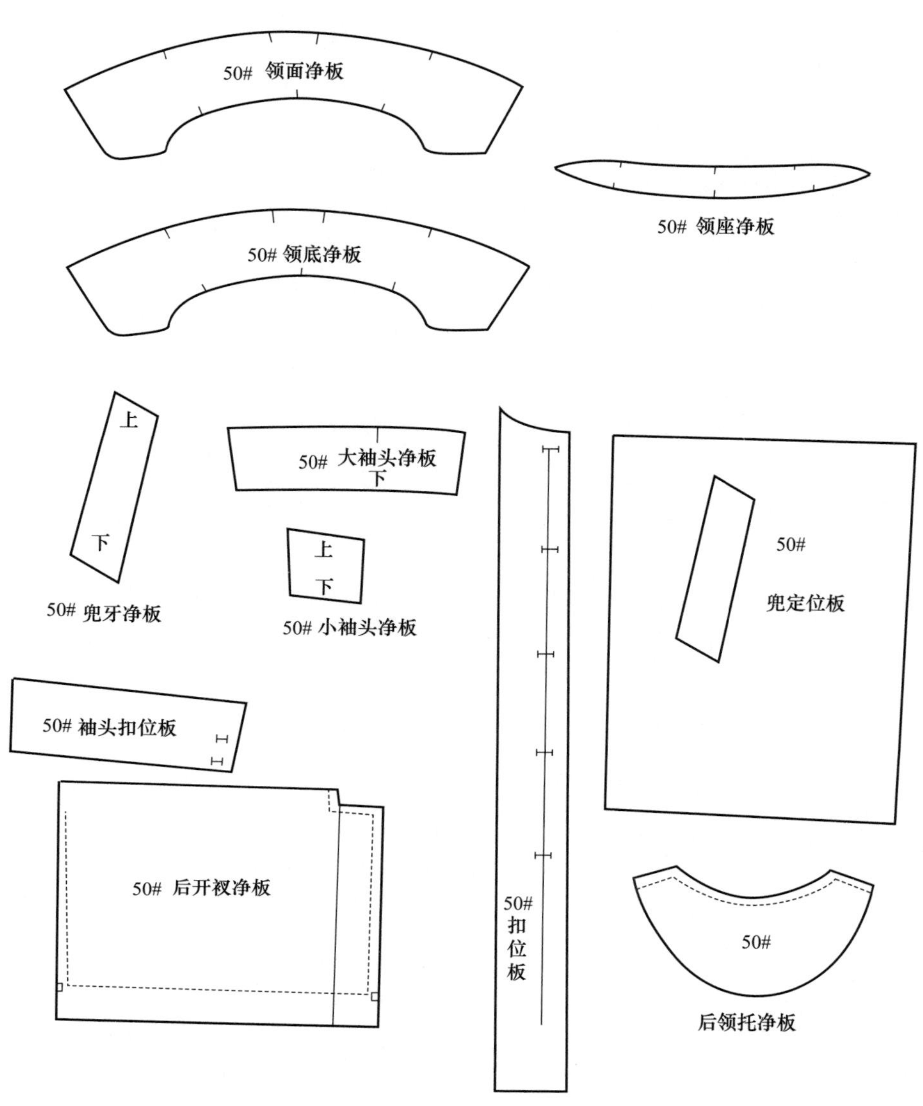

图 11-52

第十二节　休闲男西服工业纸样

一、样板制造通知单

样板制造通知单

设计号：　　款　式：　　尺　码：　　下单期：

设计师：　　纸样师：　　车板师：　　交板期：

尺寸表：　　（单位：cm）

部位	度量方法	成品尺寸	纸样尺寸	误差
后衣长		75		
胸围		115		
腰围		105		
肩宽		48.4		
袖长		60		
袖口		15		

物料	
面布	
里布	
撞色布	

工艺说明：

粘衬位置：

所需工时：

板房主管：　　日期：

二、结构制图

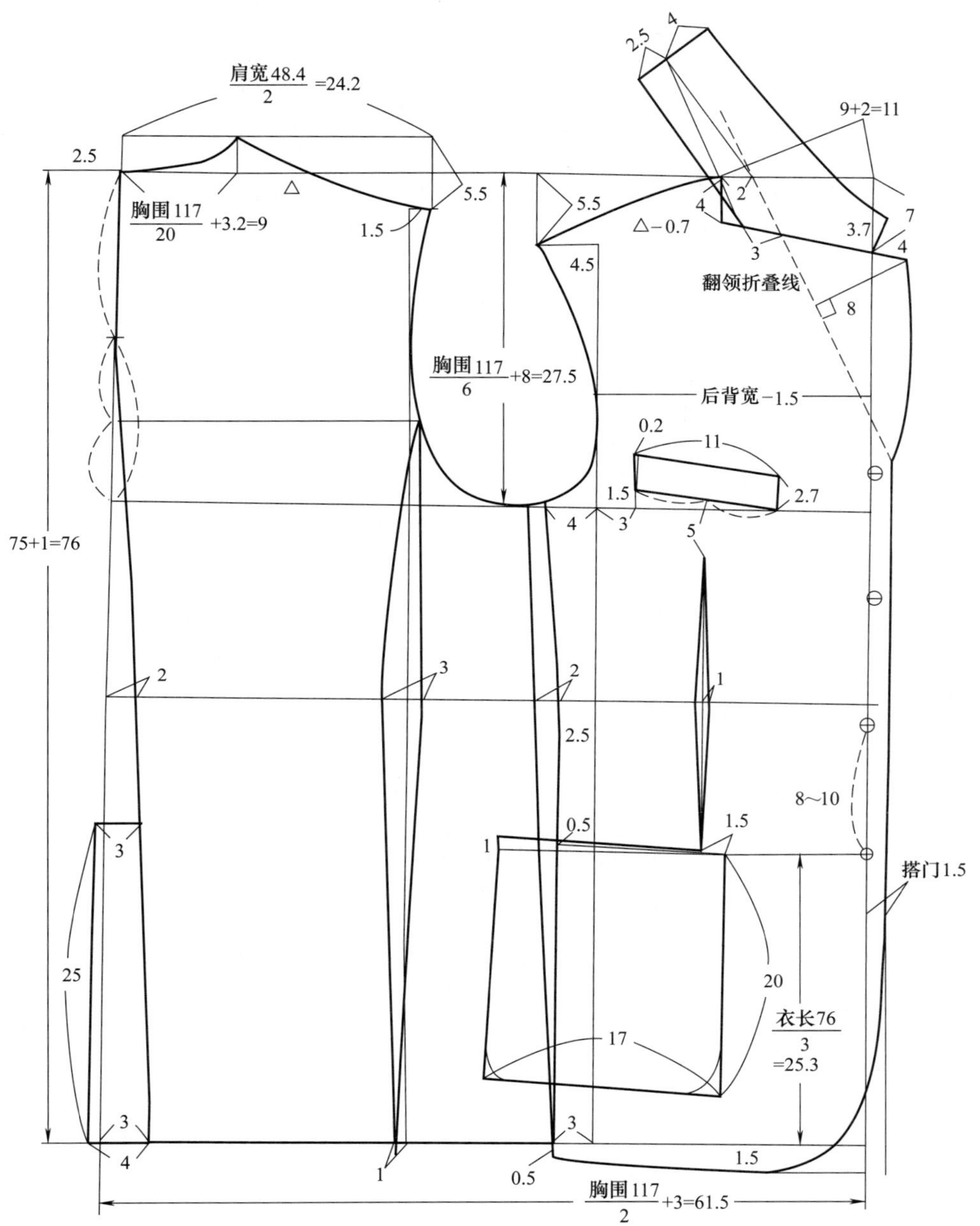

图 11-53 (1)

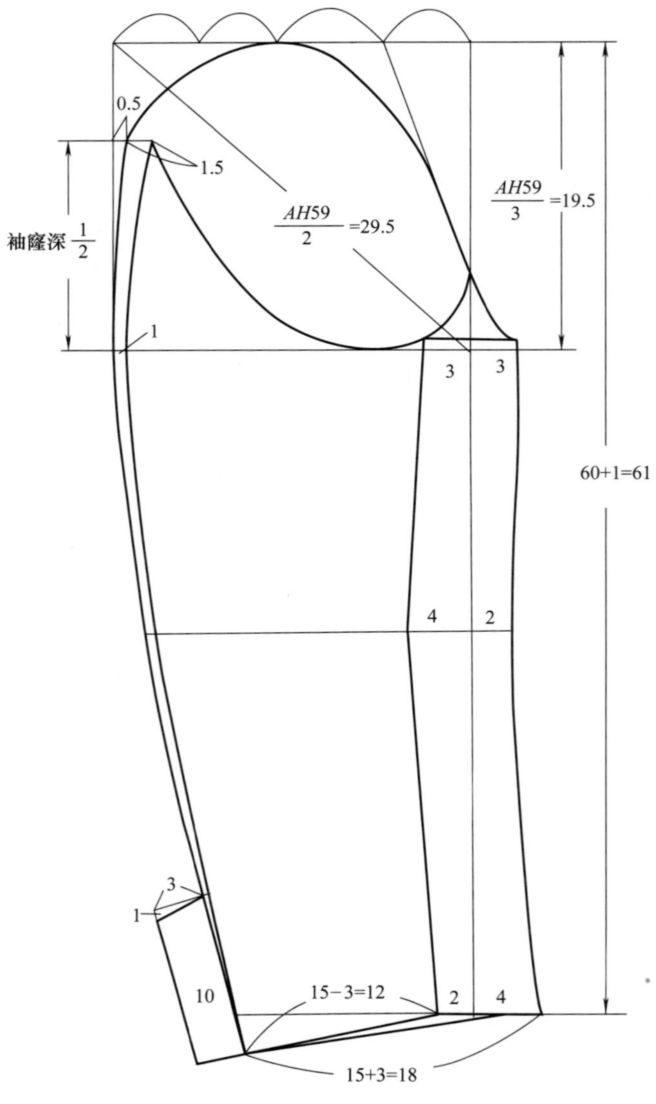
0.5
1.5
袖窿深 $\frac{1}{2}$
$\frac{AH59}{2}$ =29.5
$\frac{AH59}{3}$ =19.5
1
3
3
60+1=61
4
2
3
1
10
15−3=12
2
4
15+3=18

图 11-53 (2)

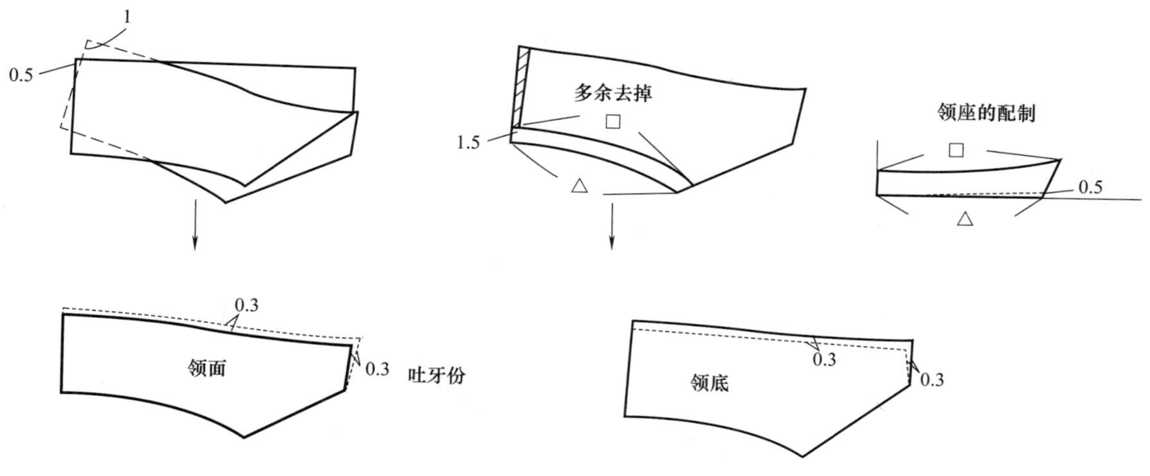

图 11-53 (3)

三、取裁片

1. 休闲男西服面布纸样

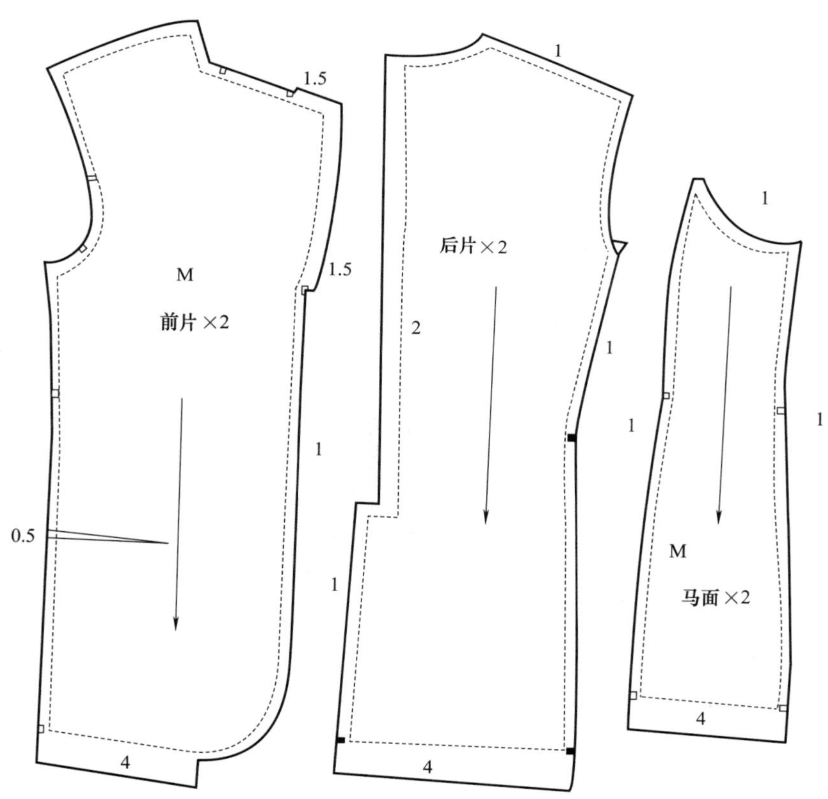

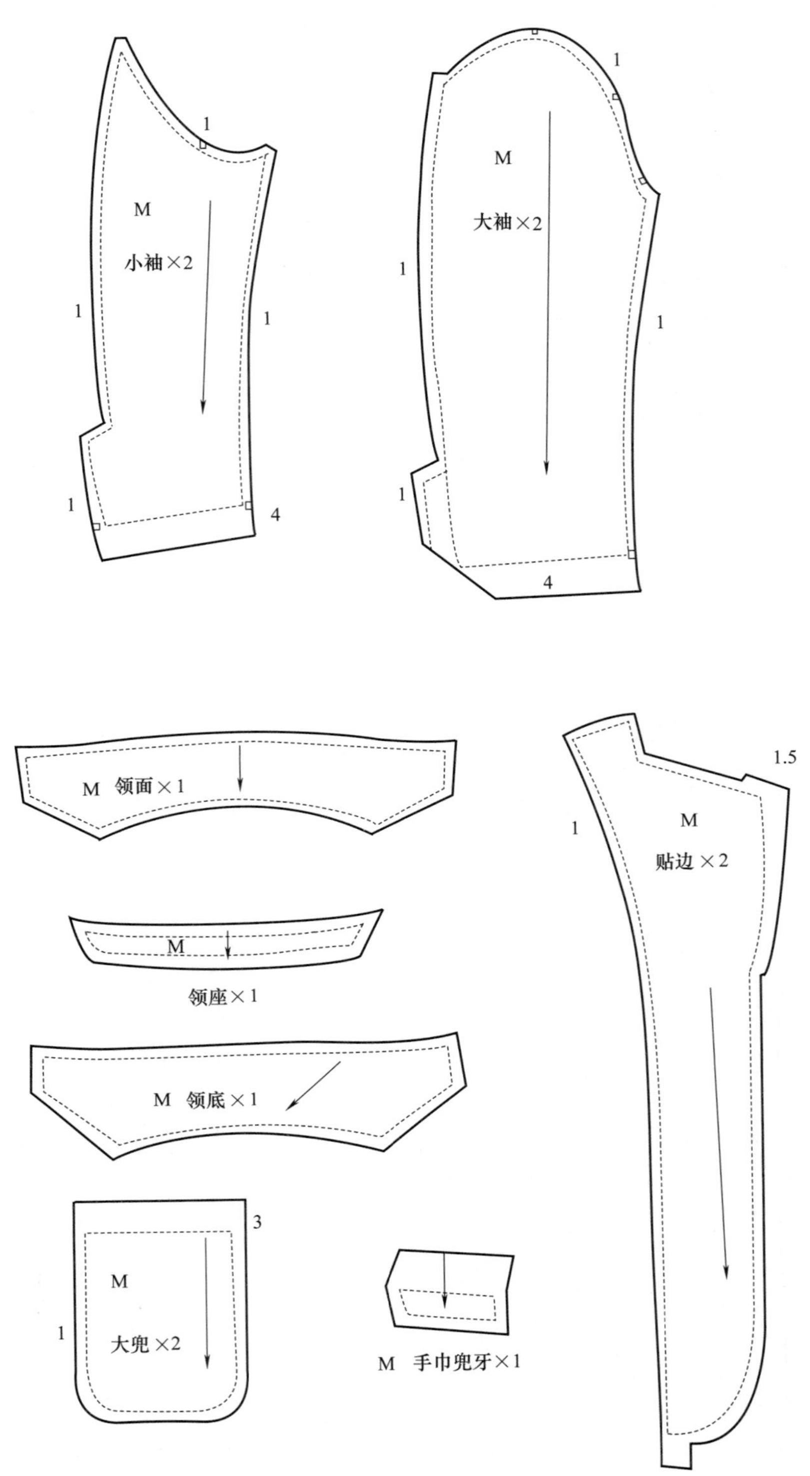

图 11-54

2. 休闲男西服里布纸样

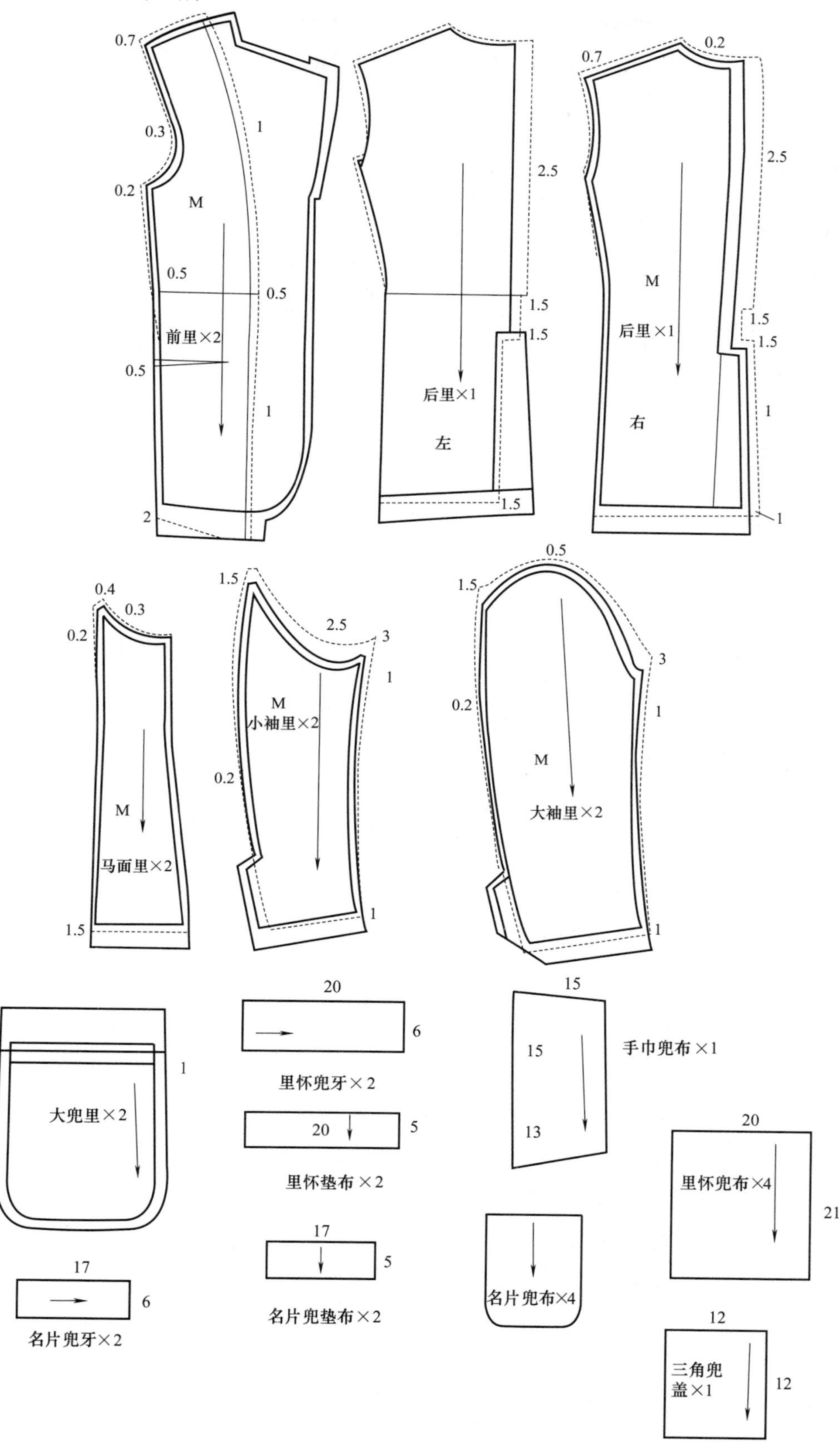

图 11-55

3. 休闲男西服衬纸样

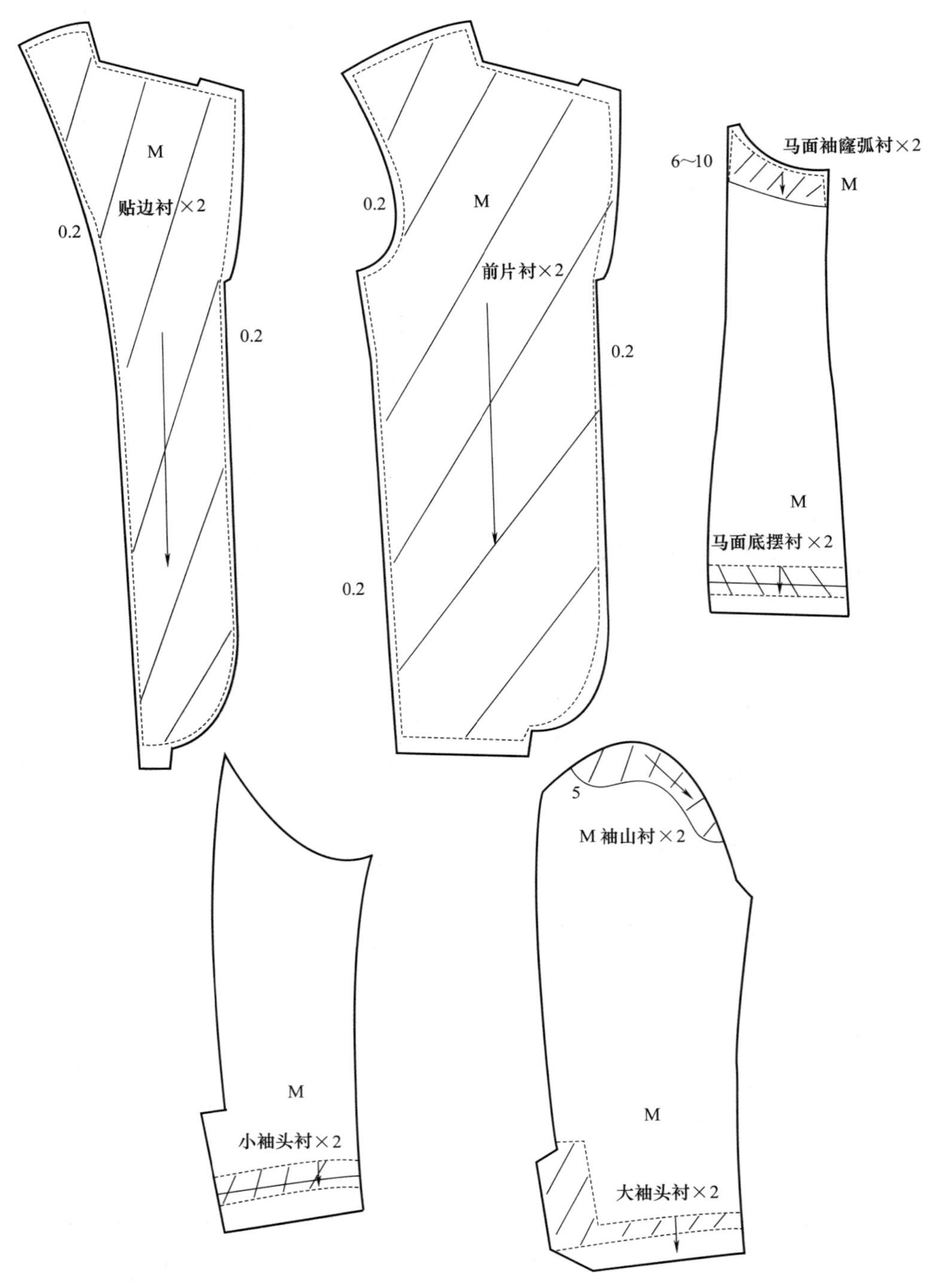

图 11-56 (1)

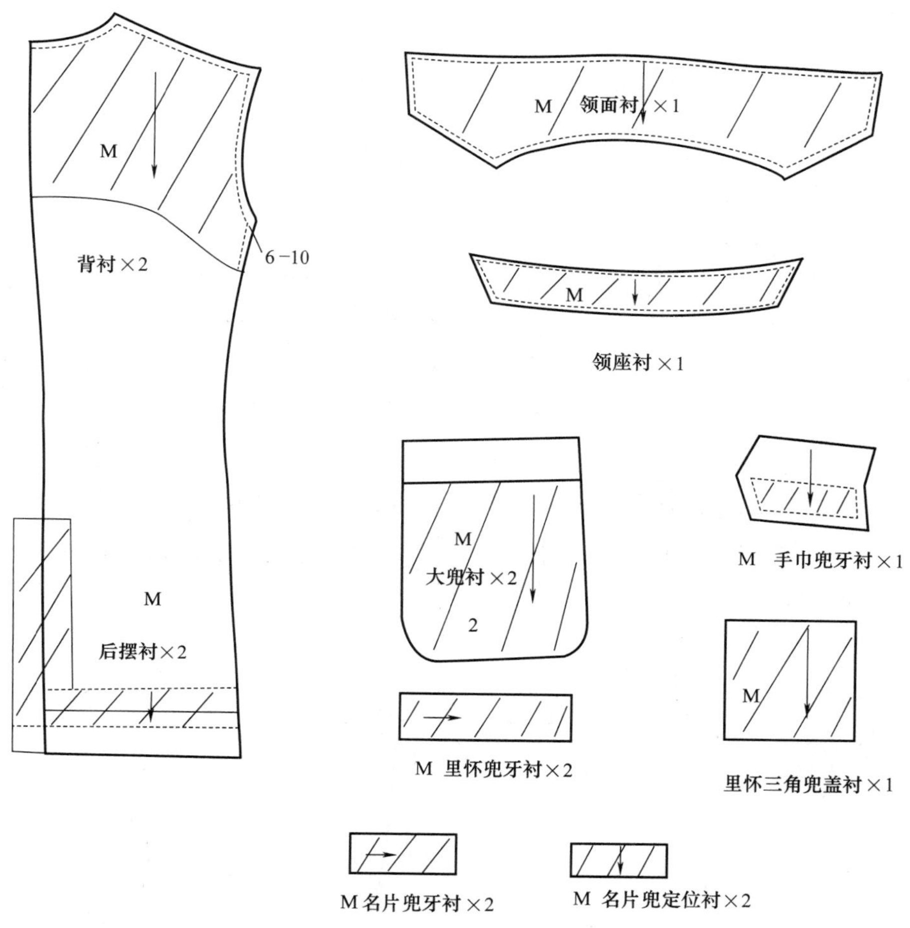

图 11-56 (2)

4. 休闲男西服车间工艺纸样

大兜定位板是由大兜位向里进 0.5cm，将中间镂空来画线。

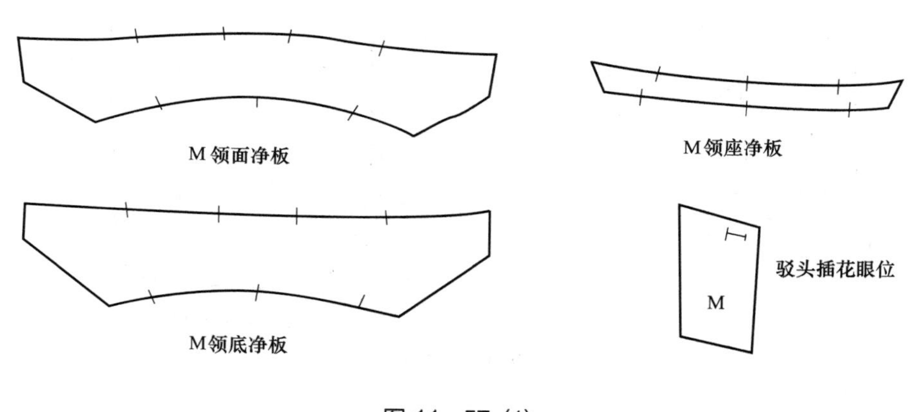

图 11-57 (1)

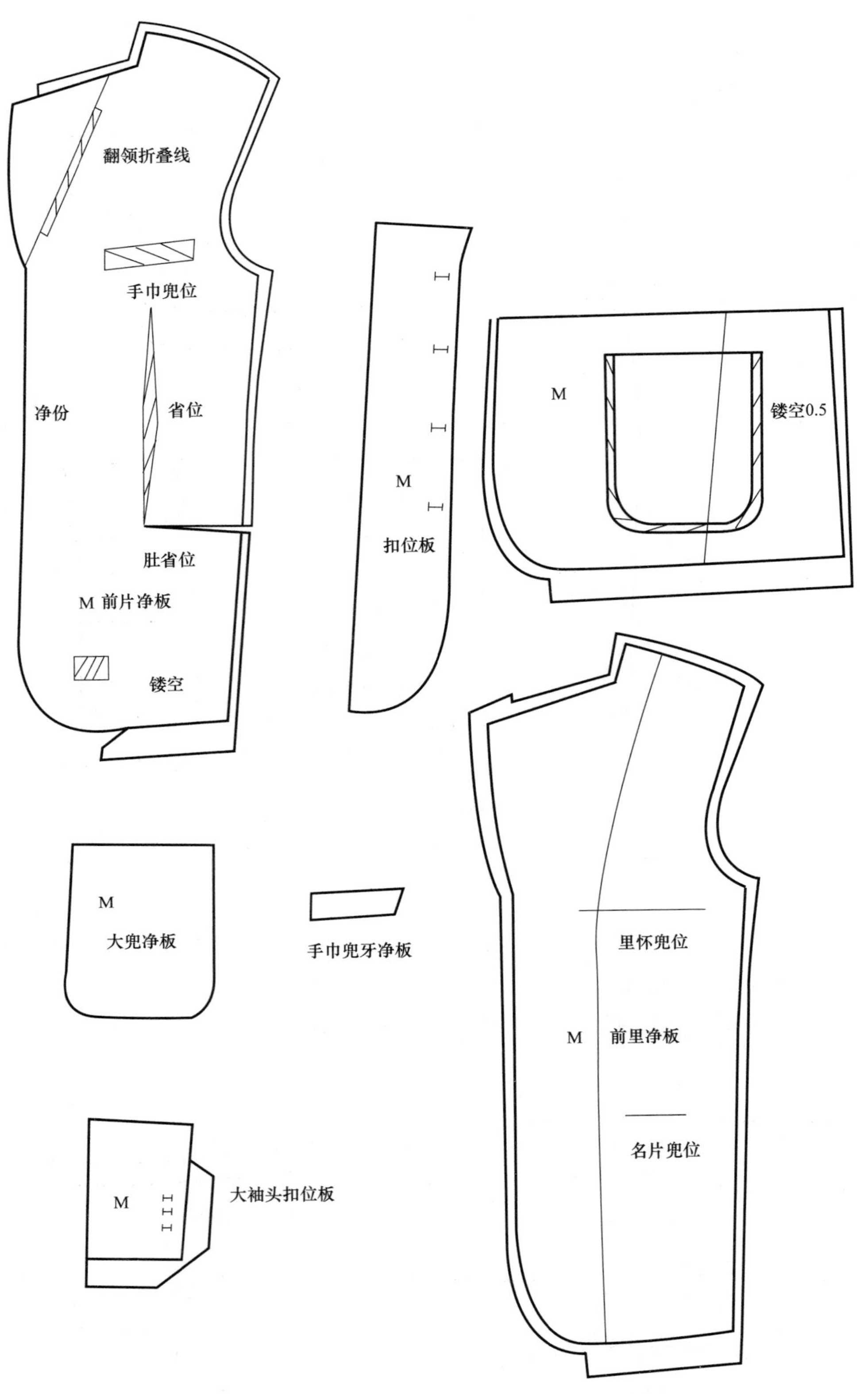
翻领折叠线
手巾兜位
净份
省位
肚省位
M 前片净板
镂空
M
扣位板
M
镂空0.5
M
大兜净板
手巾兜牙净板
里怀兜位
M
前里净板
名片兜位
M
大袖头扣位板

图 11-57 (2)

第十三节　短袖衫工业纸样

一、样板制造通知单

样板制造通知单

设计号：　　　　款　式：　　　　尺　码：　　　　下单期：

设计师：　　　　纸样师：　　　　车板师：　　　　交板期：

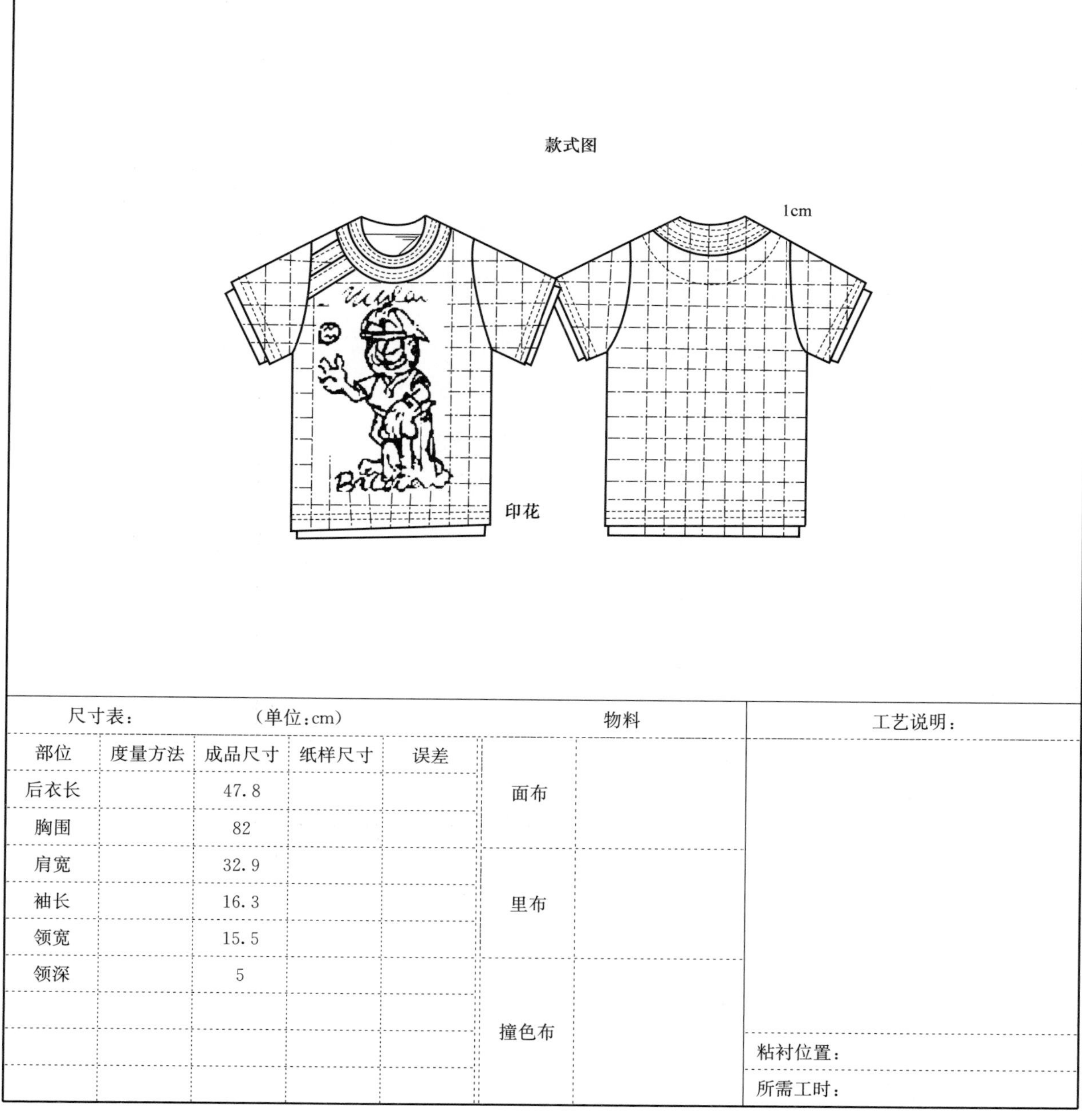

尺寸表：	(单位:cm)				物料		工艺说明：
部位	度量方法	成品尺寸	纸样尺寸	误差			
后衣长		47.8			面布		
胸围		82					
肩宽		32.9					
袖长		16.3			里布		
领宽		15.5					
领深		5					
					撞色布		
							粘衬位置：
							所需工时：

板房主管：　　　　　　　　　　日期：

二、结构制图

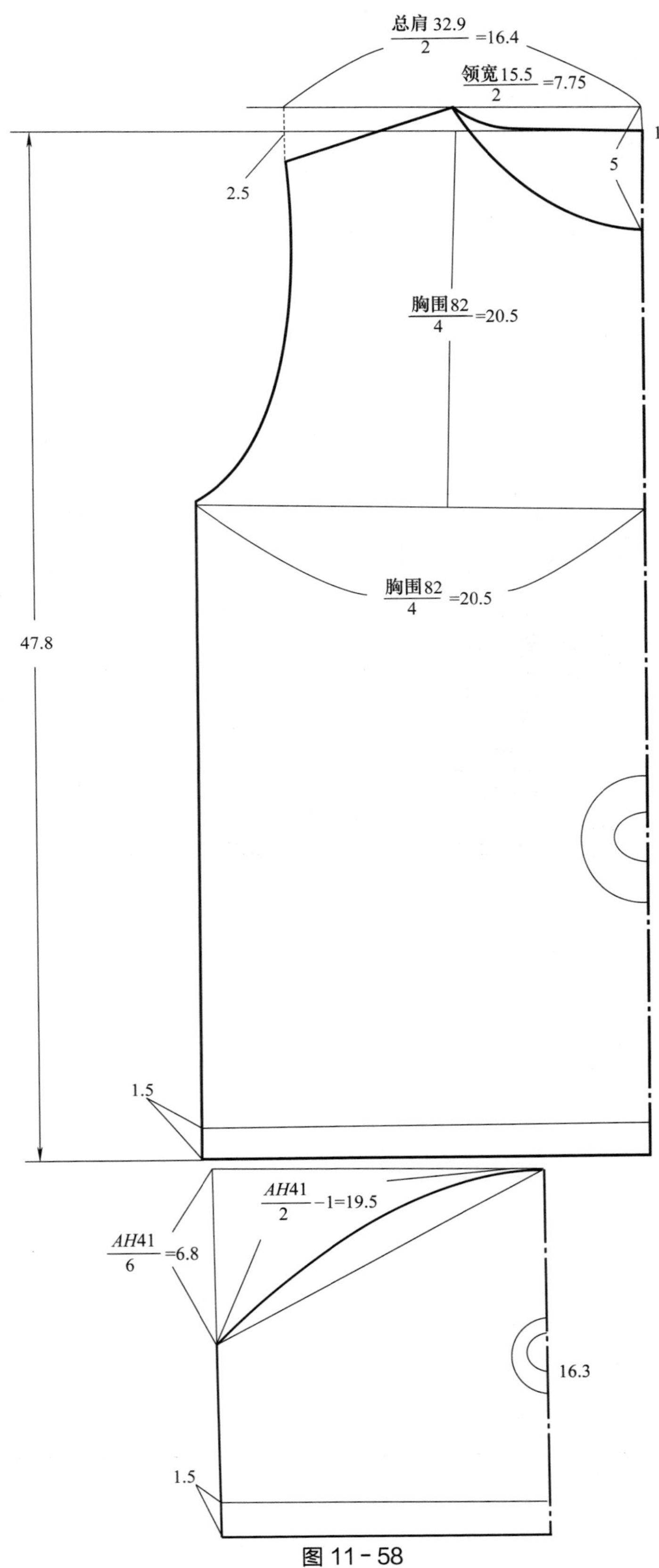

总肩 32.9/2 =16.4
领宽15.5/2 =7.75
1
5
2.5
胸围82/4 =20.5
胸围82/4 =20.5
47.8
1.5
AH41/2 −1=19.5
AH41/6 =6.8
16.3
1.5

图 11-58

三、取裁片

1. 短袖衫面布纸样

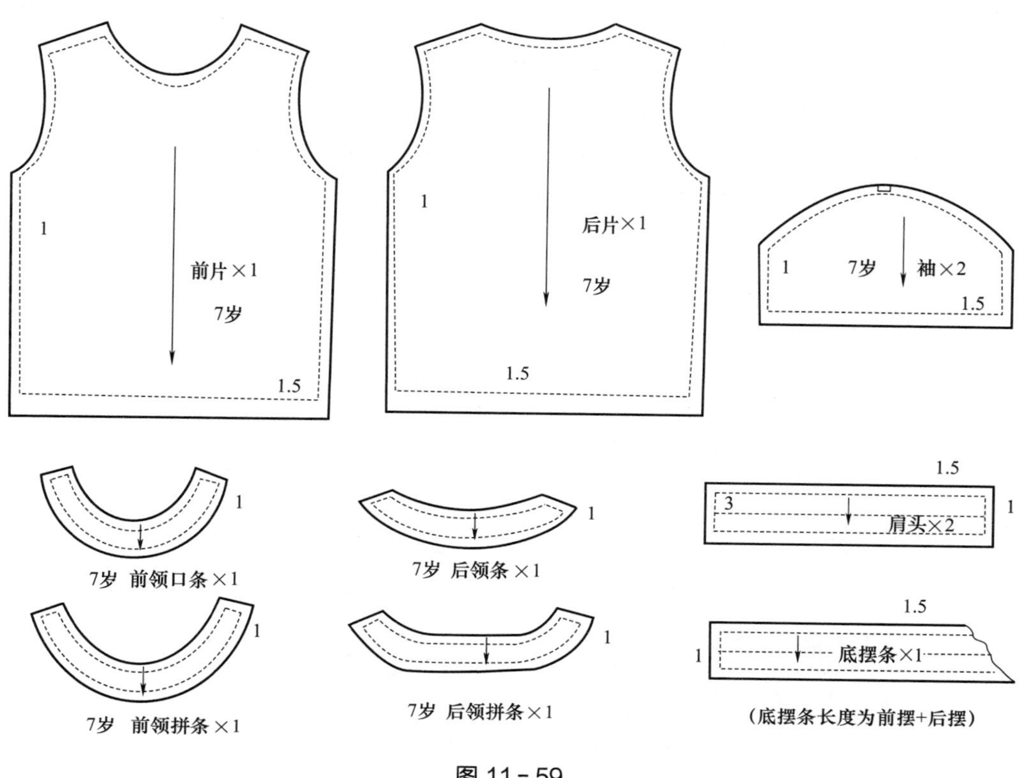

图 11-59

2. 短袖衫车间工艺纸样

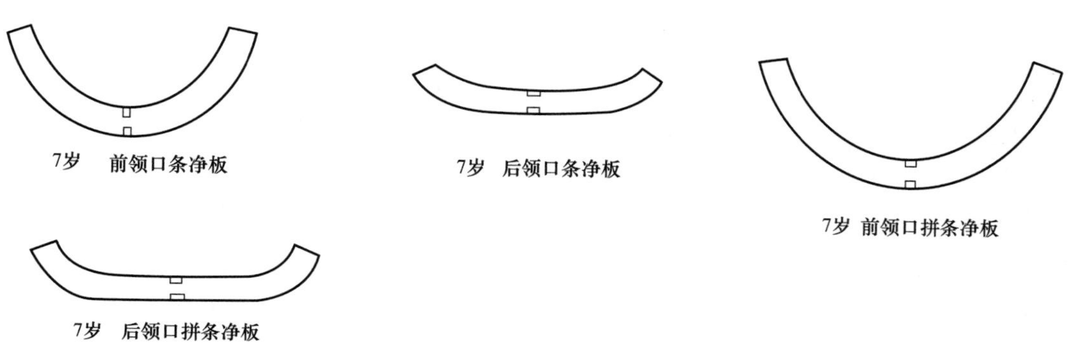

图 11-60

第十四节　运动休闲夹克工业纸样

一、样板制造通知单

样板制造通知单

设计号：　　　　款　式：　　　　尺　码：　　　　下单期：

设计师：　　　　纸样师：　　　　车板师：　　　　交板期：

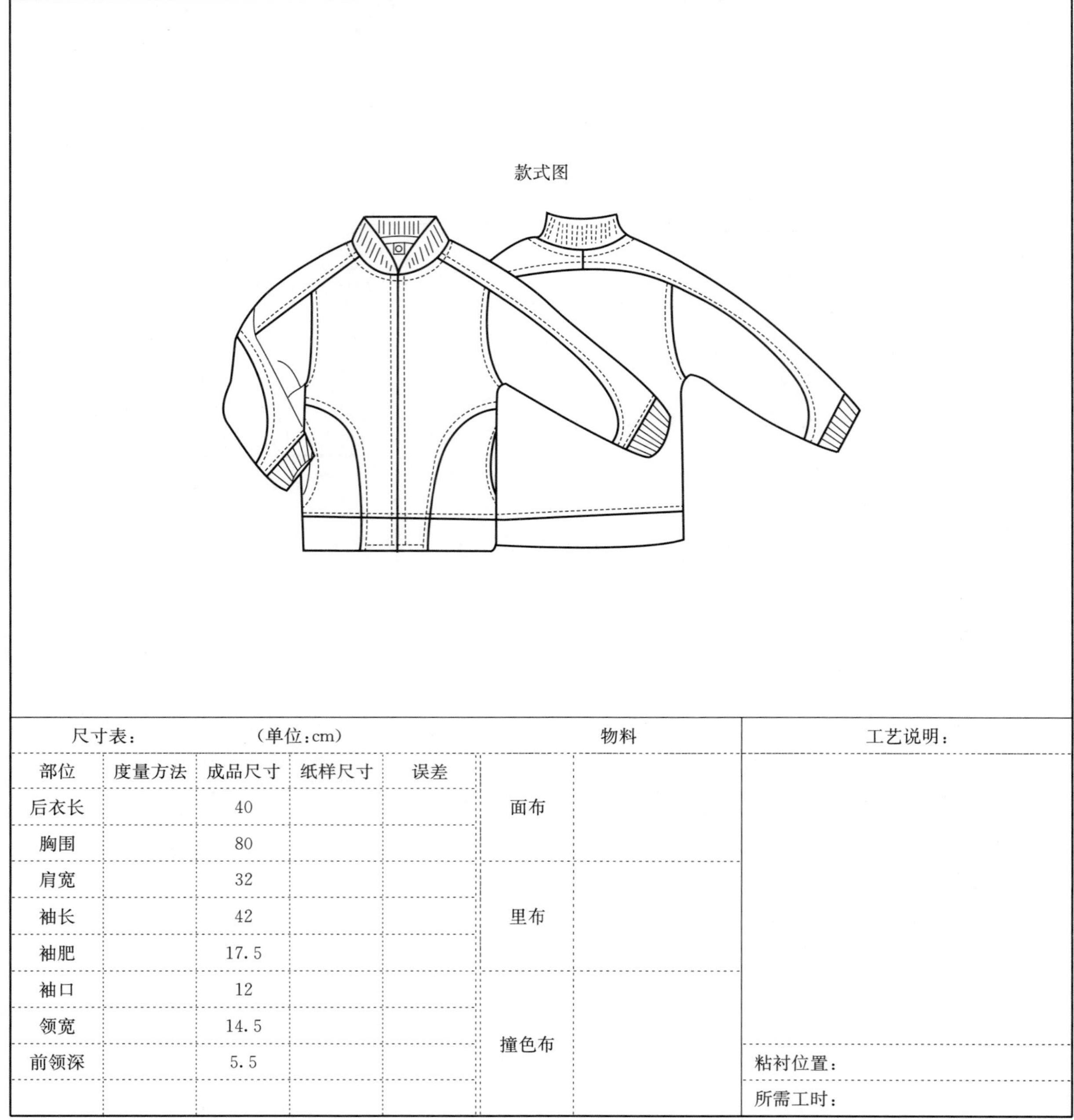

尺寸表：	(单位:cm)				物料		工艺说明：
部位	度量方法	成品尺寸	纸样尺寸	误差	面布		
后衣长		40					
胸围		80					
肩宽		32			里布		
袖长		42					
袖肥		17.5					
袖口		12			撞色布		
领宽		14.5					
前领深		5.5					粘衬位置：
							所需工时：

板房主管：　　　　　　　　日期：

二、结构制图

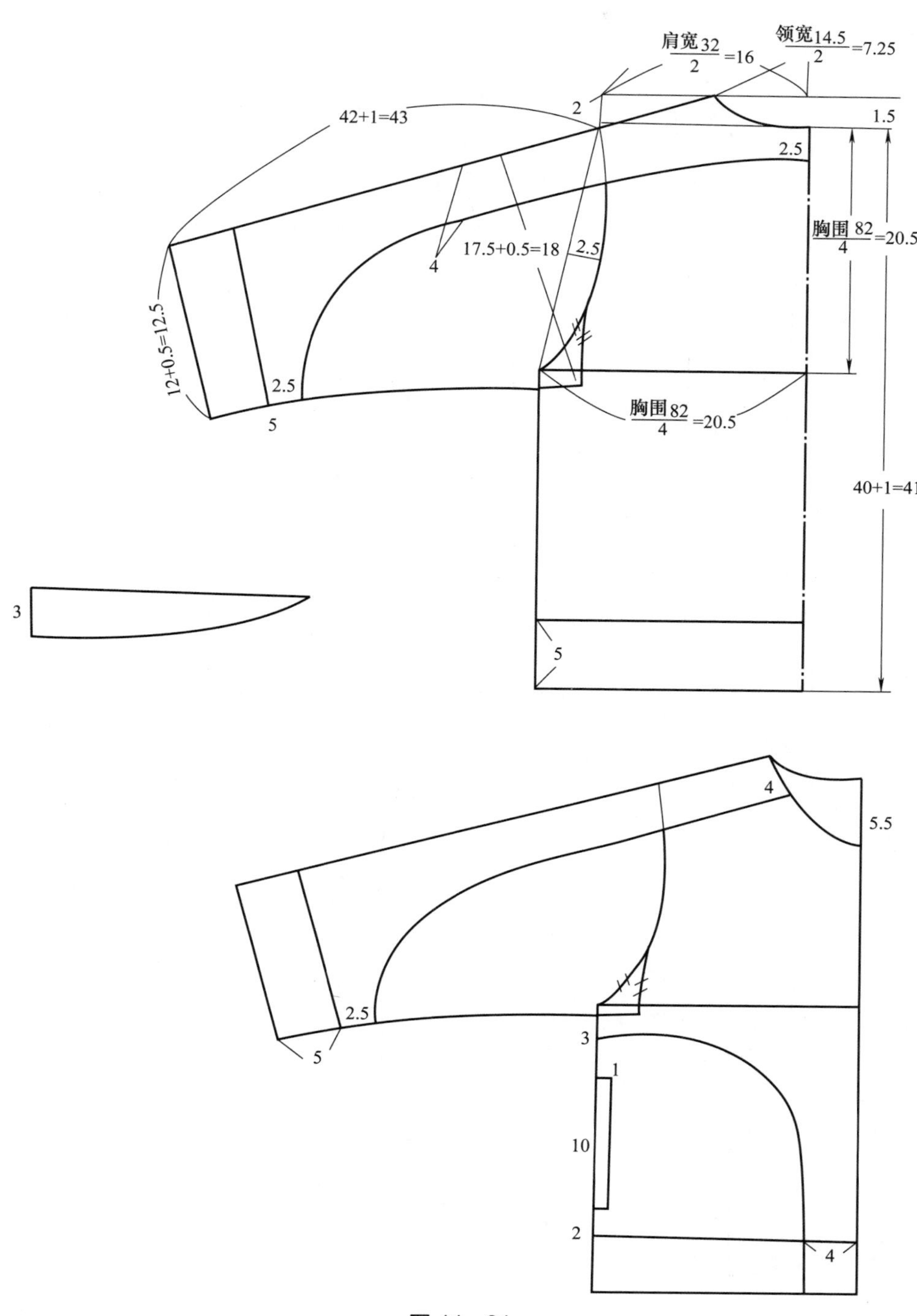

肩宽32/2=16
领宽14.5/2=7.25
2
42+1=43
1.5
2.5
胸围82/4=20.5
4
17.5+0.5=18
2.5
12+0.5=12.5
2.5
5
胸围82/4=20.5
40+1=41
3
5
4
5.5
2.5
5
3
1
10
2
4

图 11-61

三、取裁片

1. 运动休闲夹克面布纸样

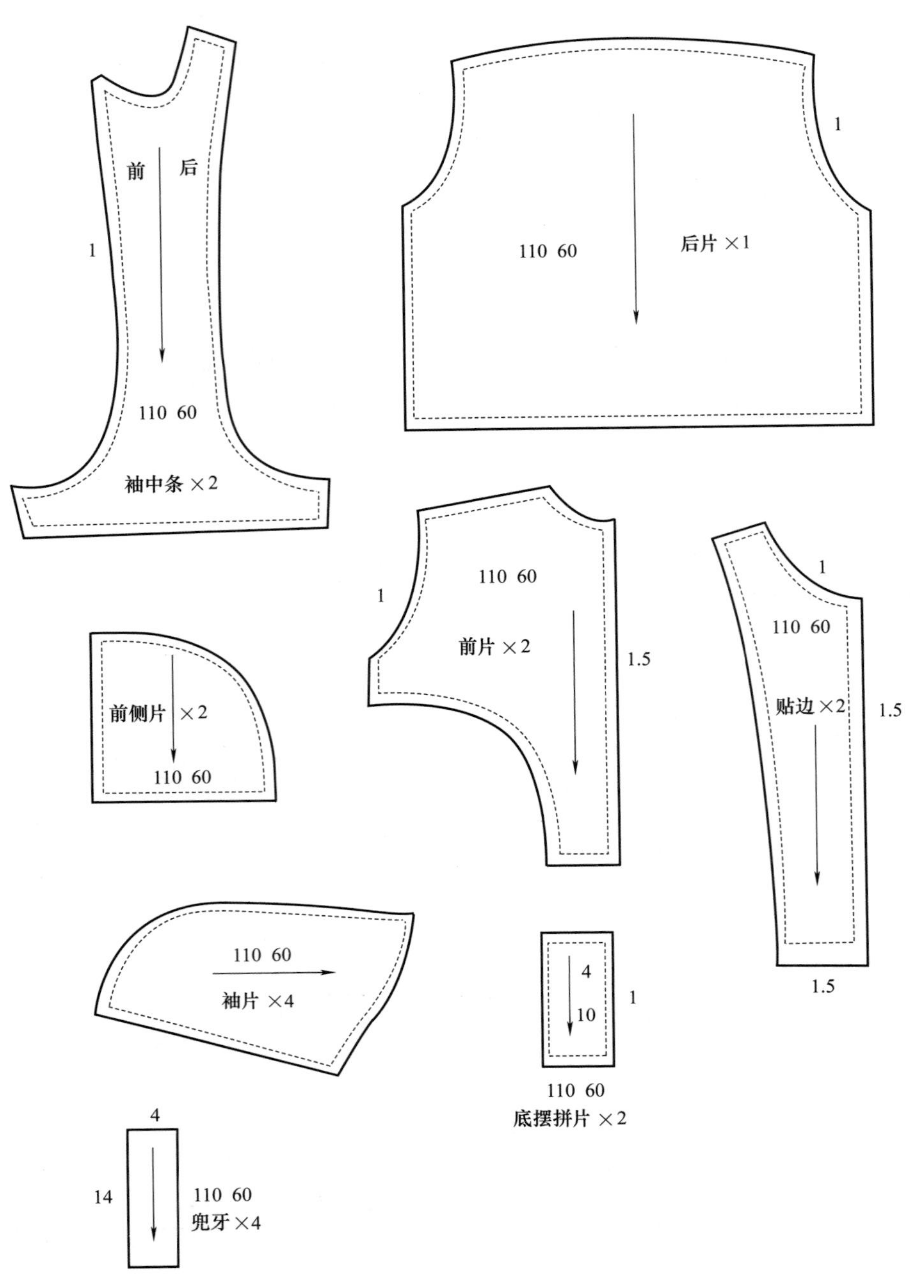

图 11－62

2. 运动休闲夹克针织布纸样

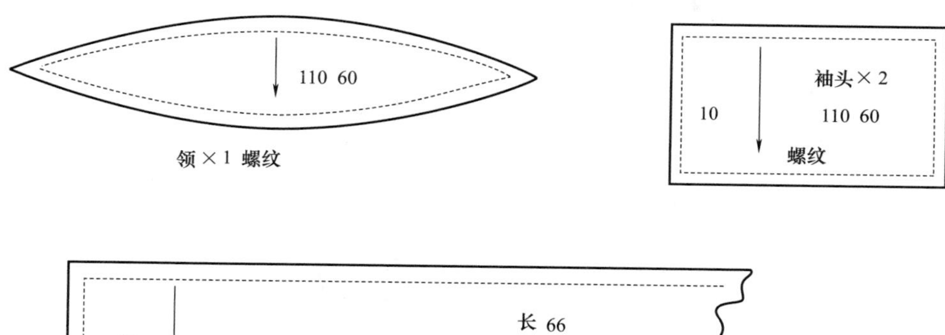

图 11-63

3. 运动休闲夹克里布纸样

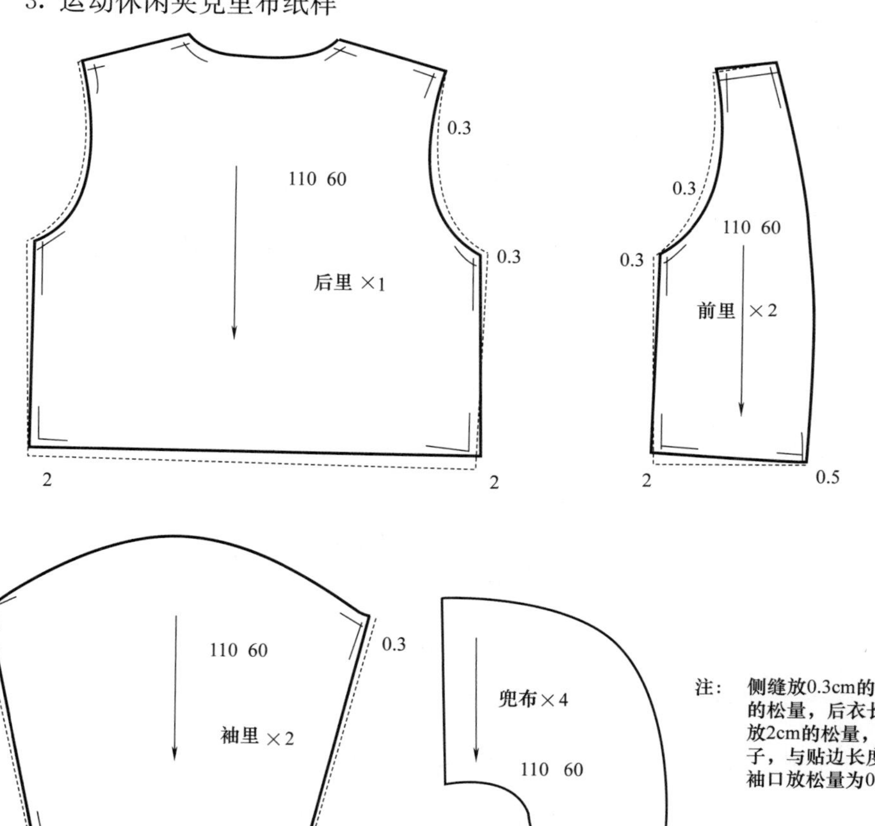

注：侧缝放0.3cm的松量，胸宽与背宽放0.3cm的松量，后衣长放2cm的松量，前里子侧缝放2cm的松量，贴边放0.5cm的松量，为了配里子，与贴边长度相等。袖肥放松量为0.3cm，袖口放松量为0.2cm，袖长放松量为2cm。

图 11-64

4. 运动休闲夹克衬纸样

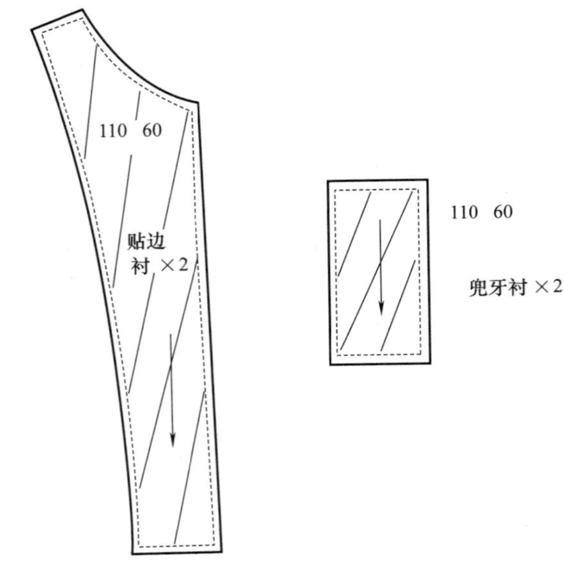

图 11 - 65

5. 运动休闲夹克车间工艺纸样

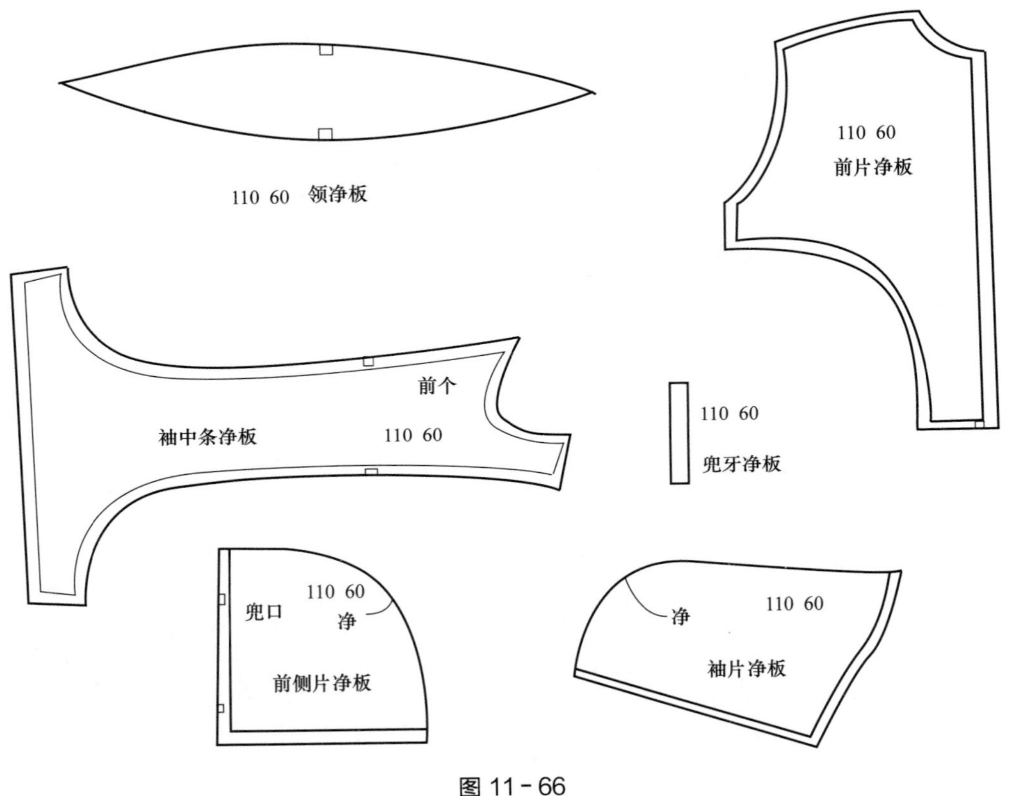

图 11 - 66

第十五节　连肩袖棉夹克工业纸样

一、样板制造通知单

样板制造通知单

设计号：　　款　式：　　尺　码：　　下单期：

设计师：　　纸样师：　　车板师：　　交板期：

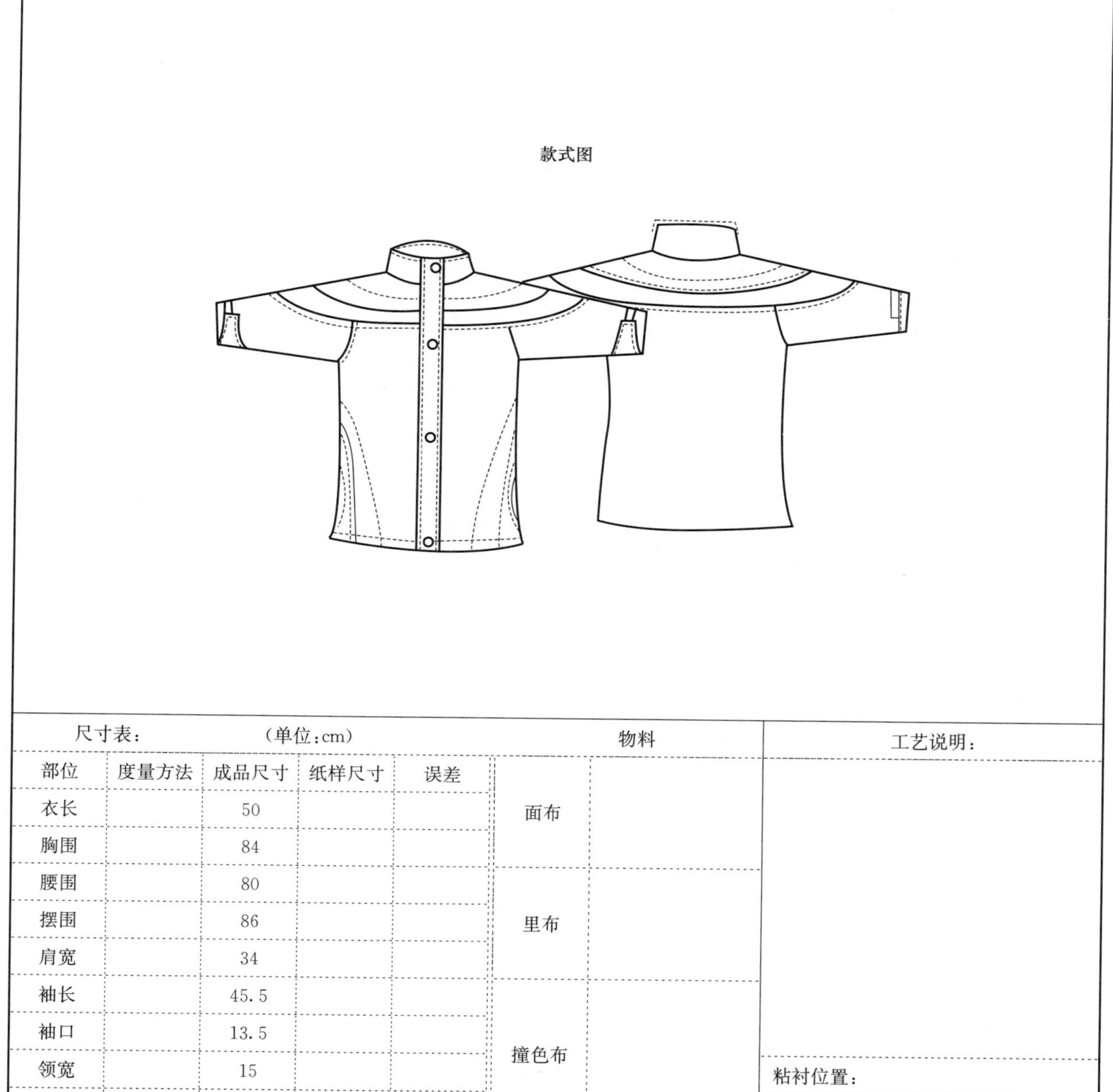

尺寸表：　（单位：cm）

部位	度量方法	成品尺寸	纸样尺寸	误差
衣长		50		
胸围		84		
腰围		80		
摆围		86		
肩宽		34		
袖长		45.5		
袖口		13.5		
领宽		15		
前领深		5.5		

物料	
面布	
里布	
撞色布	

工艺说明：
粘衬位置：
所需工时：

板房主管：　　日期：

二、结构制图

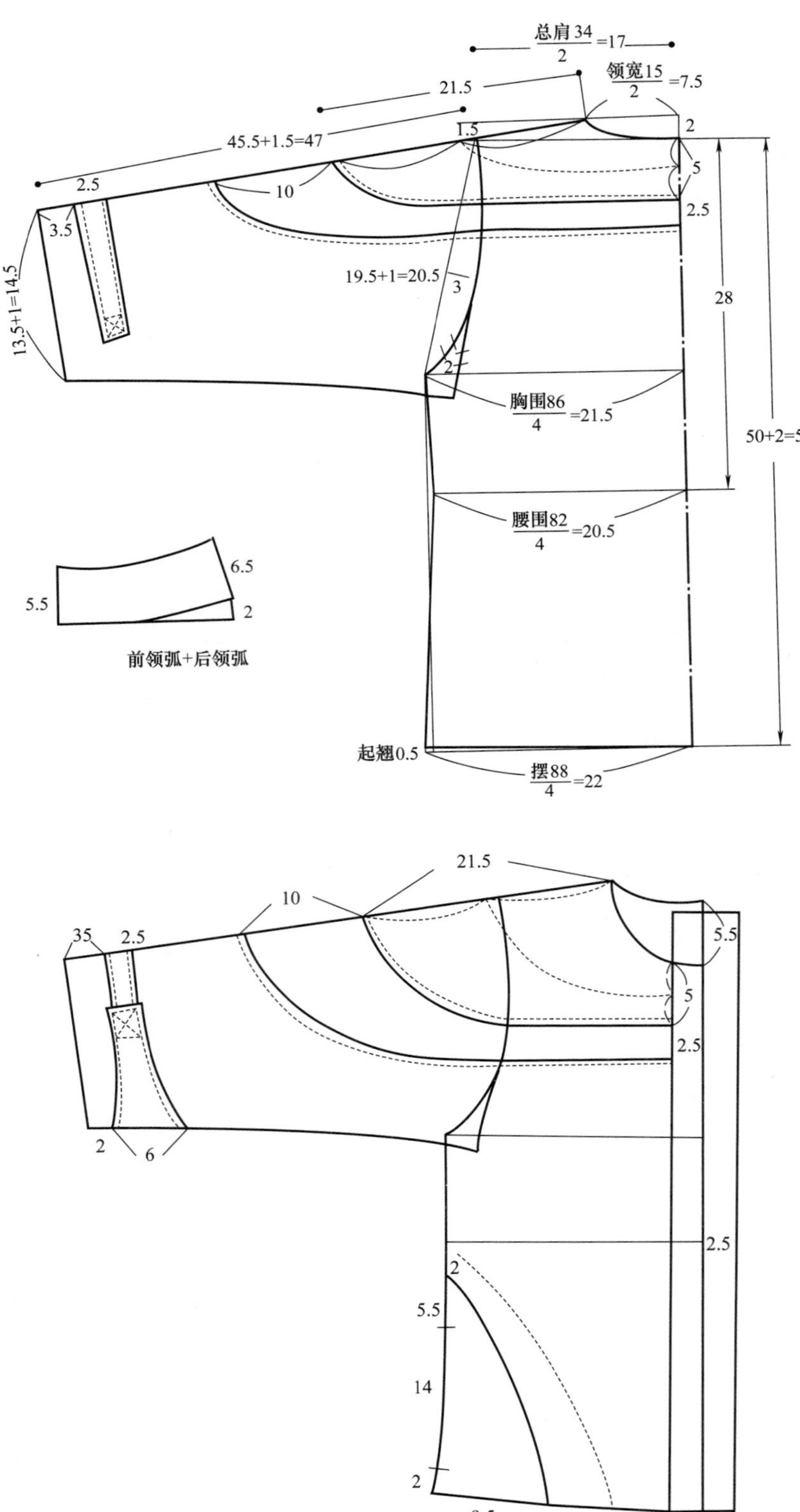

总肩34/2=17
领宽15/2=7.5
21.5
45.5+1.5=47
1.5
2
5
2.5
10
3.5
13.5+1=14.5
19.5+1=20.5
3
28
2
胸围86/4=21.5
50+2=52
腰围82/4=20.5
6.5
5.5
2
前领弧+后领弧
起翘0.5
摆88/4=22
21.5
10
35
2.5
5.5
5
2.5
2
6
2.5
2
5.5
14
2
9.5
5
5.5

图 11－67

三、取裁片

1. 连肩袖棉夹克面布纸样

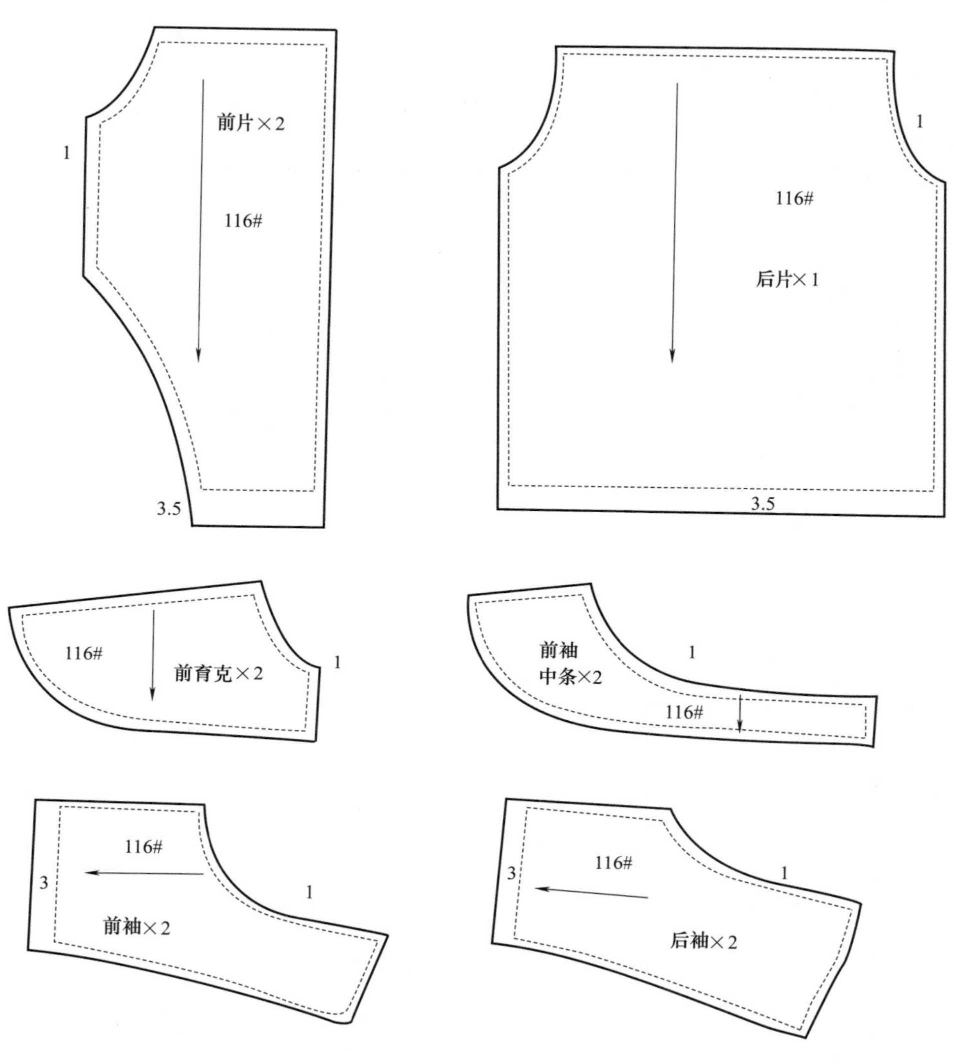

图 11-68（1）

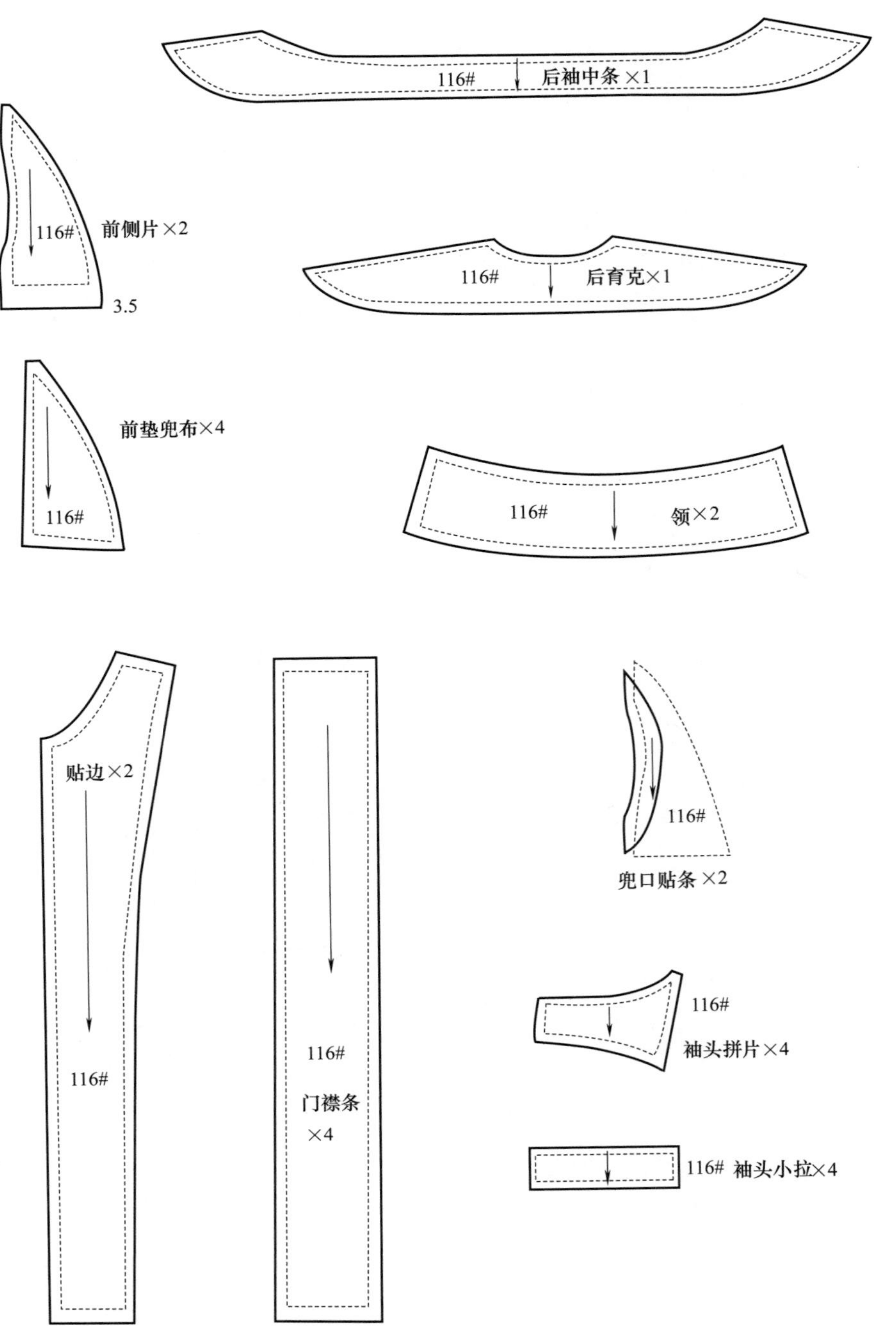
116#
后袖中条×1
116#
前侧片×2
3.5
116#
后育克×1
前垫兜布×4
116#
116#
领×2
贴边×2
116#
116#
门襟条
×4
116#
兜口贴条×2
116#
袖头拼片×4
116#
袖头小拉×4

图 11-68（2）

2. 连肩袖棉夹克里布纸样

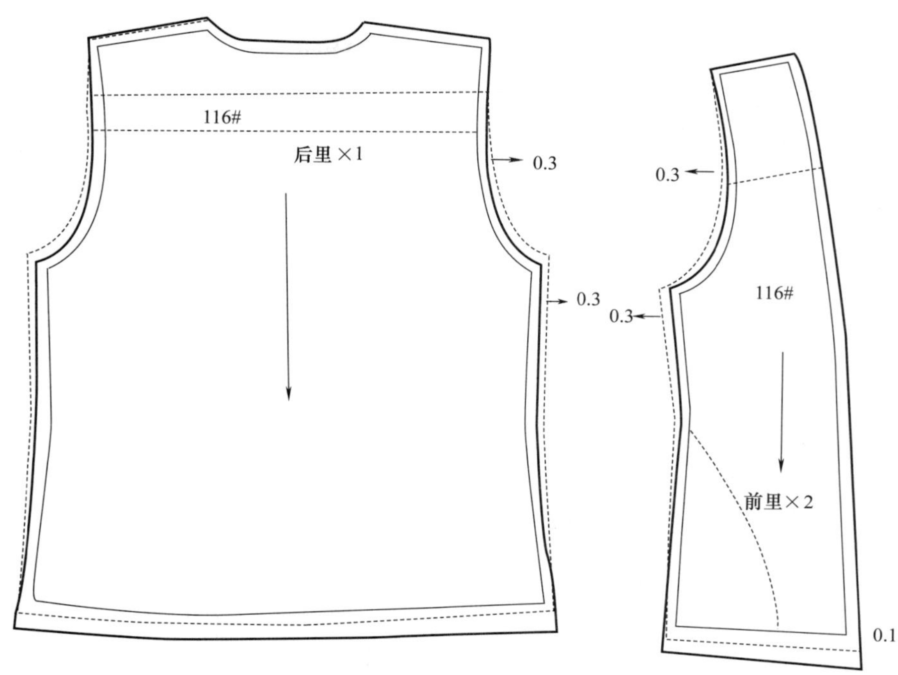

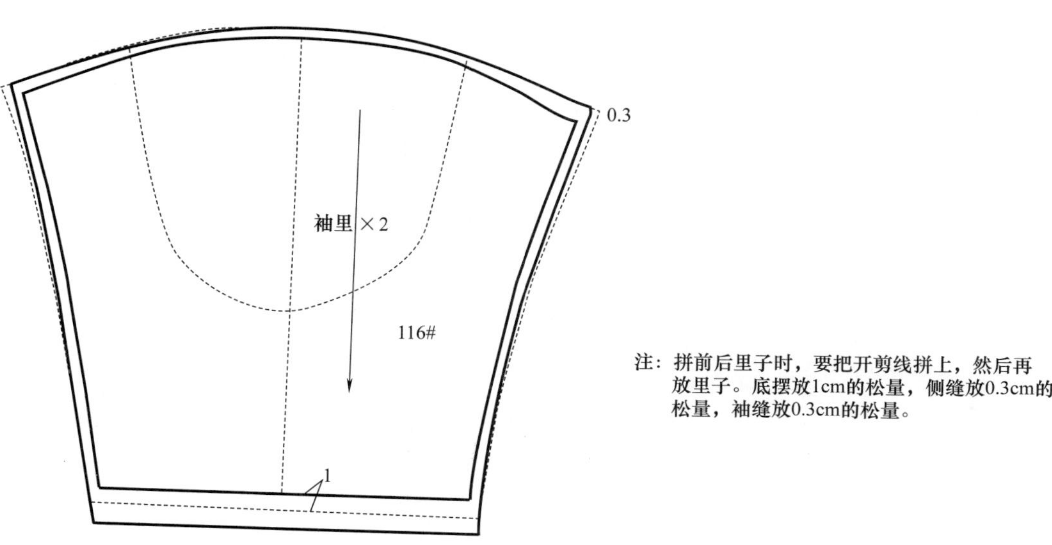

注：拼前后里子时，要把开剪线拼上，然后再放里子。底摆放1cm的松量，侧缝放0.3cm的松量，袖缝放0.3cm的松量。

图 11-69

3. 连肩袖棉夹克内胆纸样

可用里布纸样来放棉纸样，一般棉纸样要比里布纸样大，如果里子与棉缝制的明线较多，棉要多放些松量，缝制后再将多余的棉剪掉。

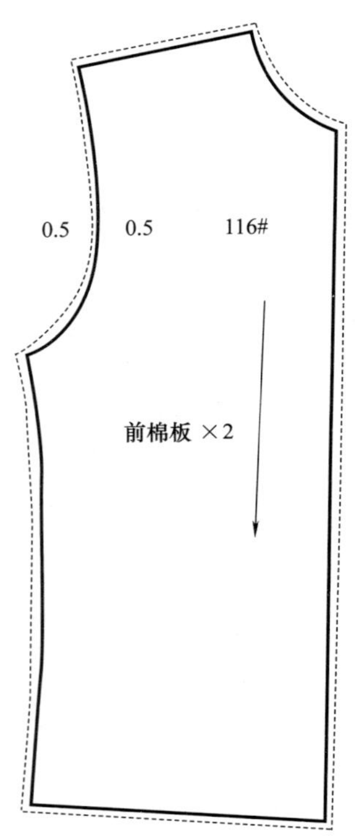

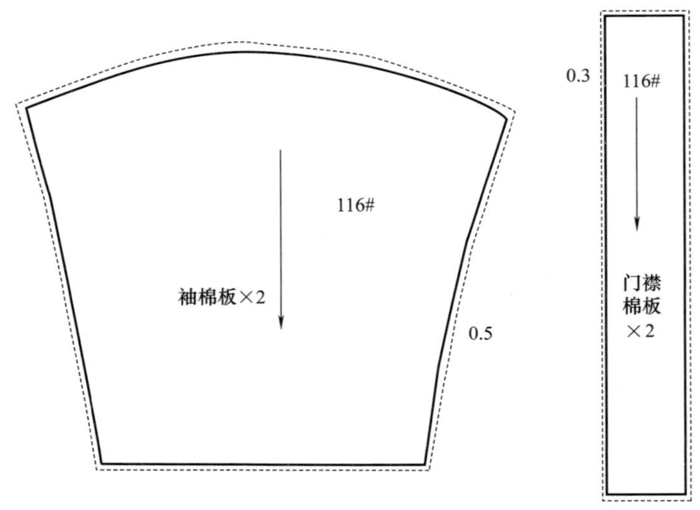

注：门襟条棉板也要根据缝制的明线多少来定，如果不缉明线，此时门襟板可以少放0.35cm。

图 11-70

4. 连肩袖棉夹克衬纸样

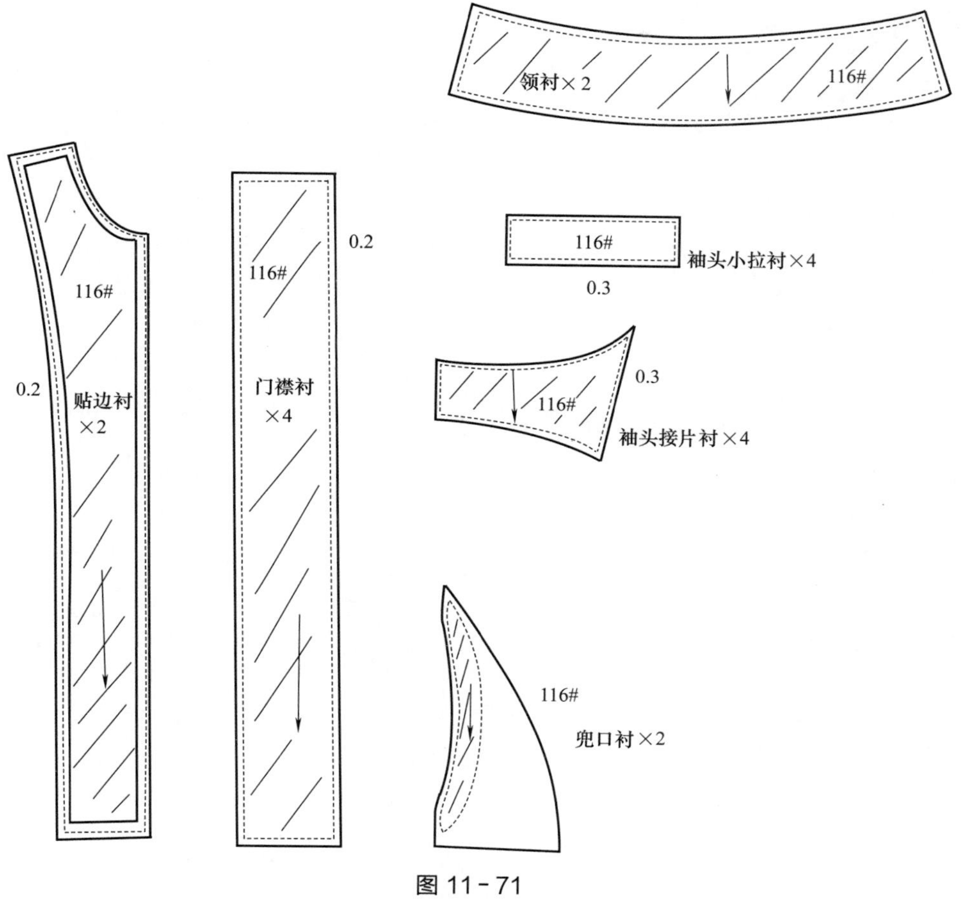

图 11－71

5. 连肩袖棉夹克车间工艺纸样

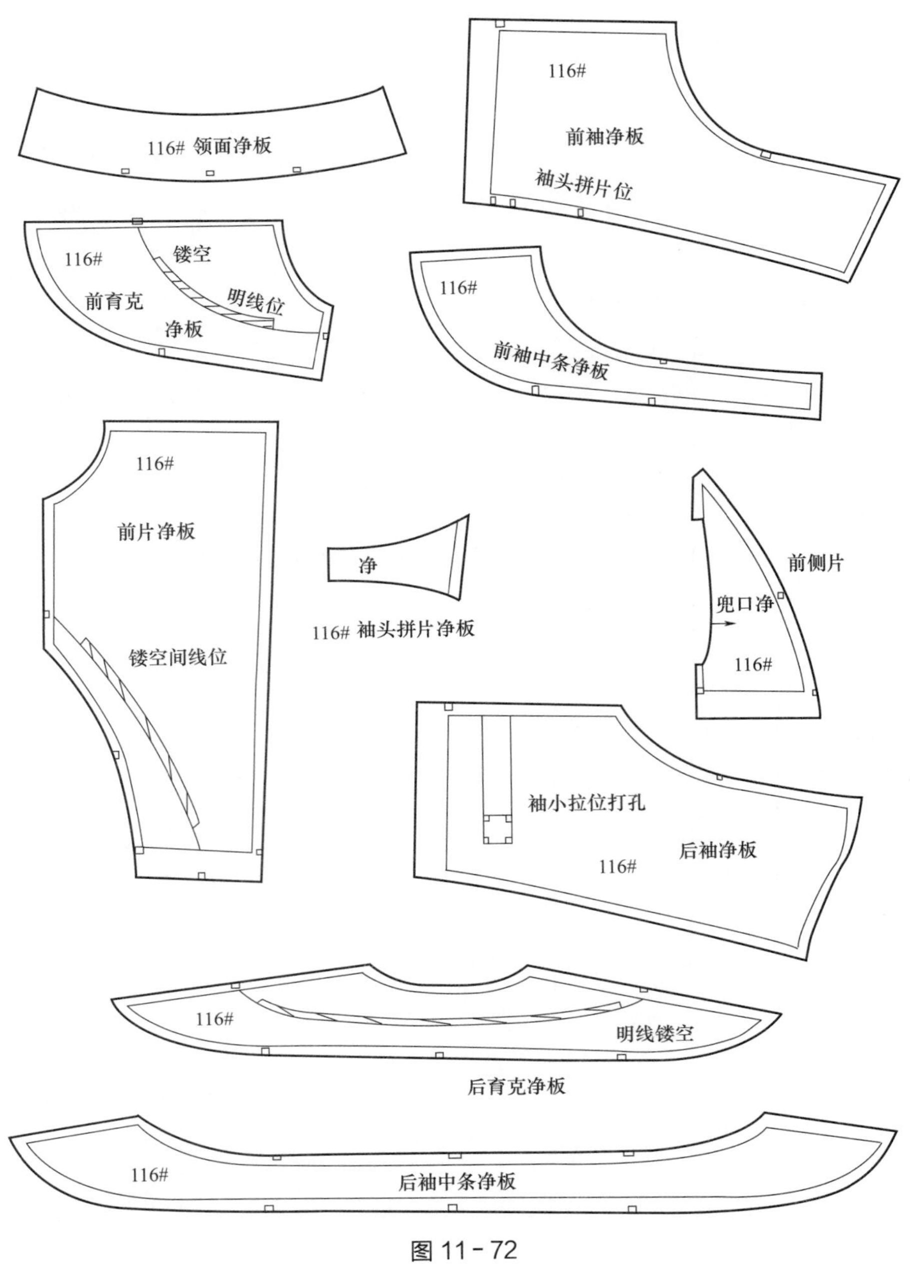

图 11-72

第十二章
纸样放缩

课题名称：纸样放缩

课题内容：（一）纸样放缩基础
（二）纸样放缩步骤
（三）纸样放缩实例
教学手段：（一）实物操作，手工与CAD结合授课
（二）学会如何分析和解决放缩数值问题
教学目的：通过学习让学生初步学会一些放缩的基本方法、依据和注意事项
重点难点：（一）纸样放缩的部位数值由来与应用原则、方法
（二）纸样放缩中的常规规格数据与成品外在数值的形成依据分析与应用
（三）纸样放缩技巧：手动，CAD应用

服装工业纸样是工业化生产、裁剪、排料、扣烫、划样等所用的标准纸样，服装工业化的生产为满足不同消费者的需求，服装工业纸样一般都具备三～四档规格，有的多达八九档甚至十几档规格，为了便捷绘制各档规格，同时保证纸样的准确性和相似性就要进行纸样放缩。

纸样放缩的表现手法很多，视个人的风格习惯而定，但纸样放缩的原理是一致的。随着计算机技术的进步，服装CAD也已得到普及，采用计算机进行纸样放缩，十几档规格在几十分钟之内便可缩放完成。但在操作计算机的同时，必须熟练掌握纸样放缩的原理。

第一节　纸样放缩基础

服装工业纸样的放缩具有很强的技术性和科学性，故计算和放缩要细致、严谨和科学。纸样放缩后在量变的基础上，需保证形状的相似性。

一、放缩前的检查

纸样放缩前一定要再检查一遍纸样，如果基础纸样有误差，那么放缩出来的其他纸样同样也是有误差的，修改起来十分烦琐，因此，放缩前检查基础纸样是十分重要的。

（1）纸样的面、里、衬、配色等是否分开。

（2）规格尺寸是否正确，缩率有无加放。

（3）缝份加放是否符合工艺要求。

（4）对位剪口是否齐全，领弧、袖窿弧等弧线是否圆顺。

（5）纸样数量是否完整无缺，片数标注有无错误。

（6）纸样的文字标记是否清晰、准确，布纹方向是否正确。

二、公共线

公共线是指在纸样放缩中确定基础码的某一条轮廓线或主要辅助线，作为各个码数规格的公共部分的线条。

公共线的确定原则：

（1）公共线应选用纵、横的主要结构线或主要的轮廓线。

（2）公共线必须是直线或弧度较小的弧线。

表12-1　　常用公共线选择表

部位＼方向	纵向	横向
裙子	前后中心线、侧缝直线	上平线、臀围线、裙长线
裤子	前后挺缝线、侧缝直线	上平线、横裆线、膝围线、裤长线
上身	前后中心线、前胸宽线、后背宽线	上平线、胸围线、腰节线、衣长线
衣袖	前袖弯直线、袖中线	上平线、袖山深线、袖肘线、袖长线
领子	领中线	领宽

三、分码线

分码线是指放缩制图中大小码与基础码所有的关节点对位相连接的线条。当然首先要控制最大码和最小码的放缩尺寸，而后根据各档差之间的差数，在分码线上分出各档规格。

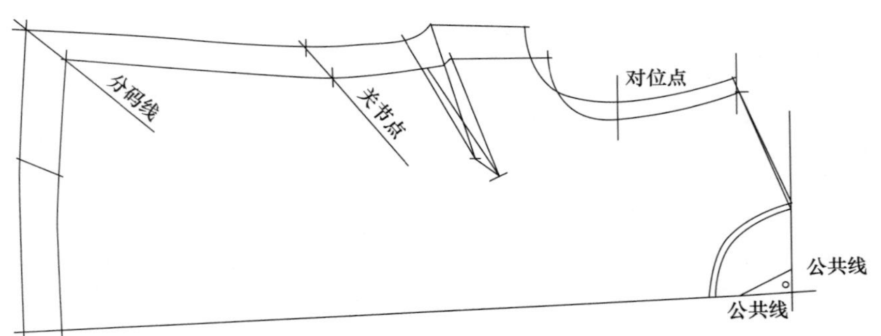

图12-1

第二节　纸样放缩的步骤

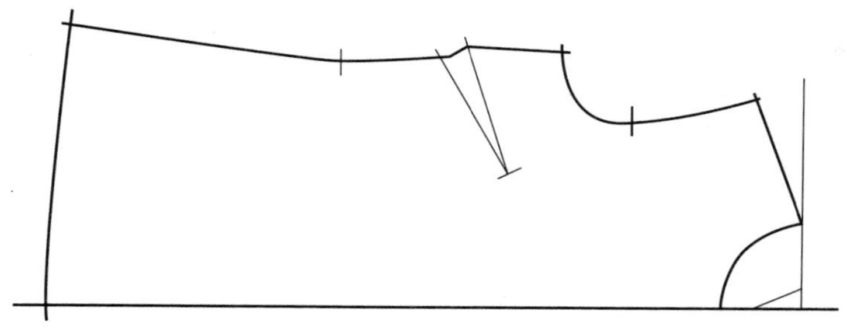

图 12－2

1. 用一张白纸复制修改后确认的标准基码纸样。

2. 确定纵向横向公共线。

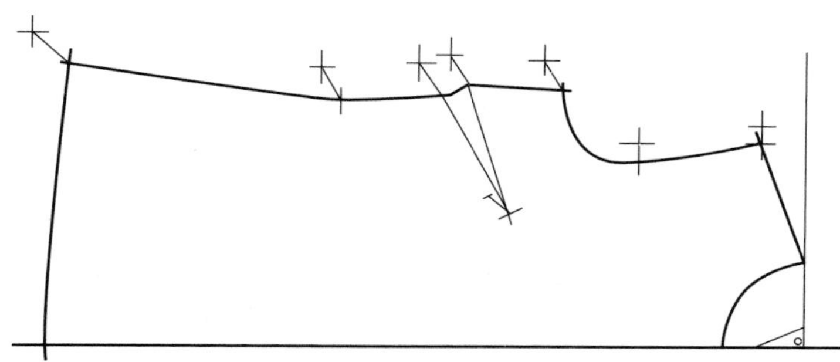

图 12－3

3. 按照总档差尺寸确定最大码的位置与纵横公共线垂直，包括所有的关节点和对位点。

4. 标出最大码与最小码之间的分码线。

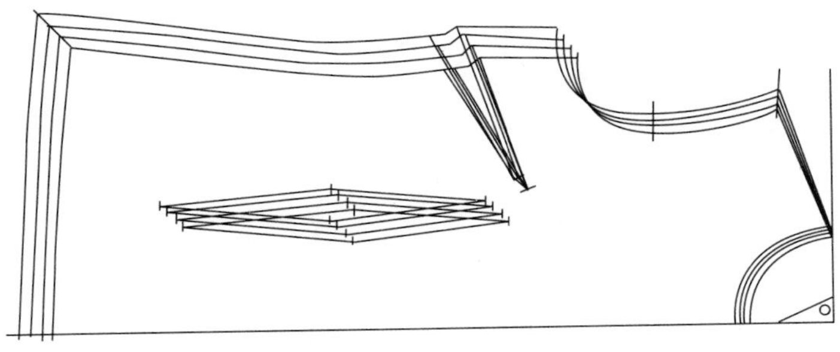

图 12－4

5. 在分码线按照各个码的档差尺寸细分各档规格。

6. 画出各个规格的全部线条。

第三节　纸样放缩实例

一、裤子放缩

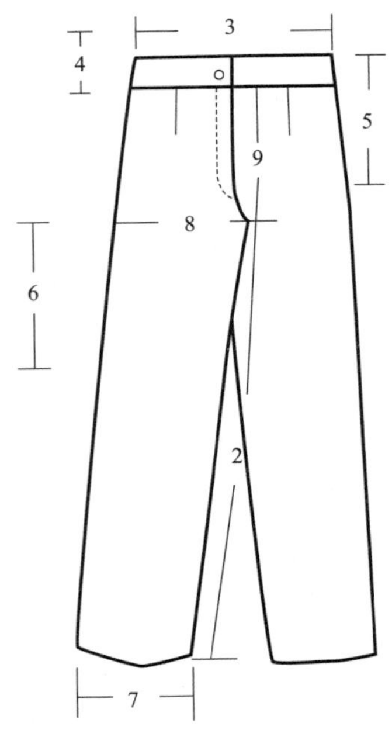

图 12－5

表 12－2　　裤子尺寸表　　单位：cm

位置指引 ＼ 尺码	1 36/S	2 38/M	3 40/L	4 42/XL	纸样损耗	备注
1. 外长	104	105.2	106.4	107.6	＋0.5	
2. 内长						
3. 腰围放松	64	68	72	76		
4. 腰高						
5. 坐围(腰下 18cm 度)	89	93	97	101	＋1	
6. 膝围	44.5	46.5	48.5	50.5	＋0.2	
7. 脚围	44.5	46.5	48.5	50.5	＋0.2	
8. 髀围(浪底度)	60	64.4	68.8	70.2	＋1	
9. 前浪(弯度)	26.4	27	27.6	28.2	－0.5	
10. 后浪(弯度)	35.75	36.5	37.25	38	－0.7	
纸样共计：	里布		实样		毛裁样	
日期：	布料		封度：		用料：	缩水后：
日期：	布料：		封度：		用料：	缩水后：
日期：	布料：		封度：		用料：	缩水后：

表 12-3

放缩部位计算

单位：cm

放缩部位	规格差额	使用比例	放缩数值	放缩数值依据
外长	4			规格尺寸的差数
内长				规格尺寸的差数
腰围放松	4	1/4	1	规格尺寸差数的 1/4
坐围	4	1/4	1	规格尺寸差数的 1/4
膝围	1	1/2	0.5	规格尺寸差数的 1/2
脚围	1	1/2	0.5	规格尺寸差数的 1/2
脾围	2.56	1/2	1×1.4	
前浪	0.6		0.6	规格尺寸的差数
后浪	0.75		0.75	规格尺寸的差数

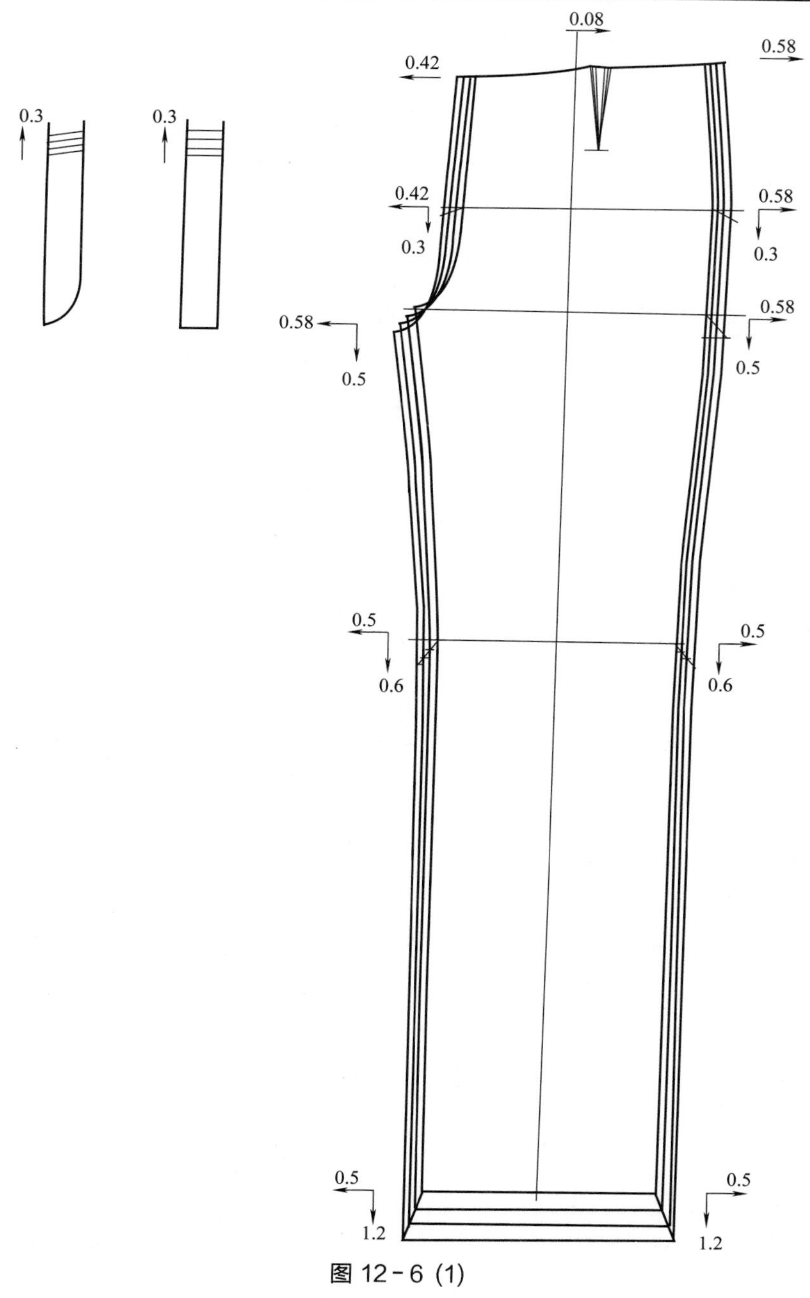

图 12-6 (1)

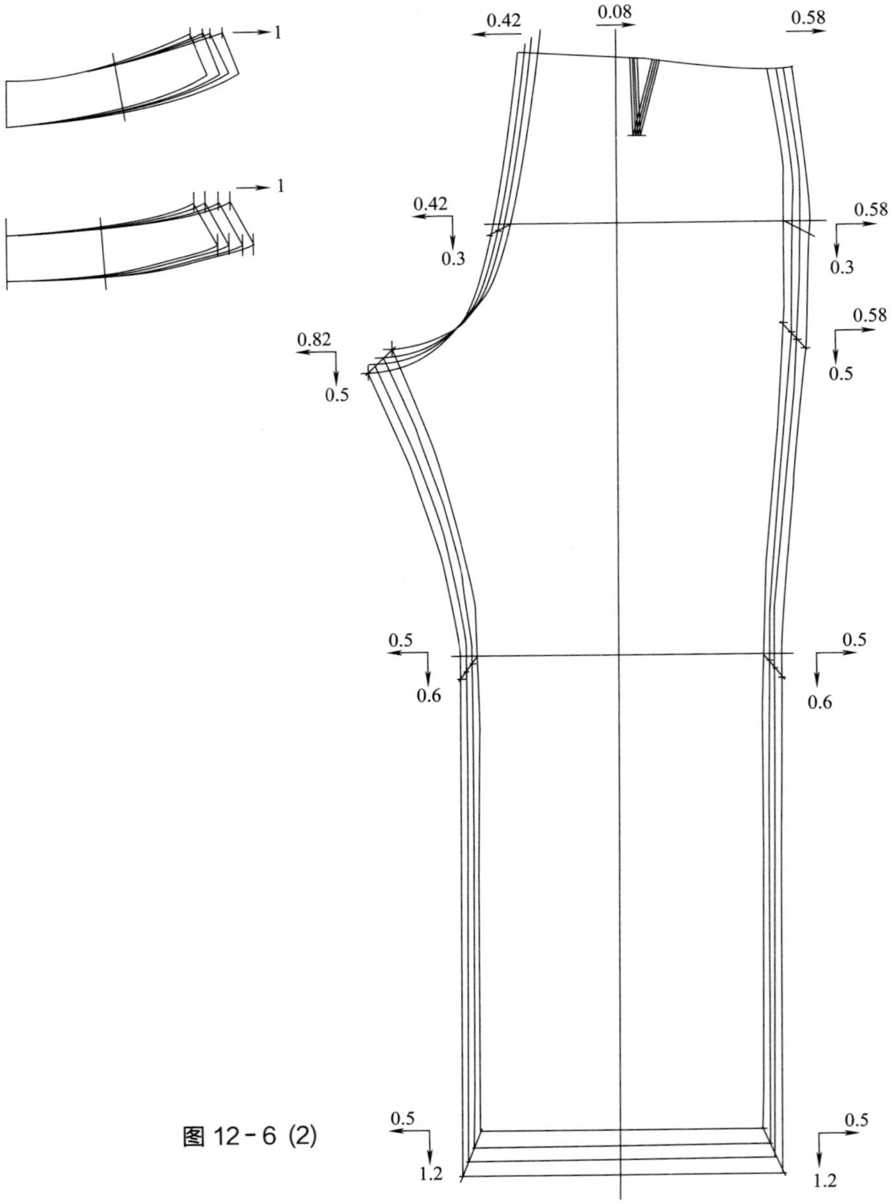

图 12-6 (2)

二、上衣放缩

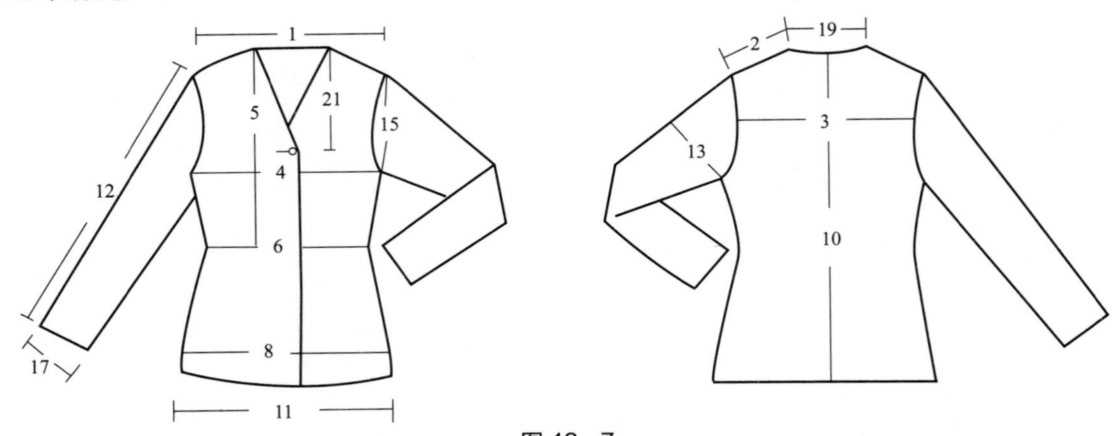

图 12-7

表 12-4

上衣尺寸表

单位：cm

位置指引 \ 尺码	1 36/S	2 38/M	3 40/L	4 42/XL	纸样损耗	备注
1. 肩宽(肩至肩平度)	37	38	39	40		
2. 小肩宽						
3. 后背宽(后领深度下 12.5cm)	16.9	17.4	17.9	18.4		
4. 胸围(夹底度)	88	92	96	100	+1	
5. 腰长(后领深度下)	37.4	38	38.6	39.2		
6. 腰围	74	78	82	96	−1	
7. 上坐围						
8. 下坐围(腰下 19cm)						
9. 前衣长(前肩点度)						
10. 后中长(后领深度下)	62	63	64	65	±0.5	
11. 脚围	96	100	104	108	+0.5	
12. 袖长	58.5	59.5	60.5	61.5	+0.3	
13. 袖肥(夹底度)	32	33.2	34.4	35.6	+0.5	
14. 夹位(平直度)						
15. 前夹圈(弯度)	21.5	22.25	23	23.75		
16. 后夹圈(弯度)	22.7	23.45	24.2	24.95		
17. 袖口宽	23.8	25	26.2	27.4		
18. 前领横						
19. 后领横	7.6	7.75	7.9	8.05		
20. 钮距						
21. 第一粒钮位						
22. 后领高						
23. 叉高						
24. 拉链长						
纸样共计：	里布		实样		毛裁样	
日期：	布料		封度：		用料：	缩水后：
日期：	布料：		封度：		用料：	缩水后：
日期：	布料：		封度：		用料：	缩水后：

表 12-5

放缩部位计算

单位：cm

放缩部位	规格差额	使用比例	放缩数值	放缩数值依据
后中长	1		1	规格尺寸的差数
总肩宽	1	1/2	0.5	肩宽规格差数的 1/2
前后腰节长	0.6		0.6	规格尺寸的差数
胸围	4	1/4	1	规格尺寸差数的 1/4
腰围	4	1/4	1	规格尺寸差数的 1/4
脚围	4	1/4	1	规格尺寸差数的 1/4
领围	1			规格尺寸的差数
领横			0.15	规格尺寸的差数
夹圈	1.5	1/2	0.75	规格尺寸的差数
袖长	1		1	规格尺寸的差数

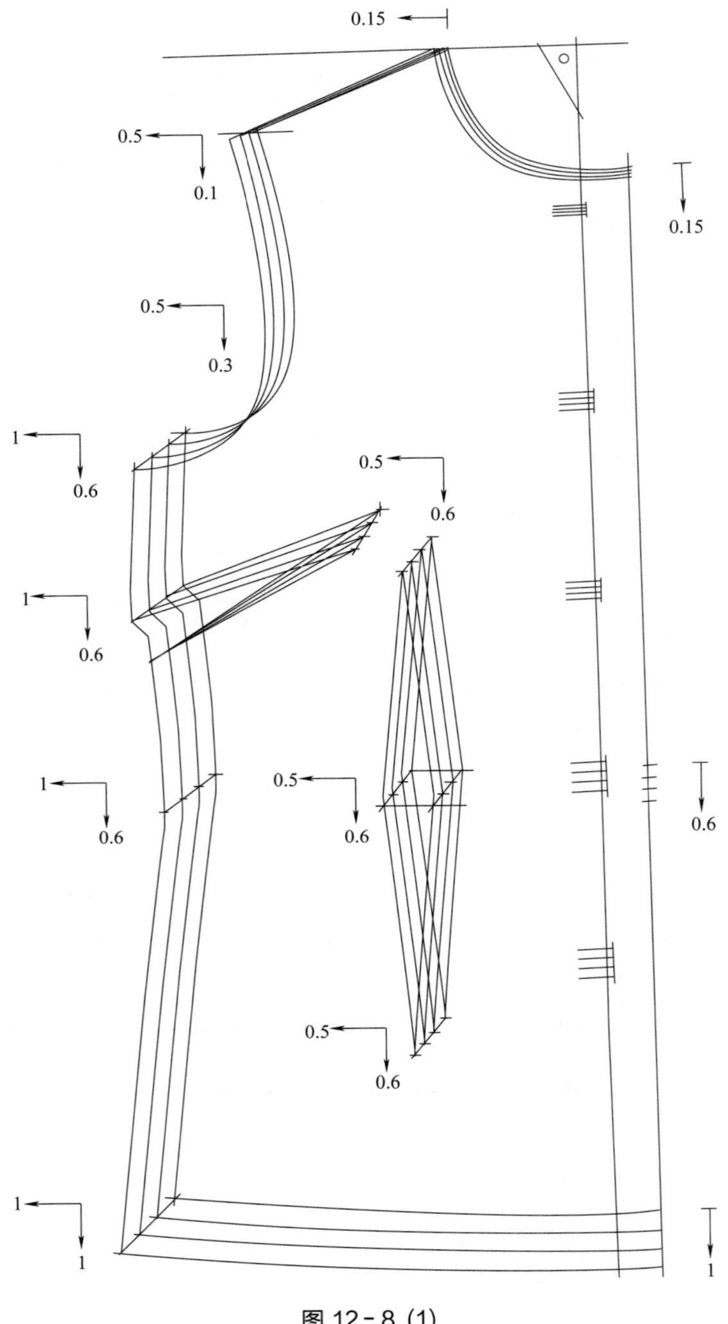

图 12-8 (1)

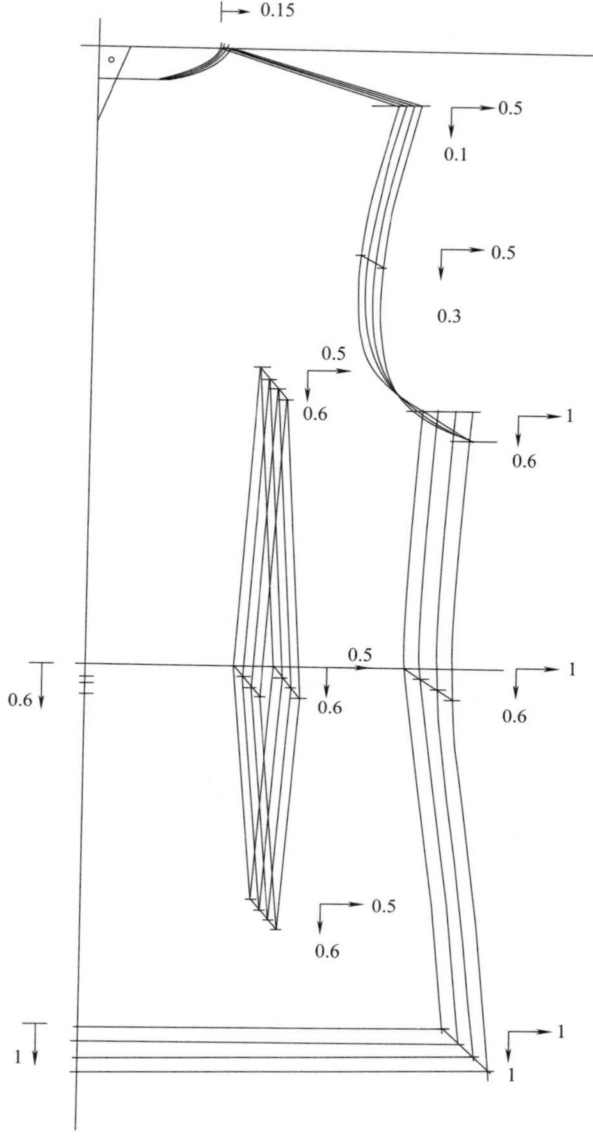

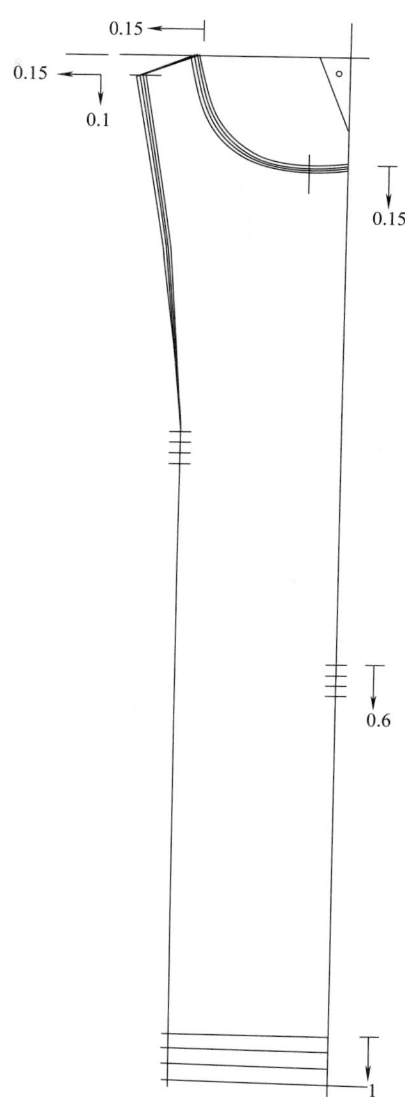

图 12-8 (2)

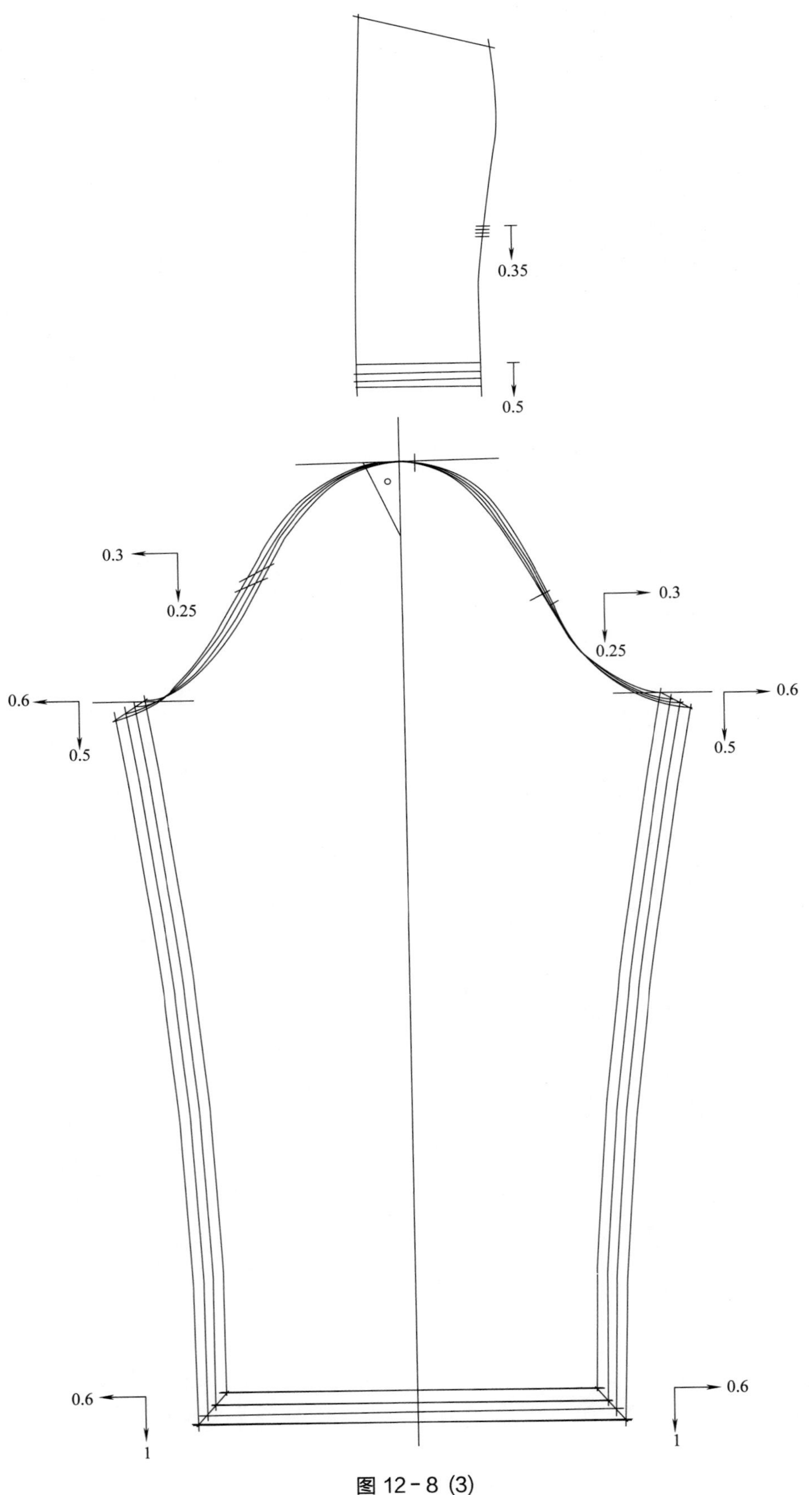

图 12-8 (3)

参考文献

1. 魏静. 服装结构设计. 北京：高等教育出版社，2006
2. 张文斌. 服装工艺学. 北京：中国纺织出版社，2001
3. 刘松龄. 服装纸样设计. 北京：中国纺织出版社，2008
4. 刘霄. 女装工业纸样设计原理与应用. 上海：东华大学出版衬社，2009
5. 尚丽，张朝阳. 服装结构设计. 北京：化学工业出版社，2009
6. 刘玉宝，刘梧桐. 服装工业打板与推板大全. 辽宁：辽宁科学技术出版社，2010
7. 闵悦. 服装结构设计与应用. 北京：北京理工大学出版社，2009